한국수학교육학회 수학교사 시리즈 7

Linear Algebra As History

개정판

교사를 위한 선형대수학

신현용 지음

KyoWooSa 教友社

서 문

선형대수학은 가장 많은 교재가 출판된 수학 영역일 것이다. 이는 선형대수학이 수학의 모든 분야에 중요하다는 것을 증거하는 것으로 볼 수 있다. 그럼에도 불구하고 또 하나의 선형대수학 교재를 내게 되어 미안한 마음이다.

이 책은 한국수학교육학회가 교사시리즈 중 하나로서 사범대학이나 교육대학원에 개설되는 선형대수학 강좌를 위하여 개발한 것이다. 따라서 이 책은 자연(이과)대학의 선형대수학 교재로는 적절하지 않을 것이다.

이 책을 집필하면서 다음 사항에 유념하였다.

- 선형대수학의 기본 내용을 이야기(Linear Algebra as a Story) 형태로 전개하되, 전통적인 수학책의 형식을 빌린다.
- 선형대수학의 내용을 집합론이나 추상대수학은 물론 초/중등학교 학교수학, 더 나아가 실생활과 연계한다.
- 일반적인 선형대수학 교재가 다루는 범위와 깊이, 그리고 엄밀성과 조직성에 집착하지 않는다.

이 책의 집필을 위하여 나름대로 많은 노력을 기울였으나 저자의 능력 한계로 부족한 모습임을 부끄럽게 생각한다.

이 책을 집필하는 전 과정에서 원고를 읽고 문제를 함께 풀며 헌신적으로 저자를 도와 준 나준영 선생에게 감사한다. 또한, 이 책에 있는 대부분의 과제를 저자와 함께 푼 서원대학교 고현정 양, 김민기 군, 김민수 군, 김창환 군, 그리고 이용범 군에게 감사한다.

수학교사 시리즈를 기획하고 졸고의 출판을 허락한 교우사에 감사한다.

이 책이 교사양성대학이나 교육대학원 수학교육과에 조금이나마 도움이 된다면 큰 보람이겠다.

2008년 12월 聖住골에서
지은이

참고 사항

채점 등 성적 처리 과정에서 조교의 지원을 받을 수 있는 경우에는 다음과 같은 강좌 운영을 고려해볼 수 있다.

이 강좌의 내용과 관계있는 몇 권의 교양도서를 필독서로 지정한다. 이는 학생들로 하여금 보다 넓은 수학적 지식을 종합적으로 습득하도록 도울 것이다. 강의 첫 시간에 필독서의 전체 내용을 간략히 소개하고, 이 강좌와의 관련성을 설명한다. 필독서로 지정할 수 있는 도서 목록에 관해서는 다음을 참고할 수 있다.

http://teacheredu.co.kr/수학교사를 위한 추천도서

이 책은 수강생의 적극적인 동참을 전제하고 구성하였다. 본문 중에 제시된 과제를 진도에 따라 해결하도록 하며, 학습한 내용을 정기적(예를 들어, 격주로)으로 퀴즈 등의 형식을 통하여 간단히 평가한다. 중간평가와 기말평가는 학습 내용을 종합적으로 이해하도록 유도한다.

한편, 필독서에 대해서는 독후감을 작성하도록 하며, 그 내용을 퀴즈 등의 평가에서 점검할 수 있다.

기호표

$\text{adj}\,A$: 행렬 A의 수반 행렬

A_{ij} : 주어진 행렬의 ij 성분에 관한 여인수

A^{-1} : 정칙행렬 A의 역행렬

A^T : A의 전치행렬

$|A|$: 정사각행렬 A의 행렬식

$C[0, 1]$: 폐구간 $[0, 1]$에서의 연속함수 전체의 집합

C_{ij} : 단위행렬의 i행과 j행을 서로 맞바꾼 기본행렬

$D_{ii}(k)$: 단위행렬의 i행을 k배한 기본행렬

$E_{ij}(k)$: 단위행렬의 j행의 k배를 i행에 더한 기본행렬

$d(X, Y)$: 두 벡터 X와 Y 사이의 (해밍)거리

$d(C)$: 선형 부호 C의 최소거리

δ_{ij} : 크로네커 델타(Kronecker δ)

$\dim V$: 유한차원 벡터공간 V의 차원

E_n : n차원 유클리드공간

$F=F_2=\{0, 1\}$: 위수가 2인 유한 체

$F^n=F_2^n=F_2\times F_2\times\cdots\times F_2$: 유한 체 F_2 위에서의 n차원 벡터 공간

$GL_n(\mathbb{R})$: $Mat_n(\mathbb{R})$에서 정칙행렬 전체의 집합

I : 단위행렬

I_n : $n \times n$ 단위행렬

$\mathrm{Im} f$: 선형사상 f의 상(image)

$\mathrm{Ker}\, f$: 선형사상 f의 핵(kernel)

M_{ij} : 주어진 행렬의 ij 성분에 관한 소행렬식

$Mat_{m \times n}(\mathbb{R})$: 실수 성분을 가지는 $m \times n$ 행렬 전체의 집합

$Mat_{n \times n}(\mathbb{R})$ ($\equiv Mat_n(\mathbb{R})$) : 실수 성분을 가지는 $n \times n$ 행렬 전체의 집합

(n, M, d)−부호 : 길이 n, 부호어의 개수 M, 최소거리 d인 선형부호

$[n, k]$−부호 : 길이 n, 차원이 k인 선형부호

$[n, k, d]$−부호 : 길이 n, 차원 k, 최소거리 d인 선형부호

$\mathbb{N}$: 자연수 전체로 이루어진 집합

$\mathbb{Z}$: 정수 전체로 이루어진 집합

$\mathbb{Q}$: 유리수 전체로 이루어진 집합

$\mathbb{R}$: 실수 전체로 이루어진 집합

$\mathbb{R}^n = \mathbb{R} \times \cdots \times \mathbb{R}$: 실수 체 $\mathbb{R}$ 위에서의 n차원 벡터 공간

$\mathbb{C}$: 복소수 전체로 이루어진 집합

$\mathbb{C}^n = \mathbb{C} \times \cdots \times \mathbb{C}$: 복소수 체 $\mathbb{C}$ 위에서의 n차원 벡터 공간

$\mathbb{R}P^2$: 사영평면

$\mathbb{R}[x]$: 실수 계수 다항식 전체로 이루어진 집합

$rank\, A$: 행렬 A의 계급수

$\mathrm{sgn}(\sigma)$: 치환 σ의 기호(sign)

S_n : n차의 대칭군(symmetric group of degree n)

$S(x)$: 부호어 x의 오증(syndrome)

$\mathrm{tr}\, A$: 행렬 A의 트레이스

$u \perp v$: 두 벡터 u, v가 직교한다.

(u, v) : 두 벡터 u와 v의 내적

$u \cdot v$: 두 벡터 u와 v의 내적

$u \times v$: 두 벡터 u와 v의 외적(벡터곱)

$[u\, v\, w]$: $\mathbb{R}^3$의 세 벡터 u, v, w의 삼중내적(scalar triple product)

$U \simeq V$: 두 벡터공간 U, V는 동형이다.

$U+W$: 벡터공간 V의 두 부분공간 U, W의 합

$U \cap W$: 벡터공간 V의 두 부분공간 U, W의 교집합

$\langle v_1, v_2, \cdots, v_n \rangle$: $v_1, v_2, \cdots, v_n$에 의하여 생성되는 부분공간

$[V]_S$: 기저 S에 관한 벡터 V의 좌표

$\omega(C)$: 선형 부호 C의 최소무게

$\omega(X)$: 부호어 X의 해밍무게

$W \leq V$: W는 V의 부분공간이다.

$W \not\leq V$: W는 V의 부분공간이 아니다.

$W^{\perp}$: W의 직교 보공간

$V = W_1 \oplus W_2$: V는 W_1, W_2의 직합(direct sum)

$\|x\|$: 벡터 x의 노름(norm)

$\mathbf{0}$: 영 행렬 또는 영 벡터

F_2P^2 : 파노(Fano) 사영평면

$\bar{z}$: 복소수 z의 켤레(conjugate)

차 례

I

들어가며

책의 성격

사실, 이 책의 제목을 '선형대수학'이라고 하기에는 다루는 내용이 빈약하고 전개 방식도 엄밀하지 않다. 이 책의 적절한 제목은 '선형대수 이야기'일 것이다. 실제로, 이 책의 내용전개는 '이야기하듯' 하려고 노력하였다. 예비교사나 현직교사로 하여금 선형대수학의 내용을 개론 수준에서나마 종합적으로 이해할 수 있도록 돕기 위함이다. 각 단원마다 작문(에세이) 형식의 문항을 여러 개 제시한 것은 이러한 취지에 의해서이다. 그러나 전개형식에서는 전통적인 '정의-정리-증명' 틀을 따랐다.

수학기초론에서의 집합론과 해석학에서의 미적분학의 중요성은 부인하기 어렵다. 대수학에서 뿐만 아니라 수학의 전 분야에서 선형대수학의 중요성에도 공감할 수 있을 것이다. 이 책에서는 선형대수학의 중요성과 유용성을 수학에서는 물론, 학교수학과 실생활에서도 주목한다.

이 책은 중등학교에서 배운 수학 내용의 이해를 전제하며 선

수 과목으로서 집합론을 들 수 있다. 즉, 중·고등학교에서 배운 내용에서 출발하되, 집합론적 개념 등을 통하여 형식적인 수준에서나마 나름대로의 수학적 접근을 시도한다.

내용 전개

- 중·고등학교에서 배운 실수 좌표 평면 $\mathbb{R}^2$ 또는 실수 좌표 공간 $\mathbb{R}^3$ 등을 통하여 벡터공간의 개념과 선형성을 이해하게 한다. 중·고등학교 과정에서의 일차연립방정식, 수직선, 좌표평면, 좌표공간을 통하여 벡터, 차원, 행렬, 행렬식, 역행렬 등을 자연스럽게 도입하여 수학, 학교수학, 실생활 등에서 선형대수학의 유용성을 살핀다. 이때, 행렬, 행렬식, 역행렬은 물론 고유치, 내적 공간 등에서의 다양한 계산을 충분히 한다.

- 고등학교 수학이나 물리 시간에 배운 벡터와 스칼라 개념과 이 책에서의 개념 사이의 정의 차이를 언급하여 수학적 정의의 엄밀성과 일반성을 이해한다.

- 일반적인 벡터공간에서 일차 독립, 기저, 차원, 선형 변환 등 기초적인 개념과 성질을 살피되, $\mathbb{R}^2$ 또는 $\mathbb{R}^3$ 공간에서의 구체적인 예를 통하여 그 의미를 분명히 이해한다.

- 벡터공간과 함께 선형대수학에서 중요한 역할을 하는 행렬을 도입할 때에도 일상생활에서 다양하게 야기되는 필요성과 예를 통하여 소개한다. 특히, 행렬의 집합에 덧셈과 스칼라배를 정의하여 행렬의 집합을 벡터공간으로 다루며, 행렬공간의 다양한 대수적 성질을 살핀다. 특히, 정사각행렬의 공간에서는 곱셈도 자연스럽게 정의하고 기본 연산, 역행렬 등 곱셈에 관련된 여러 가지 대수적 성질을 알아보되 기본 연산과 역행렬과의 관계에 주목한다.

- 정사각행렬의 행렬식을 정의하고 행렬식의 다양한 성질을 증명한다. 특히, 일차연립방정식의 해, 행렬식, 그리고 역행렬과의 관계를 명확히 살핀다. 이 강좌에서는 벡터공간의 대수적 구조에 관해서는 간단히 소개하되 자세히 다루지 않고 이후의 추상대수학 강좌에서 다루도록 한다.

- 집합론에서의 함수 개념, 미적분학에서의 연속 함수, 그리고 추상대수학에서 다루는 군(환) 준동형사상과 같은 맥락에서 벡터공간에서의 선형사상을 도입한다. 선형사상과 행렬과의 밀접한 관계를 분명히 이해하게 한다. 대각화 가능한 행렬과 관련하여 고유치, 고유벡터 등을 소개한다.

- 내적 공간의 유용성을 살피고, 다양한 등식과 부등식, 직교정규 기저, 푸리에(Fourier) 계수 등에 대하여도 알아본다.

- 선형대수학의 응용을 초보적인 수준에서 언급한다. 즉, 부호

이론의 기초적인 내용을 소개하여 정보 수학을 접하게 하고, 기하학이나 미분방정식, 그리고 이산 수학 등 수학의 다른 분야에서의 선형대수학의 효용성을 알게 한다. 이 책에서 부호론을 소개하는 X장은 조영수·강주호·신현용(2007) 제10장의 내용을 약간 수정한 것이다.

- 이 책은 물리학 등에 관해서도 한 두 차례 언급한다. 그러나 저자는 그런 분야에 대해서는 이 책에 언급한 상식 수준 이상의 전문적인 지식을 가지고 있지 않다. 그럼에도 불구하고 그러한 내용을 언급하는 것은, 일부 독자는 흥미를 가질 수 있기 때문이다.

이 책의 특징 및 활용 방안

- 이 책은 전통적인 선형대수학 책과는 달리, 실생활, 학교 수학, 수학의 타 분야와의 연계성, 그리고 컴퓨터 등 정보 환경에의 활용 등을 자주 언급하므로 그 내용과 전개가 산만하게 여겨질 수 있다.

- 행렬의 경우 정사각행렬 공간 $Mat_{n\times n}(\mathbb{R})$를 주로 다룬다. 일반적인 행렬, 즉 $Mat_{m\times n}(\mathbb{R})$에 관하여는, 벡터공간의 예 또는 선형사상의 행렬표현 등 필요한 경우에만 언급한다.

- 이 책에서는 선형대수학을 기하학적(geometric) 관점, 대수적(algebraic) 관점, 추상적(abstract) 관점에서 골고루 다룬다. 또, 다른 학문에서도 마찬가지이지만 선형대수학의 구체성(concreteness), 필요성(necessity), 일반화가능성(generalizability)을 골고루 언급한다.

- 이 책에서는 주로 실 벡터공간을 다룬다. 즉, 특별한 단서가 없는 한 모든 벡터공간은 실 벡터공간이다.

- 이 책은 '교사임용고사' 등과 같은 특별한 시험을 의식하지 않는다. 즉, 그러한 시험의 범위와 깊이를 모두 아우를 수 있도록 시도하지 않았다. 이러한 시험 준비를 위해서는 김응태·박승안의 '선형대수학'과 같은 책을 통하여 더욱 심도 있게 공부하여야 할 것이다. 이 책에서 다루는 선형대수학 내용을 '이야기'로서 이해하도록 시도하여 선형대수학에 관한 전반적인 이해에 중점을 맞춘다.

- 이 책은 중등학교 수학교과서와 다음 인터넷 사이트를 수시로 참고한다.

  http://home.freechal.com/parksahn/

  이곳은 박승안 교수의 홈페이지이다. 선형대수학은 물론 대수학 전반에 걸친 유용한 곳이다. 많은 연습 문제의 풀이가 제공된다.

한편, http://teacheredu.co.kr은 수학교사를 돕기 위해 운영되는 저자의 홈페이지이다. 선형대수학은 물론 교육대학교와 사범대학 수학교육과에 도움이 될 수 있는 자료가 '관련 논문 및 교수학습 자료'에 있을 것이다. 수학교사를 위한 추천도서와 추천 사이트 목록도 제시되어 있다. 'http://teacheredu.co.kr/관련 논문 및 교수학습 자료'를 이 책에서는 간단히 '자료'라고 지칭한다.

- 난이도가 다소 높은 증명에는 '증명 밑 그림'을 제시하여 증명을 돕는다.

- 이 책에서 앞에 * 표가 있는 단원이나 문제의 경우에는 그 내용이 불요불급하거나 이 책의 범위와 수준을 약간 벗어날 수 있다. 따라서 그러한 문제는 생략하여도 무방하다.

중등학교 수학과교육과정과 선형대수학

현행 교육과정[1])에서 선형대수학과 직접적으로 관련되는 내용은 다음과 같다.

- 국민기본공통과정인 '고등학교 1학년'에서는 기하 영역이 선

1) 2006년에 공포된 교육과정(국민기본공통과정)과 2007년도에 공포된 교육과정(선택과정)을 말한다. 이 교육과정은 제7차 교육과정의 개정이다. 특별한 언급이 없는 한, 이 책에의 '교육과정'은 이 교육과정을 뜻한다.

형대수학과 관련이 있다.

'평면좌표' 단원에서는 다음을 다룬다.

두 점 사이의 거리
선분의 내분과 외분
내분점과 외분점의 좌표

먼저, '좌표(coordinate)' 개념에는 '기저(basis)' 개념이 전제되고, '기저' 개념에는 '일차결합(linear combination)', '일차독립(linearly independent)', '일차종속(linearly dependent)', '생성(spanning, generating)', 그리고 '차원(dimension)' 등과 같은 선형대수학의 기본 개념과 관련된다. 한편, '거리', '내분', '외분' 등은 좌표평면 $\mathbb{R}^2$에 속하는 원소들 사이의 기본적인 사항으로서, 이 책의 제Ⅸ장 '내적 공간'과 간접적으로나마 관계있다.

'직선의 방정식' 단원에서는 다음을 다룬다.

여러 가지 직선의 방정식
두 직선의 평행 조건과 수직 조건
점과 직선 사이의 거리

여기도 '행렬식'은 물론 '내적 공간'과 관계가 있다.

'원의 방정식' 단원에서는 다음을 다룬다.

원의 방정식
좌표평면에서 원과 직선의 위치 관계

한편, '도형의 이동' 단원에서는 다음을 다룬다.

평행이동
원점, x축, y축, 직선 $y=x$에 대한 대칭이동

사실, 여기서 '대칭이동'보다는 '반사(reflection)'가 적절한 표현이다. 일반적으로 '대칭(symmetry)'은 평행이동(translation), 회전(rotation), 그리고 반사 등을 통칭하는 용어이기 때문이다.

평행이동과 반사를 하나의 변환으로 생각할 수 있기 때문에 이 단원은 제Ⅶ장 '선형사상'과 관계가 있다. 한편, 이 변환들은 역변환이 가능하므로 Ⅳ장 '행렬식'과도 무관하지 않다.

'부등식의 영역' 단원에서는 다음을 다룬다.

부등식의 영역
최대 문제와 최소 문제

- 선택과정 중 하나인 '수학 I '에서는 행렬과 그래프 영역이 선형대수학과 관련이 있다. 그 내용은 다음과 같다.

행렬과 그 연산
연립일차방정식과 행렬
그래프와 행렬

이 내용들은 모두 선형대수학의 기본 주제로서 이 책의 모든 내용과 관계있다. '수학 I ' 교과에서는 행렬의 두 연산(덧셈과 곱셈)과 스칼라배를 2×2 행렬의 경우에 국한한다. '수학 I '에서 다루어지는 선형대수학 내용은 다음과 같다.

(1) 실수 성분을 가지는 두 개의 행렬 $\begin{bmatrix} a_{11} & a_{12} \\ a_{21} & a_{22} \end{bmatrix}$와 $\begin{bmatrix} b_{11} & b_{12} \\ b_{21} & b_{22} \end{bmatrix}$의 덧셈(합)은 다음과 같다.

$$\begin{bmatrix} a_{11} & a_{12} \\ a_{21} & a_{22} \end{bmatrix} + \begin{bmatrix} b_{11} & b_{12} \\ b_{21} & b_{22} \end{bmatrix} = \begin{bmatrix} a_{11}+b_{11} & a_{12}+b_{12} \\ a_{21}+b_{21} & a_{22}+b_{22} \end{bmatrix}$$

이 덧셈에 대하여 다음이 성립한다.

- 결합법칙이 성립한다.
- $\begin{bmatrix} 0 & 0 \\ 0 & 0 \end{bmatrix}$은 항등원이다.
- $\begin{bmatrix} a_{11} & a_{12} \\ a_{21} & a_{22} \end{bmatrix}$의 역원은 $\begin{bmatrix} -a_{11} & -a_{12} \\ -a_{21} & -a_{22} \end{bmatrix}$이다.
- 교환법칙이 성립한다.

모든 행렬의 덧셈에 대한 역원이 존재하므로 행렬의 뺄셈을 다음과 같이 할 수 있다.

$$\begin{bmatrix} a_{11} & a_{12} \\ a_{21} & a_{22} \end{bmatrix} - \begin{bmatrix} b_{11} & b_{12} \\ b_{21} & b_{22} \end{bmatrix} = \begin{bmatrix} a_{11}-b_{11} & a_{12}-b_{12} \\ a_{21}-b_{21} & a_{22}-b_{22} \end{bmatrix}$$

위의 모든 논의는, 임의의 자연수 n에 대하여 행과 열의 개수가 모두 n인 행렬의 덧셈에 대해서도 성립함을 알 수 있다.

(2) $\begin{bmatrix} a_{11} & a_{12} \\ a_{21} & a_{22} \end{bmatrix}$의 스칼라 λ 배는 $\begin{bmatrix} \lambda a_{11} & \lambda a_{12} \\ \lambda a_{21} & \lambda a_{22} \end{bmatrix}$이다.

행렬의 덧셈과 스칼라 배에 대하여 다음이 성립한다.

두 행렬 A, B와 두 실수 λ, μ에 대하여 다음이 성립한다.

- $(\lambda+\mu)A=\lambda A+\mu A$
- $\lambda(A+B)=\lambda A+\lambda B$
- $\lambda(\mu A)=(\lambda\mu)A$
- $1A=A$

이제, 임의의 자연수 n에 대하여 행과 열의 개수가 모두 n인 행렬의 스칼라 배도 똑같이 생각할 수 있다.

(3) 두 행렬의 곱은 다음과 같다.

$$\begin{bmatrix} a_{11} & a_{12} \\ a_{21} & a_{22} \end{bmatrix}\begin{bmatrix} b_{11} & b_{12} \\ b_{21} & b_{22} \end{bmatrix}=\begin{bmatrix} a_{11}b_{11}+a_{12}b_{21} & a_{11}b_{12}+a_{12}b_{22} \\ a_{21}b_{11}+a_{22}b_{21} & a_{21}b_{12}+a_{22}b_{22} \end{bmatrix}$$

행렬 A, B, C와 실수 λ에 대하여 다음이 성립한다.

- $\lambda(AB)=(\lambda A)B=A(\lambda B)$
- $(AB)C=A(BC)$
- $A(B+C)=AB+AC$
- $(A+B)C=AC+BC$

행렬 $E=\begin{bmatrix} 1 & 0 \\ 0 & 1 \end{bmatrix}$은 곱셈에 대한 항등원이다. 즉, 임의의 행렬 A에 대하여 $AE=EA=A$이다. 이러한 의미에서 E를 단위행렬이라고 한다.

이제, 행렬 A에 대하여 $AB=BA=E$를 만족시키는 행렬 B가 존재하면, B를 A의 역행렬이라고 한다.

임의의 자연수 n에 대하여 행과 열의 개수가 모두 n인 두 행렬의 곱도 똑같이 생각할 수 있다.

(4) 행렬 $A=\begin{bmatrix} a_{11} & a_{12} \\ a_{21} & a_{22} \end{bmatrix}$에 대하여 $a_{11}a_{22}-a_{12}a_{21}\neq 0$이면 A의 역행렬 A^{-1}가 존재하고 $A^{-1}=\dfrac{1}{a_{11}a_{22}-a_{12}a_{21}}\begin{bmatrix} a_{22} & -a_{12} \\ -a_{21} & a_{11} \end{bmatrix}$임을 확인한다. '수학 I' 교과에서는 '행렬식'이라는 용어를 사용하지는 않지만, 사실 $a_{11}a_{22}-a_{12}a_{21}$는 행렬 $A=\begin{bmatrix} a_{11} & a_{12} \\ a_{21} & a_{22} \end{bmatrix}$의 행렬식이다. 따라서 행렬 A의 행렬식이 0이 아니면 A는 역행렬을 가짐을 알 수 있다.

한편, 고등학교에서 다루는 2×2 행렬 $\begin{bmatrix} a_{11} & a_{12} \\ a_{21} & a_{22} \end{bmatrix}$의 행렬식 $\begin{vmatrix} a_{11} & a_{12} \\ a_{21} & a_{22} \end{vmatrix}$은 $a_{11}a_{22}-a_{21}a_{12}$이지만, 2보다 큰 자연수 n에 대하여 행과 열의 개수가 모두 n인 행렬의 행렬식은 어떻게 되는지 이 단계에서는 분명하지 않다. 이 책에서는 임의의 자연수 n에 대하여 $n\times n$ 행렬의 행렬식을 엄밀히 정의한다.

(5) 연립일차방정식

$$\begin{cases} 2x-y=1 \\ x+y=2 \end{cases}$$

은 다음과 같이 행렬을 사용하여 나타낼 수 있다.

$$\begin{bmatrix} 2 & -1 \\ 1 & 1 \end{bmatrix}\begin{bmatrix} x \\ y \end{bmatrix}=\begin{bmatrix} 1 \\ 2 \end{bmatrix}$$

이제, 연립일차방정식

$$\begin{bmatrix} a_{11} & a_{12} \\ a_{21} & a_{22} \end{bmatrix} \begin{bmatrix} x \\ y \end{bmatrix} = \begin{bmatrix} b_1 \\ b_2 \end{bmatrix}$$

에서 계수행렬 $\begin{bmatrix} a_{11} & a_{12} \\ a_{21} & a_{22} \end{bmatrix}$의 행렬식이 0이 아니면 유일한 해가 존재하지만 행렬식이 0이면 주어진 연립방정식은 무수히 많은 해를 가지든가 해가 존재하지 않는다.

이제, 일차연립방정식의 행렬을 이용한 표현은 미지수가 두 개보다 많은 경우에도 가능하다는 것을 쉽게 알 수 있다. 즉, 미지수가 n개인 연립일차방정식

$$\begin{cases} a_{11}x_1 + a_{12}x_2 + \cdots + a_{1n}x_n = b_1 \\ a_{21}x_1 + a_{22}x_2 + \cdots + a_{2n}x_n = b_2 \\ \cdots\cdots\cdots\cdots\cdots\cdots\cdots\cdots\cdots\cdots \\ a_{n1}x_1 + a_{n2}x_2 + \cdots + a_{nn}x_n = b_n \end{cases}$$

은 다음과 같이 나타낼 수 있다.

$$\begin{bmatrix} a_{11} & \cdots & a_{1n} \\ \vdots & & \vdots \\ a_{n1} & \cdots & a_{nn} \end{bmatrix} \begin{bmatrix} x_1 \\ \vdots \\ x_n \end{bmatrix} = \begin{bmatrix} b_1 \\ \vdots \\ b_n \end{bmatrix}$$

이 경우에도 계수행렬의 행렬식이 0이냐 아니냐에 따라 유일한 해가 존재하거나, 무수히 많은 해를 가지거나, 아니면 해가 존재하지 않을 것이라는 것을 예상할 수 있다. 이 책에서는 이 문제에 대해서 논의한다.

• 선택과정 중 하나인 '기하와 벡터' 과목의 내용은 다음과 같다.

일차변환과 행렬
- 일차변환과 행렬
- 일차변환의 합성과 역변환

이차곡선
- 포물선
- 타원
- 쌍곡선

공간도형과 공간좌표
- 공간도형
- 공간좌표

벡터
- 벡터와 그 연산
- 벡터의 내적
- 직선과 평면의 방정식

이 교과 '기하와 벡터'의 모든 내용은 선형대수학의 핵심 주제로서 이 책의 모든 부분과 관계있다.

(1) 물리학에서와 같이 벡터를 '크기와 방향을 가지는 양'으로 도입하며 '크기만을 가지는 양'인 스칼라와 구별하며, 시점이 A이고 종점이 B인 벡터를 $\overrightarrow{AB}$ 즉, '유향선분 AB'로 나타내고, 그 크

기는 $|\overrightarrow{AB}|$로 나타낸다. 시점과 종점을 나타내지 않아도 괜찮은 경우에는 벡터를 $\vec{a}$와 같이 간편하게 나타낸다.

(2) 두 벡터 중에서 한 벡터를 평행이동 시켜 다른 벡터와 일치시킬 수 있을 때, 그 '두 벡터는 같다'라고 한다.

(3) 두 개의 벡터가 주어지면 평행이동을 통하여 한 벡터의 시점을 다른 벡터의 종점과 일치시킬 수 있다. 이 과정을 거치면 두 벡터의 '덧셈'을 정의할 수 있다. 두 벡터의 합을 '두 벡터의 합성'이라고도 한다.

(4) 크기가 0인 벡터를 '영벡터'라고 하고, 크기가 같으면서 방향이 반대인 벡터를 원래 벡터의 '역벡터'라고 한다. 벡터 $\overrightarrow{AB}$의 역벡터를 $-\overrightarrow{AB}$와 같이 나타낸다.

(5) 벡터의 덧셈에 관하여 다음을 알 수 있다.

> 결합법칙이 성립한다.
> 항등원이 존재한다. 사실, 영벡터가 항등원이다.
> 모든 벡터의 역원이 존재한다. 벡터 $\vec{a}$의 덧셈에 관한 역원은 $\vec{a}$의 역벡터 $-\vec{a}$이다.
> 교환법칙이 성립한다.

(6) 덧셈의 역원을 이용하여 벡터의 '뺄셈'을 정의한다. 실제로, 두 벡터 $\vec{a}, \vec{b}$에 대하여 $\vec{a}-\vec{b}$는 $\vec{a}+(-\vec{b})$로 정의한다.

(7) 벡터의 실수배를 생각한다. 벡터를 실수 λ배 하면 방향은 변하지 않으나 크기는 λ배 된다. 실수배를 보통 '스칼라 배'라고 한다.

(8) 크기가 1인 벡터를 '단위벡터'라고 부른다. 이제, 벡터의 덧셈과 실수 배에 대하여 다음을 알 수 있다. 즉, $\vec{a}$, $\vec{b}$가 벡터이고 λ, μ가 실수일 때, 다음이 성립한다.[2)]

$$(\lambda+\mu)\vec{a}=\lambda\vec{a}+\mu\vec{a}$$
$$\lambda(\vec{a}+\vec{b})=\lambda\vec{a}+\lambda\vec{b}$$
$$\lambda(\mu\vec{a})=(\lambda\mu)\vec{a}$$
$$1\vec{a}=\vec{a}$$

(9) 벡터의 대표적인 예는 좌표평면 $\mathbb{R}^2$와 좌표공간 $\mathbb{R}^3$에서 들 수 있다. 사실, '기하와 벡터' 교과에서는 벡터 개념을 주로 좌표평면 $\mathbb{R}^2$와 좌표공간 $\mathbb{R}^3$에 적용하여 여러 가지 문제를 다룬다. 이를테면 다음과 같은 문제를 생각한다.

삼각부등식, 삼각형의 결정조건
평행사변형이 되는 조건
두 벡터의 평행조건
세 점이 일직선 위에 있을 조건

---

2) 일부 교재에서 '분배법칙' 또는 '결합법칙' 등의 용어를 사용하는데 이는 옳지 않다. 자세한 이유는 뒤에서 설명한다.

(10) 벡터공간 $\mathbb{R}^2$에서 내적을 정의한다. 실제로, 벡터 $\vec{a}$, $\vec{b}$가 이루는 각의 크기를 θ $(0 \le \theta \le \pi)$라고 할 때, 두 벡터의 내적 $\vec{a} \cdot \vec{b}$는 다음과 같다.

$$|\vec{a}||\vec{b}| \cos \theta$$

이 정의로부터 두 벡터 $\vec{a} = (a_1, a_2)$, $\vec{b} = (b_1, b_2)$에 대하여 $\vec{a} \cdot \vec{b} = a_1 b_1 + a_2 b_2$임을 알 수 있다. 이 사실은 벡터공간 $\mathbb{R}^3$에서도 성립한다. 즉, 두 벡터 $\vec{a} = (a_1, a_2, a_3)$, $\vec{b} = (b_1, b_2, b_3)$에 대하여 $\vec{a} \cdot \vec{b} = a_1 b_1 + a_2 b_2 + a_3 b_3$이다.

(11) 벡터의 덧셈, 벡터의 실수 배, 그리고 벡터의 내적에 관하여 다음이 성립한다. 실제로, $\vec{a}$, $\vec{b}$가 벡터이고 λ, μ가 실수일 때, 다음이 성립한다.[3)]

$$\vec{a} \cdot \vec{b} = \vec{b} \cdot \vec{a}$$
$$(\lambda \vec{a}) \cdot \vec{b} = \vec{a} \cdot (\lambda \vec{b}) = \lambda (\vec{a} \cdot \vec{b})$$
$$\vec{a} \cdot (\vec{b} + \vec{c}) = \vec{a} \cdot \vec{b} + \vec{a} \cdot \vec{c}$$
$$(\vec{a} + \vec{b}) \cdot \vec{c} = \vec{a} \cdot \vec{c} + \vec{b} \cdot \vec{c}$$

(12) 내적을 이용하여 다음 문제를 효과적으로 논의할 수 있다.

두 벡터의 평행조건 또는 수직 조건

피타고라스 정리

3) 이 경우에도 일부 교재에서 '결합법칙', '교환법칙', 또는 '분배법칙' 등의 용어를 사용하는데, 이는 옳지 않다.

뒷 이야기

*1. 선형성(linearity)과 비선형성의 개략적 개념에 대하여 토의하여 보아라. 신국조(1993), 이덕환(1997), 그리고 이철수(1988) 등을 참고하여 조화와 혼돈, 평형과 비평형 등과도 연계할 수 있다.

2. 다음 두 모듬을 아래와 같이 다각도로 비교하여 보아라.

덧셈	곱셈
산술급수	기하급수
등차급수	등비급수
산술평균	기하평균

- 좌·우 각각의 모둠에 속한 개념들의 공통점은 무엇인가?
- 두 모듬의 차이는 무엇인가?
- 다음 두 함수 값의 증가 정도를 비교하여라 : $y=2x$와 $y=2^x$.
- 다음 복잡도의 알고리즘에 대하여 논의하여라.
  다항함수시간(polynomial time) 알고리즘
  지수함수시간(exponential time) 알고리즘
- 기하급수의 빠른 증가 정도를 설명하는 예를 다음을 중심으로 조사하여라.
  종이 접기 후의 두께
  체스 판 위의 곡식 알(Gamow, 1974)

*3. 박승안(2000) 264쪽 이후 또는 이기석·정순모(2007)를 참고하여 선형성이 '선형계획법(linear programming)'에 어떻게 활용되는지 조사하여라. 특히, '자료: 선형계획법'을 참고하여 다음 문제에 대한 선형계획법적 풀이에 대하여 알아보아라.

A, B, C 세 개의 주머니 속에 들어 있는 구슬이 다음 조건을 모두 만족시키면, C주머니에 들어 있는 구슬의 개수의 최솟값은?

- A, B 두 개의 주머니 속에 들어 있는 구슬의 개수의 합은 13개 이상 17개 이하이다.
- B, C 두 개의 주머니 속에 들어 있는 구슬의 개수의 합은 16개 이상 22개 이하이다.
- A, C 두 개의 주머니 속에 들어 있는 구슬의 개수의 합은 21개 이상 25개 이하이다.

① 8 ② 9 ③ 10 ④ 11 ⑤ 12

4. '대수학'은 기하학이나 해석학 등 다른 수학 영역과 어떠한 차이가 있는지 논의하여 보아라.

5. 중학교 과정에서 나오는 '정비례'나 '일차함수'의 공통적인 성질이 무엇인지 알아보아라.

6. '자료 : 새 교육과정'을 참고하여 학교수학 전 교육과정을 살펴라.

II

선형성

지난 줄거리

1. 대수학에서는 연산(operation)이 중요하다. 다음 연산이 도입되는 시기는 학교수학의 교육과정에서 언제인지 조사하여라.
   - 자연수의 덧셈
   - 분수의 덧셈
   - 음수의 덧셈
   - 실수의 덧셈
   - 복소수의 덧셈
   - 행렬의 덧셈

2. 교육과정에서 다음 개념이 도입되는 시기는 언제인지 조사하여라.
   - 좌표 평면
   - 행렬
   - 벡터
   - 내적

이번 줄거리

1. 중·고등학교에서 배운 내용을 통하여 '선형성(linearity)'을 개략적으로 살피고, 벡터공간의 정의를 통하여 선형성의 수학적 형식화를 이해한다.

2. 중·고등학교에서 배운 여러 가지 연산을 중심으로 '대수'의 특징을 개략적으로 살피고, 집합과 연산을 통하여 여러 가지 대수적 성질을 이해한다.

3. 벡터공간의 정의와 기본적인 성질을 이해하기 위해 대수적 구조로서 '군'의 정의와 간단한 성질을 이해한다.

여는 이야기

학교수학에서 '선형대수학'이라는 용어를 사용하지는 않지만 선형대수학과 관련되는 개념이나 내용을 많이 다룬다.

'선형대수학'이라고 할 때, '선형'은 무엇을 뜻하며 '대수학'은 무엇을 뜻할까?

이 장에서 논의하는 구체적인 문제는 다음과 같다.

- 학교수학에서 배운 '벡터'와 '스칼라'의 예를 어떻게 일반화할 수 있을까?
- 벡터공간을 정의할 때 등장하는 '군'이란 어떤 구조인가?
- 벡터공간의 정확한 정의는 무엇인가?
- 벡터공간의 기본적인 성질은 무엇인가?

선형대수학

'선형(linear)'은 무엇을 의미할까? 사실, 선형성을 한 마디로 정의하기는 쉽지 않다. 여기서는 우리에게 비교적 익숙한 몇 가지 예를 통하여 개략적으로 이해하도록 하자.

먼저, 정비례 관계에서의 선형성을 생각할 수 있다.

두 변수 x와 y 사이에 $y=2x$의 관계가 있을 때 두 변수 사이에는 정비례 관계가 있다. $x=0$이면 $y=0$이고, x가 한 배, 두 배, 세 배, … 증가하면 y도 한 배, 두 배, 세 배, … 증가한다. 일반적으로, x가 k배 증가하면 y도 k배 증가한다. 이러한 성질을 $y=x^2$, $y=2^x$, $y=\sin x$, $y=\log x$ 등의 함수는 가지지 아니한다. 첫째 항이 0이고, 공차가 2인 등차수열의 여러 성질도 함수 $y=2x$와 비슷함을 알 수 있다.

또, 일차연립방정식에서의 선형성을 생각할 수 있다.

다음 연립방정식을 생각하여 보자.

$$\begin{cases} x_1 + x_2 - x_3 = 0 \\ x_1 + 2x_2 - 5x_3 = 0 \\ 2x_1 + x_2 + 2x_3 = 0 \end{cases}$$

분명히 (0, 0, 0)은 주어진 연립방정식의 해다. 이제 (a_1, a_2, a_3)와 (b_1, b_2, b_3)가 주어진 연립방정식의 해이면 다음도 주어진 연립방정식의 해이다 :

$$(a_1, a_2, a_3) + (b_1, b_2, b_3) = (a_1 + b_1, a_2 + b_2, a_3 + b_3)$$

$\lambda(a_1, a_2, a_3) = (\lambda a_1, \lambda a_2, \lambda a_3)$, 여기서, λ는 임의의 실수이다.

이때, 이차연립방정식 등의 해집합은 이러한 성질을 가지지 아니한다는 것을 주목할 필요가 있다.

한편, '대수(algebra)'는 무엇을 의미할까? 대수학은 '연산이 정의된 집합에 관한 연구'라고 하여도 크게 틀리지 않는다. 사실, 수학의 다양한 분야를 명확히 분류하기는 어렵다. 예를 들어, '기하학은 도형을 연구한다'라고 할 때, 기하학을 충분히 설명한다고 하기 어렵다. 대수학의 정의가 어려운 것도 마찬가지이다. '代數學'의 글자 그대로의 의미는 '수학적 성질을 수를 대신하여 문자로 나타내는 학문' 정도로 해석할 수 있으나, 여기에서는 대수학을 덧셈이나 곱셈과 같은 연산이 정의된 집합의 여러 성질을 연구하는 것으로 개략적으로 이해한다.

'산술(arithmetic)'에서 '대수(algebra)'로의 전환은, '구체적(concrete)'에서 '추상적(abstract)'으로, '특수한(particular)'에서 '일반적

(general)'으로, '혼란(confusion)'에서 '명료(clarity)'로서 이해할 수 있다.

대수학적 개념의 예로서, 주어진 집합에 잘 정의된 연산에 대한 다음 성질들을 들 수 있다.

결합법칙
항등원
역원
교환법칙
분배법칙

중·고등학교에서 주로 다룬 대수학적 문제는 다음과 같다.

- 정수 전체의 집합 $\mathbb{Z}$, 유리수 전체의 집합 $\mathbb{Q}$, 실수 전체의 집합 $\mathbb{R}$, 또는 복소수 전체의 집합 $\mathbb{C}$에 정의된 덧셈이나 곱셈에 관한 여러 가지 연산법칙
- 좌표 평면 $\mathbb{R}^2$에 정의되는 덧셈이나 스칼라 배에 관한 여러 가지 성질
- 행과 열의 개수가 모두 2인 행렬 전체의 집합 $Mat_2(\mathbb{R})$ $(\equiv Mat_{2\times 2}(\mathbb{R}))$에 정의된 덧셈, 스칼라 배, 또는 곱셈에 관한 여러 가지 연산법칙

이제, 연산의 정확한 의미를 알아보자.

집합 $A(\neq\varnothing)$에서의 이항연산(binary operation) ·이란 데카르트 곱(Cartesian product) $A\times A$에서 A로의 함수

$$\begin{aligned} \cdot : A \times A &\to A \\ (a, b) &\mapsto a \cdot b \end{aligned}$$

이다.

일반적으로, 이항 연산 외의 연산도 생각할 수 있지만 특별한 언급이 없는 한 모든 연산은 이항 연산이다.

함수 $\cdot$가 집합 A에서의 연산일 때 'A에 연산 $\cdot$가 (잘) 정의되어 있다(well-defined)' 또는 'A는 연산 $\cdot$에 관하여 닫혀 있다(closed)'라고 한다.

이제, $23 \times 35 \times \dfrac{1}{35}$를 계산할 때 앞에서부터 차례대로 하는 것보다 뒤 부분 즉, $35 \times \dfrac{1}{35}$을 먼저 계산하는 것이 훨씬 효과적이다. 덧셈도 이러한 성질을 가지는데 주어진 연산이 이러한 성질을 가지면 계산하기가 편리하다.

≪**정의 2.1**≫ 집합 A에 정의된 연산 $\cdot$가 다음 조건을 만족시킨다고 하자 :

모든 $a, b, c \in A$에 대하여 $(a \cdot b) \cdot c = a \cdot (b \cdot c)$이다.

이 경우 '연산 $\cdot$에 관하여 결합(associative)법칙이 성립한다'라고 한다.

한편, 덧셈에서 0과 곱셈에서 1 각각은 좌측에서 연산을 하거나 우측에서 연산을 하여도 아무런 변화를 일으키지 않는다. 즉, 덧셈에서의 0과 곱셈에서의 1은 특별한 수이다.

≪정의 2.2≫ 집합 A에 정의된 연산 $\cdot$에 관하여 다음 조건을 만족시키는 원소 e가 있다고 하자 :

모든 $a \in A$에 대하여 $e \cdot a = a \cdot e = a$이다.

이 원소 $e \in A$를 '연산 $\cdot$에 관한 항등원(identity)'이라고 한다. 항등원을 '단위원'이라고도 한다.

다음 정리로부터 항등원이 존재하면 유일함을 알 수 있다.

≪정리 2.3≫ 집합 A에서의 연산 $\cdot$에 관한 항등원 $e \in A$가 있으면 그 항등원 e는 유일하다.

증명 e와 e'가 연산 $\cdot$에 대한 항등원이라고 하면 $e = e \cdot e' = e'$이므로 두 원소는 같을 수밖에 없다. ■

항등원의 정의 중에서 '모든 $a \in A$에 대하여 $e \cdot a = a \cdot e = a$이다'라는 조건이 위 정리의 증명에서 사용되었음을 알 수 있다.

항등원이 존재하는 경우 다음과 같은 개념을 생각할 수 있다.

≪정의 2.4≫ 집합 A에 연산 $\cdot$가 정의되어 있다고 하고 $e \in A$를 연산 $\cdot$에 관한 항등원이라고 하자. 이제 한 원소 $a \in A$에 대하여 다음 조건을 만족시키는 원소 $a^{-1} \in A$가 있다고 하자 :

$$a \cdot a^{-1} = a^{-1} \cdot a = e.$$

이 경우 a^{-1}를 원소 a의 연산 $\cdot$에 관한 역원(inverse, inverse element)이라고 한다.

역원은 항등원이 존재하는 경우에만 생각할 수 있다.

≪정리 2.5≫ 집합 A에 연산 $\cdot$가 정의되고 그 연산에 관하여 항등원이 있고 결합 법칙이 성립한다고 하자. 원소 $a \in A$의 역원이 있으면 그 역원은 유일하다.

증명 원소 $e \in A$를 연산 $\cdot$에 관한 항등원이라고 하자. 이제 원소 $a \in A$의 $\cdot$에 관한 역원을 b와 c라고 하면 다음이 성립한다.

$$b = b \cdot e = b \cdot (a \cdot c) = (b \cdot a) \cdot c = e \cdot c = c$$

결국, b와 c는 같다. ■

항등원의 정의 중에서 '모든 $a \in A$에 대하여 $e \cdot a = a \cdot e = a$이다'라는 조건과 역원의 정의 중에서 '$a \cdot a^{-1} = a^{-1} \cdot a = e$'라는 조건이 위 정리의 증명에서 사용되었음을 알 수 있다.

연산의 결합법칙과 함께 다음 법칙은 유용하다.

≪정의 2.6≫ 집합 A에 정의된 연산 $\cdot$가 다음 조건을 만족시킨다고 하자 :

모든 $a, b \in A$에 대하여 $a \cdot b = b \cdot a$이다.

이 경우 '연산 $\cdot$에 관하여 교환(commutative)법칙이 성립한다'라고 한다.

집합에 두 개의 연산이 정의되는 경우에는 다음과 같은 성질을 살펴볼 필요가 있다.

≪정의 2.7≫ 집합 A에 정의된 두 연산 $\cdot$, $*$가 다음 조건을 만족시킨다고 하자 :

모든 $a, b, c \in A$에 대하여 $a \cdot (b * c) = (a \cdot b) * (a \cdot c)$이다.

이 경우 '연산 $*$에 대하여 $\cdot$의 좌(left) 분배(distributive)법칙이 성립한다'라고 한다. 마찬가지로 우(right) 분배법칙도 생각할 수 있다. 일반적으로 좌/우 분배법칙이 모두 성립할 때 '연산 $*$에 대하여 $\cdot$의 분배법칙[4]이 성립한다'라고 한다.

4) 배분법칙이라고도 한다.

수의 덧셈 연산에 대하여 곱셈의 분배법칙이 성립하지만 곱셈 연산에 대하여 덧셈의 분배법칙은 성립하지 않는다. 한편, 합집합 연산에 대하여 교집합의 분배법칙이 성립하고, 교집합 연산에 대하여 합집합의 분배법칙도 성립한다.

과제 2.8 가. 집합의 두 연산, 즉 합집합(∪)과 교집합(∩)은 중학교와 고등학교 교육과정에 걸쳐 다루어진다.

(1) 중학교 과정에서는 이 두 연산이 어느 수준까지 어떻게 다루어지는가?

(2) 고등학교 과정에서는 이 두 연산이 어느 수준까지 어떻게 다루어지는가?

(3) 이 두 연산에 관한 다음 성질을 조사하여라.

- 결합법칙
- 교환법칙
- 분배법칙

나. 실수 전체의 집합 $\mathbb{R}$에서 덧셈과 곱셈에 관한 다음 성질을 조사하여라.

- 결합법칙
- 교환법칙
- 분배법칙

다. 어떤 고등학교 교과서에 다음과 같은 주장이 있다.

> 실수 전체의 집합은 나눗셈에 관하여 닫혀있다. 단, 0으로 나누는 경우는 제외한다.

(1) 위의 주장이 타당하다면 다음 주장도 타당한지 논의하

여라.

정수 전체의 집합은 나눗셈에 관하여 닫혀있다. 단, 분모가 분자를 나누지 않는 경우는 제외한다.

(2) 위에서 언급한 고등학교 교과서에서의 주장이 옳지 않음을 설명하여라.

(3) 0이 아닌 실수 전체의 집합은 곱셈과 나눗셈에 관하여 닫혀있음을 설명하여라.

학교 수학과의 관련

중·고등학교에서 배운 좌표 평면 $\mathbb{R}^2$을 그림을 통하여 알아보자.

• 두 벡터의 합성

아래의 왼쪽 그림은 두 벡터 $u, v \in \mathbb{R}^2$의 합 $u+v$를 나타낸다.

• 벡터의 스칼라 배

아래의 오른쪽 그림은 벡터 $u \in \mathbb{R}^2$의 스칼라 배 $3u$와 $-2u$를 각각 나타낸다.

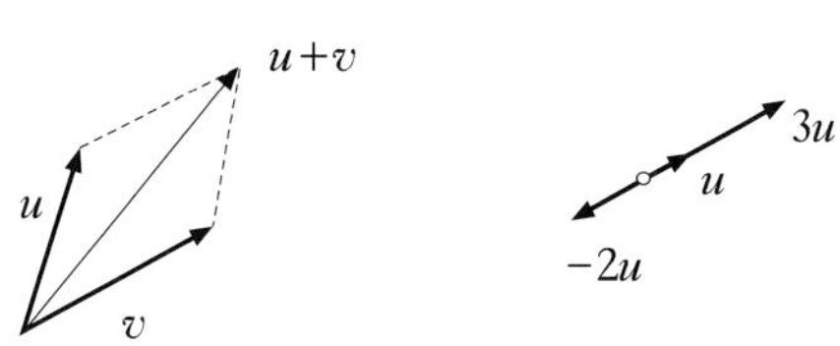

이제, 좌표 평면 $\mathbb{R}^2$의 대수적 성질을 알아보자.

먼저, 덧셈에 관하여 다음을 알 수 있다.

(1) $\forall u, v, w \in \mathbb{R}^2, (u+v)+w=u+(v+w)$ (결합법칙)

(2) $\exists 0 \in \mathbb{R}^2 ; u+0=0+u=u, \forall u \in \mathbb{R}^2$ (항등원)

(3) $\forall u \in \mathbb{R}^2, \exists -u \in \mathbb{R}^2 ; u+(-u)=(-u)+u=0$ (역원)

(4) $\forall u, v \in \mathbb{R}^2, u+v=v+u$ (교환법칙)

한편, 스칼라 배에 관하여 다음을 알 수 있다.

u와 v가 $\mathbb{R}^2$의 원소, 즉 벡터이고, λ와 μ가 $\mathbb{R}$의 원소, 즉 스칼라라고 할 때 다음이 성립한다.

(5) $(\lambda+\mu)u=\lambda u+\mu u$

(6) $\lambda(u+v)=\lambda u+\lambda v$

(7) $\mu(\lambda u)=(\mu\lambda)u$

(8) $1u=u$

과제 2.9 가. 위의 모든 성질((1)~(8))을 증명하여라.

나. 좌표 공간 $\mathbb{R}^3$의 경우에도 위의 모든 성질을 확인하여라.

다. 다음을 확인하여라.

일반적으로 스칼라 배는 연산이 아니다. 따라서 벡터의 정의에 나오는 성질들을 분배법칙 또는 결합법칙이라고 하지 않는다.

벡터공간

앞에서 살펴본 좌표 평면 $\mathbb{R}^2$에서와 같이, 일반적인 집합 V에 덧셈과 스칼라 배가 잘 정의되고, $\mathbb{R}^2$의 경우에서 언급된 여덟 가지 성질 모두를 만족시킬 때, V를 벡터공간이라고 한다. 벡터공간 V의 원소를 벡터, V에서의 덧셈연산을 합성, 그리고 V의 원소 x와 실수 $\lambda \in \mathbb{R}$에 의한 λx를 스칼라 배라고 한다. 이 책에서는 특별한 언급이 없는 한 스칼라는 실수, 즉 $\mathbb{R}$의 원소이다.

벡터공간의 엄밀한 정의와 여러 가지 성질에 대해서는 제Ⅵ장에서 논의한다.

벡터공간의 대표적인 예로서 다음을 들 수 있다.

가. 좌표 공간

수직선 $\mathbb{R}$, 좌표 평면 $\mathbb{R}^2$, 좌표 공간 $\mathbb{R}^3$, 또는 $\mathbb{R}^n$에서 좌표 평면에서와 비슷하게 덧셈과 스칼라배를 생각한다. 그러면 이들은 대표적인 벡터공간이 된다.

나. 행렬 공간

실수 성분을 가지는 두 개의 행렬 $\begin{bmatrix} a_{11} & a_{12} \\ a_{21} & a_{22} \end{bmatrix}$와 $\begin{bmatrix} b_{11} & b_{12} \\ b_{21} & b_{22} \end{bmatrix}$의 합은

$$\begin{bmatrix} a_{11} & a_{12} \\ a_{21} & a_{22} \end{bmatrix} + \begin{bmatrix} b_{11} & b_{12} \\ b_{21} & b_{22} \end{bmatrix} = \begin{bmatrix} a_{11}+b_{11} & a_{12}+b_{12} \\ a_{21}+b_{21} & a_{22}+b_{22} \end{bmatrix}$$

이고, $\begin{bmatrix} a_{11} & a_{12} \\ a_{21} & a_{22} \end{bmatrix}$의 스칼라 λ배는 $\begin{bmatrix} \lambda a_{11} & \lambda a_{12} \\ \lambda a_{21} & \lambda a_{22} \end{bmatrix}$이다. 이제, 임의의 자연수 n에 대하여 행과 열의 개수가 모두 n인 행렬 전체의 집합 $Mat_n(\mathbb{R})(\equiv Mat_{n\times n}(\mathbb{R}))$에도 덧셈과 곱셈을 비슷하게 정의할 수 있다. 편의를 위해 행렬 $A=\begin{bmatrix} a_{11} & \cdots & a_{1n} \\ \vdots & & \vdots \\ a_{n1} & \cdots & a_{nn} \end{bmatrix}\in Mat_n(\mathbb{R})$를 나타낼 때, A의 ij-성분 a_{ij}를 사용하여 $A=[a_{ij}]$와 같이 나타내기도 한다. 이제, 두 행렬 $A=[a_{ij}]$와 $B=[b_{ij}]$에 대해서 행렬의 합은 각 성분들끼리의 합으로 다음과 같이 정의한다.

$$A+B=[c_{ij}], \quad c_{ij}=a_{ij}+b_{ij}$$

한편, 행렬 A의 실수 λ에 의한 스칼라 배는 A의 각 성분들을 λ배 한 것으로 정의한다. 즉, $\lambda A=[\lambda a_{ij}]$이다. 그러면 $Mat_n(\mathbb{R})$은 벡터공간이다.

참고로, 임의의 자연수 m, n에 대하여 행의 개수가 m이고 열의 개수가 n인 행렬 전체의 집합 $Mat_{m\times n}(\mathbb{R})$에도 덧셈과 스칼라 배를 잘 정의할 수 있고 $Mat_{m\times n}(\mathbb{R})$은 벡터공간임을 알 수 있다.

다. 유한 벡터공간

먼저, 집합 $F_2=\{0, 1\}$에서 다음과 같이 정의되는 두 연산을 생각하자.

$+$	0	1
0	0	1
1	1	0

$\times$	0	1
0	0	0
1	0	1

위의 연산은 0을 짝수 전체의 집합, 1을 홀수 전체의 집합이라고 생각하면 자연스럽게 받아들일 수 있다. 사실, 집합 F_2의 수학적 구성과 덧셈과 곱셈에 관한 여러 성질의 엄밀한 논의는 정수론과 추상대수학 강좌에서 다룬다.

이제, 집합 F_2와 두 연산에 대하여 다음을 알 수 있다.

- $\forall x, y, z \in F_2$, $(x+y)+z=x+(y+z)$ (덧셈에 대한 결합법칙)
- $\exists 0 \in F_2$; $x+0=0+x=x$, $\forall x \in F_2$ (덧셈에 대한 항등원)
- $\forall x \in F_2$, $\exists -x \in F_2$; $x+(-x)=(-x)+x=0$ (덧셈에 대한 역원)
- $\forall x, y \in F_2$, $x+y=y+x$ (덧셈에 대한 교환법칙)
- $\forall x, y, z \in F_2$, $(x\times y)\times z=x\times(y\times z)$ (곱셈에 대한 결합법칙)
- $\exists 1 \in F_2$; $x\times 1=1\times x=x$, $\forall x \in F_2$ (곱셈에 대한 항등원)
- $\forall x(\neq 0) \in F_2$, $\exists \frac{1}{x} \in F_2$; $x\times\frac{1}{x}=\frac{1}{x}\times x=1$ (0이 아닌 원소의 곱셈에 대한 역원)
- $\forall x, y \in F_2$, $x\times y=y\times x$ (곱셈에 대한 교환법칙)
- $\forall x, y, z \in F_2$, $(x+y)\times z=(x\times z)+(y\times z)$ (덧셈에 대한 곱셈의 분배법칙)

결국, F_2의 덧셈과 곱셈에 관한 성질은 실수 전체의 집합 $\mathbb{R}$의 덧셈과 곱셈에 관한 성질과 동일함을 알 수 있다.

이와 같은 대수적 구조를 '체(field)'라고 한다. 유리수 전체의 집합 $\mathbb{Q}$와 복소수 전체의 집합 $\mathbb{C}$도 덧셈과 곱셈에 관하여 체의 구조를 가진다.

이제, $\mathbb{R}^2$과 $\mathbb{R}^3$을 생각하듯이 $F_2^2=F_2\times F_2$와 $F_2^3=F_2\times F_2\times F_2$, 더 나아가 $F_2^n=\underbrace{F_2\times F_2\times\cdots\times F_2}_{n\text{개}}=\{(x_1, x_2, \cdots, x_n)|x_i\in F_2\}$를 생각할 수 있고, $\mathbb{R}^2$과 $\mathbb{R}^3$에서 덧셈을 정의하듯이 $F_2^2=F_2\times F_2$와 $F_2^3=F_2\times F_2\times F_2$ 각각에서도 덧셈을 생각할 수 있다. 예를 들면,

$$F_2^3=\{(000), (001), (010), (011), (100), (101), (110), (111)\}$$

이다.

이제, $\mathbb{R}^2$에서와 마찬가지로 F_2^2에서도 다음이 성립한다.

(1) $\forall x, y, z\in F_2^2, (x+y)+z=x+(y+z)$

(2) $\exists 0\in F_2^2$; $x+0=0+x=x, \forall x\in F_2^2$

(3) $\forall x\in F_2^2, \exists -x\in F_2^2$; $x+(-x)=(-x)+x=0$

(4) $\forall x, y\in F_2^2, x+y=y+x$

한편, x와 y가 F_2^2의 원소이고, λ와 μ가 F_2의 원소라고 할 때 다음이 성립한다.

(5) $(\lambda+\mu)x=\lambda x+\mu x$

(6) $\lambda(x+y)=\lambda x+\lambda y$

(7) $\mu(\lambda x)=(\mu\lambda)x$

(8) $1x=x$

이제, $|F_2^n|=2^n$이므로, F_2^n는 F_2의 원소가 스칼라인 유한벡터 공간이다. 선형부호나 암호학 등과 같은 응용대수학에서는 F_2^n과 같은 유한 벡터공간이 중요한 역할을 한다.

이 책에서는 주로 $\mathbb{R}^n$와 $Mat_n(\mathbb{R})$에 주목한다. 부호론 등 선형대수학의 응용적인 측면을 고려할 때에는 F_2^n와 같은 유한 벡터공간이 중요하다.

참고로, 이 책에서는 $F_2=\{0, 1\}$을 그냥 F로 나타내기도 한다 (예를 들어, X장). 이 경우에는, F_2^n는 $F^n=\underbrace{F\times F\times\cdots\times F}_{n\text{개}}$와 같이 나타낸다.

과제 2.10 가. F_2^3에서도 위의 모든 성질((1)～(8))이 성립함을 확인하여라.

나. 다음을 확인하여라.

> $\mathbb{R}$는 벡터공간이라고 생각할 수 있는데, 이 경우의 스칼라배는 실수의 곱셈 연산이다. 또 이 경우에는 벡터 집합과 스칼라 집합이 같다.

이 책에서의 벡터 개념과 고등학교에서의 벡터 개념 사이에는 차이가 있다. 사실, 이 책에서는 벡터공간을 하나의 대수적인 구조로서 정의하고, 그 구조의 원소를 벡터라고 한다. 즉, 고등학교에서처럼 벡터를 '크기와 방향을 가지는 (물리)량'이라고 정의하지 않는다.

스칼라의 개념도 달라진다. 고등학교에서는 스칼라를 '크기만을 가진 (물리)량'이라고 하지만, 이 책에서는 특별한 언급이 없는 한 실수를 뜻한다.

기본적인 성질

벡터공간에서 다음을 알 수 있다.

> **≪정리 2.11≫** V가 벡터공간이고 $\mathbf{0}$는 영벡터, $v \in V$는 벡터, 0, -1 그리고 μ가 실수(스칼라)일 때 다음이 성립한다.
>
> 가. $0v = \mathbf{0}$
>
> 나. $\mu\mathbf{0} = \mathbf{0}$
>
> 다. $(-1)v = -v$

[증명 및 그림]

벡터공간의 정의를 이용한다. 사실, 그 정의만을 이용하여야 한다.

증명 가. 먼저, $0v=(0+0)v=0v+0v$이 성립함을 알 수 있다. 이제, 양변에 $0v$의 덧셈에 관한 역원을 더해주면 $0v=\mathbf{0}$임을 알 수 있다.

나. 먼저, $\mu\mathbf{0}=\mu(\mathbf{0}+\mathbf{0})=\mu\mathbf{0}+\mu\mathbf{0}$이 성립함을 알 수 있다. 양변에 $\mu\mathbf{0}$의 덧셈에 관한 역원을 더해주면 $\mu\mathbf{0}=\mathbf{0}$임을 알 수 있다.

다. 먼저, 다음이 성립함을 알 수 있다.

$$(-1)v+1v=\{(-1)+1\}v=0v=\{1+(-1)\}v=1v+(-1)v$$

그런데 $0v=\mathbf{0}$이고 $1v=v$이므로 $(-1)v$는 v의 덧셈에 관한 역원임을 알 수 있다. 따라서 $(-1)v=-v$이다. ■

위 정리의 증명과정에서 벡터공간 정의가 모두 활용됨을 알 수 있다. 위와 같은 증명 기법은 앞으로도 자주 사용되므로 충분히 익혀둘 필요가 있다.

임의의 벡터 v에 대하여 다음 세 가지 스칼라배를 특별히 기억하면 편리하다.

$$0v=\mathbf{0},\ \ 1v=v,\ (-1)v=-v$$

군

추상대수학 강좌에서 다루게 될 여러 가지 중요한 대수적 구조 중 하나는 군(group)이다. 이 강좌에서는 군의 정의와 간단한 예 등 이 책의 내용 전개상 필요한 부분만 살펴보기로 한다.

우리가 이미 잘 알고 있는 군의 예로서 다음을 들 수 있다.

- 정수 집합과 덧셈
- $\mathbb{Z}_n$과 덧셈
- $\mathbb{R}^2$과 덧셈

군의 정의는 다음과 같다.

≪정의 2.12≫ 집합 G와 여기에 정의된 연산 $\cdot$에 대하여 다음이 성립할 때, $(G, \cdot)$를 군이라고 한다.

(결합법칙) $\forall x, y, z \in G, (x \cdot y) \cdot z = x \cdot (y \cdot z)$

(항등원) $\exists e \in G\,;\, x \cdot e = e \cdot x = x, \forall x \in G$

(역원) $\forall x \in G, \exists x' \in G\,;\, x \cdot x' = x' \cdot x = e$

벡터공간의 정의에서는 '가환군(abelian group)'이라고 불리는 특별한 군이 유용하게 사용된다.

≪정의 2.13≫ 군 $(G, \cdot)$가 다음 조건을 추가로 만족시킬 때, $(G, \cdot)$를 가환군이라고 한다.

$$\forall x, y \in G, x \cdot y = y \cdot x$$

군의 여러 가지 예를 생각할 수 있다. 사실, $(\mathbb{Z}, +)$, $(\mathbb{Q}, +)$, $(\mathbb{R}, +)$, $(\mathbb{C}, +)$, $(\mathbb{R}^2, +)$, $(Mat_{m\times n}(\mathbb{R}), +)$, 그리고 $(F_2^n, +)$는 모두 가환군이다.

이제, 비가환군의 예를 하나 생각하여 보자.

집합 $X=\{1, 2, 3, \cdots, n\}$에서 X 자신으로의 일대일대응 전체의 집합 $\{\sigma|\sigma : X \to X$는 일대일 대응$\}$을 생각하자. 이 집합은 함수의 합성 연산 $\circ$에 관하여 군을 이루고 그 위수는 $n!$인 유한군이 된다. 이 집합 $\{\sigma|\sigma : X \to X$는 일대일 대응$\}$을 보통 S_n으로 나타내고, S_n의 각각의 원소를 치환(permutation)이라고 하고, S_n을 대칭군(symmetric group)이라고 한다.

치환 $\sigma \in S_n$는 각 원소 $x \in X$의 상 $\sigma(x)$에 의하여 결정되므로 σ를 다음과 같이 나타내면 편리하다.

$$\sigma = \begin{pmatrix} 1 & 2 & \cdots & n \\ \sigma(1) & \sigma(2) & \cdots & \sigma(n) \end{pmatrix}$$

예를 들어, $\sigma(1)=2$, $\sigma(2)=3$, $\sigma(3)=1$인 치환 $\sigma \in S_3$은 $\sigma = \begin{pmatrix} 1 & 2 & 3 \\ 2 & 3 & 1 \end{pmatrix}$으로 나타낼 수 있다. 이때, 1은 2, 2는 3, 3은 1로 대응된다는 의미에서 σ를 $\sigma=(1\ \ 2\ \ 3)$와 같이 간단히 나타낼 수 있다.

여기서, $(1\ \ 2\ \ 3)=(2\ \ 3\ \ 1)=(3\ \ 1\ \ 2)$임을 알 수 있다.

S_3의 치환은 $3!=6$개로 여섯 개가 있는데, 치환 모두를 이와 같은 방법으로 나타내면 다음과 같다.

$$S_3=\{1,\ (12),\ (13),\ (23),\ (123),\ (132)\}$$

여기서 1은 항등 치환을 나타낸다.

한편, 대칭군 S_n의 연산은 함수(치환)의 합성이므로 오른쪽 치환에 왼쪽 치환을 합성한다. 예를 들어, $(13)\circ(23)=(132)$이다. 앞으로, $(13)\circ(23)$을 간단히 $(13)(23)$으로 나타내기로 한다.

과제 2.14 가. S_1과 S_2는 가환군임을 설명하여라.
나. 연산표를 만들어서 S_3은 비가환군임을 확인하여라.

군에서의 다음 성질들은 유용하게 이용된다.

≪**정리 2.15**≫ 가. 군의 단위원은 유일하다.
나. 군의 임의의 원소의 역원은 유일하다.
다. 군의 임의의 원소 x에 대하여 다음이 성립한다.

$$(x^{-1})^{-1}=x$$

라. 군의 임의의 두 원소 x, y에 대하여 다음이 성립한다.

$$(xy)^{-1}=y^{-1}x^{-1}$$

증명 '가'와 '나'는 이미 증명하였다(정리 2.3, 정리 2.5).

다. $xx^{-1}=x^{-1}x=e$이므로 $(x^{-1})^{-1}=x$이다.

라. 먼저, 다음이 성립함을 알 수 있다.

$$(xy)(y^{-1}x^{-1})=x(yy^{-1})x^{-1}=e=y^{-1}(x^{-1}x)y=(y^{-1}x^{-1})(xy)$$

따라서 $y^{-1}x^{-1}$는 xy의 역원이다. 즉, $(xy)^{-1}=y^{-1}x^{-1}$이다. ■

위 정리의 증명과정에서 군의 정의가 어떻게 이용되는지 주목할 필요가 있다.

과제 2.16 S_3에서 예를 통하여 위의 사실을 확인하여라.

G가 군이고 x가 G의 한 원소일 때, 다음과 같은 집합을 생각하자.

$$G^{-1}=\{g^{-1}|g\in G\},$$
$$xG=\{xg|g\in G\},$$
$$Gx=\{gx|g\in G\}$$

위 세 집합에 대하여 다음이 성립한다.

> **≪정리 2.17≫** $G^{-1}=G$
>
> $xG=Gx=G$

증명 먼저, $G^{-1}=G$임을 보인다. 이를 위하여 $G^{-1}\subset G$이고 $G^{-1}\supset G$

임을 보여야 한다. $h \in G^{-1}$이면 $h = g^{-1}$, $g \in G$이다. G는 군이므로 g^{-1} 즉 h는 G의 원소이다. 따라서 $G^{-1} \subset G$이다. 한편, $h \in G$이면 $h = (h^{-1})^{-1}$인데, G는 군이므로 h^{-1}는 G의 원소이다. 이는 $(h^{-1})^{-1}$ 즉 h가 G^{-1}의 원소임을 뜻한다. 따라서 $G^{-1} \supset G$이다.

이제, $xG = G$임을 보인다. 이를 위하여 $xG \subset G$이고 $xG \supset G$임을 보여야 한다. $h \in xG$이면 $h = xg$, $g \in G$이다. G는 군이고 x는 G의 원소이므로 xg 즉 h는 G의 원소이다. 따라서 $xG \subset G$이다. 한편, $h \in G$이면 $h = (xx^{-1})h$인데 $(xx^{-1})h = x(x^{-1}h)$이고 G는 군이므로 $x^{-1}h$는 G의 원소이다. 이는 $(xx^{-1})h$ 즉 h가 xG의 원소임을 뜻한다. 따라서 $xG \supset G$이다.

마지막으로, $Gx = G$임도 위와 같은 방법으로 보일 수 있다. ■

과제 2.18 가. '두 집합이 서로 같다' 즉, '두 집합의 상등'의 정의가 위 증명에서 어떻게 적용되었는지 확인하여라.

나. 군의 정의가 위 증명에서 어떻게 적용되었는지 확인하여라.

다. S_3의 경우를 통하여 위의 사실을 확인하여라.

뒷 이야기

1. 이항 연산 외의 연산으로서 다음과 같은 단항연산을 생각할 수 있다.

   정수 집합 $\mathbb{Z}$의 부분집합 전체의 집합 $\wp(\mathbb{Z})$에서 함수 C를 $\wp(\mathbb{Z})$에서 $\wp(\mathbb{Z})$로의 함수

$$C : \wp(\mathbb{Z}) \to \wp(\mathbb{Z})$$
$$X \mapsto X^C$$

   라고 하자. 여기서 X^C는 X의 여집합을 나타낸다.

   다음을 확인하여라.

   결합법칙, 교환법칙, 항등원, 그리고 단위원 등은 일반적으로 이항연산에 대하여 생각한다.

2. 다음 벡터공간에 대하여 알아보아라.

   가. 실 계수를 갖는 x에 관한 다항식 전체의 집합을 $\mathbb{R}[x]$라고 하자. 즉, $\mathbb{R}[x]=\{f(x)=a_0+a_1x+\cdots+a_nx^n \mid a_i \in \mathbb{R},\ n \in \mathbb{N} \cup \{0\}\}$이다. 이제, $\mathbb{R}[x]$의 두 원소 $f(x)=a_0+a_1x+\cdots+a_nx^n$, $g(x)=b_0+b_1x+b_1x+\cdots+b_mx^m$ 그리고 실수 k에 대해서

$$f(x)+g(x)=(a_0+b_0)+(a_1+b_1)x+(a_2+b_2)x^2+\cdots$$
$$+(a_m+b_m)x^m+a_{m+1}x^{m+1}+\cdots+a_nx^n \ (m \le n)$$

$$(kf)(x)=ka_0+(ka_1)x+\cdots+(ka_n)x^n$$

와 같이 정의하면, $\mathbb{R}[x]$는 실수를 스칼라로 하는 벡터공간이다. 이때, $\mathbb{R}[x]$의 영벡터는 $\mathbf{0}(x)=0$인 영다항식 $\mathbf{0}$이고 $\mathbb{R}[x]$의 원소 $f(x)=a_0+a_1x+\cdots+a_nx^n$에 대해서 $(-f)(x)=-a_0+(-a_1)x+\cdots+(-a_n)x^n$이다.

나. 두 실수 a와 $b(a<b)$에 대하여, 개구간 (a, b) 위에 정의된 연속함수들의 집합을 V라고 하자. V의 두 원소 f, g와 실수 k에 대해서,

$$(f+g)(x)=f(x)+g(x),\ (kf)(x)=kf(x)$$

와 같이 정의하면 V는 실수를 스칼라로 하는 벡터공간이다. 이때, 영벡터는 $\mathbf{0}(x)=0$인 상수 함수, 즉 영함수 $\mathbf{0}$이고 V의 원소 f에 대해서, $(-f)(x)=-f(x)$이다.

3. 좌표평면 $\mathbb{R}^2$, 좌표공간 $\mathbb{R}^3$에 관한 대수학적인 이론(벡터의 합, 스칼라 배 등)은 일반적인 벡터공간 $\mathbb{R}^n$으로 자연스럽게 확장될 수 있음을 확인하여라.

4. '자료 : 수학판타지 간주'를 참고하여 연산과 관련된 용어들의 오용사례에 대하여 조사하여라.

Ⅲ

행렬

지난 줄거리

1. 다음 용어를 모두 사용하여 작문하여라.
   대수학, 집합, 연산, 덧셈, 가환군, 스칼라 배, 벡터공간

2. 자연수 전체의 집합에서 덧셈과 곱셈은 연산인가?

3. 벡터공간에서 정의된 스칼라 배는 연산인가?

4. 벡터공간의 예를 세 개 제시하되, 각각의 벡터공간에 대하여 덧셈과 스칼라배를 명시하여라.

이번 줄거리

1. 행렬 곱셈의 성질은 실수의 곱셈과 어느 점에서 비슷하며 어느 점에서 다른지 이해한다.

2. 일차연립방정식을 푸는 과정과 역행렬을 구하는 과정의 관련성을 안다.

3. 역행렬이 존재하기 위한 필요충분조건이 무엇인지를 알고, 역행렬이 존재하는 경우, 그 역행렬을 구할 수 있다.

4. 동차연립방정식의 해와 관련하여 (계수)행렬의 정칙성, 행렬의 역행렬, 행렬의 계급수를 종합적으로 이해한다.

여는 이야기

중학교와 고등학교에서 합집합과 교집합을 집합의 연산으로서 배우고 이들에 관한 여러 연산법칙을 살핀다. 또, 실수는 물론 복소수의 덧셈과 곱셈에 관한 여러 가지 성질을 살핀다.

이 장에서는 행렬의 덧셈과 곱셈의 여러 가지 성질에 대하여 살펴본다. 특히, 행렬의 곱셈은 수의 곱셈과 여러 면에서 다르기 때문에 행렬의 곱셈을 주로 살핀다.

여기서 논의하는 구체적인 문제는 다음과 같다.

- 행렬의 곱셈은 실수의 곱셈과 어느 점에서 다른가?
- 일차연립방정식과 행렬은 어떠한 관계에 있나?

- 어떤 경우에 역행렬이 존재하는가?
- 역행렬을 구하는 방법은 무엇인가?
- 연립방정식의 해는 계수행렬의 계급수와 어떠한 관계에 있나?

학교수학에서의 행렬

중학교에서 배운 연립방정식이나 고등학교에서 배운 이산 수학에 행렬은 자연스럽게 등장한다.

과제 3.1 가. 고등학교 교육과정에서는 연립방정식과 행렬과의 관계를 어느 정도 다루는지 알아보아라.

나. '수학 I'을 참고하여 행렬의 덧셈과 곱셈이 편리한 실생활 문제의 예를 하나 들어라.

다. '수학 I'을 참고하여 '인접행렬(adjacency matrix)' 용어를 중심으로 그래프와 행렬과의 관계를 알아보아라.

라. 지난 해 어느 지역의 토지용도 비율은 다음과 같다고 하자.

상업지역 : 30%, 공업지역 : 20%, 주거지역 : 50%

이 지역의 일 년간 토지용도는 다음과 같이 변경되었다.

	상업지역으로	공업지역으로	주거지역으로
상업지역에서	70%	20%	10%
공업지역에서	5%	90%	5%
주거지역에서	10%	40%	50%

이 지역의 현재 토지용도 비율은 어떠한가?

이제, 고등학교에서 배운 2×2 행렬의 덧셈과 곱셈 그리고 스칼라 배는 자연스럽게 행과 열의 개수가 모두 n인 $n\times n$ 행렬의 경우로 확장할 수 있다.

여기에서, $n\times n$ 행렬 전체의 집합을 $Mat_n(\mathbb{R})$로 나타낸다.

행렬의 곱

A가 $m\times k$ 행렬이고 B가 $k\times n$ 행렬이면 그 두 행렬의 곱 AB가 잘 정의되고 이는 $m\times n$ 행렬이다. 다음과 같은 예를 들 수 있다.

$$\begin{bmatrix} a_{11} & a_{12} \\ a_{21} & a_{22} \end{bmatrix} \begin{bmatrix} x \\ y \end{bmatrix} = \begin{bmatrix} a_{11}x+a_{12}y \\ a_{21}x+a_{22}y \end{bmatrix}$$

$$\begin{bmatrix} a_{11} & \cdots & a_{1n} \\ \vdots & & \vdots \\ a_{n1} & \cdots & a_{nn} \end{bmatrix} \begin{bmatrix} x_1 \\ \vdots \\ x_n \end{bmatrix} = \begin{bmatrix} \sum_{k=1}^{n} a_{1k}x_k \\ \vdots \\ \sum_{k=1}^{n} a_{nk}x_k \end{bmatrix}$$

이 책에서는 주로 $n\times n$ 행렬들의 곱을 주로 생각한다.

먼저, $Mat_n(\mathbb{R})$에서 곱셈에 관한 결합법칙이 성립한다. 즉, 임의의 세 행렬 $A=\begin{bmatrix} a_{11} & \cdots & a_{1n} \\ \vdots & & \vdots \\ a_{n1} & \cdots & a_{nn} \end{bmatrix}$, $B=\begin{bmatrix} b_{11} & \cdots & b_{1n} \\ \vdots & & \vdots \\ b_{n1} & \cdots & b_{nn} \end{bmatrix}$, 그리고 $C=\begin{bmatrix} c_{11} & \cdots & c_{1n} \\ \vdots & & \vdots \\ c_{n1} & \cdots & c_{nn} \end{bmatrix}$에 대하여 $(AB)C=A(BC)$이다. 이를 알아보기 위하여 $(AB)C$의 ij-성분과 $A(BC)$의 ij-성분이 같다는 것을 다음과 같이 보이면 된다.

먼저, $(AB)C$의 ij-성분은 $(\sum_k a_{ik}b_{k1})c_{1j}+(\sum_k a_{ik}b_{k2})c_{2j}+\cdots+(\sum_k a_{ik}b_{kn})c_{nj}$인데 이를 다음과 같이 정리할 수 있다.

$$\begin{aligned} & a_{i1}(b_{11}c_{1j}+b_{12}c_{2j}+\cdots b_{1n}c_{nj}) \\ & +a_{i2}(b_{21}c_{1j}+b_{22}c_{2j}+\cdots b_{2n}c_{nj}) \\ & +\cdots \\ & +a_{in}(b_{n1}c_{1j}+b_{n2}c_{2j}+\cdots b_{nn}c_{nj}) \end{aligned}$$

이는 $a_{i1}(\sum_k b_{1k}c_{kj})+a_{i2}(\sum_k b_{2k}c_{kj})+\cdots+a_{in}(\sum_k b_{nk}c_{kj})$으로서 $A(BC)$의 ij-성분이다.

한편, $Mat_n(\mathbb{R})$에서 주대각선 위에 있는 성분이 모두 1이고 그 외의 성분은 모두 0인 행렬을 I_n이라고 하면, I_n은 $Mat_n(\mathbb{R})$에서 곱셈에 관한 항등원이다. 즉, 임의의 $A\in Mat_n(\mathbb{R})$에 대하여 $AI_n=I_nA=A$이다. 보통, 이 행렬 I_n을 $Mat_n(\mathbb{R})$에서의 단위(항등) 행렬이라고 한다. 혼란의 여지가 없을 때에는 I_n을 그냥 I로 나타내기도 한다.

행렬의 곱셈은 실수의 곱셈과 다른 성질도 가진다.

먼저, 실수의 곱셈에 관하여 교환법칙이 성립한다. 그러나 실수의 곱셈과는 달리 $Mat_n(\mathbb{R})$에서는 곱셈에 관한 교환법칙이 성립하지 않는다. 이를 확인하기 위하여 다음과 같은 간단한 예를 들 수 있다.

$$\begin{bmatrix} 1 & 2 \\ 3 & 4 \end{bmatrix} \begin{bmatrix} 0 & 1 \\ 1 & 0 \end{bmatrix} \neq \begin{bmatrix} 0 & 1 \\ 1 & 0 \end{bmatrix} \begin{bmatrix} 1 & 2 \\ 3 & 4 \end{bmatrix}$$

두 실수 x, y에 대하여 $xy=0$이면 $x=0$이든가 $y=0$이다. 즉, $x\neq0$이고 $y\neq0$이면 $xy\neq0$이다. 그러나 행렬의 경우에는 다르다. 즉, 두 행렬 A, $B\in Mat_n(\mathbb{R})$에 대하여 $A\neq O$이고 $B\neq O$인데 $AB=O$일 수 있다. $n=2$인 경우로서 다음과 같은 예를 들 수 있다.

$$\begin{bmatrix} 3 & 2 \\ 6 & 4 \end{bmatrix} \begin{bmatrix} -2 & 4 \\ 3 & -6 \end{bmatrix} = \begin{bmatrix} 0 & 0 \\ 0 & 0 \end{bmatrix}$$

한편, $AB=O$이라고 하여도 $BA=O$라고 할 수 없다. 이를테면, $\begin{bmatrix} 1 & 0 \\ 1 & 0 \end{bmatrix} \begin{bmatrix} 0 & 0 \\ 1 & 1 \end{bmatrix} = \begin{bmatrix} 0 & 0 \\ 0 & 0 \end{bmatrix}$이지만 $\begin{bmatrix} 0 & 0 \\ 1 & 1 \end{bmatrix} \begin{bmatrix} 1 & 0 \\ 1 & 0 \end{bmatrix} = \begin{bmatrix} 0 & 0 \\ 2 & 0 \end{bmatrix}$이다.

또한, 0이 아닌 모든 실수는 곱셈에 관한 역원을 가진다. 이 점에서도 행렬의 경우에는 다르다. 이를테면, $\begin{bmatrix} 1 & 0 \\ 0 & 0 \end{bmatrix}$은 영행렬 $\begin{bmatrix} 0 & 0 \\ 0 & 0 \end{bmatrix}$

이 아니다. 그러나 어떠한 행렬 $\begin{bmatrix} a & b \\ c & d \end{bmatrix}$에 대하여 $\begin{bmatrix} 1 & 0 \\ 0 & 0 \end{bmatrix}\begin{bmatrix} a & b \\ c & d \end{bmatrix} = \begin{bmatrix} a & b \\ 0 & 0 \end{bmatrix}$이다. 따라서 다음 조건을 만족시키는 행렬 $\begin{bmatrix} a & b \\ c & d \end{bmatrix}$가 없다. 즉,

$$\begin{bmatrix} 1 & 0 \\ 0 & 0 \end{bmatrix}\begin{bmatrix} a & b \\ c & d \end{bmatrix} = \begin{bmatrix} a & b \\ c & d \end{bmatrix}\begin{bmatrix} 1 & 0 \\ 0 & 0 \end{bmatrix} = \begin{bmatrix} 1 & 0 \\ 0 & 1 \end{bmatrix}$$

즉, $\begin{bmatrix} 1 & 0 \\ 0 & 0 \end{bmatrix}$은 영행렬이 아님에도 불구하고 곱셈에 관한 역원을 가지지 아니한다.

역원의 존재성

영행렬이 아니라 하더라도 곱셈에 관한 역원을 가지지 않을 수 있으므로, 언제 역원을 가지게 되는지를 살피는 것은 중요하다.

곱셈에 관하여 역원을 가지는 행렬을 별도로 구별하여 부른다.

> **≪정의 3.2≫** 주어진 $A \in Mat_n(\mathbb{R})$에 대하여 $AB = BA = I$인 $B \in Mat_n(\mathbb{R})$가 존재할 때, A를 정칙행렬(nonsingular matrix)이라고 하고, B를 A의 역행렬(inverse matrix)이라고 하며 A의 역행렬을 A^{-1}와 같이 나타낸다.

위 정의에서 $B = A^{-1}$이다.

과제 3.3 $B=A^{-1}$이면 $A=B^{-1}$임을 설명하여라.

이제, A의 역행렬이 A^{-1}이고 B의 역행렬이 B^{-1}이면, AB는 역행렬 $B^{-1}A^{-1}$을 가짐을 다음과 같이 보일 수 있다.

$$(AB)(B^{-1}A^{-1})=A(BB^{-1})A^{-1}=AA^{-1}=I$$
$$(B^{-1}A^{-1})(AB)=B^{-1}(A^{-1}A)B=B^{-1}B=I$$

사실, 군의 임의의 두 원소 x, y에 대하여 $(xy)^{-1}=y^{-1}x^{-1}$임이 성립(정리 2.15)하지만, 군이 아니라고 하더라도 x, y가 각각 역원 x^{-1}, y^{-1}을 가지고 주어진 연산에 관하여 결합법칙이 성립하면 xy도 역원을 가지며, 그 역원은 $y^{-1}x^{-1}$이다.

이상으로부터, $Mat_n(\mathbb{R})$에서 정칙행렬 전체의 집합은 곱셈에 관하여 닫혀있고, 정칙행렬의 역행렬도 정칙임을 알 수 있다. 실제로, $Mat_n(\mathbb{R})$에서 정칙행렬 전체의 집합 $GL_n(\mathbb{R})$은 행렬의 곱셈에 관하여 군[5]이다.

일차연립방정식의 행렬 표현

다음 연립방정식을 생각하여 보자.

$$\begin{cases} 2x-y=1 \\ x+y=2 \end{cases}$$

5) 이 군을 보통 일반선형군(general linear group)이라고 부른다.

이 연립방정식은 다음과 같이 행렬을 사용하여 나타낼 수 있다.

$$\begin{bmatrix} 2 & -1 \\ 1 & 1 \end{bmatrix} \begin{bmatrix} x \\ y \end{bmatrix} = \begin{bmatrix} 1 \\ 2 \end{bmatrix}$$

위의 표현에서 행렬 $\begin{bmatrix} 2 & -1 \\ 1 & 1 \end{bmatrix}$를 주어진 연립방정식의 계수(coefficient)행렬이라고 한다. 또, $\begin{bmatrix} 2 & -1 & : & 1 \\ 1 & 1 & : & 2 \end{bmatrix}$를 주어진 연립방정식의 덧붙인(augmented)행렬이라고 한다.

기본 행 연산

연립방정식을 풀 때, 다음 세 가지 조작을 하여도 연립방정식의 해는 동일하다.

- 두 방정식의 위치를 바꾼다.
- 한 방정식에 k $(\neq 0)$배를 한다.
- 한 방정식에 k배를 한 후 다른 방정식에 더한다.

연립방정식을 행렬을 이용하여 나타내었을 때, 덧붙인 행렬에서 다음 세 조작을 시행하여도 주어진 연립방정식의 해에는 아무런 변화가 없음을 알 수 있다.

- 두 행의 위치를 바꾼다.
- 한 행에 k $(\neq 0)$배를 한다.
- 한 행에 k배를 한 후 그것을 다른 행에 더한다.[6)]

---

6) $k=0$인 경우는 아무 조작을 하지 않은 것과 같다.

행렬에서의 위의 세 조작을 기본 행 연산(elementary row operations)이라고 한다.

이제, 연립방정식

$$\begin{cases} 2x-y=1 \\ x+y=2 \end{cases}$$

를 풀어 해 $x=b_1$, $y=b_2$를 구한다는 것은 다음과 같은 조건을 만족시키는 b_1, b_2를 찾는 것으로 볼 수 있다.

$$\begin{bmatrix} 1 & 0 \\ 0 & 1 \end{bmatrix} \begin{bmatrix} x \\ y \end{bmatrix} = \begin{bmatrix} b_1 \\ b_2 \end{bmatrix}$$

즉, $\begin{bmatrix} 2 & -1 & : & 1 \\ 1 & 1 & : & 2 \end{bmatrix}$를 적절히 변형시켜 $\begin{bmatrix} 1 & 0 & : & b_1 \\ 0 & 1 & : & b_2 \end{bmatrix}$를 구하는 것으로 볼 수 있다. 이때, 세 개의 기본 행 연산을 적절히 적용하여 계수행렬을 단위행렬로 고쳐 나간다.

위의 방정식의 경우에는 다음과 같다.

$$\begin{bmatrix} 2 & -1 & : & 1 \\ 1 & 1 & : & 2 \end{bmatrix} \to \begin{bmatrix} 1 & 1 & : & 2 \\ 2 & -1 & : & 1 \end{bmatrix} \to \begin{bmatrix} 1 & 1 & : & 2 \\ 0 & -3 & : & -3 \end{bmatrix}$$
$$\to \begin{bmatrix} 1 & 1 & : & 2 \\ 0 & 1 & : & 1 \end{bmatrix} \to \begin{bmatrix} 1 & 0 & : & 1 \\ 0 & 1 & : & 1 \end{bmatrix}$$

연립 방정식을 푸는 과정에서 단위행렬이 자연스럽게 등장함에 주목할 필요가 있다. 한편, 주어진 연립방정식에서 계수행렬의 역행렬이 존재하고 그 역행렬을 찾을 수 있으면 연립방정식을 풀 수 있음이 분명하다. 사실, 연립방정식에서 계수행렬 $A=\begin{bmatrix}2 & -1\\ 1 & 1\end{bmatrix}$의 역행렬 A^{-1}을 구할 수 있다면

$$A^{-1}\left(\begin{bmatrix}2 & -1\\ 1 & 1\end{bmatrix}\begin{bmatrix}x\\ y\end{bmatrix}\right)=A^{-1}\begin{bmatrix}1\\ 2\end{bmatrix}$$

즉,

$$\begin{bmatrix}x\\ y\end{bmatrix}=A^{-1}\begin{bmatrix}1\\ 2\end{bmatrix}$$

가 되어 연립방정식을 푼 결과가 된다.

따라서 어떤 행렬의 역행렬의 존재성과 그 역행렬을 구하는 문제도 연립방정식의 풀이와 밀접한 관계를 가진다.

과제 3.4 '미지수가 두 개인 연립일차방정식'을 '이원일차연립방정식'이라고 하지 않는다. 마찬가지로 다음 용어들도 옳게 사용하도록 연습하여라.

'무작위(random)' → '임의'
'x 자승(x squared)', 'x 삼승(x cubed)' → 'x 제곱', 'x 세제곱'
'만족하는(satisfying)' → '만족시키는'

기본 행렬

연립방정식을 풀 때, 기본적으로 사용되는 세 가지 기본 조작은 적절한 행렬의 곱으로 구현될 수 있다.

≪**정의** 3.5≫ 다음과 같은 행렬을 기본 행렬(elementary matrices)이라고 한다.

C_{ij} : 단위행렬의 i행과 j행을 서로 맞바꾼 행렬

$D_{ii}(k)$: 단위행렬의 i행을 k배한 행렬

$E_{ij}(k)$: 단위행렬의 j행의 k배를 i행에 더한 행렬

다음 사실을 알 수 있다. 즉, 행렬 A에 기본 행 연산을 시행한 결과와 단위행렬에 그 기본 행 연산을 시행하여 얻은 행렬(하나의 기본 행렬)을 A의 좌측에 곱한 결과는 같다.

예를 들어, $\begin{bmatrix} 1 & 2 \\ 3 & 4 \end{bmatrix}$의 1행과 2행을 바꾸고자 하면, 단위행렬 $\begin{bmatrix} 1 & 0 \\ 0 & 1 \end{bmatrix}$의 1행과 2행을 바꾼 $\begin{bmatrix} 0 & 1 \\ 1 & 0 \end{bmatrix}$을 $\begin{bmatrix} 1 & 2 \\ 3 & 4 \end{bmatrix}$의 좌측에 곱해주면 된다. 즉,

$$\begin{bmatrix} 0 & 1 \\ 1 & 0 \end{bmatrix}\begin{bmatrix} 1 & 2 \\ 3 & 4 \end{bmatrix}=\begin{bmatrix} 3 & 4 \\ 1 & 2 \end{bmatrix}$$

이다.

마찬가지로, $\begin{bmatrix} 1 & 2 \\ 3 & 4 \end{bmatrix}$의 1행을 -3배 하고자 하면, 단위행렬 $\begin{bmatrix} 1 & 0 \\ 0 & 1 \end{bmatrix}$의 1행을 -3배한 $\begin{bmatrix} -3 & 0 \\ 0 & 1 \end{bmatrix}$을 $\begin{bmatrix} 1 & 2 \\ 3 & 4 \end{bmatrix}$의 좌측에 곱해주면 된다. 즉,

$$\begin{bmatrix} -3 & 0 \\ 0 & 1 \end{bmatrix}\begin{bmatrix} 1 & 2 \\ 3 & 4 \end{bmatrix}=\begin{bmatrix} -3 & -6 \\ 3 & 4 \end{bmatrix}$$

이다.

한편, $\begin{bmatrix} 1 & 2 \\ 3 & 4 \end{bmatrix}$의 1행을 -3배 하여 2행에 더하고자 하면, 단위행렬 $\begin{bmatrix} 1 & 0 \\ 0 & 1 \end{bmatrix}$의 1행을 -3배하여 2행에 더한 $\begin{bmatrix} 1 & 0 \\ -3 & 1 \end{bmatrix}$ 행렬을 $\begin{bmatrix} 1 & 2 \\ 3 & 4 \end{bmatrix}$의 좌측에 곱해주면 된다. 즉,

$$\begin{bmatrix} 1 & 0 \\ -3 & 1 \end{bmatrix}\begin{bmatrix} 1 & 2 \\ 3 & 4 \end{bmatrix}=\begin{bmatrix} 1 & 2 \\ 0 & -2 \end{bmatrix}$$

이다.

여기서 주목할 사실은, 세 개의 기본 행렬은 모두 정칙이라는 것이다. 사실, 다음이 성립한다.

≪정리 3.6≫ $C_{ij}^{-1}=C_{ij}$

$D_{ii}(a)^{-1}=D_{ii}(a^{-1})\ (a\neq 0)$

$E_{ij}(a)^{-1}=E_{ij}(-a)\ (i\neq j)$

증명 다음을 쉽게 확인할 수 있다.

$$C_{ij}C_{ij}=C_{ij}C_{ij}=I$$
$$D_{ii}(a)D_{ii}(a^{-1})=D_{ii}(a^{-1})D_{ii}(a)=I$$
$$E_{ij}(a)E_{ij}(-a)=E_{ij}(-a)E_{ij}(a)=I$$

■

행렬 A에 기본 행 연산을 유한 번 시행하여 행렬 B를 얻었다면 다음이 성립한다.

$$B = E_s \cdots E_2 E_1 A$$

여기서 $E_1, \cdots, E_s$는 시행한 기본 행 연산 각각을 구현하는 기본행렬들이다.

≪**정의** 3.7≫ 행렬 A가 행렬 B로부터 일련의 기본 행연산에 의하여 얻어지면, '행렬 A는 행렬 B에 행동치이다'라고 한다.

집합 $Mat_n(\mathbb{R})$에 관계 ∼를 다음과 같이 정의하자.

두 원소 $A, B \in Mat_n(\mathbb{R})$에 대하여 A가 B에 행동치일 때 $A \sim B$이다.

관계 ∼는 $Mat_n(\mathbb{R})$에서 동치관계임을 다음과 같이 보일 수 있다.

(반사율) 임의의 $A \in Mat_n(\mathbb{R})$에 대하여 $A = IA$이다. 단위행렬 I는 기본행렬이므로 $A \sim A$이다.

(대칭률) $A \sim B$이면 적절한 기본행렬들 $E_1, E_2, \cdots, E_k$가 존재하여 $A = E_k E_{k-1} \cdots E_2 E_1 B$이다. 따라서 $B = E_1^{-1} E_2^{-1} \cdots E_{k-1}^{-1} E_k^{-1} A$인데, 기본행렬의 역행렬도 기본행렬이므로 $B \sim A$이다.

(추이율) $A \sim B$이고 $B \sim C$이면 적절한 기본행렬들 $E_1, E_2, \cdots,$

E_k, E'_1, E'_2, $\cdots$, E'_n이 존재하여 $A=E_kE_{k-1}\cdots E_2E_1B$ 이고 $B=E'_nE'_{n-1}\cdots E'_2E'_1C$이다. 이제, $A=E_kE_{k-1}\cdots E_2E_1E'_nE'_{n-1}\cdots E'_2E'_1C$이므로 $A\sim C$이다.

다음의 두 명제는 같다는 것을 알 수 있다.

A가 B에 행동치이다.
B는 A에 행동치이다.

따라서 A가 B에 행동치일 때, 'A와 B는 행동치이다'라고 하여도 혼란의 여지가 없다. 다음 정리는 앞에서 이미 직관적으로 인정한 것이다.

≪정리 3.8≫ A와 A'이 행동치이면, $AX=0$의 해집합과 $A'X=0$의 해집합은 같다.

증명 A'은 A에 유한번의 기본 행 연산을 실시하여 얻은 행렬이다. 이때, 적용한 기본 행렬을 연산 순서대로 E_1, E_2, $\cdots$, E_n이라고 하면 $A'=E_nE_{n-1}\cdots E_2E_1A$이다. 이제, $A'X=0$이면 $E_nE_{n-1}\cdots E_2E_1AX=0$인데, 모든 E_1, E_2, $\cdots$, E_n가 정칙이므로 $AX=0$임을 알 수 있다. 마찬가지 이유로 인해, $AX=0$이면 $A'X=0$임을 알 수 있다. 따라서 $AX=0$의 해집합과 $A'X=0$의 해집합은 같다. ■

과제 3.9 정칙행렬과 행동치인 행렬은 정칙이고, 비정칙행렬과 행동치인 행렬은 비정칙임을 설명하여라.

사다리꼴 행렬

임의의 행렬이 주어지면 기본 행 연산을 유한 번 시행하여 다음 성질 모두를 만족시키는 행렬로 변환시킬 수 있다.

(1) 0만으로 이루어진 행은 아래쪽에 있다.
(2) 각 행에서 처음으로 0이 아닌 성분은 1이다.
(3) 위 (2)에서의 1은 아래쪽 행일수록 오른쪽에 놓여 있다.

이러한 꼴의 행렬을 행사다리꼴(row-echelon form) 행렬이라고 한다. 행사다리꼴 행렬이 다음 조건을 추가로 만족시키면 기약행사다리꼴(reduced row-echelon form) 행렬이라고 한다.

(4) 위 (2)에서의 1이 있는 열의 나머지 성분은 0이다.

단위행렬은 기약행사다리꼴 행렬의 대표적인 예이다. 한편, 다음 세 행렬은 모두 행사다리꼴 행렬이고, 처음 두 개는 기약행사다리꼴 행렬이다.

$$\begin{bmatrix} 1 & 0 & 0 \\ 0 & 1 & 0 \\ 0 & 0 & 0 \end{bmatrix}, \quad \begin{bmatrix} 0 & 1 & 1 \\ 0 & 0 & 0 \\ 0 & 0 & 0 \end{bmatrix}, \quad \begin{bmatrix} 1 & 0 & 2 \\ 0 & 0 & 1 \\ 0 & 0 & 0 \end{bmatrix}$$

이제, 행렬 A에 기본 행 연산을 유한 번 시행하여 단위행렬 I를 얻을 수 있으면 A는 정칙행렬이다. 이 사실을 다음과 같이 설명할 수 있다.

적절한 기본행렬 $E_1, \cdots, E_k$에 대하여 $E_kE_{k-1}E_{k-2}\cdots E_2E_1A=I$라고 하면, 양 변 좌측에 차례로 기본행렬의 역행렬을 곱하면 다음과 같다.

$$E_{k-1}E_{k-2}\cdots E_2E_1A=E_k^{-1}I$$

$$E_{k-2}\cdots E_2E_1A=E_{k-1}^{-1}E_k^{-1}I$$

$$\vdots$$

$$E_1A=E_2^{-1}\cdots E_{k-1}^{-1}E_k^{-1}I$$

$$A=E_1^{-1}E_2^{-1}\cdots E_{k-1}^{-1}E_k^{-1}I$$

그런데 기본행렬의 역행렬은 기본행렬이므로 A는 정칙이다.

'행렬 A와 단위행렬 I가 행동치이다'라는 말과 'A가 유한개의 기본행렬의 곱으로 나타내어진다'는 말은 같다. 이 경우 A는 물론 정칙이다.

이제, A가 단위행렬 I와 행동치가 아니라고 하면 A는 마지막 행이 0만으로 이루어진 행렬과 행동치이다. 실제로, A가 단위행렬 I와 행동치가 아니면, 기본 행 연산을 통하여 기약행사다리꼴 행렬로 변환시켜 나가는 과정에서 I에 이르지 못하고, 적어도 어느 한 과정에서 대각성분에 필요한 1을 얻을 수 없게 된다. 다음과 같이 좀 더 자세히 살펴보자.

- 1행1열 성분에서 1을 얻을 수 없다면 A의 제1열은 영벡터이다. 따라서 기본 행 연산을 통하여 기약행사다리꼴 행렬로

변환시켜 나가면, 적어도 마지막 행의 모든 성분은 0이다.

- 1행1열 성분에서는 1을 얻었지만, 2행2열 성분에서 1을 얻을 수 없다면 2행2열 성분 이하에 있는 2열의 모든 성분은 0이다. 따라서 기약행사다리꼴 행렬로 변환시키기 위해 2행에 필요한 1을 2열에서는 얻을 수 없고, 3열 또는 그 이상의 열 성분에서 1을 얻도록 하여야 한다. 이제, 계속하여 기약행사다리꼴 행렬로 변환시켜 나가면, 이후의 상황에 관계없이 적어도 마지막 행의 모든 성분은 0이다.
- 1행1열 성분에서는 1을 얻었고 2행2열 성분에서도 1을 얻었지만 3행3열 성분 또는 그 이후 어느 i행i열($i \geq 3$) 성분에서 1을 얻을 수 없다면, 기약행사다리꼴 행렬로 계속 변환시켜 나가면 적어도 마지막 행의 모든 성분은 0임을 알 수 있다.

따라서 A가 단위행렬 I와 행동치가 아니라고 하면, A는 영벡터를 한 행으로 가지는 행렬과 행동치이다. 이제, A가 영벡터를 한 행으로 가지는 행렬과 행동치이면 A는 정칙일 수 없으므로, A와 단위행렬 I가 행동치가 아니면 A는 정칙이 아님을 알 수 있다.

따라서 모든 정칙행렬은 유한개의 기본행렬의 곱으로 나타내어짐을 알 수 있다.

과제 3.10 A가 영벡터를 한 행으로 가지는 행렬이면, A는 정칙일 수 없음을 설명하여라.

이상의 논의로부터 다음 정리를 얻을 수 있다.

> **≪정리 3.11≫** 행렬 A에 대하여 다음 세 조건은 서로 동치이다.
> - A는 정칙이다.
> - A는 단위행렬 I와 행동치이다.
> - A는 유한개의 기본행렬의 곱으로 나타내어진다.

다음과 같은 예를 생각하여 보자.

먼저, $A=\begin{bmatrix}1&2&3\\1&2&4\\2&5&5\end{bmatrix}$를 다음과 같이 바꿀 수 있다.

$$\begin{bmatrix}1&2&3\\0&0&1\\2&5&5\end{bmatrix}\rightarrow\begin{bmatrix}1&2&3\\2&5&5\\0&0&1\end{bmatrix}\rightarrow\begin{bmatrix}1&2&3\\0&1&-1\\0&0&1\end{bmatrix}$$

$$\rightarrow\begin{bmatrix}1&2&0\\0&1&0\\0&0&1\end{bmatrix}\rightarrow\begin{bmatrix}1&0&0\\0&1&0\\0&0&1\end{bmatrix}$$

이 경우 A는 정칙이다.

한편, $B=\begin{bmatrix}1&2&3\\1&2&4\\2&4&5\end{bmatrix}$는 다음과 같이 바꿀 수 있다.

$$\begin{bmatrix}1&2&3\\0&0&1\\2&4&5\end{bmatrix}\rightarrow\begin{bmatrix}1&2&3\\2&4&5\\0&0&1\end{bmatrix}\rightarrow\begin{bmatrix}1&2&3\\0&0&-1\\0&0&1\end{bmatrix}\rightarrow\begin{bmatrix}1&2&0\\0&0&0\\0&0&1\end{bmatrix}$$

$$\to \begin{bmatrix} 1 & 2 & 0 \\ 0 & 0 & 1 \\ 0 & 0 & 0 \end{bmatrix}$$

이 경우에는 B가 정칙이 아니다.

과제 3.12 다음을 설명하여라.

가. 기본 행 연산 또는 행동치와 같이 기본 열 연산(elementary column operations)과 열동치를 생각할 수 있다. 다음을 확인하여라.

(1) 단위행렬의 i열과 j열을 서로 맞바꾼 행렬은, 단위행렬의 i행과 j행을 서로 맞바꾼 행렬과 같으므로 C_{ij}이다.

(2) 단위행렬의 i열을 $k(k \neq 0)$배한 행렬은, 단위행렬의 i행을 $k(k \neq 0)$배한 행렬과 같으므로 $D_{ii}(k)$이다.

(3) 단위행렬의 j열의 k배를 i열에 더한 행렬은, 단위행렬의 i행의 k배를 j행에 더한 행렬과 같으므로 $E_{ji}(k)$이다.

(4) 기본 열 연산은 기본 행렬을 우측에 곱함으로써 구현할 수 있다.

(5) 행렬의 집합에서 열동치 관계는 동치관계이다.

나. 행렬 A에 대하여 다음 두 조건은 서로 동치이다.

- A는 정칙이다.
- A는 단위행렬 I와 열동치이다.

다. 기약행사다리꼴행렬 A의 한 행이 영벡터이면, 기본 열 연산을 통하여 A의 한 열을 영벡터로 변환할 수 있다.[7)]

7) 여기에서는 정사각행렬만을 생각한다.

일차연립방정식의 풀이

앞에서 언급하였듯이 일차연립방정식은 행렬을 이용하면 효과적으로 나타낼 수 있다. 사실, 연립방정식

$$\begin{cases} a_{11}x_1+a_{12}x_2+\cdots+a_{1n}x_n=b_1 \\ a_{21}x_1+a_{22}x_2+\cdots+a_{2n}x_n=b_2 \\ \cdots\cdots\cdots\cdots\cdots\cdots\cdots\cdots\cdots\cdots\cdots \\ a_{n1}x_1+a_{n2}x_2+\cdots+a_{nn}x_n=b_n \end{cases}$$

에서 계수 행렬 $\begin{bmatrix} a_{11} & \cdots & a_{1n} \\ \vdots & & \vdots \\ a_{n1} & \cdots & a_{nn} \end{bmatrix}$를 A라고 하고, $X=\begin{bmatrix} x_1 \\ \vdots \\ \vdots \\ x_n \end{bmatrix}$, 그리고 $B=\begin{bmatrix} b_1 \\ \vdots \\ \vdots \\ b_n \end{bmatrix}$이라고 하면, 위 연립방정식은 다음과 같이 나타내어진다.

$$AX=B$$

이제, $AX=B$를 푼다는 것은 덧붙인 행렬 $[A : B]$에서 A를 기약행사다리꼴 행렬 A'으로 변환시켜 나갈 때, 그 과정에 따른 B의 변환인 B'를 구하는 것으로 이해할 수 있다. A가 정칙이면 A는 단위행렬로 변환될 것이고, 그에 따른 B'이 구하는 유일한 해 $A^{-1}B$가 된다.

그러나 A가 정칙이 아니면, A'은 한 개 이상의 행을 영벡터로 가지기 때문에, 필요한 경우 미지수의 순서를 바꾸어, A'은 다음과 같은 꼴이다.

$$\begin{bmatrix} 1 & 0 & \cdots & 0 & 0 & c_{1(i+1)} & \cdots & \cdots & c_{1n} \\ 0 & 1 & \cdots & 0 & 0 & c_{2(i+1)} & \cdots & \cdots & c_{2n} \\ \vdots & \vdots & \vdots & \vdots & \vdots & \vdots & \vdots & \vdots & \vdots \\ 0 & 0 & \cdots & 0 & 1 & c_{i(i+1)} & c_{i(i+2)} & \cdots & c_{in} \\ 0 & 0 & \cdots & 0 & 0 & 0 & \cdots & \cdots & 0 \\ \vdots & \vdots & \vdots & \vdots & \vdots & \vdots & \vdots & \vdots & \vdots \\ 0 & 0 & \cdots & 0 & 0 & 0 & \cdots & \cdots & 0 \end{bmatrix}$$

따라서 덧붙인 행렬 $[A : B]$는 다음과 같이 변환될 것이다.

$$\begin{bmatrix} 1 & 0 & \cdots & 0 & 0 & c_{1(i+1)} & \cdots & \cdots & c_{1n} & : & b'_1 \\ 0 & 1 & \cdots & 0 & 0 & c_{2(i+1)} & \cdots & \cdots & c_{2n} & : & b'_2 \\ \vdots & \vdots & \vdots & \vdots & \vdots & \vdots & \vdots & \vdots & \vdots & & \vdots \\ 0 & 0 & \cdots & 0 & 1 & c_{i(i+1)} & c_{i(i+2)} & \cdots & c_{in} & : & b'_i \\ 0 & 0 & \cdots & 0 & 0 & 0 & \cdots & \cdots & 0 & : & b'_{i+1} \\ \vdots & \vdots & \vdots & \vdots & \vdots & \vdots & \vdots & \vdots & \vdots & & \vdots \\ 0 & 0 & \cdots & 0 & 0 & 0 & \cdots & \cdots & 0 & : & b'_n \end{bmatrix}$$

여기서 $b'_{i+1}, \cdots, b'_n$ 중에서 0이 아닌 것이 하나라도 있으면 주어진 연립방정식은 해를 가지지 아니한다. 그러나 $b'_{i+1}, \cdots, b'_n$ 모두가 0이면, 즉 $b'_{i+1} = \cdots = b'_n = 0$이면, 연립방정식은 무수히 많은 해를 가진다. 실제로, 미지수 벡터를 $\begin{bmatrix} x_{k_1} \\ \vdots \\ \vdots \\ x_{k_n} \end{bmatrix}$라고 할 때, 임의의 실수 $\lambda_{i+1}, \cdots, \lambda_n$에 대하여

$$
\begin{aligned}
x_{k_1} &= b'_1 - c_{1(i+1)}\lambda_{i+1} - \cdots - c_{1n}\lambda_n \\
x_{k_2} &= b'_2 - c_{2(i+1)}\lambda_{i+1} - \cdots - c_{2n}\lambda_n \\
&\cdots \\
x_{k_i} &= b'_i - c_{i(i+1)}\lambda_{i+1} - \cdots - c_{in}\lambda_n \\
x_{k_{i+1}} &= \lambda_{i+1} \\
&\cdots \\
x_{k_n} &= \lambda_n
\end{aligned}
$$

으로 놓으면,

$$
\begin{bmatrix} x_{k_1} \\ \vdots \\ \vdots \\ x_{k_n} \end{bmatrix} = \begin{bmatrix} b'_1 - c_{1(i+1)}\lambda_{i+1} - \cdots - c_{1n}\lambda_n \\ b'_2 - c_{2(i+1)}\lambda_{i+1} - \cdots - c_{2n}\lambda_n \\ \vdots \\ b'_i - c_{i(i+1)}\lambda_{i+1} - \cdots - c_{in}\lambda_n \\ \lambda_{i+1} \\ \vdots \\ \lambda_n \end{bmatrix}
$$

는 주어진 연립방정식의 해이다. 여기서, 미지수의 위치는 바뀌어, 원래의 미지수벡터 $\begin{bmatrix} x_1 \\ \vdots \\ \vdots \\ x_n \end{bmatrix}$는 $\begin{bmatrix} x_{k_1} \\ \vdots \\ \vdots \\ x_{k_n} \end{bmatrix}$로 변환되었음에 주목하여야 한다. 이제, 실수 $\lambda_{i+1}, \cdots, \lambda_n$ 각각은 모두 임의로 택할 수 있으므로 연립방정식은 무수히 많은 해를 가진다.

특히, $B=0$인 다음 연립방정식을 생각하여 보자.

$$\begin{cases} a_{11}x_1 + a_{12}x_2 + \cdots + a_{1n}x_n = 0 \\ a_{21}x_1 + a_{22}x_2 + \cdots + a_{2n}x_n = 0 \\ \cdots\cdots\cdots\cdots\cdots\cdots\cdots\cdots\cdots \\ a_{n1}x_1 + a_{n2}x_2 + \cdots + a_{nn}x_n = 0 \end{cases}$$

이와 같이 연립방정식 $AX=B$에서 $B=0$일 때, 동차(homogeneous)연립방정식이라고 한다.

동차연립방정식의 해는 항상 존재한다. $X=O$인 해이기 때문이다. 이 해 $X=O$, 즉 $X=\begin{bmatrix} 0 \\ \vdots \\ \vdots \\ 0 \end{bmatrix}$을 자명한 해(trivial solution)라고 부른다. 앞에서 살펴보았듯이, A가 정칙인 경우에는 그 해가 유일하다. 사실, $A^{-1}(AX)=A^{-1}O$이므로 $X=O$가 그 유일한 해이다. 그러나 A가 정칙이 아니면, 동차(homogeneous) 연립 방정식 $AX=O$은 무수히 많은 해, 특히 자명하지 않은(non-trivial) 해도 가진다.

한 예를 들어 보자.

연립방정식

$$\begin{cases} x_1 + \ x_2 - \ x_3 = 0 \\ x_1 + 2x_2 - 5x_3 = 0 \\ 2x_1 + \ x_2 + 2x_3 = 0 \end{cases}$$

을

$$\begin{cases} x_1+0x_2+3x_3=0 \\ 0x_1+\ \ x_2-4x_3=0 \\ 0x_1+0x_2+0x_3=0 \end{cases}$$

로 바꿀 수 있다. 이 방정식에서 $x_3=\lambda$라고 놓으면, 이 동차연립 방정식의 해집합은 $\{(-3\lambda,\ 4\lambda,\ \lambda) \mid \lambda \in \mathbb{R}\}$임을 알 수 있다.

과제 3.13 가. 동차 연립방정식

$$\begin{cases} 2x+2y=0 \\ x+y=0 \end{cases}$$

의 해를 구하여라.

나. 다음을 확인하여라.

좌표평면 위의 두 점 (0, 2), (−2, 0)을 지나는 직선과 두 점 (0, 1), (1, 0)을 지나는 직선의 교점을 행렬과 역행렬을 이용하여 구할 수 있다. 먼저, 두 직선의 교점은 다음 연립 방정식의 근이다.

$$\begin{cases} -x+y=2 \\ x+y=1 \end{cases}$$

행렬을 이용하여 나타내면 다음과 같다.

$$\begin{bmatrix} 1 & -1 \\ 1 & 1 \end{bmatrix}\begin{bmatrix} x \\ y \end{bmatrix}=\begin{bmatrix} -2 \\ 1 \end{bmatrix}$$

즉,

$$\begin{bmatrix} x \\ y \end{bmatrix}=\begin{bmatrix} 1 & -1 \\ 1 & 1 \end{bmatrix}^{-1}\begin{bmatrix} -2 \\ 1 \end{bmatrix}$$

이다.

다. 위 '나'의 문제를 참고하여 다음 문제가 타당한지 논의하여라.

다음을 만족시키는 행렬 A의 모든 성분의 합은 얼마인가?

$$\begin{bmatrix} x \\ y \end{bmatrix} = A \begin{bmatrix} -2 \\ 1 \end{bmatrix}$$

라. 동차연립방정식의 해에 관해서는 제Ⅶ장에서 다시 논의함을 확인하여라.

계급수(1)

행렬 A를 (기약)행사다리꼴로 나타냈을 때 0이 아닌 성분이 있는 행의 개수를 'A의 계급수(rank)'라고 하고, '*rank* A'와 같이 나타낸다. 예를 들어, 다음 세 행렬의 계급수는 각각 1, 2, 3이다.

$$\begin{bmatrix} 0 & 1 & 1 \\ 0 & 0 & 0 \\ 0 & 0 & 0 \end{bmatrix}, \begin{bmatrix} 1 & 0 & 0 \\ 0 & 1 & 0 \\ 0 & 0 & 0 \end{bmatrix}, \begin{bmatrix} 1 & 0 & 2 \\ 0 & 1 & 1 \\ 0 & 0 & 1 \end{bmatrix}$$

한편, 행렬 $A = \begin{bmatrix} 1 & 2 & 3 \\ 2 & 4 & 6 \\ 2 & 3 & 4 \end{bmatrix}$의 계급수가 2임을 다음과 같이 알 수 있다.

$$\begin{bmatrix} 1 & 2 & 3 \\ 2 & 4 & 6 \\ 2 & 3 & 4 \end{bmatrix} \rightarrow \begin{bmatrix} 1 & 2 & 3 \\ 0 & 0 & 0 \\ 2 & 3 & 4 \end{bmatrix} \rightarrow \begin{bmatrix} 1 & 2 & 3 \\ 2 & 3 & 4 \\ 0 & 0 & 0 \end{bmatrix} \rightarrow \begin{bmatrix} 1 & 2 & 3 \\ 0 & -1 & -2 \\ 0 & 0 & 0 \end{bmatrix}$$

$$\to \begin{bmatrix} 1 & 2 & 3 \\ 0 & 1 & 2 \\ 0 & 0 & 0 \end{bmatrix} \to \begin{bmatrix} 1 & 0 & -1 \\ 0 & 1 & 2 \\ 0 & 0 & 0 \end{bmatrix}$$

$n \times n$ 행렬 A의 계급수가 n보다 작으면, A는 모든 성분이 0인 행을 적어도 하나 가지는 행렬과 행동치이다. 따라서 A는 정칙일 수 없다.

과제 3.14 제Ⅶ장에서 다음과 같이 논의함을 확인하여라.

(1) 행렬 A를 (기약)행사다리꼴로 나타냈을 때 0이 아닌 성분이 있는 행의 개수가 A의 행계급수(row rank)이다.

(2) 행계급수와 마찬가지 방법으로 열계급수(column rank)를 생각할 수 있다. 사실, 행렬 A의 (기약)열사나리꼴을 생긱힐 수 있고, 그렇게 나타냈을 때 0이 아닌 성분이 있는 열의 개수가 A의 열계급수이다.

(3) 모든 행렬(정사각행렬이 아니라고 하더라도)의 행계급수와 열계급수는 항상 같으며, 이를 그 행렬의 계급수(rank)라고 한다.

연립방정식

$$\begin{cases} a_{11}x_1 + a_{12}x_2 + \cdots + a_{1n}x_n = 0 \\ a_{21}x_1 + a_{22}x_2 + \cdots + a_{2n}x_n = 0 \\ \cdots\cdots\cdots\cdots\cdots\cdots\cdots\cdots\cdots \\ a_{n1}x_1 + a_{n2}x_2 + \cdots + a_{nn}x_n = 0 \end{cases}$$

을 행렬을 이용하여 $AX=0$와 같이 나타낼 때, 다음과 같이 말할 수 있다. 즉, A의 계급수가 n이면 A는 정칙이므로 $AX=0$은 자명한 해만 갖지만, A의 계급수가 n보다 작으면, 정리 3.8에 의하여 $AX=0$은 자명하지 않은 해도 갖는다.

연립방정식 $AX=B$에서 $B \neq O$일 때, $AX=B$를 보통 비동차연립방정식이라고 한다. 앞에서 살펴보았듯이 비동차의 경우에는 동차의 경우와는 달리 해가 항상 존재하는 것은 아니다. 다음 예를 생각하여 보자.

$$\begin{cases} 2x+2y=1 \\ \ \ x+\ \ y=1 \end{cases}$$

이 연립방정식은 해를 가지지 않음을 쉽게 알 수 있다. 그러나 다음 방정식은 무수히 많은 해를 가지고 있다.

$$\begin{cases} 2x+2y=2 \\ \ \ x+\ \ y=1 \end{cases}$$

따라서 비동차연립방정식의 경우에는 먼저 해의 존재성을 살펴야 한다. 해가 존재하는 경우에는 그 해를 구하는 방법을 찾아야 한다.

사실, 비동차연립방정식의 해는 동차연립방정식의 해와 밀접한 관계가 있다.

≪정리 3.15≫ 다음과 같은 비동차연립방정식과 동차연립방정식을 생각하여 보자.

$$(*)\qquad \begin{cases} a_{11}x_1+a_{12}x_2+\cdots+a_{1n}x_n=b_1 \\ a_{21}x_1+a_{22}x_2+\cdots+a_{2n}x_n=b_2 \\ \cdots\cdots\cdots\cdots\cdots\cdots\cdots\cdots\cdots\cdots \\ a_{m1}x_1+a_{m2}x_2+\cdots+a_{mn}x_n=b_m \end{cases}$$

$$(**)\qquad \begin{cases} a_{11}x_1+a_{12}x_2+\cdots+a_{1n}x_n=0 \\ a_{21}x_1+a_{22}x_2+\cdots+a_{2n}x_n=0 \\ \cdots\cdots\cdots\cdots\cdots\cdots\cdots\cdots\cdots\cdots \\ a_{m1}x_1+a_{m2}x_2+\cdots+a_{mn}x_n=0 \end{cases}$$

v를 비동차연립방정식 (*)의 한 해라고 하고, W는 동차연립방정식(**)의 해집합이라고 하자. 그러면 비동차연립방정식 (*)의 해집합은 다음과 같이 주어진다.

$$v+W=\{v+w\,|\,w\in W\}$$

증명 먼저 $v+W$ 안의 모든 벡터는 (*)의 해임을 쉽게 알 수 있다. 이제, u를 (*)의 한 해라고 하면 $u=v+u-v$이다. 여기서 $u-v\in W$이다. ■

위 정리로부터 동차연립방정식의 해와 비동차연립방정식의 해 사이의 관계를 알 수 있다.

과제 3.16 가. 다음을 확인하여라.

(1) $\begin{cases} 2x+2y=1 \\ \ \ x+\ \ y=1 \end{cases}$의 해집합은 $\varnothing$이다.

(2) $\begin{cases} 2x+2y=4 \\ x+\ \ y=2 \end{cases}$에서 (1, 1)과 (0, 2)는 이 연립방정식의 해이지만 $(1, 1)+(0, 2)=(1, 3)$은 해가 아니다.

(3) 동차 연립 방정식의 해 전체의 집합은 덧셈에 대하여 닫혀있다. 또, 해의 스칼라 배는 해이다. 그러나 비동차 연립방정식의 해 전체의 집합은 일반적으로 덧셈에 대하여 닫혀 있지 않고, 해의 스칼라 배는 해라고 할 수 없다.

나. 적절한 미분방정식 책을 참고하여 다음에 관하여 조사하여라.

(1) 상수 계수를 가지는 2계선형 동차미분방정식

(2) 상수 계수를 가지는 2계선형 비동차미분방정식

(3) 위 두 경우의 해 상호 간의 관계

다. 적절한 이산대수 책을 참고하여 다음에 관하여 조사하여라.[8)]

(1) 동형 2차 선형점화식

(2) 점화식의 특성다항식(characteristic polynomial)

(3) 동형이 아닌 2차 선형점화식

(4) 동형이 아닌 2차 선형점화식의 특수해와 일반해

중학교에서 배우는 방정식 $ax=b$에 대하여 $a=0$이고 $b=0$이면 해는 무수히 많으나, $a=0$이지만 $b\neq0$이면 해는 존재하지 아니한다. 그러나 $a\neq0$이면 $ax=b$는 일차방정식이고 b의 값에 무관하게 유일한 해 $x=a^{-1}b=\dfrac{b}{a}$를 가진다.

---

8) 과제 5.17에서도 점화식에 대하여 논의한다.

일차연립방정식을 행렬을 사용하여 나타내면 $AX=B$와 같이 된다. 여기서 계수 행렬 A가 비정칙이면, 즉 행렬식이 0이면,[9] B에 따라 해가 존재할 수도 있고, 존재하지 않을 수도 있다. 물론 해가 존재하는 경우에는 무수히 존재한다. 특히 B가 영행렬이면 해는 무수히 많다. 그러나 A가 정칙이면, 즉 행렬식이 0이 아니면, B에 관계없이 유일한 해 $A^{-1}B$가 존재한다.

과제 3.17 신현용(2008)을 참고하여 합동식 $ax \equiv b \pmod{n}$에 관한 다음을 조사하여라.

가. 해가 존재할 필요충분조건

나. 해가 존재하는 경우 특수해 하나를 찾는 방법

다. 특수해를 알 때 일반해를 얻는 방법

역행렬 구하는 방법(1)

먼저, 다음과 같은 질문을 생각하여 보자.

$$AB=I\text{이면 } BA=I \text{ 일까?}$$

이에 대한 답은 '그렇다'이다. 이를 알아보기 위하여 다음을 먼저 증명한다.

≪**정리 3.18**≫ 두 행렬 $A, B \in Mat_n(\mathbb{R})$에 대하여 $AB=I$이면 A는 정칙이다.

9) 이에 대해서는 제Ⅳ장에서 논의한다.

증명 A가 정칙이 아니라면, A는 영벡터를 행으로 가지는 행렬 A'과 행동치이다. A가 A'과 행동치, 즉 $A'=E_s\cdots E_2E_1A$이면 $A'B=E_s\cdots E_2E_1AB=E_s\cdots E_2E_1$이다. 여기서 $A'B$는 한 행이 영벡터이므로 정칙일 수 없지만, $E_s\cdots E_2E_1$는 정칙이므로 모순을 얻는다. ■

이제, $AB=I$이면 A가 정칙이므로 A^{-1}가 존재한다. 등식 $AB=I$의 왼쪽에 A^{-1}을 곱해주면 $B=A^{-1}$을 얻을 수 있으므로 $BA=A^{-1}A=I$이다.

이상의 논의로부터 행렬 A에 대하여 $BA=I$인 행렬 B를 찾으면, B가 A의 역행렬 A^{-1}임을 알 수 있다.

과제 3.19 어떤 고등학교 참고서에 다음과 같은 문제가 있다.

> 두 행렬 A, B에 대하여 AB의 역행렬이 존재하면 A의 역행렬이 존재한다.

그 책에서는 이에 대한 해답을 다음과 같이 제시하였다.

> $AB(AB)^{-1}=I$이므로 $A(B(AB)^{-1})=I$이다. 따라서 $B(AB)^{-1}$는 A의 역행렬이다.

이 해답의 문제점을 지적하여라.

이제, 위에서의 논의를 바탕으로 정칙인 행렬의 역행렬을 구하는 일반적인 방법을 다음과 같이 생각할 수 있다.

(1) 왼쪽에는 원래 행렬을, 오른쪽에는 단위행렬을 쓴다.

(2) 3개의 기본 행 연산을 적절히 적용하여 왼쪽에 쓴 원래의 행렬을 단위행렬로 점차 변형시킨다.

(3) 오른쪽에도 왼쪽에 시행한 똑같은 행 연산을 적용한다.

(4) 왼쪽 행렬이 단위행렬로 되었을 때의 오른쪽에 얻어진 행렬이 원래 행렬의 역행렬이 된다.

예를 들어, $\begin{bmatrix} 2 & 3 \\ 1 & -1 \end{bmatrix}$의 역행렬을 다음과 같이 구할 수 있다.

2	3	1	0
1	-1	0	1
1	-1	0	1
2	3	1	0
1	-1	0	1
0	5	1	-2
1	-1	0	1
0	1	$\frac{1}{5}$	$\frac{-2}{5}$
1	0	$\frac{1}{5}$	$\frac{3}{5}$
0	1	$\frac{1}{5}$	$\frac{-2}{5}$

역행렬을 구하는 위의 방법에서는 주어진 A에 대하여 $BA=I$인 행렬 B를 구했다. B가 A의 역행렬이다. 역행렬을 구하는 두 번째 방법은 뒤(제 Ⅴ장)에서 소개한다.

과제 3.20 다음에 관하여 알아보아라.

가. 치환행렬(permutation matrix)

나. 치환행렬의 기능

벡터 성분의 치환

행렬의 행과 열의 치환

이제, 곱셈이 잘 정의되는 적당한 집합에서 $gf=1$이지만 $fg\neq 1$인 예를 하나 제시하여 보자.

집합 $G=\mathbb{R}\times\mathbb{R}\times\mathbb{R}\times\mathbb{R}\times\cdots$ 에 대하여 $R=\{f\mid f: G\rightarrow G$ 는 함수$\}$를 생각하면, $R\neq\varnothing$이다. 이 집합에 함수의 합성연산이 잘 정의된다. 즉, 임의의 $f\in R$, $g\in R$에 대해서 $(f\circ g)(x)=f(g(x))$이다. 항등함수는 이 연산에 관한 항등원이다. 이제, $f: G\rightarrow G$와 $g: G\rightarrow G$를 다음과 같이 정의하자.

$$f(r_1, r_2, r_3, \cdots)=(0, r_1, r_2, r_3, \cdots)$$
$$g(r_1, r_2, r_3, \cdots)=(r_2, r_3, \cdots)$$

분명히, $f\in R$이고 $g\in R$이다. 다음 사실을 알 수 있다. 즉, $(g\circ f)(r)=(g\circ f)(r_1, r_2, \cdots)=g((0, r_1, r_2, \cdots))=(r_1, r_2, \cdots)$이므로 $g\circ f=1$이지만 $(f\circ g)(r_1, r_2, r_3, \cdots)=f(r_2, r_3, \cdots)=(0, r_2, r_3, \cdots)$이므로 $f\circ g\neq 1$이다.

이 상황을 무한행렬을 사용하여 살펴볼 수도 있다.

실제로, 두 함수 f, g를 다음과 같이 행렬을 이용하여 나타낼 수 있다.

$$f(r_1, r_2, r_3, \cdots) = \begin{bmatrix} 0 & 0 & 0 & \cdots \\ 1 & 0 & 0 & \cdots \\ 0 & 1 & 0 & \cdots \\ \vdots & \vdots & \vdots & \cdots \end{bmatrix} \begin{bmatrix} r_1 \\ r_2 \\ \vdots \end{bmatrix}$$

$$g(r_1, r_2, r_3, \cdots) = \begin{bmatrix} 0 & 1 & 0 & 0 & \cdots \\ 0 & 0 & 1 & 0 & \cdots \\ 0 & 0 & 0 & 1 & \cdots \\ \vdots & \vdots & \vdots & \vdots & \cdots \end{bmatrix} \begin{bmatrix} r_1 \\ r_2 \\ \vdots \end{bmatrix}$$

여기서 $\begin{bmatrix} 0 & 1 & 0 & 0 & \cdots \\ 0 & 0 & 1 & 0 & \cdots \\ 0 & 0 & 0 & 1 & \cdots \\ \vdots & \vdots & \vdots & \vdots & \cdots \end{bmatrix} \begin{bmatrix} 0 & 0 & 0 & \cdots \\ 1 & 0 & 0 & \cdots \\ 0 & 1 & 0 & \cdots \\ \vdots & \vdots & \vdots & \cdots \end{bmatrix} = I$이지만,

$\begin{bmatrix} 0 & 0 & 0 & \cdots \\ 1 & 0 & 0 & \cdots \\ 0 & 1 & 0 & \cdots \\ \vdots & \vdots & \vdots & \cdots \end{bmatrix} \begin{bmatrix} 0 & 1 & 0 & 0 & \cdots \\ 0 & 0 & 1 & 0 & \cdots \\ 0 & 0 & 0 & 1 & \cdots \\ \vdots & \vdots & \vdots & \vdots & \cdots \end{bmatrix} \neq I$임을 확인할 수 있다.

참고로, 이와 같이 무한행렬이 개입하는 경우에는 정리 3.18 증명에서의 논증이 무의미하다.

정리 3.18에 의하면, 두 행렬 $A, B \in Mat_n(\mathbb{R})$에 대하여 $AB = I$이면 B는 정칙이다. 따라서 행렬 A에 대하여 $AB = I$인 행렬 B를 찾으면, B가 A의 역행렬 A^{-1}임을 알 수 있다.

이제, 정칙인 행렬의 역행렬을 다음과 같이 구할 수 있다.

(1) 오른쪽에는 원래 행렬을 왼쪽에는 단위행렬을 쓴다.
(2) 3개의 기본 열 연산을 적절히 적용하여 오른쪽에 쓴 원래의 행렬을 단위 행렬로 점차 변형시킨다.
(3) 왼쪽에도 오른쪽에 시행한 똑같은 열 연산을 적용한다.
(4) 오른쪽 행렬이 단위행렬로 되었을 때의 왼쪽에 얻어진 행렬이 원래 행렬의 역행렬이 된다.

과제 3.21 위의 방법으로 $\begin{bmatrix} 2 & 3 \\ 1 & -1 \end{bmatrix}$의 역행렬을 구하여 77쪽에서 구한 것과 같음을 확인하여라.

전치 행렬

행렬 A의 ij-성분 a_{ij}를 ji-성분으로 가지는 행렬을 A의 전치행렬(transpose)이라고 하고 A^T로 나타낸다. 즉, A^T의 ij-성분은 a_{ji}이다. 전치 행렬에 대하여 다음이 성립함을 쉽게 알 수 있다.

$$(A^T)^T = A,\ \ (A+B)^T = A^T + B^T,$$
$$(aA)^T = aA^T,\ \ (AB)^T = B^T A^T$$

처음 세 개의 등식은 분명하다. 이제, $(AB)^T = B^T A^T$은 다음과 같이 증명할 수 있다.

$A=\begin{bmatrix} a_{11} & \cdots & a_{1n} \\ \vdots & & \vdots \\ a_{n1} & \cdots & a_{nn} \end{bmatrix}$, $B=\begin{bmatrix} b_{11} & \cdots & b_{1n} \\ \vdots & & \vdots \\ b_{n1} & \cdots & b_{nn} \end{bmatrix}$라고 할 때, AB의 ij-성분은 $\sum_k a_{ik}b_{kj}$인데 이것은 $(AB)^T$의 ji-성분이다. 이제, B^T의 j-행은 $(b_{1j}, b_{2j}, \cdots, b_{nj})$이고, A^T의 i-열은 $(a_{i1}, a_{i2}, \cdots, a_{in})$이므로 B^TA^T의 ji-성분은 $\sum_k b_{kj}a_{ik} = \sum_k a_{ik}b_{kj}$로서 $(AB)^T$의 ji-성분과 같다.

행렬 $A \in Mat_n(\mathbb{R})$에 대하여 $A^T=A$일 때, A를 대칭행렬(symmetric matrix)이라고 하고, $A^T=-A$일 때, A를 반대칭행렬(skew symmetric matrix)이라고 한다.

대칭행렬의 집합과 반대칭행렬의 집합은 모두 덧셈에 관하여 닫혀 있고, 대칭이며 동시에 반대칭인 행렬은 영행렬뿐임을 알 수 있다.

이제, A에 대하여 두 행렬 $S=\frac{A+A^T}{2}$, $K=\frac{A-A^T}{2}$을 생각하여 보자. S는 대칭행렬이고, K는 반대칭행렬이며, $A=S+K$이다. 실제로, 다음이 성립한다.

≪**정리 3.22**≫ 임의의 행렬 $A \in Mat_n(\mathbb{R})$는 대칭행렬과 반대칭행렬의 합으로 유일하게 표현된다.

증명 두 대칭행렬 S, S'과 두 반대칭행렬 K, K'에 대하여 $A=S+K=S'+K'$이라고 하자. 이제, $S-S'=K'-K$는 대칭이며 동시에 반대칭행렬이므로 $S-S'=K'-K=0$이다. 따라서 $S=S'$이며 $K=K'$이다. ■

한편, 연립방정식

$$\begin{cases} a_{11}x_1+a_{12}x_2+\cdots+a_{1n}x_n=b_1 \\ a_{21}x_1+a_{22}x_2+\cdots+a_{2n}x_n=b_2 \\ \cdots\cdots\cdots\cdots\cdots\cdots\cdots\cdots\cdots \\ a_{m1}x_1+a_{m2}x_2+\cdots+a_{mn}x_n=b_m \end{cases}$$

에서 계수행렬을 A, $X=\begin{bmatrix} x_1 \\ \vdots \\ \vdots \\ x_n \end{bmatrix}$, 그리고 $B=\begin{bmatrix} b_1 \\ \vdots \\ \vdots \\ b_n \end{bmatrix}$라고 하면, 위 연립방정식은 $AX=B$와 같이 나타낼 수 있다. 이제, $(AX)^T=B^T$ 즉, $X^TA^T=B^T$이므로 위 연립방정식을 다음과 같이 나타낼 수도 있다.

$$[x_1 \cdots x_n]A^T=[b_1 \cdots b_n]$$

과제 3.23 다음을 설명하여라.

가. 행렬 $A\in Mat_n(\mathbb{R})$에 대하여, A가 정칙이면 A^T도 정칙이다.

나. 정칙 행렬 $A\in Mat_n(\mathbb{R})$에 대하여, $(A^T)^{-1}=(A^{-1})^T$이다.

뒷 이야기

1. 교육인적자원부(2002) 등을 참고하여 실생활에서 행렬은 어떻게 활용되는지 조사하여라.
   가. 행렬의 덧셈은 언제 필요한가?
   나. 행렬의 곱셈은 언제 필요한가?

2. 행렬은 실생활에서 어떠한 의미와 유용성이 있는가? 특히 중·고등학교 수학 내용 중 다음에 대하여 조사하여 보아라.
   가. 일차 연립 방정식
   나. 그래프와 행렬
   다. 게임과 행렬

3. 다음에 관하여 조사하여라.
   가. 실수 전체의 집합에서의 덧셈과 곱셈
   (1) 역원의 존재성
   (2) 교환 법칙

   나. 행렬 집합 $Mat_2(\mathbb{R})$에서의 덧셈과 곱셈
   (1) 역원의 존재성
   (2) 교환 법칙

   다. 집합 $\{f | f : \mathbb{R} \to \mathbb{R}$는함수$\}$에서의 합성 연산
   (1) 역원의 존재성
   (2) 교환 법칙

4. 특수한 형태의 행렬로서는 어떠한 것들이 있는가? 사실, 행렬의 연산(덧셈과 곱셈), 역행렬, 그리고 곱셈에 관한 가환성 등의 관점에서 다음과 같은 특수한 형태의 행렬을 생각해 볼 수 있다 : 영행렬, 단위행렬, 스칼라행렬, 대각행렬, 상(하)삼각행렬. 이들 각각의 특징은 무엇일까?

5. 다음에 관하여 조사하여라.

가. 집합론에서 동치관계의 중요성
분할

나. 정수론에서의 동치관계의 중요성
$\mathbb{Z}_n$

다. 행(열) 동치는 동치관계이다.

6. '자료 : 수학판타지4'를 참고하여 평면 또는 공간도형의 대칭을 설명함에 행렬이 어떻게 이용되는지 간략히 구경하여라.

IV

행렬식

지난 줄거리

1. 다음 용어를 모두 사용하여 작문하여라.
   (1) 행렬, 덧셈, 곱셈, 항등원, 영행렬, 단위행렬, 결합법칙, 교환법칙
   (2) 정칙행렬, 기본 행 연산, 기본행렬, 역행렬 구하는 방법
   (3) 선형동차연립방정식, 자명한 해, 선형비동차연립방정식

2. 역행렬과 계급수의 관계를 기술하여라.

3. 계급수와 연립방정식의 해와는 어떠한 관계가 있는가?

4. 다음 행렬의 역행렬을 구하여라 : $\begin{bmatrix} 1 & 2 \\ 3 & 4 \end{bmatrix}$

5. 다음 동차 연립방정식을 풀어라 : $\begin{cases} x+y-z=0 \\ 3x+4y-2z=0 \\ 2x+3y-z=0 \end{cases}$

이번 줄거리

1. 행렬식의 성질을 증명하는 과정에서 '군'의 개념과 성질의 유용성을 이해한다.

2. 여러 가지 행렬식의 성질을 활용하여 행렬식을 계산할 수 있다.

3. 여러 가지 예를 통하여 행렬식의 유용성을 안다.

여는 이야기

앞에서 주어진 행렬이 정칙이기 위한 필요충분조건과 정칙 행렬의 역행렬을 구하는 방법 등에 관하여 살펴보았다. 사실, 이러한 문제는 행렬식의 개념을 사용하면 더욱 분명하게 이해할 수 있다.

이 장에서 논의하는 구체적인 문제는 다음과 같다.

- 행렬식의 정의는 무엇인가?
- 행렬식의 성질로서는 어떠한 것이 있으며, 그들을 어떻게 증명하나?
- 행렬식은 어떤 경우에 활용할 수 있는가?

행렬식

주어진 행렬의 특징을 결정하는 요인은 무엇일까? 먼저, 행(열)의 수를 생각할 수 있고, 그 행렬의 정칙성, 계급수 등 여러 가지 측면을 고려할 수 있다. 이제, 행렬의 가장 중요한 정보인 행렬식(determinant)에 대하여 알아보자. 행렬식은 정칙성, 역행렬 구하는 방법, 그리고 계급수 등과도 밀접한 관계가 있다. 사실, 행렬식의 영어 용어는 'determinant'로서 '결정요소'라는 뜻으로 이해할 수 있다. 행렬식이 행렬의 주요한 성질을 결정하는 요소이기 때문이다.

행렬식을 정의하는 방법은 다양하다. 이 책에서는 한 가지 방법만을 소개한다.

행렬식을 정의하기 위하여, 집합 $X=\{1, 2, 3, \cdots, n\}$와 X에 대한 $S_n=\{\sigma|\sigma : X \to X$은 일대일 대응$\}$을 생각하자. S_n이 군이 된다는 사실을 이미 언급한 바 있다. 즉, 집합 S_n에서 함수의 합성연산은 잘 정의되고, 이 연산에 관하여 결합법칙이 성립한다. 또, 항등함수는 이 연산에 관한 항등원이고, 모든 함수는 역원(역함수)를 가진다.

정리 2.17에 의하여 다음을 알 수 있다.

> 임의의 $\tau \in S_n$에 대하여 세 집합 $S_n^{-1}=\{\sigma^{-1}|\sigma \in S_n\}$, $\tau S_n=\{\tau\sigma|\sigma \in S_n\}$, $S_n\tau=\{\sigma\tau|\sigma \in S_n\}$은 모두 S_n과 같다.

$S_3 = \{1, (12), (13), (23), (123), (132)\}$에 있는 치환 중에서 (12), (13), (23)와 같이 두 수만 자리를 바꾸게 하는 치환을 호환(transposition)이라고 한다. 이미 살펴보았듯이, (132)는 (13)(23)으로 나타낼 수 있다. 마찬가지로 (123)은 (23)(13)으로 나타낼 수 있다. 항등치환 1을 0개의 호환의 곱으로 생각한다면, S_3의 모든 치환은 호환의 곱으로 나타낼 수 있음을 알 수 있다. 여기서 1, (123), (132)은 짝수 개의 호환의 곱으로, (12), (13), (23)은 홀수 개의 호환의 곱으로 나타낼 수 있다. 어떤 치환이 짝수 개의 호환의 곱으로 표현되면 그 치환은 결코 홀수 개의 호환의 곱으로는 표현할 수 없고, 홀수 개의 호환의 곱으로 표현되면 그 치환은 결코 짝수 개의 호환의 곱으로는 표현할 수 없음을 증명할 수 있다(신현용, 2007b). 짝수 개의 호환의 곱으로 표현되는 치환을 우치환(even permutation)이라고 하고, 홀수 개의 호환의 곱으로 표현되는 치환을 기치환(odd permutation)이라고 한다.

위의 모든 논의는 임의의 자연수 n에 대한 S_n에 대하여도 성립한다. 더 나아가 S_n에 있는 $n!$개의 치환 중에서 우치환의 개수와 기치환의 개수는 각각 $\frac{n!}{2}$임을 증명할 수 있다(신현용, 2007b).

이제, 부호(sign)함수 $\text{sgn} : S_n \to \{1, -1\}$을 다음과 같이 정의하자.

≪정의 4.1≫ $\text{sgn}(\sigma) = \begin{cases} 1, & \sigma\text{가 우치환인 경우} \\ -1, & \sigma\text{가 기치환인 경우} \end{cases}$

≪**정의 4.2**≫ 행렬 $A=\begin{bmatrix} a_{11} & \cdots & a_{1n} \\ \vdots & & \vdots \\ a_{n1} & \cdots & a_{nn} \end{bmatrix}$의 행렬식 $|A|$은 다음과 같이 정의된다.

$$|A|=\sum_{\sigma\in S_n}\text{sgn}(\sigma)a_{1\sigma(1)}a_{2\sigma(2)}\cdots a_{n\sigma(n)}$$

행렬 $A=\begin{bmatrix} a_{11} & \cdots & a_{1n} \\ \vdots & & \vdots \\ a_{n1} & \cdots & a_{nn} \end{bmatrix}$의 행렬식 $|A|$을 구하기 위해서는 모든 $\sigma\in S_n$에 대하여 $\text{sgn}(\sigma)a_{1\sigma(1)}a_{2\sigma(2)}\cdots a_{n\sigma(n)}$를 계산하고 그 모두 ($n!$개)를 더하면 된다. 이때, 각각의 항 $\text{sgn}(\sigma)a_{1\sigma(1)}a_{2\sigma(2)}\cdots a_{n\sigma(n)}$에서 $a_{1\sigma(1)}a_{2\sigma(2)}\cdots a_{n\sigma(n)}$는 n개의 수 $a_{1\sigma(1)}, a_{2\sigma(2)}, \cdots, a_{n\sigma(n)}$의 곱인데, 이 n개의 수들은 A의 각 행에서도 한 성분씩, 각 열에서도 한 성분씩으로 이루어진다.

예를 들어, 2×2 행렬 $A=\begin{bmatrix} a_{11} & a_{12} \\ a_{21} & a_{22} \end{bmatrix}$와 3×3 행렬 $B=\begin{bmatrix} a_{11} & a_{12} & a_{13} \\ a_{21} & a_{22} & a_{23} \\ a_{31} & a_{32} & a_{33} \end{bmatrix}$의 행렬식을 구해보자.

먼저, $|A|=\sum_{\sigma\in S_2}\text{sgn}(\sigma)a_{1\sigma(1)}a_{2\sigma(2)}=a_{11}a_{22}-a_{12}a_{21}$이다.

한편,

$$
\begin{aligned}
|B| &= \sum_{\sigma \in S_3} \operatorname{sgn}(\sigma) a_{1\sigma(1)} a_{2\sigma(2)} a_{3\sigma(3)} \\
&= a_{11}a_{22}a_{33} + a_{12}a_{23}a_{31} + a_{13}a_{21}a_{32} \\
&\quad - a_{12}a_{21}a_{33} - a_{13}a_{31}a_{22} - a_{11}a_{23}a_{32}
\end{aligned}
$$

이다. 이것을 다음과 같이 그림으로 기억하면 편리하다.

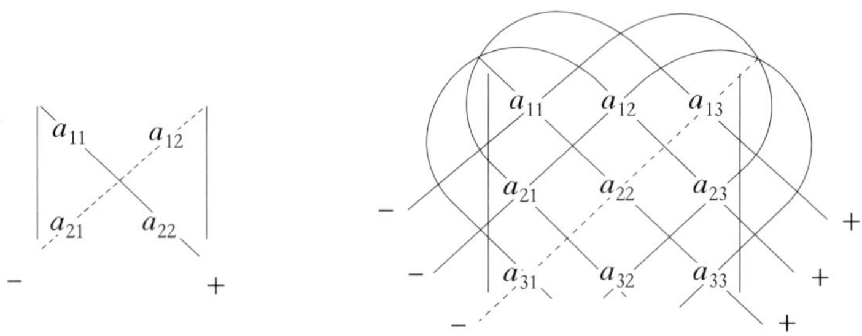

사실, 2차 행렬이나 3차 행렬에 관한 위의 행렬식 공식을 사루스(Sarrus) 공식이라고 한다.

한편, 단위행렬 I의 행렬식은 1이다. 사실, $|I|$를 계산하기 위한 $n!$개 치환에 의한 항 중에서 0이 아닌 것은 항등치환에 의한 것 하나 뿐이다. 항등치환의 부호는 +1이므로 다음을 알 수 있다.

$$
\begin{aligned}
|I| &= \sum_{\sigma \in S_n} \operatorname{sgn}(\sigma) a_{1\sigma(1)} a_{2\sigma(2)} \cdots a_{n\sigma(n)} \\
&= a_{11}a_{22} \cdots a_{nn} \\
&= 1
\end{aligned}
$$

행렬식의 계산

앞에서 설명하였듯이, 2차와 3차의 행렬식은 쉽게 구할 수 있지만 4차나 그 이상의 경우에는 상황이 다르다. 사실, 4차의 행렬에서는 우치환 즉, 부호(sign)가 1인 치환과 기치환 즉, 부호가 -1인 치환이 각각 12개씩 있으므로 모두 24개의 항이 있다. 따라서 4차의 행렬식을 계산하기 위해서는 모두 24개의 항을 계산하여야 하기 때문에 2차나 3차의 경우와 같은 간단한 규칙을 찾기가 쉽지 않다. 따라서 행렬식의 성질을 더 조사하여 다른 방안을 모색할 필요가 있다.

과제 4.3 가. 1차 행렬의 행렬식은 어떻게 정의하나?

*나. 다음에 관하여 조사하여라.

(1) 0!

(2) 2^0, 0^2, 0^0

(3) 0이 아닌 상수 다항식의 차수, 영 다항식의 차수

(4) 합성명제 $p \to q$에서 명제 p가 거짓이면, 명제 q의 참, 거짓에 무관하게 $p \to q$는 참이다.

(5) 공집합은 모든 집합의 부분집합이다.

(6) ‘뒷 이야기 5’를 읽어라.

행렬식의 여러 가지 성질

앞에서 언급하였듯이 4×4 이상의 행렬식을 정의에 따라 계산하기는 쉽지 않다. 그러나 행렬식의 여러 가지 성질을 이용하면

비교적 효과적으로 계산할 수 있다.

> **≪정리 4.4≫** $|A^T| = |A|$. 즉, 전치행렬의 행렬식과 원래 행렬의 행렬식은 같다.

[증명 밑 그림]

$A = \begin{bmatrix} a_{11} & \cdots & a_{1n} \\ \vdots & & \vdots \\ a_{n1} & \cdots & a_{nn} \end{bmatrix}$ 이고 $b_{ij} = a_{ji}$ 인 $B = \begin{bmatrix} b_{11} & \cdots & b_{1n} \\ \vdots & & \vdots \\ b_{n1} & \cdots & b_{nn} \end{bmatrix}$ 를 생각하면, B는 A의 전치행렬이다. 이제, $|A| = |B|$ 임을 보이면 된다.

증명 먼저, 임의의 치환 $\sigma \in S_n$에 대하여 $\text{sgn}(\sigma) = \text{sgn}(\sigma^{-1})$임을 주목한다. 사실, 임의의 치환은 호환의 곱으로 표현되고 호환의 곱하는 순서를 거꾸로 하면 그 치환의 역원이 된다. 그러므로 임의의 치환의 호환의 개수는 그 역원의 호환의 개수와 같다. 한편, 정리 2.17에 의하여 $S_n^{-1} = S_n$이다. 또한, σ는 일대일대응이므로 $\sigma(i) = j$이면 $i = \sigma^{-1}(j)$이다. 이제, 다음을 알 수 있다.

$$\begin{aligned}
|B| &= \sum_{\sigma \in S_n} \text{sgn}(\sigma) b_{1\sigma(1)} b_{2\sigma(2)} \cdots b_{n\sigma(n)} \\
&= \sum_{\sigma \in S_n} \text{sgn}(\sigma) a_{\sigma(1)1} a_{\sigma(2)2} \cdots a_{\sigma(n)n} \\
&= \sum_{\sigma \in S_n} \text{sgn}(\sigma) a_{1\sigma^{-1}(1)} a_{2\sigma^{-1}(2)} \cdots a_{n\sigma^{-1}(n)} \\
&= \sum_{\sigma \in S_n} \text{sgn}(\sigma^{-1}) a_{1\sigma^{-1}(1)} a_{2\sigma^{-1}(2)} \cdots a_{n\sigma^{-1}(n)} \\
&= \sum_{\sigma^{-1} \in S_n} \text{sgn}(\sigma^{-1}) a_{1\sigma^{-1}(1)} a_{2\sigma^{-1}(2)} \cdots a_{n\sigma^{-1}(n)} \\
&= \sum_{\sigma \in S_n} \text{sgn}(\sigma) a_{1\sigma(1)} a_{2\sigma(2)} \cdots a_{n\sigma(n)} = |A|
\end{aligned}$$

■

과제 4.5 $A=\begin{bmatrix}1 & 2\\3 & 4\end{bmatrix}$와 $A^T=\begin{bmatrix}1 & 3\\2 & 4\end{bmatrix}$의 행렬식이 같음을 직접 계산을 통하여 확인하여라.

≪**정리 4.6**≫ A의 서로 다른 두 행을 서로 바꾸어 놓은 행렬을 B라고 하면, $|B|=-|A|$이다.

[증명 밑 그림]

$A=\begin{bmatrix}a_{11} & \cdots & a_{1n}\\ \vdots & & \vdots\\ \vdots & & \vdots\\ a_{n1} & \cdots & a_{nn}\end{bmatrix}$이고 b_{ij}는 $i=i_1$일 때에는 $a_{i_2 j}$이고, $i=i_2$일 때에는 $a_{i_1 j}$이며, 그 외의 경우에는 a_{ij}일 때, $B=\begin{bmatrix}b_{11} & \cdots & b_{1n}\\ \vdots & & \vdots\\ \vdots & & \vdots\\ b_{n1} & \cdots & b_{nn}\end{bmatrix}$에 대하여 $|B|=-|A|$임을 보인다.

증명 먼저, 다음 사실을 주목한다.

- σ_0가 호환이면, $\mathrm{sgn}(\sigma\sigma_0)=-\mathrm{sgn}(\sigma)$이다. 사실, 치환에 호환 하나를 더 곱하면 호환의 개수가 하나 증가하기 때문에 부호는 반대가 된다.
- 임의의 $\tau\in S_n$에 대하여, $S_n\tau=S_n$이다(정리 2.17).
- 호환 $\sigma_0=(i_1 i_2)$에 대하여 $(\sigma\sigma_0)(i_1)=\sigma(i_2)$이고, $(\sigma\sigma_0)(i_2)=\sigma(i_1)$이며, 그 외의 경우에는 $(\sigma\sigma_0)(i)=\sigma(i)$이다.

이제, 다음을 알 수 있다.

$$
\begin{aligned}
|B| &= \sum_{\sigma\in S_n}\mathrm{sgn}(\sigma)b_{1\sigma(1)}b_{2\sigma(2)}\cdots b_{i_1\sigma(i_1)}\cdots b_{i_2\sigma(i_2)}\cdots b_{n\sigma(n)}\\
&= \sum_{\sigma\in S_n}\mathrm{sgn}(\sigma)a_{1\sigma(1)}a_{2\sigma(2)}\cdots a_{i_2\sigma(i_1)}\cdots a_{i_1\sigma(i_2)}\cdots a_{n\sigma(n)}
\end{aligned}
$$

$$= \sum_{\sigma \in S_n} \operatorname{sgn}(\sigma) a_{1\sigma(1)} a_{2\sigma(2)} \cdots a_{i_1\sigma(i_2)} \cdots a_{i_2\sigma(i_1)} \cdots a_{n\sigma(n)}$$

$$= \sum_{\sigma \in S_n} \operatorname{sgn}(\sigma) a_{1(\sigma\sigma_0)(1)} a_{2(\sigma\sigma_0)(2)} \cdots a_{i_1(\sigma\sigma_0)(i_1)} \cdots a_{i_2(\sigma\sigma_0)(i_2)} \cdots a_{n(\sigma\sigma_0)(n)}$$

$$= -\sum_{\sigma \in S_n} \operatorname{sgn}(\sigma\sigma_0) a_{1(\sigma\sigma_0)(1)} a_{2(\sigma\sigma_0)(2)} \cdots a_{i_1(\sigma\sigma_0)(i_1)} \cdots a_{i_2(\sigma\sigma_0)(i_2)} \cdots a_{n(\sigma\sigma_0)(n)}$$

$$= -\sum_{\sigma\sigma_0 \in S_n} \operatorname{sgn}(\sigma\sigma_0) a_{1(\sigma\sigma_0)(1)} a_{2(\sigma\sigma_0)(2)} \cdots a_{i_1(\sigma\sigma_0)(i_1)} \cdots a_{i_2(\sigma\sigma_0)(i_2)} \cdots a_{n(\sigma\sigma_0)(n)}$$

$$= -\sum_{\sigma \in S_n} \operatorname{sgn}(\sigma) a_{1\sigma(1)} a_{2\sigma(2)} \cdots a_{n\sigma(n)}$$

$$= -|A|$$

■

과제 4.7 가. 정리 4.4와 정리 4.6을 이용하여 다음을 증명하여라.

A의 서로 다른 두 열을 서로 바꾸어 놓은 행렬을 B라고 하면, $|B| = -|A|$이다.

나. 정리 4.4를 이용하여 행렬식의 행에 관한 모든 성질은 열에 관해서도 성립한다는 것을 설명하여라. 이와 관련하여, 평면사영기하학에서의 '쌍대원리(dual principle)'에 대하여 알아보아라.

다. $\begin{vmatrix} 1 & 2 \\ 3 & 4 \end{vmatrix}$와 $\begin{vmatrix} 3 & 4 \\ 1 & 2 \end{vmatrix}$을 각각 계산하여 위의 정리를 확인하여라.

이제, $\begin{vmatrix} 1 & 2 \\ 1 & 2 \end{vmatrix}=0$임을 쉽게 알 수 있다. 일반적으로 다음이 성립한다.

> **≪정리 4.8≫** 같은 두 행이 있는 경우의 행렬식은 0이 된다.

증명 행렬 A의 두 행이 같다고 하자. 같은 두 행을 서로 바꾸어 놓은 행렬을 B라고 하면 $|A|=|B|=-|A|$이다. 따라서 $|A|=0$이다. ■

과제 4.9 같은 두 열이 있는 경우의 행렬식은 0임을 확인하여라.

> **≪정리 4.10≫** A의 한 행을 k배 하여 얻은 행렬을 B라고 하면, $|B|=k|A|$이다.

증명 $A=\begin{bmatrix} a_{11} & \cdots & a_{1n} \\ \vdots & & \vdots \\ a_{n1} & \cdots & a_{nn} \end{bmatrix}$, $B=\begin{bmatrix} b_{11} & \cdots & b_{1n} \\ \vdots & & \vdots \\ b_{n1} & \cdots & b_{nn} \end{bmatrix}$,

$b_{ij}=\begin{cases} ka_{ij} & i=i_0 \\ a_{ij} & \text{그 외} \end{cases}$ 이면 $|B|=k|A|$임을 증명한다.

$$\begin{aligned} |B| &= \sum_{\sigma \in S_n} \operatorname{sgn}(\sigma) b_{1\sigma(1)} \cdots b_{i_0\sigma(i_0)} \cdots b_{n\sigma(n)} \\ &= \sum_{\sigma \in S_n} \operatorname{sgn}(\sigma) a_{1\sigma(1)} \cdots (ka_{i_0\sigma(i_o)}) \cdots a_{n\sigma(n)} \\ &= k \sum_{\sigma \in S_n} \operatorname{sgn}(\sigma) a_{1\sigma(1)} \cdots a_{n\sigma(n)} \\ &= k|A| \end{aligned}$$

■

위 정리로부터 $|kA|=k^n|A|$라는 사실과 한 행이 영벡터인 행렬의 행렬식은 0임을 금방 알 수 있다.

과제 4.11 가. 위 정리를 이용하여 $|kA|=k^n|A|$임을 설명하여라.

나. 위 정리를 이용하여 한 행이 영벡터인 행렬의 행렬식은 0임을 설명하여라.

다. 한 열이 영벡터인 행렬의 행렬식은 0임을 확인하여라.

주어진 행렬의 한 행이 두 벡터의 합인 경우는 다음이 성립한다.

≪정리 4.12≫
$$\begin{vmatrix} a_{11} & \cdots & a_{1n} \\ \vdots & & \vdots \\ b_{i1}+c_{i1} & \cdots & b_{in}+c_{in} \\ \vdots & & \vdots \\ a_{n1} & \cdots & a_{nn} \end{vmatrix} = \begin{vmatrix} a_{11} & \cdots & a_{1n} \\ \vdots & & \vdots \\ b_{i1} & \cdots & b_{in} \\ \vdots & & \vdots \\ a_{n1} & \cdots & a_{nn} \end{vmatrix} + \begin{vmatrix} a_{11} & \cdots & a_{1n} \\ \vdots & & \vdots \\ c_{i1} & \cdots & c_{in} \\ \vdots & & \vdots \\ a_{n1} & \cdots & a_{nn} \end{vmatrix}$$

증명 $B=\begin{bmatrix} a_{11} & \cdots & a_{1n} \\ \vdots & & \vdots \\ b_{i1} & \cdots & b_{in} \\ \vdots & & \vdots \\ a_{n1} & \cdots & a_{nn} \end{bmatrix}$, $C=\begin{bmatrix} a_{11} & \cdots & a_{1n} \\ \vdots & & \vdots \\ c_{i1} & \cdots & c_{in} \\ \vdots & & \vdots \\ a_{n1} & \cdots & a_{nn} \end{bmatrix}$, 그리고

$$D=\begin{bmatrix} a_{11} & \cdots & a_{1n} \\ \vdots & & \vdots \\ b_{i1}+c_{i1} & \cdots & b_{in}+c_{in} \\ \vdots & & \vdots \\ a_{n1} & \cdots & a_{nn} \end{bmatrix}$$ 이라고 하고 $|D|=|B|+|C|$ 임을 보인다.

$$\begin{aligned} |D| &= \sum_{\sigma\in S_n} \operatorname{sgn}(\sigma) a_{1\sigma(1)}\cdots a_{(i-1)\sigma(i-1)}(b_{i\sigma(i)}+c_{i\sigma(i)})a_{(i+1)\sigma(i+1)} \\ &\quad \cdots a_{n\sigma(n)} \\ &= \sum_{\sigma\in S_n} \operatorname{sgn}(\sigma) a_{1\sigma(1)}\cdots a_{(i-1)\sigma(i-1)}b_{i\sigma(i)}a_{(i+1)\sigma(i+1)}\cdots a_{n\sigma(n)} \\ &\quad + \sum_{\sigma\in S_n} \operatorname{sgn}(\sigma) a_{1\sigma(1)}\cdots a_{(i-1)\sigma(i-1)}c_{i\sigma(i)}a_{(i+1)\sigma(i+1)} \\ &\quad \cdots a_{n\sigma(n)} \\ &= |B|+|C| \end{aligned}$$ ■

이제, 다음 정리를 쉽게 증명할 수 있다.

≪**정리 4.13**≫ 주어진 행렬 A의 한 행을 k배 하여 다른 행에 더하여 얻은 행렬 B의 행렬식은 A의 행렬식과 같다. 즉,

$$A=\begin{bmatrix} a_{11} & \cdots & a_{1n} \\ \vdots & & \vdots \\ a_{n1} & \cdots & a_{nn} \end{bmatrix},\ B=\begin{bmatrix} a_{11} & \cdots & a_{1n} \\ \vdots & & \vdots \\ a_{i_01}+ka_{j_01} & \cdots & a_{i_0n}+ka_{j_0n} \\ \vdots & & \vdots \\ a_{n1} & \cdots & a_{nn} \end{bmatrix}$$

이면, $|A|=|B|$ 이다.

주어진 행렬의 한 열이 두 벡터의 합인 경우에도 비슷한 사실을 증명할 수 있고, 한 열을 상수배 하여 다른 열에 더하여도 행렬식은 변하지 않음을 알 수 있다.

단위행렬의 행렬식이 1이므로 이상의 논의로부터 세 기본 행렬의 행렬식을 구할 수 있다.

$$|C_{ij}| = -1 \ (i \neq j), \quad |D_{ii}(k)| = k \ (k \neq 0), \quad |E_{ij}(k)| = 1$$

> **≪정리 4.14≫** 임의의 기본행렬 E에 대하여, $|EA| = |E||A|$이다.

증명 $|C_{ij}B| = -|B| = |C_{ij}||B|$이고, $|D_{ii}(k)B| = k|B| = |D_{ii}(k)||B|$이며, $|E_{ij}(k)B| = |B| = |E_{ij}(k)||B|$이다. ■

이 정리와 수학적 귀납법에 의하여 다음을 알 수 있다.

기본행렬 $E_1, E_2, \cdots, E_n$에 대하여 $B = E_1E_2 \cdots E_nA$이면

$$|B| = |E_1||E_2| \cdots |E_n||A| = |E_1E_2 \cdots E_n||A|$$

이다.

한편, 마찬가지 논의에 의하여 다음을 알 수 있다.

기본행렬 $E_1, E_2, \cdots, E_n$에 대하여 $B = AE_1E_2 \cdots E_n$이면

$$|B| = |A||E_1||E_2| \cdots |E_n| = |A||E_1E_2 \cdots E_n|$$

이다.

고등학교에서 다음 사실을 배웠다.

> 행렬 $A=\begin{bmatrix} a_{11} & a_{12} \\ a_{21} & a_{22} \end{bmatrix}$에서 $a_{11}a_{22}-a_{12}a_{21}\neq 0$이면 A는 역행렬 A^{-1}을 가지며 $A^{-1}=\dfrac{1}{a_{11}a_{22}-a_{12}a_{21}}\begin{bmatrix} a_{22} & -a_{12} \\ -a_{21} & a_{11} \end{bmatrix}$이다.

위 사실을 달리 말하면, 행렬 $A=\begin{bmatrix} a_{11} & a_{12} \\ a_{21} & a_{22} \end{bmatrix}$의 행렬식이 0이 아니면 A는 역행렬 A^{-1}을 가지며 $A^{-1}=\dfrac{1}{a_{11}a_{22}-a_{12}a_{21}}\begin{bmatrix} a_{22} & -a_{12} \\ -a_{21} & a_{11} \end{bmatrix}$ 이라는 것이다.

다음 정리는 역행렬을 가지기 위한 필요충분조건 하나를 제시하는 것으로서 주어진 행렬의 정칙성(non-singularity)을 판정할 때 유용하다.

> **≪정리 4.15≫** A가 정칙이기 위한 필요충분조건은 $|A|\neq 0$이다.

[증명 밑 그림]

A가 정칙일 때 $|A|\neq 0$이고, A가 정칙이 아닐 때 $|A|=0$임을 보인다.

증명 A가 정칙이면, 적절한 기본행렬 $E_1, E_2, \cdots, E_n$가 있어서 $A=E_1E_2\cdots E_n$이므로 $|A|=|E_1||E_2|\cdots |E_n|$이고, 모든 기본행렬의 행렬식은 0이 아니므로 $|A|\neq 0$이다. 이제, A가 정칙이 아니면, 마지막 행을 영벡터로 가지는 행렬 B와 적절한 기본행렬 E'_1,

$E'_2, \cdots, E'_m$가 있어서 $B = E'_1 E'_2 \cdots E'_m A$이다. 이제, $|B| = |E'_1||E'_2| \cdots |E'_m||A|$에서 $|B| = 0$이고 $|E'_1||E'_2| \cdots |E'_m| \neq 0$이므로 $|A| = 0$이다. ■

지금까지의 논의를 종합하면, 정사각행렬 A에 대하여 다음 다섯 조건은 서로 동치임을 알 수 있다.

- A는 정칙이다.
- A는 I_n과 행동치이다.
- A는 I_n과 열동치이다.
- A는 유한개의 기본행렬의 곱으로 나타내어진다.
- $|A| \neq 0$

다음 V장에서는 $A \in Mat_n(\mathbb{R})$의 행렬식이 0이 아닐 때, 행렬식의 성질을 이용하여 A의 역행렬을 실제로 구하는 방법을 살핀다.

과제 4.16 다음을 설명하여라.

가. 두 행렬 A, B가 행동치일 때, $|A| = 0$이기 위한 필요충분조건은 $|B| = 0$이다.

나. 두 행렬 A, B가 열동치일 때, $|A| = 0$이기 위한 필요충분조건은 $|B| = 0$이다.

두 기본행렬 E_1, E_2에 대하여 $|E_1 E_2| = |E_1||E_2|$이다. 사실, 이 성질은 임의의 행렬에 대하여 항상 성립한다.

≪정리 4.17≫ 임의의 두 행렬 A, B에 대하여 $|AB|=|A||B|$이다.

[증명 밑 그림]

A가 정칙일 때와 정칙이 아닐 때를 나누어 생각한다.

증명 먼저, A가 정칙행렬이라고 하면, $A=E_1E_2\cdots E_k$이다. 여기서 E_i들은 기본행렬이다. 그러면

$$|AB|=|E_1E_2\cdots E_kB|=|E_1E_2\cdots E_k||B|=|A||B|$$

이다. 이제, A가 비정칙이면 마지막 행이 영벡터인 행렬 C와 행동치이다. 즉, 적절한 기본행렬 $E_1, E_2, \cdots, E_n$가 있어서 $C=E_1E_2\cdots E_nA$이다. 먼저, C의 행렬식이 0이므로 A의 행렬식도 0이다. 따라서 $|A||B|=0$이다. 한편, $CB=E_1E_2\cdots E_nAB$에서 CB의 마지막 행은 영벡터이다. $|CB|=|E_1E_2\cdots E_n||AB|$에서 $|CB|=0$이고 $|E_1E_2\cdots E_n|\neq 0$이므로 $|AB|=0$이다. 따라서 $|AB|=0=|A||B|$이다. ■

과제 4.18 $Mat_n(\mathbb{R})$에서 정칙행렬 전체의 집합 $GL_n(\mathbb{R})$는 곱셈에 관하여 군이 됨을 설명하여라.

일반적으로, 임의의 두 행렬 A, B에 대하여 다음은 성립하지 않는다.

$$|A+B|=|A|+|B|$$

과제 4.19 위 등식이 성립하지 않는 예를 제시하여라.

뒷 이야기

1. 2×2 행렬이나 3×3 행렬의 행렬식은 Sarrus 공식이라고 불리는 공식에 의하여 계산될 수 있다. 4×4 행렬이나 그보다 큰 행렬의 경우는 그러한 형태의 공식을 찾기가 용이하지 않음을 설명하여라.

2. 김응태·박승안(2000)에는 행렬식의 정의가 이 강의에서의 정의와 다르다. 그 접근 방법을 개략적으로 조사하여라.

3. 김응태·박승안(2000)에는 $|AB|=|A||B|$에 대한 증명이 이 책에서와 다르다. 그 증명에 대하여 개략적으로 알아보아라.

4. 사다리타기 게임은 호환의 곱으로 생각할 수 있다. 사다리타기 게임과 군 S_n과의 관련성을 조사하여라. 특히, 이 게임에서는 왜 술래가 두 명일 수 없는지를 설명하여라.

5. 과제 4.3과 연계하여 다음 주장에 관하여 논의하여라.

> 두 실수 a, b에 대하여 $a-b$는 a에 b의 덧셈에 관한 역원 $-b$를 더하는 것이다. 즉, $a-b=a+(-b)$이다. 마찬가지로 두 실수 a, b에 대하여 $a\div b$는 a에 b의 곱셈에 관한 역원 $\frac{1}{b}$를 곱하는 것이다. 즉, $a\div b=a\times\frac{1}{b}$이다. 따라서 임의의 두 실수 a, b에 대하여 $a-b$는 항상 잘 정의되지만, $b=0$인 경우 즉, $a\div0$은 정의되지 않는다. 따라서 $0\div0$도 정의되지 않는다. 특히, $0\div0$에 관하여 다음과 같이 설명하는 것은 옳지 않다.
>
> 임의의 실수 a에 대하여 $a\times0=0$이므로 $0\div0$은 어느 값이라고 하여도 된다. 따라서 $0\div0$은 부정(undetermined)이다.

V

여인수 전개

지난 줄거리

1. 다음 용어를 모두 사용하여 작문하여라.
치환, 우치환, 기치환, 부호(sign)함수, 행렬식, Sarrus 공식

2. 행렬식의 성질을 가급적 많이 기술하여라.

3. 다음 행렬식을 계산하여라.

$$\begin{vmatrix} 1 & 2 & 3 & 4 \\ 0 & 1 & 1 & 1 \\ 1 & 0 & 0 & 4 \\ 2 & 4 & 6 & 8 \end{vmatrix}, \quad \begin{vmatrix} 1 & 2 & 3 & 4 \\ 0 & 1 & 1 & 0 \\ 1 & 0 & 0 & 4 \\ 2 & 3 & 6 & 8 \end{vmatrix}$$

4. A가 기본행렬인 경우 $|AB| = |A|\,|B|$임을 증명하여라.

이번 줄거리

1. 행렬식을 효과적으로 구할 수 있는 방법을 안다.

2. 여기에서 소개하는 새로운 개념은 연립방정식을 풀 때에나, 역행렬을 구할 때에 유용하게 활용될 수 있음을 안다.

3. 해석기하학이나 사영기하학에서 행렬식의 유용함을 이해한다.

여는 이야기

주어진 행렬이 4×4 이상, 즉 4차 이상이면 그 행렬의 행렬식은 어떻게 계산할 수 있을까? 정의에 의하여 계산하려면, 4차 행렬의 경우 $4!=24$개의 치환을 찾아야 하고, 모든 치환을 우치환과 기치환으로 구별해야 한다. 혹시 주어진 행렬에 0만으로 이루어진 행(열)이 있던가, 같은 두 행(열)이 있던가 하면, 행렬식의 성질에 의하여 행렬식을 쉽게 구할 수 있다. 그러나 일반적인 경우에는 행렬식을 어떻게 구할 수 있을까?

사실, 지금까지 증명한 행렬식의 여러 가지 성질을 사용하면 행렬식을 쉽게 계산할 수 있는 경우가 있지만, 그래도 행렬식의 계산이 어려운 경우가 많다.

이 장에서 논의하는 구체적인 문제는 다음과 같다.

- 행렬식을 구할 수 있는 다른 방법은 무엇인가?
- 소행렬식은 무엇인가?
- 여인수와 여인수 전개란 무엇인가?
- 소행렬식과 여인수의 관계는 무엇인가?
- 행렬식을 계산할 때 여인수 전개를 효과적으로 활용할 수 있는 방안은 무엇인가?

이 단원에서 다루는 내용은 규모가 큰 행렬식을 계산할 수 있는 방법을 제시함은 물론, 역행렬을 구하는 데 활용되는 등 응용성이 크다.

소행렬식

실수 성분을 가지는 n차의 행렬 $A=[a_{ij}]_{n\times n}$에서, 제i행과 제 j열을 제거하고 얻은 행렬의 행렬식을 A의 a_{ij}에 관한 소행렬식(minor)이라고 하고 이것을 M_{ij}로 나타낸다.

$A=\begin{bmatrix}1&0&1\\2&1&0\\0&1&1\end{bmatrix}$인 경우는 $M_{12}=\begin{vmatrix}2&0\\0&1\end{vmatrix}=2$, $M_{33}=\begin{vmatrix}1&0\\2&1\end{vmatrix}=1$ 등 소행렬식이 9개 있다.

과제 5.1 n차의 행렬의 경우 소행렬식은 모두 몇 개 있는가?

한 행 또는 열에 관한 전개식

n차 행렬의 행렬식을 계산할 때 등장하는 $n!$개의 항 중에서, i번 째 행의 성분 a_{i1}, a_{i2}, $\cdots$, a_{in} 각각을 포함하는 항은 각각 몇 개일까? a_{i1}을 포함하는 항은 전체 $n!$개의 항 중에서 $\sigma(i)=1$인 $(n-1)!$개이다. 마찬가지로, a_{i2}을 포함하는 항은 전체 $n!$개의 항 중에서 $\sigma(i)=2$인 $(n-1)!$개이다. 나머지 항에 대해서도 마찬가지이다. 그러므로 $n!$개의 항 중에서 a_{i1}, a_{i2}, $\cdots$, a_{in} 각각을 포함하는 항은 각각 $(n-1)!$개이다. 물론, 여기에서 a_{i1}, a_{i2}, $\cdots$, a_{in} 중에서 두 항을 동시에 포함하는 경우는 없다. 이 사실로부터 다음을 알 수 있다.

$$|A|=a_{i1}A_{i1}+a_{i2}A_{i2}+\cdots+a_{in}A_{in}$$

여기서, A_{i1}, $\cdots$, A_{in} 각각은 $(n-1)!$개의 항으로 얻어진 값이다. 이 식을 $|A|$의 제i행에 관한 여인수 전개식이라고 하고, 이 전개식에서 A_{ij}를 $|A|$에서의 a_{ij}의 여인수(cofactor)라고 한다.

여인수 전개는 임의의 행은 물론, 임의의 열에 대해서도 가능하다. 즉, 행렬 $A=\begin{bmatrix} a_{11} & \cdots & a_{1n} \\ \vdots & & \vdots \\ a_{n1} & \cdots & a_{nn} \end{bmatrix}$에 대하여, $|A|$를 다음과 같이 여러 가지 방식으로 전개할 수 있다.

$$\begin{aligned} |A| &= \sum_{\sigma \in S_n} \operatorname{sgn}(\sigma) a_{1\sigma(1)} a_{2\sigma(2)} \cdots a_{n\sigma(n)} \\ &= a_{11}A_{11}+a_{12}A_{12}+\cdots+a_{1n}A_{1n} \end{aligned}$$

$$\cdots$$

$$= a_{n1}A_{n1} + a_{n2}A_{n2} + \cdots + a_{nn}A_{nn}$$

$$= a_{11}A_{11} + a_{21}A_{21} + \cdots + a_{n1}A_{n1}$$

$$\cdots$$

$$= a_{1n}A_{1n} + a_{2n}A_{2n} + \cdots + a_{nn}A_{nn}$$

따라서 여인수를 효과적으로(비교적 쉽게) 계산할 수 있다면, 0이 많이 포함된 행이나 열을 택하여 여인수 전개를 함으로써 주어진 행렬의 행렬식을 쉽게 계산할 수 있을 것이다. 이를테면, $|A| = \begin{vmatrix} 1 & 2 & 3 \\ 0 & 1 & 0 \\ 1 & 0 & 0 \end{vmatrix}$ 은 $|A| = 1 \cdot A_{31} = A_{31}$ 또는 $|A| = 3 \cdot A_{13}$과 같이 계산할 수 있다.

***과제 5.2** 여인수 전개는 정해진 한 행이나 열에 대해서만 하여야 할까? 여러 행이나 열에서 임의로 택한 n개의 수에 관해서 전개할 수 없을까?

이제, 다음 사실에 주목하자.

행렬 $A = \begin{bmatrix} a_{11} & a_{12} & a_{13} \\ a_{21} & a_{22} & a_{23} \\ a_{31} & a_{32} & a_{33} \end{bmatrix}$의 행렬식은

$$|A| = a_{11}a_{22}a_{33} + a_{12}a_{23}a_{31} + a_{13}a_{21}a_{32} - a_{12}a_{21}a_{33}$$
$$- a_{13}a_{31}a_{22} - a_{11}a_{23}a_{32}$$

이다. $|A|$를 제1행에 관한 성분을 중심으로 다시 정리하면

$$a_{11}(a_{22}a_{33}-a_{23}a_{32})-a_{12}(a_{21}a_{33}-a_{23}a_{31})+a_{13}(a_{21}a_{32}-a_{31}a_{22})$$

이다. 이는 다음과 같음을 알 수 있다.

$$a_{11}M_{11}-a_{12}M_{12}+a_{13}M_{13}$$

마찬가지로, $|A|$를 제1열에 관한 성분으로 정리하면

$$a_{11}(a_{22}a_{33}-a_{23}a_{32})-a_{21}(a_{12}a_{33}-a_{13}a_{32})+a_{31}(a_{12}a_{23}-a_{13}a_{22})$$

으로서

$$a_{11}M_{11}-a_{21}M_{21}+a_{31}M_{31}$$

이다.

이제, $|A|=a_{11}A_{11}+a_{12}A_{12}+a_{13}A_{13}$이므로 다음을 알 수 있다.

$$A_{11}=M_{11},\ A_{12}=-M_{12},\ A_{13}=M_{13}$$

마찬가지로, $|A|=a_{11}A_{11}+a_{21}A_{21}+a_{31}A_{31}$이므로 다음을 알 수 있다.

$$A_{21}=-M_{21},\ A_{31}=M_{31}$$

과제 5.3 다음을 확인하여라.

가. 위의 $|A|$를 어떠한 행이나 열을 택하여 그 행(또는 열)의 성분을 중심으로 정리하여도 여인수와 소행렬식 사이의 밀접한 관계를 발견할 수 있다.

나. 행렬 $\begin{bmatrix} a_{11} & a_{12} \\ a_{21} & a_{22} \end{bmatrix}$의 행렬식 $a_{11}a_{22}-a_{12}a_{21}$도 다음과 같이 나타낼 수 있다.

$$
\begin{aligned}
&a_{11}M_{11}-a_{12}M_{12}, \\
&a_{11}M_{11}-a_{21}M_{21}, \\
&-a_{12}M_{12}+a_{22}M_{22}, \\
&-a_{21}M_{21}+a_{22}M_{22}
\end{aligned}
$$

위와 같은 상황에서 여인수와 소행렬식 사이의 밀접한 관계를 추측할 수 있을 것이다.

≪정리 5.4≫ 행렬 A의 ij-성분의 소행렬식을 M_{ij}, ij-성분의 여인수를 A_{ij}라고 하면, $A_{ij}=(-1)^{i+j}M_{ij}$, $i, j \in \{1, 2, \cdots, n\}$이 성립한다.

[증명 밑 그림]

먼저, 특별한 경우로서 $i=j=n$인 경우를 증명한다. 그 후, A의 ij-성분 a_{ij}를 nn-성분의 자리에 옮기되 ij-성분의 소행렬식과 nn-성분의 소행렬식이 같도록 하여, 앞서 증명한 특별한 경우로 귀착시킨다.

증명 먼저, $A_{nn}=M_{nn}=(-1)^{n+n}M_{nn}$임을 보인다.

$$
\begin{aligned}
|A| &= \sum_{\sigma \in S_n} \operatorname{sgn}(\sigma) a_{1\sigma(1)}a_{2\sigma(2)}\cdots a_{n\sigma(n)} \\
&= a_{n1}A_{n1}+a_{n2}A_{n2}+\cdots+a_{nn}A_{nn}
\end{aligned}
$$

에서 다음을 알 수 있다.

$$a_{nn}A_{nn} = a_{nn}\left(\sum_{\sigma \in S_n,\ \sigma(n)=n} \operatorname{sgn}(\sigma) a_{1\sigma(1)} a_{2\sigma(2)} \cdots a_{(n-1)\sigma(n-1)}\right)$$

그런데

$$\begin{aligned}&\sum_{\sigma \in S_n,\ \sigma(n)=n} \operatorname{sgn}(\sigma) a_{1\sigma(1)} a_{2\sigma(2)} \cdots a_{(n-1)\sigma(n-1)} \\ &= \sum_{\sigma \in S_{n-1}} \operatorname{sgn}(\sigma) a_{1\sigma(1)} a_{2\sigma(2)} \cdots a_{(n-1)\sigma(n-1)}\end{aligned}$$

이므로 $A_{nn} = \sum_{\sigma \in S_{n-1}} \operatorname{sgn}(\sigma) a_{1\sigma(1)} a_{2\sigma(2)} \cdots a_{(n-1)\sigma(n-1)} = M_{nn}$ 임을 알 수 있다. 이제, $A_{ij} = (-1)^{i+j} M_{ij}$, $i, j \in \{1, 2, \cdots, n\}$ 임을 보인다. 행렬 A의 제i행을 아래쪽 방향으로 이웃하는 행과 차례로 $n-i$번 맞바꾸고, 이어서 제j열을 오른쪽 방향으로 이웃하는 열과 $n-j$번 맞바꾸어 얻게 되는 행렬을 $B = \begin{bmatrix} b_{11} & \cdots & b_{1n} \\ \vdots & & \vdots \\ b_{n1} & \cdots & b_{nn} \end{bmatrix}$ 라고 하자. 먼저, $|A| = (-1)^{n-i+n-j}|B| = (-1)^{i+j}|B|$ 이다. 한편, 행렬 A에서의 a_{ij}의 소행렬식 M_{ij}는 행렬 B의 nn-성분인 $b_{nn} = a_{ij}$의 소행렬식이다. 이제, M'_{ij}와 A'_{ij}을 각각 행렬 B의 ij-성분 b_{ij}의 소행렬식과 여인수라고 하면 다음이 성립한다.

$$\begin{aligned}|B| &= b_{n1}A'_{n1} + b_{n2}A'_{n2} + \cdots + b_{nj}A'_{nj} + \cdots + b_{nn}A'_{nn} \\ &= a_{i1}A'_{n1} + a_{i2}A'_{n2} + \cdots + a_{i(j+1)}A'_{nj} + a_{i(j+2)}A'_{n(j+1)} \\ &\quad + \cdots + a_{in}A'_{n(n-1)} + a_{ij}A'_{nn}\end{aligned}$$

그런데 $|A| = a_{i1}A_{i1} + a_{i2}A_{i2} + \cdots + a_{in}A_{in}$ 이고 $|A| = (-1)^{i+j}|B|$ 이므로

$$|B| = a_{i1}(-1)^{i+j}A_{i1} + a_{i2}(-1)^{i+j}A_{i2} + \cdots + a_{ij}(-1)^{i+j}A_{ij}$$

$+\cdots+a_{in}(-1)^{i+j}A_{in}$

이다. 이제, $A'_{nn}=(-1)^{i+j}A_{ij}$이고 $A'_{nn}=M'_{nn}$이며 $M'_{nn}=M_{ij}$이므로 $A_{ij}=(-1)^{i+j}M_{ij}$이다. ■

***과제 5.5** 가. 위 증명에서 $A_{11}=M_{11}$을 증명한 후 이 사실을 이용하지 않고, $A_{nn}=M_{nn}$을 증명하여 사용하는 이유는 무엇일까?

나. 위 증명에서 $A_{nn}=M_{nn}$을 증명한 것과 같은 방법으로는 '임의의 $j\in\{1, 2, \cdots, n\}$에 대하여 $A_{nj}=M_{nj}$'임을 증명할 수 없는 이유는 무엇인가?

다. 여섯 개의 수 a, b, A, B, C, D에 대하여 등식 $aA+bB=aC+bD$가 성립할 때, $A=C$이고 $B=D$라고 할 수 없다. 그런데 위 증명에서

$$\begin{aligned}&a_{i1}A'_{n1}+a_{i2}A'_{n2}+\cdots+a_{i(j+1)}A'_{nj}+a_{i(j+2)}A'_{n(j+1)}\\&+\cdots+a_{in}A'_{n(n-1)}+a_{ij}A'_{nn}\\&=a_{i1}(-1)^{i+j}A_{i1}+a_{i2}(-1)^{i+j}A_{i2}+\cdots+a_{ij}(-1)^{i+j}A_{ij}\\&\quad+\cdots+a_{in}(-1)^{i+j}A_{in}\end{aligned}$$

이므로 $A'_{nn}=(-1)^{i+j}A_{ij}$라고 주장할 수 있는 근거는 무엇인가?

여인수 전개를 이용하면 규모가 큰 (예를 들어, n차 행렬) 행렬의 행렬식을 규모가 작은 여러 개 ($n-1$차 행렬 n개)의 행렬식

으로 나누어 계산할 수 있게 된다. 예를 들어 $|A|=\begin{vmatrix} 1 & 2 & 3 \\ 0 & 1 & 0 \\ 1 & 0 & 0 \end{vmatrix}$은 다음과 같이 계산할 수 있다.

$$|A|=1\cdot A_{31}=\begin{vmatrix} 2 & 3 \\ 1 & 0 \end{vmatrix}=-3$$

다음과 같이 계산할 수도 있다.

$$|A|=3\cdot A_{13}=3\times\begin{vmatrix} 0 & 1 \\ 1 & 0 \end{vmatrix}=-3$$

과제 5.6 다음 두 행렬식을 각각 계산하여라.

$$\begin{vmatrix} 1 & 0 & 3 & 4 \\ 1 & 1 & 1 & 1 \\ 1 & 0 & 0 & 0 \\ 1 & 0 & 6 & 8 \end{vmatrix},\quad \begin{vmatrix} 1 & 2 & 3 & 4 \\ 0 & 1 & 1 & 5 \\ 0 & 0 & 0 & 4 \\ 2 & 3 & 6 & 8 \end{vmatrix}$$

여인수 전개를 이용하면 삼각행렬 등과 같은 특별한 형태의 행렬식을 특별히 쉽게 구할 수 있다.

먼저, 삼각행렬의 행렬식은 행렬의 주대각선에 있는 성분 모두의 곱임을 알 수 있다.

≪**정리 5.7**≫ 행렬 $A=\begin{bmatrix} a_{11} & \cdots & a_{1n} \\ \vdots & & \vdots \\ a_{n1} & \cdots & a_{nn} \end{bmatrix}$가 삼각행렬이면 그 행렬식은 다음과 같다.

$$|A|=a_{11}a_{22}\cdots a_{nn}$$

증명 주어진 행렬이 상삼각행렬이라고 가정하고 수학적 귀납법으로 증명한다.

$$\begin{vmatrix} a_{11} & a_{12} & \cdots & a_{1n} \\ 0 & a_{22} & \cdots & a_{2n} \\ \vdots & & \ddots & \vdots \\ 0 & \cdots & \cdots & a_{nn} \end{vmatrix} = a_{nn}\begin{vmatrix} a_{11} & \cdots & a_{1(n-1)} \\ \vdots & & \vdots \\ 0 & \cdots & a_{(n-1)(n-1)} \end{vmatrix}$$
$$= \cdots$$
$$= a_{nn}a_{(n-1)(n-1)}\cdots a_{22}a_{11}$$

■

이제, 단위행렬의 행렬식은 1 즉, $|I_n|=1$임을 금방 알 수 있다.

여인수의 활용

여인수 전개는 행렬식의 계산 외에도 다양하게 응용될 수 있다.

≪정리 5.8≫ $A=\begin{bmatrix} a_{11} & \cdots & a_{1n} \\ \vdots & & \vdots \\ a_{n1} & \cdots & a_{nn} \end{bmatrix}$에서 다음이 성립한다.

$$\sum_{k=1}^{n} a_{ik}A_{jk} = \begin{cases} |A|, & i=j\text{인 경우} \\ 0, & i \neq j\text{인 경우} \end{cases}$$

$$\sum_{k=1}^{n} a_{ki}A_{kj} = \begin{cases} |A|, & i=j\text{인 경우} \\ 0, & i \neq j\text{인 경우} \end{cases}$$

[증명 및 그림]

$i \neq j$인 경우에 A에서 j행을 제거하고 그 대신에 i행으로 대체하면, 그때 얻은 행렬의 행렬식은 0이다.

증명 먼저, 행에 관하여 증명한다. 즉, $i \neq j$인 경우에 $\sum_{k=1}^{n} a_{ik}A_{jk} = 0$임을 보인다.

$$0 = \begin{vmatrix} a_{11} & a_{12} & \cdots & a_{1n} \\ a_{21} & a_{22} & \cdots & a_{2n} \\ \vdots & \vdots & & \vdots \\ a_{i1} & a_{i2} & \cdots & a_{in} \\ \vdots & \vdots & & \vdots \\ a_{i1} & a_{i2} & \cdots & a_{in} \\ \vdots & \vdots & & \vdots \\ a_{n1} & a_{n2} & \cdots & a_{nn} \end{vmatrix} \begin{matrix} \\ \\ \\ \to i\text{번째 행} \\ \\ \to j\text{번째 행} \\ \\ \\ \end{matrix}$$

위 행렬식에서 두 행(i행과 j행)이 같으므로 행렬식은 0이다. 이제, 이 행렬식을 j행에 관하여 전개하면 다음과 같다.

$$a_{i1}A_{j1} + a_{i2}A_{j2} + \cdots\cdots + a_{in}A_{jn}$$

따라서 $\sum_{k=1}^{n} a_{ik}A_{jk} = 0$이다.

열에 대해서도 마찬가지 방법으로 증명할 수 있다. ■

과제 5.9 위 정리를 다음 식을 이용하여 증명할 수 있음을 설명하여라.

$$
\begin{aligned}
|A| &= \begin{vmatrix} a_{11} & a_{12} & \cdots & a_{1n} \\ a_{21} & a_{22} & \cdots & a_{2n} \\ \vdots & \vdots & & \vdots \\ a_{i1} & a_{i2} & \cdots & a_{in} \\ \vdots & \vdots & & \vdots \\ a_{j1}-a_{i1} & a_{j2}-a_{i2} & \cdots & a_{jn}-a_{in} \\ \vdots & \vdots & & \vdots \\ a_{n1} & a_{n2} & \cdots & a_{nn} \end{vmatrix} \\
&= (a_{j1}-a_{i1})A_{j1} + (a_{j2}-a_{i2})A_{j2} + \cdots + (a_{jn}-a_{in})A_{jn} \\
&= |A| - \sum_{k=1}^{n} a_{ik}A_{jk}
\end{aligned}
$$

δ_{ij}를 다음과 같이 정의하자.

$$\delta_{ij} = \begin{cases} 1, & i=j\text{인 경우} \\ 0, & i \neq j\text{인 경우} \end{cases}$$

δ_{ij}를 크로네커델타(Kronecker δ)라고 한다. 이제, 행렬 $A = \begin{bmatrix} a_{11} & \cdots & a_{1n} \\ \vdots & & \vdots \\ a_{n1} & \cdots & a_{nn} \end{bmatrix}$에 관하여 다음을 알 수 있다.

$$\sum_{k=1}^{n} a_{ik}A_{jk} = \delta_{ij}|A|$$

$$\sum_{k=1}^{n} a_{ki}A_{kj} = \delta_{ij}|A|$$

과제 5.10 여인수 전개와 수학적 귀납법을 이용하여 전치행렬의 행렬식은 원래 행렬의 행렬식과 같음을 증명하여라.

역행렬 구하는 방법(2)

주어진 정칙행렬의 역행렬을 기본 행렬을 이용하여 구할 수 있음을 앞에서 설명한 바 있다. 이제, 여인수 전개의 성질을 이용하여 역행렬을 구하는 두 번째 방법에 대하여 알아보자.

≪정의 5.11≫ n차의 행렬 $A=[a_{ij}]_{n\times n}$에 대하여, A에서의 a_{ij}의 여인수 A_{ij}를 (i, j) 성분으로 가지는 n차의 행렬 $[A_{ij}]_{n\times n}$를 A의 여인수 행렬(cofactor matrix)이라고 한다. 한편, A의 여인수 행렬의 전치행렬을 A의 수반행렬(adjoint)이라고 하고, $\operatorname{adj} A$로 나타낸다.

행렬 A의 수반행렬 $\operatorname{adj} A$의 i행은 행렬 A의 i열의 여인수로 구성된다.

과제 5.12 가. $A=\begin{bmatrix}1 & 2\\3 & 4\end{bmatrix}$의 수반행렬을 구하여라.

나. $B=\begin{bmatrix}1 & 1 & 0\\0 & 1 & 1\\1 & 0 & 1\end{bmatrix}$의 수반행렬을 구하여라.

다. 위의 두 행렬에 대하여 다음을 계산하여라.

(1) $A(\operatorname{adj} A)=(\operatorname{adj} A)A$

(2) $B(\operatorname{adj} B)=(\operatorname{adj} B)B$

라. 다음 특수 행렬들의 특성에 관하여 알아보아라.

(1) 영행렬

(2) 단위행렬

(3) 스칼라행렬

(4) 대각행렬

(5) 삼각행렬

위의 예 '나'와 '다'에서 $A(\operatorname{adj} A)=(\operatorname{adj} A)A=|A|I$임을 관찰할 수 있다. 사실, 이는 일반적으로 성립한다.

> **≪정리 5.13≫** 임의의 정사각행렬 A에 대하여 다음이 성립한다.
>
> $$A(\operatorname{adj} A)=(\operatorname{adj} A)A=|A|I$$

증명 먼저, $\operatorname{adj} A=\begin{bmatrix}A_{11} & \cdots & A_{n1}\\A_{12} & \cdots & A_{n2}\\\vdots & & \vdots\\A_{1n} & \cdots & A_{nn}\end{bmatrix}$에 대하여 다음을 알 수 있다.

$$A(\text{adj}\, A)=\begin{bmatrix} a_{11} & \cdots & a_{1n} \\ \vdots & & \vdots \\ a_{n1} & & a_{nn} \end{bmatrix}\begin{bmatrix} A_{11} & \cdots & A_{n1} \\ \vdots & & \vdots \\ A_{1n} & & A_{nn} \end{bmatrix}$$

$$=\begin{bmatrix} \sum_{k=1}^{n} a_{1k}A_{1k} & \sum_{k=1}^{n} a_{1k}A_{2k} & \cdots\cdots & \sum_{k=1}^{n} a_{1k}A_{nk} \\ \sum_{k=1}^{n} a_{2k}A_{1k} & \sum_{k=1}^{n} a_{2k}A_{2k} & \cdots\cdots & \sum_{k=1}^{n} a_{2k}A_{nk} \\ \vdots & \ddots & & \vdots \\ \sum_{k=1}^{n} a_{nk}A_{1k} & \cdots\cdots\cdots & & \sum_{k=1}^{n} a_{nk}A_{nk} \end{bmatrix}$$

$$=\begin{bmatrix} |A| & \cdots\cdots & 0 \\ \vdots & \ddots & \vdots \\ 0 & \cdots\cdots & |A| \end{bmatrix}=|A|I$$

마찬가지로, $(\text{adj}\, A)A=|A|I$임을 알 수 있다. 따라서

$$A(\text{adj}\, A)=(\text{adj}\, A)A=|A|I$$

이다. ■

위 정리로부터 정칙행렬의 역행렬을 구할 수 있다. 즉, $|A|\neq 0$이면, $A\left(\frac{1}{|A|}\text{adj}\, A\right)=\left(\frac{1}{|A|}\text{adj}\, A\right)A=I$이므로 $A^{-1}=\frac{1}{|A|}\text{adj}\, A$임을 알 수 있다.

예를 들어, $A=\begin{bmatrix} 1 & 2 \\ 3 & 4 \end{bmatrix}$라고 하면, $A^{-1}=\frac{1}{-2}\begin{bmatrix} 4 & -2 \\ -3 & 1 \end{bmatrix}=$ $\begin{bmatrix} -2 & 1 \\ \frac{3}{2} & \frac{-1}{2} \end{bmatrix}$이다.

과제 5.14 가. 고등학교 과정에서 행렬 $A=\begin{bmatrix} a_{11} & a_{12} \\ a_{21} & a_{22} \end{bmatrix}$에 대하여 $a_{11}a_{22}-a_{12}a_{21}\neq 0$이면 A의 역행렬 A^{-1}가 존재하고 $A^{-1}=\dfrac{1}{a_{11}a_{22}-a_{12}a_{21}}\begin{bmatrix} a_{22} & -a_{12} \\ -a_{21} & a_{11} \end{bmatrix}$임을 배운다. 이 공식을 $A^{-1}=\dfrac{1}{|A|}\operatorname{adj} A$을 이용하여 설명하여라.

나. $\begin{bmatrix} 1 & 1 & 0 \\ 0 & 1 & 1 \\ 1 & 0 & 1 \end{bmatrix}$의 행렬식과 역행렬을 구하여라.

다. $A(\operatorname{adj} A)=(\operatorname{adj} A)A=|A|I$의 관계로부터 정리 4.15, 즉 행렬 A가 정칙이기 위한 필요충분조건은 $|A|\neq 0$임을 설명하여라.

라. 임의의 두 실수 a, b에 대하여 $ab=0$이면 '$a=0$ 또는 $b=0$'이다. 다음을 설명하여라.

> $A, B\in Mat_2(\mathbb{R})$, $A\neq 0$, $B\neq 0$, 그리고 $AB=0$이면 '$|A|=0$ 그리고 $|B|=0$'이다.

마. 행렬 $\begin{bmatrix} 1 & 2 \\ 3 & 4 \end{bmatrix}$의 역행렬을 두 가지 방법으로 구하여라.

여인수의 또 다른 활용으로서 연립방정식의 해법을 들 수 있다.

≪정리 5.15≫ (Cramer)

n개의 미지수 $x_1, x_2, \cdots, x_n$에 관한 n개의 일차방정식으로 이루어진 연립일차방정식

$$\begin{cases} a_{11}x_1 + a_{12}x_2 + \cdots + a_{1n}x_n = b_1 \\ a_{21}x_1 + a_{22}x_2 + \cdots + a_{2n}x_n = b_2 \\ \cdots\cdots\cdots\cdots\cdots\cdots\cdots\cdots\cdots\cdots \\ a_{n1}x_1 + a_{n2}x_2 + \cdots + a_{nn}x_n = b_n \end{cases}$$

에서, 계수행렬 $A = [a_{ij}]_{n \times n}$가 정칙행렬일 때, 즉 $|A| \neq 0$일 때, 이 연립일차방정식은 단 한 개의 해를 가지며 그 해는 다음 식으로 주어진다.

$$x_i = \frac{\begin{vmatrix} a_{11} & a_{12} & \cdots & b_1 & \cdots & a_{1n} \\ a_{21} & a_{22} & \cdots & b_2 & \cdots & a_{2n} \\ \vdots & \vdots & \vdots & \vdots & \vdots & \vdots \\ a_{n1} & a_{n2} & \cdots & b_n & \cdots & a_{nn} \end{vmatrix}}{\begin{vmatrix} a_{11} & a_{12} & \cdots & a_{1i} & \cdots & a_{1n} \\ a_{21} & a_{22} & \cdots & a_{2i} & \cdots & a_{2n} \\ \vdots & \vdots & \vdots & \vdots & \vdots & \vdots \\ a_{n1} & a_{n2} & \cdots & a_{ni} & \cdots & a_{nn} \end{vmatrix}}$$

여기서, $1 \leq i \leq n$이다.

증명 연립방정식

$$\begin{cases} a_{11}x_1 + a_{12}x_2 + \cdots + a_{1n}x_n = b_1 \\ a_{21}x_1 + a_{22}x_2 + \cdots + a_{2n}x_n = b_2 \\ \cdots\cdots\cdots\cdots\cdots\cdots\cdots\cdots\cdots \\ a_{n1}x_1 + a_{n2}x_2 + \cdots + a_{nn}x_n = b_n \end{cases}$$

을 행렬로 나타내면 다음과 같다.

$$\begin{bmatrix} a_{11} & \cdots & a_{1n} \\ \vdots & & \vdots \\ a_{n1} & \cdots & a_{nn} \end{bmatrix} \begin{bmatrix} x_1 \\ \vdots \\ x_n \end{bmatrix} = \begin{bmatrix} b_1 \\ \vdots \\ b_n \end{bmatrix}$$

계수 행렬 A를 정칙이라고 가정하자. 즉, $|A| \neq 0$이라고 가정한다. 이제, 양변에 A^{-1}를 곱해주면 다음을 얻을 수 있다.

$$\begin{bmatrix} x_1 \\ \vdots \\ x_n \end{bmatrix} = A^{-1} \begin{bmatrix} b_1 \\ \vdots \\ b_n \end{bmatrix} = \frac{1}{|A|} \begin{bmatrix} A_{11} & \cdots & A_{n1} \\ \vdots & & \vdots \\ A_{1n} & \cdots & A_{nn} \end{bmatrix} \begin{bmatrix} b_1 \\ \vdots \\ b_n \end{bmatrix}$$

$$= \frac{1}{|A|} \begin{bmatrix} \sum_{k=1}^{n} b_k A_{k1} \\ \vdots \\ \sum_{k=1}^{n} b_k A_{ki} \\ \vdots \\ \sum_{k=1}^{n} b_k A_{kn} \end{bmatrix}$$

따라서 $x_i = \frac{1}{|A|} \sum_{k=1}^{n} b_k A_{ki}$이다. 한편,

$$\begin{vmatrix} a_{11} & a_{12} & \cdots & a_{1(i-1)} & b_1 & a_{1(i+1)} & \cdots & a_{1n} \\ a_{21} & a_{22} & \cdots & a_{2(i-1)} & b_2 & a_{2(i+1)} & \cdots & a_{2n} \\ \vdots & \vdots & & \vdots & \vdots & \vdots & & \vdots \\ \vdots & \vdots & & \vdots & \vdots & \vdots & & \vdots \\ a_{n1} & a_{n2} & \cdots & a_{n(i-1)} & b_n & a_{n(i+1)} & \cdots & a_{nn} \end{vmatrix}$$

은 다음과 같다.

$$\sum_{k=1}^{n} b_k A_{ki} = b_1 A_{1i} + b_2 A_{2i} + \cdots + b_n A_{ni}$$

따라서

$$x_i = \frac{1}{|A|} \begin{vmatrix} a_{11} & a_{12} & \cdots & a_{1(i-1)} & b_1 & a_{1(i+1)} & \cdots & a_{1n} \\ a_{21} & a_{22} & \cdots & a_{2(i-1)} & b_2 & a_{2(i+1)} & \cdots & a_{2n} \\ \vdots & \vdots & & \vdots & \vdots & \vdots & & \vdots \\ \vdots & \vdots & & \vdots & \vdots & \vdots & & \vdots \\ a_{n1} & a_{n2} & \cdots & a_{n(i-1)} & b_n & a_{n(i+1)} & \cdots & a_{nn} \end{vmatrix}$$

이다. 여기서 $i = 1, 2, 3, \cdots, n$이고, $b_1, b_2, \cdots, b_n$은 i-열을 이루고 있다. ■

위 공식을 보통 '크래머(Cramer)의 공식'이라고 한다. 이 공식이 특별히 유용하다고는 할 수 없다. 행렬식을 계산하는 것이 보통의 경우에는 간단하지 않기 때문이다.

Vandermonde 행렬식

다음과 같은 $c_1, \cdots, c_n$에 관한 연립일차방정식을 생각하자.

$$\begin{cases} d_1 = c_1 + c_2\zeta_1 + c_3\zeta_1^2 + \cdots + c_n\zeta_1^{n-1} \\ d_2 = c_1 + c_2\zeta_2 + c_3\zeta_2^2 + \cdots + c_n\zeta_2^{n-1} \\ \cdots \\ d_n = c_1 + c_2\zeta_n + c_3\zeta_n^2 + \cdots + c_n\zeta_n^{n-1} \end{cases}$$

위 식에서, 계수 행렬의 행렬식을 Vandermonde 행렬식이라고 한다.

≪정리 5.16≫ $\zeta_1, \cdots, \zeta_n$이 서로 다르면, Vandermonde 행렬식은 $\prod_{i>j}(\zeta_i-\zeta_j)\neq 0$이다.

증명

$$\begin{vmatrix} 1 & \zeta_1 & \zeta_1^2 & \cdots & \zeta_1^{n-1} \\ 1 & \zeta_2 & \zeta_2^2 & \cdots & \zeta_2^{n-1} \\ \vdots & \vdots & \vdots & \cdots & \vdots \\ 1 & \zeta_n & \zeta_n^2 & \cdots & \zeta_n^{n-1} \end{vmatrix}$$

$$=\begin{vmatrix} 1 & \zeta_1 & \zeta_1^2 & \cdots & \zeta_1^{n-1} \\ 0 & \zeta_2-\zeta_1 & \zeta_2^2-\zeta_1^2 & \cdots & \zeta_2^{n-1}-\zeta_1^{n-1} \\ \vdots & \vdots & \vdots & \cdots & \vdots \\ 0 & \zeta_n-\zeta_1 & \zeta_n^2-\zeta_1^2 & \cdots & \zeta_n^{n-1}-\zeta_1^{n-1} \end{vmatrix}$$

이것을 제1열에 관하여 여인수전개하면 다음과 같다.

$$\begin{vmatrix} \zeta_2-\zeta_1 & \zeta_2^2-\zeta_1^2 & \cdots & \zeta_2^{n-1}-\zeta_1^{n-1} \\ \vdots & \vdots & \cdots & \vdots \\ \zeta_n-\zeta_1 & \zeta_n^2-\zeta_1^2 & \cdots & \zeta_n^{n-1}-\zeta_1^{n-1} \end{vmatrix}$$

각 행에서 공통인 수를 묶으면 다음과 같다.

$$\prod_{i=2}^{n}(\zeta_i-\zeta_1)\begin{vmatrix} 1 & \zeta_2+\zeta_1 & \zeta_2^2+\zeta_2\zeta_1+\zeta_1^2 & \cdots & \zeta_2^{n-2}+\zeta_2^{n-3}\zeta_1+\cdots+\zeta_2\zeta_1^{n-3}+\zeta_1^{n-2} \\ \vdots & \vdots & \vdots & \cdots & \vdots \\ 1 & \zeta_n+\zeta_1 & \zeta_n^2+\zeta_n\zeta_1+\zeta_1^2 & \cdots & \zeta_n^{n-2}+\zeta_n^{n-3}\zeta_1+\cdots+\zeta_n\zeta_1^{n-3}+\zeta_1^{n-2} \end{vmatrix}$$

각 i $(2\le i\le n)$ 열에 $i-1$열의 ζ_1배를 빼주면 다음과 같다.

$$\prod_{i=2}^{n}(\zeta_i-\zeta_1)\begin{vmatrix} 1 & \zeta_2 & \zeta_2^2 & \cdots & \zeta_2^{n-2} \\ \vdots & \vdots & \vdots & \cdots & \vdots \\ 1 & \zeta_n & \zeta_n^2 & \cdots & \zeta_n^{n-2} \end{vmatrix}$$

이제, $\begin{vmatrix} 1 & \zeta_2 & \zeta_2^2 & \cdots & \zeta_2^{n-2} \\ \vdots & \vdots & \vdots & \cdots & \vdots \\ 1 & \zeta_n & \zeta_n^2 & \cdots & \zeta_n^{n-2} \end{vmatrix}$는 처음 구하려던 행렬식의 한 차수 아래의 행렬식이므로 수학적 귀납법을 적용하면 구하는 행렬식은 $\prod_{i>j}(\zeta_i-\zeta_j)\neq 0$임을 알 수 있다. ■

과제 5.17 가. 다음을 확인하여라.

(1) 이차방정식 $x^2+bx+c=0$의 두 근을 ζ_1, ζ_2라고 하면, $x^2+bx+c=0$의 판별식 b^2-4c은 $\begin{vmatrix} 1 & \zeta_1 \\ 1 & \zeta_2 \end{vmatrix}^2=(\zeta_2-\zeta_1)^2$이다.

(2) 일반적으로 n차 방정식 $x^n+a_{n-1}x^{n-1}+\cdots a_1x+a_0=0$의 n개의 근을 $\zeta_1, \cdots, \zeta_n$라고 하면 $x^n+a_{n-1}x^{n-1}+\cdots a_1x+a_0=0$의 판별식은 다음과 같이 정의한다.

$$\begin{vmatrix} 1 & \zeta_1 & \zeta_1^2 & \cdots & \zeta_1^{n-1} \\ 1 & \zeta_2 & \zeta_2^2 & \cdots & \zeta_2^{n-1} \\ \vdots & \vdots & \vdots & \cdots & \vdots \\ 1 & \zeta_n & \zeta_n^2 & \cdots & \zeta_n^{n-1} \end{vmatrix}^2=\prod_{i>j}(\zeta_i-\zeta_j)^2$$

(3) 3차 방정식 $x^3+px+q=0$의 판별식은 $-4p^3-27q^2$임을 확인하여라.

(4) 삼차방정식 $x^3+ax^2+bx+c=0$을 풀 때에는 $x=y-\dfrac{a}{3}$를 대입하여 이차항이 없는 삼차방정식 $y^3+3py+q=0$을 구하여 풀 수 있다. 마찬가지로, 사차방정식 x^4+ax^3

$+bx^2+cx+d=0$을 풀 때에는 $x=y-\dfrac{a}{4}$를 대입하여 삼차항이 없는 사차방정식 $y^4+qy^2+ry+s=0$의 형태로 바꾸어 풀 수 있다. 일반적으로, n차방정식 $f(x)=x^n+a_{n-1}x^{n-1}+\cdots+a_1x+a_0=0$에서 $x=y-\dfrac{a_{n-1}}{n}$을 대입하면 x^{n-1}차 항이 없는 방정식 $g(x)$를 얻을 수 있다. 이때, $f(x)$와 $g(x)$의 판별식이 같음을 설명하여라.

나. 라그랑쥬 보간법(Lagrange interpolation)에 대하여 조사하여라.

다. 과제 3.16 '다'를 참고하여 동차선형점화식의 일반해에 대하여 알아보아라.

도형의 넓이

행렬식은 수학의 모든 분야에서 유용하게 활용된다. 넓이나 부피를 행렬식을 사용하여 나타낼 때에는 부호는 무시한다.

좌표평면이나 좌표공간에서 어떤 조건, 도형의 넓이, 또는 입체의 부피 등을 나타낼 때 행렬식을 이용하면 편리할 때가 있다.

≪정리 5.18≫ 세 점 $O(0, 0)$, $A(x_1, y_1)$, $B(x_2, y_2)$을 꼭짓점으로 가지는 삼각형의 넓이는 $S=\dfrac{1}{2}\begin{vmatrix} x_1 & y_1 \\ x_2 & y_2 \end{vmatrix}$이다.

증명

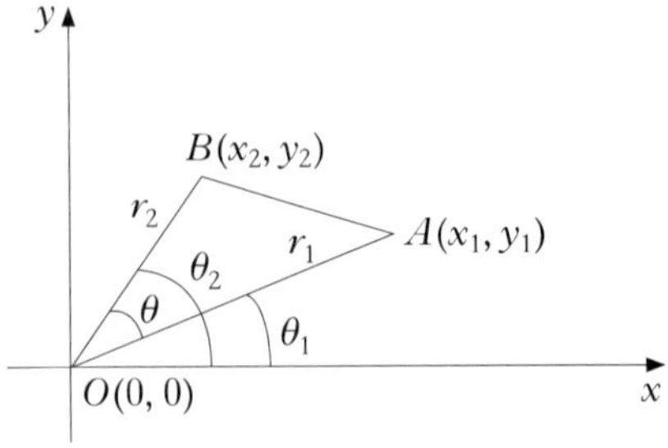

위 그림에서 삼각형 OAB의 넓이는 다음과 같음을 알 수 있다.

$$
\begin{aligned}
S &= \frac{1}{2}r_1 r_2 \sin\theta \\
&= \frac{1}{2}r_1 r_2 \sin(\theta_2 - \theta_1) \\
&= \frac{1}{2}r_1 r_2 (\sin\theta_2 \cos\theta_1 - \cos\theta_2 \sin\theta_1) \\
&= \frac{1}{2}(x_1 y_2 - x_2 y_1) \\
&= \frac{1}{2}\begin{vmatrix} 0 & 0 & 1 \\ x_1 & y_1 & 1 \\ x_2 & y_2 & 1 \end{vmatrix} \\
&= \frac{1}{2}\begin{vmatrix} x_1 & y_1 \\ x_2 & y_2 \end{vmatrix}
\end{aligned}
$$

■

과제 5.19 가. 위 공식을 행렬식을 이용하여 나타내면 어떤 점이 편리한가?

나. 네 점 $O(0,\ 0)$, $A(x_1,\ y_1)$, $B(x_2,\ y_2)$, $C(x_1+x_2,\ y_1+y_2)$을 꼭짓점으로 가지는 사각형의 넓이는 $S=\begin{vmatrix} x_1 & y_1 \\ x_2 & y_2 \end{vmatrix}$이다.

≪**정리 5.20**≫ 세 점 $A(x_1, y_1)$, $B(x_2, y_2)$, $C(x_3, y_3)$을 꼭짓점으로 가지는 삼각형의 넓이는 $\frac{1}{2}\begin{vmatrix} x_1 & y_1 & 1 \\ x_2 & y_2 & 1 \\ x_3 & y_3 & 1 \end{vmatrix}$이다.

증명

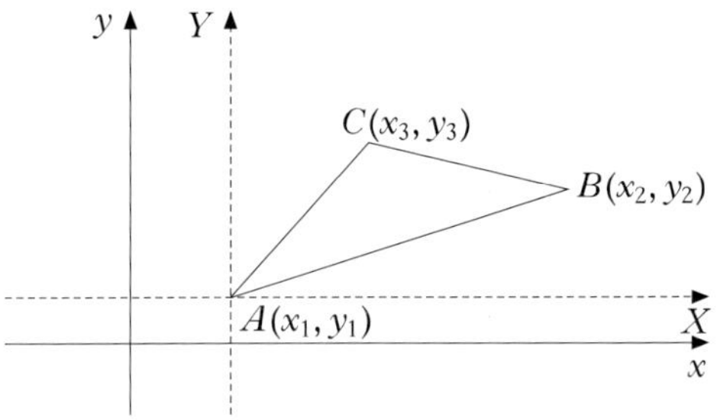

위 그림과 같이 좌표축을 이동하여 점 $A(x_1, y_1)$가 원점이 되게 한다. 이제 두 점 B와 C의 새 좌표축에 의한 좌표를 각각 $B(X_2, Y_2)$, $C(X_3, Y_3)$라고 하면 삼각형의 넓이는 다음과 같다 : $S=\frac{1}{2}(X_2Y_3 - X_3Y_2)$. 이제 $X_2=x_2-x_1$, $Y_2=y_2-y_1$, $X_3=x_3-x_1$, 그리고 $Y_3=y_3-y_1$이므로 다음을 얻을 수 있다.

$$
\begin{aligned}
S &= \frac{1}{2}\{(x_2-x_1)(y_3-y_1)-(x_3-x_1)(y_2-y_1)\} \\
&= \frac{1}{2}\begin{vmatrix} x_2-x_1 & y_2-y_1 \\ x_3-x_1 & y_3-y_1 \end{vmatrix} \\
&= \frac{1}{2}\begin{vmatrix} x_1 & y_1 & 1 \\ x_2-x_1 & y_2-y_1 & 0 \\ x_3-x_1 & y_3-y_1 & 0 \end{vmatrix} \\
&= \frac{1}{2}\begin{vmatrix} x_1 & y_1 & 1 \\ x_2 & y_2 & 1 \\ x_3 & y_3 & 1 \end{vmatrix}
\end{aligned}
$$

■

과제 5.21 가. 위 공식을 행렬식을 이용하여 나타내면 어떤 점이 편리한가?

나. 다음 네 점을 꼭짓점으로 가지는 사각형의 넓이는 $\begin{vmatrix} x_1 & y_1 & 1 \\ x_2 & y_2 & 1 \\ x_3 & y_3 & 1 \end{vmatrix}$ 이다.

$$A(x_1, y_1),\ B(x_2, y_2),\ C(x_3, y_3),\ D(x_2+x_3-x_1,\ y_2+y_3-y_1)$$

세 점 $A(x_1, y_1)$, $B(x_2, y_2)$, $C(x_3, y_3)$가 일직선 위에 있다는 것은 세 점으로 이루어지는 삼각형의 넓이가 0이어야 한다는 것이다. 따라서 주어진 세 점이 일직선 위에 있기 위한 조건을 행렬식을 이용하여 다음과 같이 나타낼 수 있다.

$$\begin{vmatrix} x_1 & y_1 & 1 \\ x_2 & y_2 & 1 \\ x_3 & y_3 & 1 \end{vmatrix} = 0$$

좌표 평면 위의 두 점을 지나는 직선의 방정식을 행렬식을 이용하여 다음과 같이 나타낼 수 있다.

(x_1, y_1), (x_2, y_2)를 지나는 직선의 방정식

$\Leftrightarrow$ (x, y), (x_1, y_1), (x_2, y_2)가 일직선 위에 있다.

$$\Leftrightarrow \begin{vmatrix} x & y & 1 \\ x_1 & y_1 & 1 \\ x_2 & y_2 & 1 \end{vmatrix} = 0$$

$$\Leftrightarrow \begin{vmatrix} x-x_1 & y-y_1 & 0 \\ x_1 & y_1 & 1 \\ x_2-x_1 & y_2-y_1 & 0 \end{vmatrix} = 0$$

$$\Leftrightarrow \begin{vmatrix} x-x_1 & y-y_1 \\ x_2-x_1 & y_2-y_1 \end{vmatrix} = 0$$

$$\Leftrightarrow (x-x_1)(y_2-y_1)-(x_2-x_1)(y-y_1)=0$$

$$\Leftrightarrow (x-x_1)(y_2-y_1)=(x_2-x_1)(y-y_1)$$

$$\Leftrightarrow \frac{x-x_1}{x_2-x_1}=\frac{y-y_1}{y_2-y_1}$$

좌표 공간 위의 세 점을 지나는 평면의 방정식을 행렬식을 이용하여 나타낼 수 있다.

> **≪정리 5.22≫** 일직선 위에 있지 않은 공간상의 세 점 $A(x_1, y_1, z_1)$, $B(x_2, y_2, z_2)$, $C(x_3, y_3, z_3)$를 지나는 평면의 방정식은 다음과 같다.
>
> $$\begin{vmatrix} x & y & z & 1 \\ x_1 & y_1 & z_1 & 1 \\ x_2 & y_2 & z_2 & 1 \\ x_3 & y_3 & z_3 & 1 \end{vmatrix} = 0$$

증명 (x_1, y_1, z_1)을 지나는 평면의 방정식은 $a(x-x_1)+b(y-y_1)+c(z-z_1)=0$이다. 이 평면이 (x_2, y_2, z_2), (x_3, y_3, z_3)를 지나야 하므로, 연립방정식

$$\begin{cases} a(x_3-x_1)+b(y_3-y_1)+c(z_3-z_1)=0 \\ a(x_2-x_1)+b(y_2-y_1)+c(z_2-z_1)=0 \end{cases}$$

를 만족시킨다. 그런데 세 점은 일직선 위에 있지 아니하다고 했으므로

$$\begin{vmatrix} x_3-x_1 & y_3-y_1 \\ x_2-x_1 & y_2-y_1 \end{vmatrix}, \begin{vmatrix} y_3-y_1 & z_3-z_1 \\ y_2-y_1 & z_2-z_1 \end{vmatrix}, \begin{vmatrix} z_3-z_1 & x_3-x_1 \\ z_2-z_1 & x_2-x_1 \end{vmatrix}$$

중 적어도 하나는 0이 아니다. 따라서 다음이 성립한다.

$$a=k\begin{vmatrix} y_3-y_1 & z_3-z_1 \\ y_2-y_1 & z_2-z_1 \end{vmatrix}, \quad b=k\begin{vmatrix} z_3-z_1 & x_3-x_1 \\ z_2-z_1 & x_2-x_1 \end{vmatrix},$$
$$c=k\begin{vmatrix} x_3-x_1 & y_3-y_1 \\ x_2-x_1 & y_2-y_1 \end{vmatrix}$$

결국, 구하는 평면의 방정식은 다음과 같다.

$$\begin{vmatrix} y_3-y_1 & z_3-z_1 \\ y_2-y_1 & z_2-z_1 \end{vmatrix}(x-x_1)+\begin{vmatrix} z_3-z_1 & x_3-x_1 \\ z_2-z_1 & x_2-x_1 \end{vmatrix}(y-y_1)+$$
$$\begin{vmatrix} x_3-x_1 & y_3-y_1 \\ x_2-x_1 & y_2-y_1 \end{vmatrix}(z-z_1)=0$$

한편,

$$\begin{vmatrix} x & y & z & 1 \\ x_1 & y_1 & z_1 & 1 \\ x_2 & y_2 & z_2 & 1 \\ x_3 & y_3 & z_3 & 1 \end{vmatrix}=\begin{vmatrix} x-x_1 & y-y_1 & z-z_1 & 0 \\ x_1 & y_1 & z_1 & 1 \\ x_2-x_1 & y_2-y_1 & z_2-z_1 & 0 \\ x_3-x_1 & y_3-y_1 & z_3-z_1 & 0 \end{vmatrix}$$

이므로, 제4열에 관한 여인수 전개에 의하여 정리를 얻을 수 있다. ■

좌표 공간 $\mathbb{R}^3$ 위의 두 벡터 $A=(a_1, a_2, a_3)$와 $B=(b_1, b_2, b_3)$

에 대하여 내적(inner product)과 외적(vector product)을 다음과 같이 정의한다.

$$(A,\ B)=a_1b_1+a_2b_2+a_3b_3$$ [10]

$$A\times B=\left(\begin{vmatrix} a_2 & a_3 \\ b_2 & b_3 \end{vmatrix},\ \begin{vmatrix} a_3 & a_1 \\ b_3 & b_1 \end{vmatrix},\ \begin{vmatrix} a_1 & a_2 \\ b_1 & b_2 \end{vmatrix}\right)$$

다음을 쉽게 보일 수 있다.

> **≪정리 5.23≫** 임의의 세 벡터 $A,\ B,\ C\in\mathbb{R}^3$에 대하여 다음이 성립한다.
> 가. $(A,\ A\times B)=(B,\ A\times B)=0$
> 나. $A\times B=-B\times A$

한편, $\mathbb{R}^3$에서의 세 벡터 $A,\ B,\ C$에 대한 삼중내적(scalar triple product)을 다음과 같이 정의한다.

$$[ABC]=(A\times B,\ C)$$

> **≪정리 5.24≫** $\mathbb{R}^3$에서의 세 벡터 $A=(a_1,\ a_2,\ a_3)$, $B=(b_1,\ b_2,\ b_3)$, $C=(c_1,\ c_2,\ c_3)$에 대하여, $[ABC]=\begin{vmatrix} a_1 & a_2 & a_3 \\ b_1 & b_2 & b_3 \\ c_1 & c_2 & c_3 \end{vmatrix}$이다.

10) 내적 $(A,\ B)$를 $A\cdot B$로 나타내기도 한다.

증명 $$[ABC] = \left(\left(\begin{vmatrix} a_2 & a_3 \\ b_2 & b_3 \end{vmatrix}, \begin{vmatrix} a_3 & a_1 \\ b_3 & b_1 \end{vmatrix}, \begin{vmatrix} a_1 & a_2 \\ b_1 & b_2 \end{vmatrix} \right), (c_1, c_2, c_3) \right)$$

$$= c_1 \begin{vmatrix} a_2 & a_3 \\ b_2 & b_3 \end{vmatrix} + c_2 \begin{vmatrix} a_3 & a_1 \\ b_3 & b_1 \end{vmatrix} + c_3 \begin{vmatrix} a_1 & a_2 \\ b_1 & b_2 \end{vmatrix}$$

$$= c_1 \begin{vmatrix} a_2 & a_3 \\ b_2 & b_3 \end{vmatrix} - c_2 \begin{vmatrix} a_1 & a_3 \\ b_1 & b_3 \end{vmatrix} + c_3 \begin{vmatrix} a_1 & a_2 \\ b_1 & b_2 \end{vmatrix}$$

$$= \begin{vmatrix} a_1 & a_2 & a_3 \\ b_1 & b_2 & b_3 \\ c_1 & c_2 & c_3 \end{vmatrix}$$ ■

내적, 외적, 그리고 삼중내적에 대해서는 제IX장에서 다시 논의한다.

*등거리 변환

클라인(F. Klein, 1849~1925)은 '기하는 변환군[11]에 불변인 구조를 갖는 대상을 연구하는 것(Erlangen Program, 1872)'이라고 하여, 변환군을 이용하여 다양한 기하학을 분류하였다.

변환군의 한 가지 예를 $\mathbb{R}^2$에서 알아보자. 이 경우, 직각좌표계를 사용하는 것으로 하고, 두 점 (x_1, y_1), (x_2, y_2) 사이의 거리는 $\sqrt{(x_1 - x_2)^2 + (y_1 - y_2)^2}$ 이다.

함수 $f : \mathbb{R}^2 \to \mathbb{R}^2$가 있어서, 임의의 두 점 (x_1, y_1), (x_2, y_2) 사이의 거리와 $f(x_1, y_1)$, $f(x_2, y_2)$ 사이의 거리가 같을 때, f를 등

11) 이에 관한 자세한 논의는 추상대수학에서 한다.

거리변환(isometry)이라고 한다.

$\mathbb{R}^2$에서의 등거리변환으로서, 먼저 다음과 같이 네 가지를 생각할 수 있다.

- 좌표평면에서 $\begin{bmatrix} e \\ f \end{bmatrix}$만큼 평행이동시키는 등거리변환은 다음과 같이 나타내어진다.

$$\begin{bmatrix} x_2 \\ y_2 \end{bmatrix} = \begin{bmatrix} 1 & 0 \\ 0 & 1 \end{bmatrix} \begin{bmatrix} x_1 \\ y_1 \end{bmatrix} + \begin{bmatrix} e \\ f \end{bmatrix}$$

  이것을 다음과 같이 나타낼 수도 있다.

$$\begin{bmatrix} x_2 \\ y_2 \\ 1 \end{bmatrix} = \begin{bmatrix} 1 & 0 & e \\ 0 & 1 & f \\ 0 & 0 & 1 \end{bmatrix} \begin{bmatrix} x_1 \\ y_1 \\ 1 \end{bmatrix}$$

  이러한 등거리변환을 평행이동(translation)이라고 한다.

- 원점을 중심으로 θ만큼 반시계방향으로 회전시키는 등거리변환은 다음과 같이 나타내어진다.

$$\begin{bmatrix} x_2 \\ y_2 \end{bmatrix} = \begin{bmatrix} \cos\theta & -\sin\theta \\ \sin\theta & \cos\theta \end{bmatrix} \begin{bmatrix} x_1 \\ y_1 \end{bmatrix}$$

  이것을 다음과 같이 나타낼 수도 있다.

$$\begin{bmatrix} x_2 \\ y_2 \\ 1 \end{bmatrix} = \begin{bmatrix} \cos\theta & -\sin\theta & 0 \\ \sin\theta & \cos\theta & 0 \\ 0 & 0 & 1 \end{bmatrix} \begin{bmatrix} x_1 \\ y_1 \\ 1 \end{bmatrix}$$

이러한 등거리변환을 회전(rotation)이라고 한다.

과제 5.25 $\begin{vmatrix} \cos\theta & -\sin\theta \\ \sin\theta & \cos\theta \end{vmatrix} = 1$임을 확인하여라.

- 직선 $y = \left(\tan\dfrac{\theta}{2}\right)x$에 관하여 반사시키는 등거리변환은 다음과 같이 나타내어진다. 여기서, $\theta = 0$인 경우는 x-축에 관한 반사이고, $\theta = \pi$인 경우는 y-축에 관한 반사이다.

$$\begin{bmatrix} x_2 \\ y_2 \end{bmatrix} = \begin{bmatrix} \cos\theta & \sin\theta \\ \sin\theta & -\cos\theta \end{bmatrix} \begin{bmatrix} x_1 \\ y_1 \end{bmatrix}$$

이것을 다음과 같이 나타낼 수도 있다.

$$\begin{bmatrix} x_2 \\ y_2 \\ 1 \end{bmatrix} = \begin{bmatrix} \cos\theta & \sin\theta & 0 \\ \sin\theta & -\cos\theta & 0 \\ 0 & 0 & 1 \end{bmatrix} \begin{bmatrix} x_1 \\ y_1 \\ 1 \end{bmatrix}$$

이러한 등거리변환을 반사(reflection)라고 한다.

과제 5.26 $\begin{vmatrix} \cos\theta & \sin\theta \\ \sin\theta & -\cos\theta \end{vmatrix} = -1$임을 확인하여라.

- 직선 $y = \left(\tan\dfrac{\theta}{2}\right)x$에 관하여 반사시킨 후 $\begin{bmatrix} e \\ f \end{bmatrix}$만큼 평행이동시키는 등거리변환은 다음과 같이 나타내어진다.

$$\begin{bmatrix} x_2 \\ y_2 \end{bmatrix} = \begin{bmatrix} \cos\theta & \sin\theta \\ \sin\theta & -\cos\theta \end{bmatrix} \begin{bmatrix} x_1 \\ y_1 \end{bmatrix} + \begin{bmatrix} e \\ f \end{bmatrix}$$

이것을 다음과 같이 나타낼 수도 있다.

$$\begin{bmatrix} x_2 \\ y_2 \\ 1 \end{bmatrix} = \begin{bmatrix} \cos\theta & \sin\theta & e \\ \sin\theta & -\cos\theta & f \\ 0 & 0 & 1 \end{bmatrix} \begin{bmatrix} x_1 \\ y_1 \\ 1 \end{bmatrix}$$

이러한 등거리변환을 미끄럼반사(glide reflection)라고 한다.

과제 5.27 원점을 중심으로 하는 회전은 원점을 지나는 직선에 관한 반사를 두 번 시행하여 구현할 수 있음을 설명하여라.

사실, $\mathbb{R}^2$에서의 등거리변환에 관하여 다음을 알 수 있다.

- 회전은 반사를 두 번 시행함으로 구현할 수 있다.
- 미끄럼반사는 반사에 평행이동을 시행한 것이다.
- 등거리변환은 평행이동, 회전, 반사, 또는 미끄럼반사 중 하나이다(Burn, 1985).
- 모든 등거리변환은 반사를 세 번 이하를 시행함으로 구현할 수 있다.

위 사실에 의하여 다음은 등거리변환 전체의 집합임을 알 수 있다. 이 집합은 행렬의 곱셈에 관하여 군이 된다는 것을 쉽게 증명할 수 있다.

$$\left\{ \begin{bmatrix} \cos\theta & -\sin\theta & e \\ \sin\theta & \cos\theta & f \\ 0 & 0 & 1 \end{bmatrix}, \begin{bmatrix} \cos\theta & \sin\theta & e \\ \sin\theta & -\cos\theta & f \\ 0 & 0 & 1 \end{bmatrix} \middle| \theta, e, f \in \mathbb{R} \right\}$$

이 군을 등거리변환군(group of isometries)이라고 한다.

과제 5.28 가. $\mathbb{R}^2$ 위에서의 다음 변환은 넓이를 보존한다는 것을 증명하여라.

$$\begin{bmatrix} x_2 \\ y_2 \\ 1 \end{bmatrix} = \begin{bmatrix} a & b & e \\ c & d & f \\ 0 & 0 & 1 \end{bmatrix} \begin{bmatrix} x_1 \\ y_1 \\ 1 \end{bmatrix}, \quad \begin{vmatrix} a & b \\ c & d \end{vmatrix} = \pm 1.$$

특히, 세 점 $O(0, 0)$, $A(x_1, y_1)$, $B(x'_1, y'_1)$을 꼭짓점으로 가지는 삼각형의 넓이와 이 변환에 의한 세 점 $O'(e, f)$, $A'(x_2, y_2)$, $B'(x'_2, y'_2)$을 꼭짓점으로 가지는 삼각형의 넓이가 같음을 설명하여라.

나. $\begin{bmatrix} x_2 \\ y_2 \\ 1 \end{bmatrix} = \begin{bmatrix} 1 & 0 & 0 \\ 1 & 1 & 0 \\ 0 & 0 & 1 \end{bmatrix} \begin{bmatrix} x_1 \\ y_1 \\ 1 \end{bmatrix}$는 등거리변환이 아님을 설명하여라.

클라인의 분류에 의하면, 등거리변환군에 의하여 불변인(invariant) 성질을 유클리드적 성질이라고 하여 유클리드 기하학을 규정할 수 있다. 직선, 평행선, 공점선, 길이, 거리, 넓이 등은 유클리드 기하적 성질이다.

과제 5.29 다음을 확인하여라.

가. 복소평면에서 복소수 z에 i를 곱하면, z는 평면의 중점에 관하여 반시계방향으로 90° 회전한다.

나. $e^{i\theta} = \cos\theta + i\sin\theta$

다. $\{z \in \mathbb{C}^* \mid |z|=1\} = \{e^{i\theta} \mid \theta \in \mathbb{R}\}$

라. 함수 $f : \{e^{i\theta} \mid \theta \in \mathbb{R}\} \rightarrow \left\{ \begin{bmatrix} \cos\theta & -\sin\theta \\ \sin\theta & \cos\theta \end{bmatrix} \middle| \theta \in \mathbb{R} \right\}$를

$f(e^{i\theta}) = \begin{bmatrix} \cos\theta & -\sin\theta \\ \sin\theta & \cos\theta \end{bmatrix}$와 같이 정의하면, f는 일대일대응이다.

마. $i = e^{\frac{\pi}{2}i}$이므로 위의 '라'에서 $f(e^{\frac{\pi}{2}i}) = \begin{bmatrix} 0 & -1 \\ 1 & 0 \end{bmatrix}$이 되어, i는 반시계방향으로의 90° 회전에 대응한다.

*사영평면

지금까지 주로 살펴 본 좌표평면 $\mathbb{R}^2$에서 다음을 알 수 있다.

- 임의의 서로 다른 두 점을 지나는 직선이 유일하게 존재한다.
- 임의의 직선 l과 l 위에 있지 않은 점 P가 있을 때 P를 지나 l에 평행한 직선이 유일하게 존재한다.
- 한 직선 위에 있지 아니한 세 점 P_1, P_2, P_3이 존재한다.

이와는 달리, 다음 조건을 만족시키는 경우 사영평면(projective plane)이라고 한다.

- 임의의 서로 다른 두 점을 지나는 선이 유일하게 존재한다.
- 임의의 두 선은 오직 한 점에서 만난다.
- 다음 조건을 만족시키는 네 점의 집합 $\{P_1, P_2, P_3, P_4\}$이 적어도 하나 존재한다.

  P_1, P_2, P_3, P_4에서 어느 세 점을 택하더라도, 그 세 점은 한

선 위에 있지 않다.

이제, 사영평면을 구체적으로 구성하여 보자.

집합 $(\mathbb{R}^3)^* = \{(x, y, z) \mid x, y, z \in \mathbb{R}\} - \{(0, 0, 0)\}$ 위에 관계 '$\sim$'를 다음과 같이 정의하자.

$(x_1, y_1, z_1) \sim (x_2, y_2, z_2)$
$\Leftrightarrow$ 적당한 $\lambda \in \mathbb{R}^* = \mathbb{R} - \{0\}$ 가 있어서, $x_2 = \lambda x_1$, $y_2 = \lambda y_1$, $z_2 = \lambda z_1$ 이다.

위의 관계 '$\sim$'는 동치관계이다. 따라서 $(\mathbb{R}^3)^*$를 동치류들로 분할할 수 있다. 동치류 전체의 집합, 즉 $(\mathbb{R}^3)^*/\sim$을 $\mathbb{R}P^2$로 나타내자. 즉, $[x, y, z]$를 (x, y, z)의 동치류를 나타내는 것으로 하면, $\mathbb{R}P^2 = \{[x, y, z] \mid x, y, z \in \mathbb{R}\}$이다. 각각의 동치류를 하나의 '점'으로 생각한다.

이제, 다음 집합을 생각하여 보자.

$$\{[x, y, z] \mid ax + by + cz = 0\}$$

이 집합은 $\mathbb{R}P^2$에서 '선'으로 생각한다. 이 선을 $\langle a, b, c \rangle$로 표현하자. 즉, $\langle a, b, c \rangle = \{[x, y, z] \mid ax + by + cz = 0\}$. 특히 $\{[x, y, z] \mid z = 0\}$ 을 무한원선(無限遠線)이라고 하고, 무한원선 위에 있는 점을 무한원점(無限遠点)이라고 한다.

좌표 공간 $\mathbb{R}^3$에서 평면의 방정식은 $ax + by + cz = d$와 같이 주

어진다. $\mathbb{R}P^2$에서는 점과 선은 $\mathbb{R}^3$에서의 (원점을 지나는) 직선과 (원점을 지나는) 평면으로부터 구성됨에 유념하자.

≪정리 5.30≫ $\mathbb{R}P^2$는 사영평면이다.

증명 $\mathbb{R}^3$에서 원점을 지나며 서로 다른 두 직선은 원점을 지나는 평면을 유일하게 결정하므로, $\mathbb{R}P^2$에서 서로 다른 두 점을 지나는 선이 유일하게 존재한다. 또, $\mathbb{R}^3$에서 원점을 지나며 서로 다른 두 평면은 원점을 지나는 직선을 유일하게 결정하므로, $\mathbb{R}P^2$에서 서로 다른 두 선은 오직 한 점에서 만난다. 한편, $P_1=[1, 0, 0]$, $P_2=[0, 1, 0]$, $P_3=[0, 0, 1]$, $P_4=[1, 1, 1]$이라고 하면, $\{P_1, P_2, P_3, P_4\}$에서 어느 세 점을 택하더라도, 그 세 점은 한 선 위에 있지 않는다. ■

$\mathbb{R}^3$에서 한 직선 위에 있지 아니하는 세 점 $A(x_1, y_1, z_1)$, $B(x_2, y_2, z_2)$, 그리고 $C(x_3, y_3, z_3)$를 지나는 평면의 방정식은 다음과 같음을 언급했다 :

$$\begin{vmatrix} x & y & z & 1 \\ x_1 & y_1 & z_1 & 1 \\ x_2 & y_2 & z_2 & 1 \\ x_3 & y_3 & z_3 & 1 \end{vmatrix}=0$$

이 사실로부터 다음 정리를 증명할 수 있다.

≪정리 5.31≫ $\mathbb{R}P^2$ 위의 두 점 $[x_1, y_1, z_1]$과 $[x_2, y_2, z_2]$을 지나는 선은 다음과 같다 : $\left\langle \begin{vmatrix} y_1 & z_1 \\ y_2 & z_2 \end{vmatrix}, \begin{vmatrix} z_1 & x_1 \\ z_2 & x_2 \end{vmatrix}, \begin{vmatrix} x_1 & y_1 \\ x_2 & y_2 \end{vmatrix} \right\rangle$

위 정리로부터 $\mathbb{R}P^2$ 위의 세 점 $[x_1, y_1, z_1]$, $[x_2, y_2, z_2]$, $[x_3, y_3, z_3]$가 한 선 위에 있기 위한 필요충분조건은 $[x_1, y_1, z_1]\cdot([x_2, y_2, z_2]\times[x_3, y_3, z_3])=0$, 즉 $\begin{vmatrix} x_1 & y_1 & z_1 \\ x_2 & y_2 & z_2 \\ x_3 & y_3 & z_3 \end{vmatrix}=0$임을 알 수 있다.

과제 5.32 사영평면 $\mathbb{R}P^2$에서의 세 선 $\langle 1, -1, 1\rangle$, $\langle k, 1, 3\rangle$, $\langle 1, -1, 3\rangle$이 공점선(concurrent line)일 때 k의 값은 얼마인가?

이제, 유한(finite) 사영평면을 구성하여 보자.

$F_2^3=F_2\times F_2\times F_2$, $F_2=\{0, 1\}$에서 다음 집합을 생각하자.

$$(F_2^3)^*=F_2^3-\{(0, 0, 0)\}$$

이 집합을 F_2P^2로 나타내면 다음과 같다.

$$F_2P^2=\{[1, 0, 0], [0, 1, 0], [0, 0, 1], [1, 0, 1], [1, 1, 0], [0, 1, 1], [1, 1, 1]\}$$

이제 $(a, b, c)\in F_2^3$라고 하자. 여기서, $(a, b, c)\neq(0, 0, 0)$이다.

$\langle a, b, c\rangle=\{[x, y, z] \mid ax+by+cz=0\}$ 라고 하면, 다음과 같다.

$\langle 1, 0, 0\rangle=\{[x, y, z] \mid x=0\}=\{[0, 0, 1], [0, 1, 0], [0, 1, 1]\}$

$\langle 1, 0, 1\rangle=\{[x, y, z] \mid x+z=0\}=\{[0, 1, 0], [1, 0, 1], [1, 1, 1]\}$

$\langle 1, 1, 0\rangle=\{[x, y, z] \mid x+y=0\}=\{[0, 0, 1], [1, 1, 0], [1, 1, 1]\}$

$\langle 1, 1, 1\rangle=\{[x, y, z] \mid x+y+z=0\}=\{[1, 0, 1], [1, 1, 0], [0, 1, 1]\}$

$\langle 0, 0, 1\rangle=\{[x, y, z] \mid z=0\}=\{[1, 0, 0], [1, 1, 0], [0, 1, 0]\}$

$\langle 0, 1, 0\rangle=\{[x, y, z] \mid y=0\}=\{[0, 0, 1], [1, 0, 1], [1, 0, 0]\}$

$\langle 0, 1, 1\rangle=\{[x, y, z] \mid y+z=0\}=\{[0, 1, 1], [1, 0, 0], [1, 1, 1]\}$

위에서의 점과 선을 그림으로 나타내면 다음과 같다.

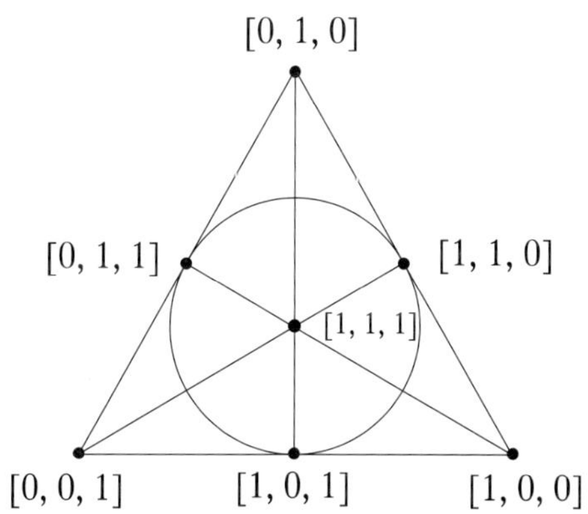

> **≪정리 5.33≫** F_2P^2는 사영평면이다.

증명 F_2P^2 점과 선이 각각 일곱 개이므로 다음 두 사실을 하나하나 확인할 수 있다.

- 임의의 서로 다른 두 점을 지나는 선이 유일하게 존재한다.
- 임의의 두 선은 오직 한 점에서 만난다.

한편, $P_1=[1, 0, 0]$, $P_2=[0, 1, 0]$, $P_3=[0, 0, 1]$, $P_4=[1, 1, 1]$이라고 하면, $\{P_1, P_2, P_3, P_4\}$에서 어느 세 점을 택하더라도, 그 세 점은 한 선 위에 있지 않는다. ■

이 사영평면을 파노평면(Fano plane)이라고 하고, 이 공간은 유한 사영평면이다.

사영평면 $\mathbb{R}P^2$와 F_2P^2에서는 평행선 공리가 성립하지 않음에 주목할 필요가 있다.

과제 5.34 가. 사영기하학의 특징인 쌍대원리에 의하면, 평면 사영기하에서의 참인 명제에서 '점'을 '선'으로, '선'을 '점'으로 바꾸어도 참인 명제를 얻는다. 다음의 예에서 쌍대원리를 확인하여라.

(1) 사영평면 $\mathbb{R}P^2$에서 두 점 [1, 2, 3], [3, 2, 1]을 지나는 선은 ⟨1, −2, 1⟩이고, 두 선 ⟨1, 2, 3⟩과 ⟨3, 2, 1⟩이 만나는 점은 [1, −2, 1]이다. 한편, 점 [A]와 점 [B]를 지나는 선은 ⟨A×B⟩이고, 선 ⟨A⟩와 선 ⟨B⟩가 만나는 점은 [A×B]이다.

(2) 사영평면 F_2P^2에서 두 점을 지나는 직선은 유일하게 존재하고, 두 선은 오직 한 점에서 만난다. 한편, 모든 선은 세 점으로 이루어지고, 모든 점에는 세 선이 통과한다.

나. $\mathbb{R}P^2$에서 다음 정리(Pappus 정리)를 증명하여라. 여기서, 공선점(collinear points)이란 한 선 위에 있는 점들을 뜻한다. 두 쌍의 공선점 A_1, A_2, A_3와 B_1, B_2, B_3에 대하여 A_2B_3와 A_3B_2의 교점을 C_1, A_3B_1와 A_1B_3의 교점을 C_2, 그리고 A_1B_2와 A_2B_1의 교점을 C_3라고 하면, 세 점 C_1, C_2, C_3는 공선점이다.

뒷 이야기

1. 일차 연립방정식의 풀이법으로서 가감법과 Cramer 공식에 의한 방법을 비교하여 보아라.

2. 역행렬을 구하는 방법 두 개를 비교하여 보아라. 즉, 일차연립방정식을 풀 때 어떤 방법이 더 효과적인지 살펴보아라.

3. 입체해석기하학에서 다음에 관하여 알아보아라.
   가. 두 직선의 평행 조건과 수직 조건은 각각 무엇인가?
   나. 직선과 평면의 평행 조건과 수직 조건은 각각 무엇인가?
   다. 두 평면의 평행 조건과 수직 조건은 각각 무엇인가?
   라. 점 $A(1, 2, 3)$에서 두 점 $B(-1, 2, 1)$, $C(4, 3, 2)$를 지나는 직선까지의 거리는 얼마인가?
   마. 한 점과 평면 사이의 거리는 어떻게 구하나?
   바. 직선 $\frac{x-1}{3}=\frac{y+1}{-1}=\frac{z+2}{2}$와 점 $(1, -3, -4)$를 포함하는 평면을 α라고 하면, 원점에서 α까지 거리는 얼마인가?

4. '자료 : 수학판타지4'를 참고하여 대칭에 대하여 알아보아라. 또, '자료 : 수학판타지6'을 참고하여 사영기하 공리, 파푸스정리, 그리고 실수의 연산(덧셈과 곱셈)과의 관계를 살펴라.

VI

벡터공간

지난 줄거리

1. 다음 용어를 모두 사용하여 작문하여라.
   (1) 소행렬식, 여인수전개, 행렬식의 계산
   (2) 여인수행렬, 수반행렬, Cramer 공식, 정칙행렬의 역행렬

2. 다음 행렬의 역행렬을 두 가지 방법으로 구하여라.

$$\begin{bmatrix} 1 & 3 \\ 2 & 4 \end{bmatrix}$$

3. 다음 연립방정식을 가감법, Cramer 공식, 그리고 역행렬을 이용하여 풀어라.

$$\begin{cases} x+5y=6 \\ x-\ \ y=0 \end{cases}$$

4. 특수한 형태의 행렬(영 행렬, 단위행렬, 스칼라행렬, 대각행렬, 삼각행렬)의 행렬식은 어떻게 구하나?

이번 줄거리

1. 좌표평면 등을 통하여 직관적으로 이해한 벡터와 벡터공간의 정확한 의미를 이해한다.

2. 차원의 뜻을 이해한다.

3. 부분공간의 뜻을 이해하고 다양한 예를 들 수 있다.

여는 이야기

고등학교 교육과정의 물리학에서는 '크기'만을 가진 물리량으로서의 스칼라에 연계하여 '크기와 방향'을 가진 물리량으로서 벡터를 소개한다. 수학에서는 평면좌표 등을 통하여 벡터의 개념을 직관적으로 이해하고 벡터의 합성, 스칼라배 등을 배운다.

한편, 우리는 실생활에서 '차원'이라는 용어를 자주 사용하며, '선'은 1차원, '면'은 2차원, 그리고 '부피'는 3차원의 개념으로 이해한다.

이 장에서 논의하는 구체적인 문제는 다음과 같다.

- 벡터와 벡터공간의 정확한 의미는 무엇인가? '크기'나 '방향' 등의 개념을 사용하지 않고 대수적 구조로서 벡터공간과 벡

터를 어떻게 정의할 수 있나?

- 벡터들의 일차독립과 벡터들에 의한 생성은 무슨 뜻인가? 일차독립인 벡터들이 가지는 의의는 무엇이며 벡터공간을 생성하는 벡터들이 가지는 의의는 무엇인가?

- 차원의 정확한 뜻은 무엇인가? '선은 1차원, 면은 2차원, 그리고 부피는 3차원'이라는 말은 무슨 뜻인가?

- 집합에서 부분집합을 생각하듯이 벡터공간에서도 부분집합을 생각할 수 있을 것이다. 어떤 조건을 만족시키는 부분집합이 중요한 의미를 가질까?

- 주어진 벡터공간으로부터 새로운 벡터공간을 어떻게 얻을 수 있나?

대수적 구조로서 벡터공간의 여러 가지 성질과 증명은 추상대수학 강좌에서 다뤄질 것이다. 따라서 이 책에서는 필요한 만큼만을 다루면서 다양한 예를 통하여 구체적인 이해를 도모한다.

벡터공간의 정의

좌표평면 $\mathbb{R}^2$에서 덧셈을 생각하여 보면 다음이 성립한다.

(1) $\forall x, y, z \in \mathbb{R}^2$, $(x+y)+z=x+(y+z)$

(2) $\exists 0 \in \mathbb{R}^2$; $x+0=0+x=x$, $\forall x \in \mathbb{R}^2$

(3) $\forall x \in \mathbb{R}^2$, $\exists -x \in \mathbb{R}^2$; $x+(-x)=(-x)+x=0$

(4) $\forall x, y \in \mathbb{R}^2$, $x+y=y+x$

한편, $\mathbb{R}^2$에서 스칼라 배에 대하여 다음이 성립한다.

x와 y가 $\mathbb{R}^2$의 원소이고, λ와 μ가 $\mathbb{R}$의 원소, 즉 스칼라라고 하면 다음이 성립한다.

(5) $(\lambda+\mu)x=\lambda x+\mu x$

(6) $\lambda(x+y)=\lambda x+\lambda y$

(7) $\mu(\lambda x)=(\mu\lambda)x$

(8) $1x=x$

위와 같은 의미에서 $\mathbb{R}^2$은 실수체 $\mathbb{R}$ 위에서 벡터공간이라고 한다.

앞에서 살펴본 바에 의하면 $Mat_n(\mathbb{R})$도 실수체 $\mathbb{R}$ 위에서 벡터공간임을 알 수 있다. 또, F_2^n은 F_2 위에서의 벡터공간이다.

이제, 위와 같은 대수적 구조를 일반화하여 일반적인 벡터공간을 다음과 같이 정의한다.

≪**정의 6.1**≫ 공집합이 아닌 집합 V가 다음 조건을 만족시킬 때, V를 $\mathbb{R}$ 위에서의 벡터공간이라고 한다.

가. V에 정의된 덧셈에 관하여 다음이 성립한다. 즉, $(V, +)$는 가환군을 이룬다.

(1) $\forall x, y, z \in V, (x+y)+z=x+(y+z)$

(2) $\exists 0 \in V ; x+0=0+x=x, \forall x \in V$

(3) $\forall x \in V, \exists -x \in V ; x+(-x)=(-x)+x=0$

(4) $\forall x, y \in V, x+y=y+x$

나. x와 y가 V의 원소이고, λ와 μ가 실수, 즉 $\mathbb{R}$의 원소라고 하면 다음 조건을 만족시키는 함수 $\phi : \mathbb{R} \times V \to V$가 있다.

(5) $\phi((\lambda+\mu, x))=\phi((\lambda, x))+\phi((\mu, x))$

(6) $\phi((\lambda, x+y))=\phi((\lambda, x))+\phi((\lambda, y))$

(7) $\phi((\lambda, \phi((\mu, x))))=\phi((\lambda\mu, x))$

(8) $\phi((1, x))=x$

편의상, $\phi((\lambda, x))=\lambda x$와 같이 나타내면 위 성질 (5)~(8)은 다음과 같이 나타낼 수 있다 :

(5) $(\lambda+\mu)x=\lambda x+\mu x$

(6) $\lambda(x+y)=\lambda x+\lambda y$

(7) $\lambda(\mu x)=(\lambda\mu)x$

(8) $1x=x$

벡터공간 V의 원소를 벡터라고 하며 $\mathbb{R}$의 원소, 즉 실수를 스칼라라고 한다.

고등학교 물리학에서 스칼라는 '크기'만을 가진 물리량이고 벡터는 '크기와 방향'을 가진 물리량으로 소개한다. 그러나 수학에서는 크기나 방향 등과 같은 개념을 사용하지 않고, 덧셈연산과 스칼라 배에 대하여 몇 가지 조건을 만족시키는 집합의 원소로서 벡터를 정의한다.

이 책에서는 특별한 언급이 없는 한 모든 벡터공간은 $\mathbb{R}$ 위에서의 벡터공간이다.

기본적인 성질

벡터공간은 덧셈연산과 스칼라 배에 관하여 특별한 조건을 만족시키므로 벡터 상호 간에는 덧셈이나 스칼라 배에 관한 특별한 성질을 기대할 수 있다.

사실, 정리 2.11에서 다음을 증명하였다.

> V가 벡터공간, $\mathbf{0}$는 영벡터, $v \in V$는 임의의 벡터, $0, -1, \mu$가 실수(스칼라)일 때 $0v = \mathbf{0}$, $\mu\mathbf{0} = \mathbf{0}$, 그리고 $(-1)v = -v$이다.

다음 사실도 쉽게 증명할 수 있다.

≪정리 6.2≫ V를 벡터공간이라고 할 때, 다음이 성립한다.

가. 스칼라 k와 벡터 $u \in V$에 대하여, $ku = \mathbf{0}$이면, $k = 0$ 또는 $u = \mathbf{0}$이다.

나. 스칼라 k와 벡터 $u \in V$에 대하여, $(-k)u = k(-u) = -ku$이다.

다. 임의의 두 벡터 $u, v \in V$에 대하여, $x + u = v$인 벡터 $x \in V$가 단 하나 존재하고, $x = v - u$이다.

증명 가. $ku = \mathbf{0}$이고 $k \neq 0$라고 가정하면, $k^{-1}k = 1$이므로, $u = 1u = (k^{-1}k)u = k^{-1}(ku) = k^{-1}\mathbf{0} = \mathbf{0}$이다.

나. 먼저, $u + (-u) = \mathbf{0}$이므로 $\mathbf{0} = k(u + (-u)) = ku + k(-u)$이다. $-ku$를 양변에 더하면 $-ku = k(-u)$이다. 한편, $k + (-k) = 0$이므로, $\mathbf{0} = 0u = (k + (-k))u = ku + (-k)u$이다. 이 식의 양변에 $-ku$를 더하여 $-ku = (-k)u$임을 알 수 있다.

다. $(v + (-u)) + u = v + ((-u) + u) = v + \mathbf{0} = v$이므로 $x = v + (-u)$라고 두면 $x + u = (v + (-u)) + u = v + ((-u) + u) = v$이다. 두 벡터 x, y에 대해서, $x + u = v$이고 $y + u = v$이면 $x = -u + (x + u) = -u + v = -u + (y + u) = y$이다. ■

위의 정리를 증명하는 과정에서 벡터공간에 등장하는 조건 하나하나가 어떻게 사용되는지 주목할 필요가 있다.

부분공간

집합론에서 집합이 주어지면 그 집합의 다양한 부분집합을 생각하였다. 정수론에서 $\mathbb{Z}$의 부분집합으로서 $n\mathbb{Z}$을 생각하였다.

이제 한 벡터공간이 주어지면 부분공간을 생각할 수 있다. 단순한 부분집합이 아닌 대수적 구조의 유지가 중요하다. 따라서 집합론에서와는 달리 공집합인 부분집합은 생각하지 않는다. 간단한 예로서 $\mathbb{R}^2$ 또는 $\mathbb{R}^3$에서의 축과 평면을 들 수 있다.

≪정의 6.3≫ 벡터공간 V의 공집합이 아닌 부분집합 W가 있다고 하자. W에 벡터의 덧셈과 스칼라 배가 잘 정의되어 벡터공간이 되면, W는 V의 부분공간(subspace)이라고 하고 기호로는 $W \leq V$로 나타낸다.

이 정의에서 W에서의 덧셈과 스칼라 배는 원래의 벡터공간 V에서의 덧셈과 스칼라 배이다. 한편, 부분공간을 '부분벡터공간'이라고 하지 않는다는 것에 유념하여라.

집합에서는 공집합도 부분집합이지만 벡터공간의 부분공간은 공집합이 아니다. 즉, 공집합인 부분공간은 생각하지 않는다.

임의의 벡터공간 V에서, V 자체와 영벡터 하나로 이루어진 집합 $\{0\}$은 V의 부분공간임을 알 수 있다. 이 두 부분공간을 자명한 부분공간(trivial subspace)이라고 한다.

과제 6.4 다음을 확인하여라.

가. 벡터공간 $\mathbb{R}^2$에서 다음 세 집합은 모두 부분공간이다.

$$W_1 = \{(x,\ 0) \in \mathbb{R}^2 | x \in \mathbb{R}\}$$

$$W_2 = \{(0,\ x) \in \mathbb{R}^2 | x \in \mathbb{R}\}$$

$$W_3 = \{(x,\ x) \in \mathbb{R}^2 | x \in \mathbb{R}\}$$

나. $W_4 = \{(x,\ x+1) \in \mathbb{R}^2 | x \in \mathbb{R}\}$일 때에는 $W_4 \not\leq \mathbb{R}^2$이다. W_4에는 덧셈에 관한 항등원, 즉 영벡터가 없다. 사실, 벡터공간 $\mathbb{R}^2$에서의 부분공간은 원점을 지나는 직선밖에 없다.

다. 행렬 공간 $Mat_2(\mathbb{R})$에서 정칙행렬 전체의 집합도, 비정칙 행렬 전체의 집합도 부분공간이 아니다.

벡터공간 V의 공집합이 아닌 부분집합 W가 부분공간인지를 알아보기 위해서는 벡터공간의 정의 모두를 확인해야 할까? 그렇지 않다. 사실, 벡터공간을 규정하는 성질 중에는 어떤 원소의 존재성과 관련된 성질과 그렇지 않은 성실이 있다. 연산이 정의되는지, 항등원이 존재하는지, 혹은 주어진 원소의 역원이 존재하는지 등이 존재성과 관련된 성질이다.

부분공간임을 확인하기 위해서는 존재성에 관한 성질만을 살피면 된다. 즉, 다음 네 가지 성질을 살펴야 한다.

- W에서도 V에서의 덧셈이 잘 정의되는가?
- W에서도 V에서의 스칼라 배가 잘 정의되는가?
- W는 V에서의 영벡터를 가지고 있는가?
- W 안에 있는 각 원소의 덧셈에 관한 역원은 W 안에 있는가?

다음 정리로부터 처음 두 성질을 만족시키면 충분하다는 것을 알 수 있다. 즉, 덧셈과 스칼라 배가 잘 정의되면 충분하다.

> **≪정리 6.5≫** 부분공간이 되기 위한 필요충분조건은 다음과 같다.
> V가 벡터공간이고 W가 V의 공집합이 아닌 부분집합일 때, W가 V의 부분공간이기 위한 필요충분조건은 다음과 같다.
> (1) $\forall x, y \in W, x+y \in W$
> (2) $\forall x \in W, \forall \lambda \in \mathbb{R}, \lambda x \in W$

증명 ($\Rightarrow$) 분명하다.

($\Leftarrow$) 먼저, $W \neq \varnothing$ 이므로, $\exists x \in W$이다. $\lambda = 0$로 놓으면, $\lambda x = 0x = 0 \in W$이다. 따라서 W에는 항등원이 존재한다. 이제, $w \in W$를 임의의 원소라고 하면, $\lambda = -1$를 택함으로써 $\lambda w = (-1)w = -w \in W$임을 알 수 있다. 따라서 W의 모든 원소는 W 안에 역원을 가진다. ■

참고로, 위 정리를 다음과 같이 표현할 수도 있다.

벡터공간 V의 공집합이 아닌 부분집합 W가 V의 부분공간이기 위한 필요충분조건은 다음과 같다.

$$\forall x, y \in W, \forall \lambda, \mu \in \mathbb{R}, \lambda x + \mu y \in W$$

벡터공간의 한 부분집합이 부분공간임을 보일 때에는, 그 부분집합이 공집합이 아님을 먼저 보여야 함을 유념할 필요가 있다.

동차연립방정식

$$\begin{cases} a_{11}x_1 + a_{12}x_2 + \cdots + a_{1n}x_n = 0 \\ a_{21}x_1 + a_{22}x_2 + \cdots + a_{2n}x_n = 0 \\ \cdots\cdots\cdots\cdots\cdots\cdots\cdots\cdots\cdots\cdots \\ a_{n1}x_1 + a_{n2}x_2 + \cdots + a_{nn}x_n = 0 \end{cases}$$

의 해 전체의 집합은 $\mathbb{R}^n$의 부분공간이다. 이 부분공간을 이 연립방정식의 해공간(solution space)이라고 한다.

과제 6.6 다음을 설명하여라.

가. 위 연립방정식의 해공간이 $\mathbb{R}^n$의 부분공간이다.

나. 비동차연립방정식의 해집합은 일반적으로 $\mathbb{R}^n$의 부분공간이 아니다.

다. 행렬 공간 $Mat_2(\mathbb{R})$에서 스칼라행렬 전체의 집합, 대각행렬 전체의 집합, 상(하)삼각행렬 전체의 집합은 부분공간이다.

라. 벡터공간 F_2^3에서 $\{(000), (010), (101), (111)\}$은 부분공간이다.

생성 공간

벡터공간 V에서 $v_1, v_2, \cdots, v_n \in V$라고 하자. 임의의 스칼라 $a_1, a_2, \cdots, a_n$에 대하여 $a_1v_1 + a_2v_2 + \cdots + a_nv_n$을 $v_1, v_2, \cdots, v_n$의 일차결합(linear combination)이라고 한다. 이제, $v_1, v_2, \cdots, v_n$의 일차결합 전체의 집합을 $\langle v_1, v_2, \cdots, v_n \rangle$로 나타내자. 즉,

$$\langle v_1, v_2, \cdots, v_n \rangle = \{a_1v_1 + a_2v_2 + \cdots + a_nv_n | a_i \in \mathbb{R},\ i=1, \cdots, n\}.$$

다음 사실을 쉽게 알 수 있다.

$\langle v_1, v_2, \cdots, v_n \rangle$는 $v_1, v_2, \cdots, v_n$ 모두를 포함한다. 사실, $v_i = 0v_1 + 0v_2 + \cdots + 0v_{i-1} + 1v_i + 0v_{i+1} + \cdots + 0v_n$이므로 각각의 v_i는 $v_1, v_2, \cdots, v_n$의 일차결합이다. 또, $0 = 0v_1 + \cdots + 0v_n$이므로 $0 \in \langle v_1, v_2, \cdots, v_n \rangle$임을 알 수 있다.

이제, $\langle v_1, v_2, \cdots, v_n \rangle \neq \varnothing$임은 이미 확인하였고, $\langle v_1, v_2, \cdots, v_n \rangle$은 덧셈에 관하여 닫혀 있으며 스칼라 배가 잘 정의된다.

실제로, 다음이 성립한다.

≪정리 6.7≫ $\langle v_1, v_2, \cdots, v_n \rangle$는 $v_1, v_2, \cdots, v_n$ 모두를 포함하는 최소 부분공간이다. 즉, W가 $v_1, v_2, \cdots, v_n$ 모두를 포함하는 V의 부분공간이라면 $\langle v_1, v_2, \cdots, v_n \rangle \leq W$이다.

증명 W가 $v_1, v_2, \cdots, v_n$ 모두를 포함하는 V의 부분공간이라면, $v_1, v_2, \cdots, v_n$의 일차결합 모두를 포함하여야 한다. 따라서 $\langle v_1, v_2, \cdots, v_n \rangle \leq W$이다. ■

과제 6.8 다음을 설명하여라.

집합 $\langle v_1, v_2, \cdots, v_n \rangle$은 덧셈에 관하여 닫혀 있고 스칼라 배가 잘 정의된다.

위와 같은 의미에서, 부분공간 $\langle v_1, v_2, \cdots, v_n \rangle$을 '$v_1, v_2, \cdots, v_n$에 의하여 생성된 부분공간(the subspace generated(spanned) by $v_1, v_2, \cdots, v_n$)'이라고 한다. 특히, $\langle v_1, v_2, \cdots, v_n \rangle = V$일 때, '$v_1, v_2, \cdots, v_n$는 V를 생성한다'라고 한다.

여기서, $v_1, v_2, \cdots, v_n$가 V를 생성하면 $v_1, v_2, \cdots, v_n$를 포함하는 어떠한(any) 집합도 V를 생성한다는 것을 주목할 필요가 있다.

두 부분공간의 합

두 부분공간의 교집합은 부분공간임을 쉽게 알 수 있다.

과제 6.9 다음을 증명하여라.

가. 벡터공간 V의 두 부분공간 U, W에 대하여 $U \cap W$는 벡터공간 V의 부분공간이다.

나. $\langle v_1, v_2, \cdots, v_n \rangle = \cap \{W | W$는 $v_1, v_2, \cdots, v_n$ 모두 포함하는 V의 부분공간이다.$\}$

그러나 두 부분공간의 합집합은 일반적으로 부분공간이 아니다.

예를 들어, $W_1=\{(x,\ 0)\in\mathbb{R}^2|x\in\mathbb{R}\}$이고 $W_2=\{(0,\ y)\in\mathbb{R}^2|y\in\mathbb{R}\}$라고 하면 $W_1\le\mathbb{R}^2$이고 $W_2\le\mathbb{R}^2$이다. 그러나 $W_1\cup W_2$는 $\mathbb{R}^2$의 부분공간이 아니다.

이제, 주어진 두 부분공간보다 큰 부분공간은 어떻게 얻을 수 있을까? 물론, 원래 벡터공간은 두 부분공간보다 크다. 그러나 주어진 부분공간 모두를 포함한 부분공간 중에서 가장 '작은' 부분공간은 무엇일까?

≪**정의 6.10**≫ 벡터공간 V의 두 부분공간 U, W에 대하여 부분공간의 합 $U+W$를 다음과 같이 정의한다.

$$U+W=\{u+w|u\in U,\ w\in W\}$$

≪**정리 6.11**≫ V의 두 부분공간 U, W의 합 $U+W$는 V의 부분공간이다.

증명 우선, $0=0+0\in U+W$. 따라서 $U+W\neq\varnothing$. 이제 $U+W\le V$임을 보이자. $u+w\in U+W$이고 $u'+w'\in U+W$라고 하자.

$$(u+w)+(u'+w')=u+u'+w+w'\in U+W$$

한편, 임의의 스칼라 λ와 $u+w\in U+W$에 대하여, $\lambda(u+w)=\lambda u+\lambda w\in U+W$이다. 따라서 $U+W\le V$이다. ■

과제 6.12 다음을 증명하여라.

가. V의 두 부분공간 U, W에 대하여 $U \subset U+W$이고 $W \subset U+W$이다. 따라서 $U \cup W \subset U+W$이다.

나. V의 세 부분공간 U, W, X에 대하여 $U \le X$이고 $W \le X$이면 $U+W \le X$이다. 즉, $U+W$는 V의 부분공간 중에서 U와 W를 포함하는 최소 부분공간이다.

이상을 종합하여 벡터공간 V의 부분공간들 상호 간의 관계를 격자도(lattice diagram)로 그리면 다음과 같다.

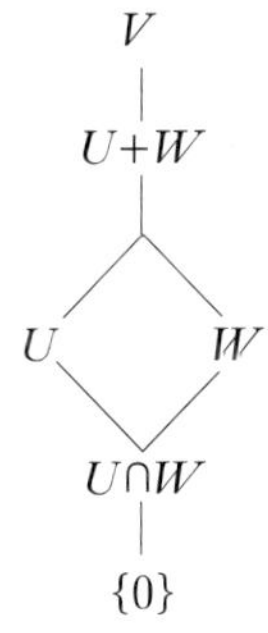

일차 독립, 일차 종속

벡터공간 $\mathbb{R}^2$에서 $v_1=(1, 0), v_2=(0, 1)$이라고 하면, 집합 $\{v_1, v_2\}$의 경우 어떠한 벡터도 다른 벡터의 일차결합(스칼라 배)이 아니다. 마찬가지로, 벡터공간 $\mathbb{R}^3$에서 $v_1=(1, 0, 0), v_2=(0, 1, 0), v_3=(0, 0, 1)$라고 하면, $\{v_1, v_2, v_3\}$의 경우 어떠한 벡터도 다른 벡터의 일차결합이 아니다.

한편, 벡터공간 $\mathbb{R}^2$에서 $v_1=(1, 1)$, $v_2=(2, 2)$라고 하면, 집합 $\{v_1, v_2\}$의 경우 한 벡터(예를 들어, v_2)는 다른 벡터(v_1)의 일차결합(스칼라 배)이다. 마찬가지로, 벡터공간 $\mathbb{R}^3$에서 $v_1=(1, 0, 0)$, $v_2=(0, 1, 0)$, $v_3=(1, 1, 0)$이라고 하면, 집합 $\{v_1, v_2, v_3\}$의 경우 $v_3=v_1+v_2$이므로 v_3는 v_1과 v_2의 일차결합이다.

이상에서와 같은 다양한 경우를 구별하기 위하여 다음과 같은 정의를 생각하여 보자.

≪**정의 6.13**≫ 벡터공간 V에 대하여, $v_1, \cdots, v_n \in V$라고 하자. $\{v_1, \cdots, v_n\}$가 다음 조건을 만족시킬 때, $\{v_1, \cdots, v_n\}$는 일차독립(linearly independent)이라고 한다.

$$\lambda_1 v_1 + \cdots + \lambda_n v_n = 0 \Rightarrow \lambda_1 = \lambda_2 = \cdots = \lambda_n = 0$$

$\{v_1, \cdots, v_n\}$가 일차독립이 아닐 때, $\{v_1, \cdots, v_n\}$는 일차종속(linearly dependent)이라고 한다.

벡터공간 $\mathbb{R}^2$에서 $v_1=(1, 0)$, $v_2=(0, 1)$라고 하면 $\{v_1, v_2\}$는 일차 독립임을 다음과 같이 보일 수 있다.

$$\begin{aligned} &\lambda_1 v_1 + \lambda_2 v_2 = 0 \\ &\Rightarrow \lambda_1(1, 0) + \lambda_2(0, 1) = (0, 0) \end{aligned}$$

$$\Rightarrow (\lambda_1,\ 0)+(0,\ \lambda_2)=(0,\ 0)$$

$$\Rightarrow \lambda_1=0,\ \lambda_2=0$$

위에서 벡터들의 일차독립을 보이는 과정은 다음과 같은 동차연립방정식의 풀이로 귀착된다는 것을 알 수 있다.

$$\begin{bmatrix}1 & 0\\0 & 1\end{bmatrix}\begin{bmatrix}\lambda_1\\\lambda_2\end{bmatrix}=\begin{bmatrix}0\\0\end{bmatrix}$$

여기서, 계수행렬이 정칙이므로 $\lambda_1=\lambda_2=0$임을 알 수 있다.

한편, $\mathbb{R}^2$에서 $v_3=(1,\ 1)$, $v_4=(2,\ 2)$라고 할 때, $\{v_3,\ v_4\}$는 일차 종속임을 다음과 같이 보일 수 있다.

$$\begin{aligned}&\lambda_3 v_3+\lambda_4 v_4=0\\ \Rightarrow\ &\lambda_3(1,\ 1)+\lambda_4(2,\ 2)=(0,\ 0)\\ \Rightarrow\ &(\lambda_3,\ \lambda_3)+(2\lambda_4,\ 2\lambda_4)=(0,\ 0)\\ \Rightarrow\ &(\lambda_3+2\lambda_4,\ \lambda_3+2\lambda_4)=(0,\ 0)\\ \Rightarrow\ &\lambda_3+2\lambda_4=0\end{aligned}$$

따라서 '$\lambda_3=0,\ \lambda_4=0$'이라고 할 수 없으므로 $\{v_3,\ v_4\}$는 일차독립이 아니다.

사실, 위 과정도 다음과 같이 동차연립방정식의 풀이로 귀착시킬 수 있다.

$$\begin{bmatrix} 1 & 2 \\ 1 & 2 \end{bmatrix}\begin{bmatrix} \lambda_3 \\ \lambda_4 \end{bmatrix}=\begin{bmatrix} 0 \\ 0 \end{bmatrix}$$

여기서, 계수행렬이 정칙이 아니므로 이 연립방정식은 자명하지 않은 해를 가진다. 즉, $\{v_3, v_4\}$는 일차 독립이 아니다.

과제 6.14 다음을 설명하여라.

가. $\mathbb{R}^3$에서 $v_1=(1, 0, 0)$, $v_2=(0, 1, 0)$, $v_3=(0, 0, 1)$라고 하면, $\{v_1, v_2, v_3\}$은 일차독립이다.

나. $\mathbb{R}^3$에서 $v_1=(1, 0, 0)$, $v_2=(0, 1, 0)$, $v_3=(1, 1, 0)$이라고 하면, 집합 $\{v_1, v_2, v_3\}$은 일차종속이다.

일차독립성과 일차종속성은 서로 상반되는 성질임을 알 수 있다.

과제 6.15 다음을 확인하여라.

가. 영벡터가 아닌 벡터 하나로 이루어진 집합은 항상 일차독립이다.

나. 영벡터를 포함하는 벡터들의 집합은 항상 일차종속이다.

다. $\{v_1, \cdots, v_n\}$가 일차독립이면, $\{v_1, \cdots, v_n\}$의 임의의 부분집합은 항상 일차독립이다.

라. $\{v_1, \cdots, v_n\}$가 일차종속이면, $\{v_1, \cdots, v_n\}$을 포함하는 모든 집합은 항상 일차종속이다.

이상으로부터 다음 사실을 관찰할 수 있다. 즉, 벡터의 개수가 증가할수록 일차독립성의 가능성은 점점 적어지고, 벡터의 개수가 감소할수록 일차종속성의 가능성은 점점 적어진다.

한편, 앞의 논의에서 알 수 있듯이, 주어진 벡터의 집합이 일차독립이나 일차종속임을 밝히는 과정은 동차연립방정식을 푸는 문제로, 이는 다시 계수행렬의 정칙성의 문제로 귀착된다. 이때, 계수행렬은 주어진 벡터들을 열(column)로 하여 얻어짐을 알 수 있다.

이 사실을 이용하면 다음을 알 수 있다.

≪정리 6.16≫ 벡터 $v_1, \cdots, v_n \in \mathbb{R}^n$가 다음과 같다고 하자.

$$v_1 = (a_{11}, \cdots, a_{1n})$$
$$\cdots$$
$$v_n = (a_{n1}, \cdots, a_{nn})$$

n개의 벡터 $\{v_1, \cdots, v_n\}$가 일차독립이기 위한 필요충분조건은 행렬 $\begin{bmatrix} a_{11} & \cdots & a_{n1} \\ \vdots & & \vdots \\ a_{1n} & \cdots & a_{nn} \end{bmatrix}$가 정칙, 즉 행렬식이 0이 아닌 것이다.

증명 (⇒) $|v_1, \cdots, v_n| = 0$이라고 가정하면, $\begin{bmatrix} a_{11} & \cdots & a_{n1} \\ \vdots & & \vdots \\ a_{1n} & \cdots & a_{nn} \end{bmatrix}$은 정칙이 아니므로 $\begin{bmatrix} a_{11} & \cdots & a_{n1} \\ \vdots & & \vdots \\ a_{1n} & \cdots & a_{nn} \end{bmatrix} \begin{bmatrix} x_1 \\ \vdots \\ x_n \end{bmatrix} = \begin{bmatrix} 0 \\ \vdots \\ 0 \end{bmatrix}$는 자명하지 않은 해를 가

진다. 자명하지 않은 한 해를 $\begin{bmatrix} \lambda_1 \\ \vdots \\ \lambda_n \end{bmatrix}$이라고 하면, $\lambda_1 v_1 + \lambda_2 v_2 + \cdots + \lambda_n v_n = 0$이고 이것은 $\{v_1, \cdots, v_n\}$이 일차종속임을 뜻한다.

(⇐) 먼저, $\lambda_1 v_1 + \lambda_2 v_2 + \cdots + \lambda_n v_n = 0$이라고 하자. 이는 $[v_1, \cdots, v_n]\begin{bmatrix} \lambda_1 \\ \vdots \\ \lambda_n \end{bmatrix} = \begin{bmatrix} 0 \\ \vdots \\ 0 \end{bmatrix}$을 뜻하고, 이는 다시 $\begin{bmatrix} a_{11} & \cdots & a_{n1} \\ \vdots & & \vdots \\ a_{1n} & \cdots & a_{nn} \end{bmatrix}\begin{bmatrix} \lambda_1 \\ \vdots \\ \lambda_n \end{bmatrix} = \begin{bmatrix} 0 \\ \vdots \\ 0 \end{bmatrix}$을 뜻한다. 여기서 $\begin{bmatrix} a_{11} & \cdots & a_{n1} \\ \vdots & & \vdots \\ a_{1n} & \cdots & a_{nn} \end{bmatrix}$는 정칙행렬이므로 좌측에 역행렬을 곱해주면 $\begin{bmatrix} \lambda_1 \\ \vdots \\ \lambda_n \end{bmatrix} = \begin{bmatrix} 0 \\ \vdots \\ 0 \end{bmatrix}$이므로 $\lambda_1 = \lambda_2 = \cdots = \lambda_n = 0$이 된다. ■

참고로, 위 정리에서 $\begin{bmatrix} a_{11} & \cdots & a_{n1} \\ \vdots & & \vdots \\ a_{1n} & \cdots & a_{nn} \end{bmatrix}$가 정칙이 아니기 때문에 $\begin{bmatrix} a_{11} & \cdots & a_{1n} \\ \vdots & & \vdots \\ a_{n1} & \cdots & a_{nn} \end{bmatrix}$도 정칙이 아니다.

한편, 과제 6.14 '가'에서 $\{v_1, v_2, v_3\}$는 $\begin{bmatrix} 1 & 0 & 0 \\ 0 & 1 & 0 \\ 0 & 0 & 1 \end{bmatrix}$이 정칙행렬이므로 일차독립이고, 과제 6.14 '나'에서 $\{v_1, v_2, v_3\}$는 $\begin{bmatrix} 0 & 0 & 1 \\ 0 & 1 & 1 \\ 0 & 0 & 0 \end{bmatrix}$이 정칙행렬이 아니므로 $\{v_1, v_2, v_3\}$는 일차종속임을 알 수 있다.

기저

벡터공간 V의 부분 집합 $\{v_1, \cdots, v_n\}$가 다음 조건을 만족시킬 때 $\{v_1, \cdots, v_n\}$를 V의 기저(basis)[12]라고 한다.

가. $\{v_1, \cdots, v_n\}$는 일차 독립이다.

나. V는 $\{v_1, \cdots, v_n\}$에 의하여 생성된다. 즉, $V=\langle v_1, \cdots, v_n \rangle$ 이다.

다음 사실을 주목할 필요가 있다.

- 집합 V는 벡터공간 V를 생성한다.
- $\{v_1, \cdots, v_n\}$가 벡터공간 V를 생성하면, $\{v_1, \cdots, v_n\}$를 포함하는 모든 집합도 V를 생성한다.
- 벡터의 개수가 감소할수록 생성 능력은 감소한다.

> **≪정리 6.17≫** $\{v_1, \cdots, v_n\}$가 벡터공간 V의 기저이면, V의 모든 벡터는 $v_1, \cdots, v_n$의 일차 결합으로 유일하게 표현된다.

증명 $v=\lambda_1 v_1+\cdots+\lambda_n v_n=\mu_1 v_1+\cdots+\mu_n v_n$이라고 하면 다음이 성립한다.

$$(\lambda_1-\mu_1)v_1+\cdots+(\lambda_n-\mu_n)v_n=0$$

12) 이 책에서는 유한 집합인 기저가 존재하는 벡터공간만을 다룬다. 한편, '기저'를 나타내는 영어 'basis'의 복수형은 'bases'이지만, 이 경우 'bases'의 단수형을 'base'로 하지 않도록 주의하여야 한다.

이제, $\{v_1, \cdots, v_n\}$는 일차독립이므로 $\lambda_1 - \mu_1 = \cdots = \lambda_n - \mu_n = 0$, 즉 $\lambda_1 = \mu_1, \cdots, \lambda_n = \mu_n$이다. ■

≪정의 6.18≫ 벡터공간 V의 기저 $S = \{v_1, \cdots, v_n\}$가 주어졌을 때, 임의의 벡터 $v \in V$가 $v = \lambda_1 v_1 + \cdots + \lambda_n v_n$으로 표현되면, $(\lambda_1, \cdots, \lambda_n)$을 기저 S에 관한 v의 좌표라고 하며, 이를 $[v]_S$로 나타낸다.

중등학교에서 우리가 좌표 평면 $\mathbb{R}^2$이나 좌표 공간 $\mathbb{R}^3$에서 좌표를 나타낼 때 보통 사용하는 기저는 각각 $\{(1, 0), (0, 1)\}$와 $\{(1, 0, 0), (0, 1, 0), (0, 0, 1)\}$이다. 이 기저를 표준 기저(standard basis)라고 한다.

이제, 주어진 벡터들의 집합이 일차종속일 때, 그 특징을 살펴보자. 먼저, 다음 사실을 쉽게 알 수 있다.

> 영벡터가 아닌 벡터들의 집합 $\{v_1, \cdots, v_n\}$이 일차종속이기 위한 필요충분조건은 적당한 v_i가 다른 벡터들의 일차결합으로 표현되는 것이다.

이 사실을 다음과 같이 기술할 수 있다.

≪정리 6.19≫ 영벡터가 아닌 벡터들의 집합 $\{v_1, \cdots, v_n\}$가 일차종속이기 위한 필요충분조건은 적당한 v_i가 앞 벡터들의 일차결합으로 표현되는 것이다.

증명 $\{v_1, \cdots, v_n\}$가 일차종속이면 다음 두 조건을 만족시키는 $\lambda_1, \cdots, \lambda_n$이 존재한다.

$$\lambda_1 v_1 + \cdots + \lambda_n v_n = 0$$
$\lambda_1, \cdots, \lambda_n$ 모두는 0이 아니다.

이제, $\lambda_i \neq 0$인 최대 첨자 i를 택하면, $\lambda_1 v_1 + \cdots + \lambda_i v_i = 0$이다. 이 경우 v_i는 앞 벡터들, 즉 $v_1, \cdots, v_{i-1}$의 일차결합임을 알 수 있다. 역의 증명은 쉽다. ■

다음 사실도 쉽게 알 수 있다.

> $S = \{v_1, \cdots, v_n\}$가 영벡터가 아닌 벡터들의 집합이고, V를 생성한다고 하자. 벡터 v_j가 S 안의 다른 벡터들의 일차 결합으로 표현되면 $\{v_1, \cdots, v_{j-1}, v_{j+1}, \cdots, v_n\}$도 V를 생성한다.

이 사실로부터 나음 두 정리를 얻는나.

≪정리 6.20≫ $S = \{v_1, \cdots, v_n\}$가 영벡터가 아닌 벡터들의 집합이고, V를 생성한다고 하면, 집합 S는 V의 기저를 포함한다.

≪정리 6.21≫ $T = \{w_1, \cdots, w_m\}$가 벡터공간 V의 일차독립인 부분집합이면, T를 품는 V의 기저가 존재한다.

증명 $\{v_1, \cdots, v_n\}$를 V의 한 기저라고 하면, $\{w_1, \cdots, w_m, v_1, \cdots, v_n\}$은 V를 생성한다. 집합 $\{w_1, \cdots, w_m, v_1, \cdots, v_n\}$가 일차독립이

면 이 자체가 기저이다. 그러나 $\{w_1, \cdots, w_m, v_1, \cdots, v_n\}$가 일차독립이 아니면, 이 집합의 원소 중에서 하나를 제거하여도 V를 생성한다. 그렇게 얻은 집합이 일차독립이면, 그 집합이 기저이다. 이 과정을 계속 반복하면 T를 품는 V의 기저를 얻을 수 있다.■

한편, 다음 정리로부터 일차독립인 벡터들의 개수와 벡터 공간 전체를 생성하는 집합 사이에는 깊은 관계가 있음을 알 수 있다.

> **≪정리 6.22≫** $S=\{v_1, \cdots, v_n\}$가 영벡터가 아닌 벡터들의 집합이고, V를 생성한다고 하자. $T=\{w_1, \cdots, w_r\}\subset V$가 일차독립이면, $r \le n$이다.

[증명 밑 그림]

$r>n$이라고 가정하고, 앞의 정리들을 적용하여 모순을 유도한다.

증명 먼저, $\{w_1, v_1, \cdots, v_n\}$은 일차독립이 아니다. w_1은 $v_1, \cdots, v_n$으로 생성되기 때문이다. 어떤 적당한 v_i는 앞 벡터들의 일차결합이다. 여기서 $v_i \neq w_1$이어야 한다. 이제, $\{w_1, v_1, \cdots, v_n\}$에서 v_i를 제거한 $\{w_1, v_1, \cdots, v_{i-1}, v_{i+1}, \cdots, v_n\}$ 역시 벡터공간 V를 생성한다. 이번에는 $\{w_2, w_1, v_1, \cdots, v_{i-1}, v_{i+1}, \cdots, v_n\}$을 생각해 보자. 이 집합은 일차종속이므로, 어떤 v_j은 앞 벡터들의 일차결합이다. 여기서 $v_j \neq w_1, w_2$이다. 이제, $n<r$이라고 가정하면, 위의 과정을 계속하여 일차 종속인$\{w_1, \cdots, w_r\}$의 부분 집합을 얻게 된다. 이것은 모순이다. ■

과제 6.23 위 정리의 증명과정을 $n=2$, $r=3$인 경우에 구체적으로 살펴보아라.

≪정리 6.24≫ $S=\{v_1, \cdots, v_n\}$와 $T=\{w_1, \cdots, w_m\}$가 V의 기저이면, $n=m$이다.

증명 정리 6.22에 의하여 $n \le m$이고 $m \le n$이다. ■

차원

일상생활에서 차원이라는 용어를 자주 사용한다. 그러나 차원의 개념은 여러 가지가 있다. 이 책에서는 가장 표준적인 벡터공간의 차원에 대하여 알아본다.

≪정의 6.25≫ $\{v_1, \cdots, v_n\}$가 V의 기저일 때, n을 V의 차원(dimension)이라고 하고, 기호로는 $\dim V=n$으로 나타낸다.

수직선 $\mathbb{R}$는 실수의 덧셈과 곱셈(스칼라 배)에 대하여 벡터공간이다. 이때, $\{1\}$은 $\mathbb{R}$의 기저이다. $\mathbb{R}$의 임의의 원소, 즉 임의의 실수 r에 대하여 $r=r \cdot 1$이다. 여기서 $\cdot$은 실수의 곱셈으로서 스칼라 배로 생각할 수 있다. 따라서 $\{1\}$은 $\mathbb{R}$를 생성한다. 한편, $\{1\}$은 일차독립이다. 사실, 0 벡터가 아닌 모든 벡터가 기저이다. 따라서 $\mathbb{R}$는 1차원 공간이다. 이 벡터공간에서는 벡터와 스칼라가 같다.

한편, 좌표 평면 $\mathbb{R}^2$이나 좌표 공간 $\mathbb{R}^3$에서 $\{(1, 0), (0, 1)\}$와 $\{(1, 0, 0), (0, 1, 0), (0, 0, 1)\}$는 각각의 기저이므로 각각 2, 3차원 벡터공간이다. 사실, $\mathbb{R}^2$에서 $\lambda_1(1, 0)+\lambda_2(0, 1)=0$을 만족시키는 λ_1과 λ_2이 모두 0이므로 일차독립이고, 임의의 $\mathbb{R}^2$의 원소는 다음과 같이 표현된다.

$$(x, y)=x(1, 0)+y(0, 1)$$

또한, $\mathbb{R}^3$에서 $\lambda_1(1, 0, 0)+\lambda_2(0, 1, 0)+\lambda_3(0, 0, 1)=(0, 0, 0)$라고 하면 $\lambda_1=\lambda_2=\lambda_3=0$이므로 $\{(1, 0, 0), (0, 1, 0), (0, 0, 1)\}$는 일차독립이다. 그리고 $\mathbb{R}^3$의 임의의 원소는 다음과 같이 표현된다.

$$(x, y, z)=x(1, 0, 0)+y(0, 1, 0)+z(0, 0, 1)$$

이제, 벡터공간 $Mat_2(\mathbb{R})=\left\{\begin{bmatrix} a & b \\ c & d \end{bmatrix} \mid a, b, c, d \in \mathbb{R}\right\}$에서 $\left\{\begin{bmatrix} 1 & 0 \\ 0 & 0 \end{bmatrix}, \begin{bmatrix} 0 & 1 \\ 0 & 0 \end{bmatrix}, \begin{bmatrix} 0 & 0 \\ 1 & 0 \end{bmatrix}, \begin{bmatrix} 0 & 0 \\ 0 & 1 \end{bmatrix}\right\}$는 $Mat_2(\mathbb{R})$의 기저이다. 왜냐하면, $\lambda_1\begin{bmatrix} 1 & 0 \\ 0 & 0 \end{bmatrix}+\lambda_2\begin{bmatrix} 0 & 1 \\ 0 & 0 \end{bmatrix}+\lambda_3\begin{bmatrix} 0 & 0 \\ 1 & 0 \end{bmatrix}+\lambda_4\begin{bmatrix} 0 & 0 \\ 0 & 1 \end{bmatrix}=\begin{bmatrix} 0 & 0 \\ 0 & 0 \end{bmatrix}$에서 다음을 알 수 있다 : $\lambda_1=\lambda_2=\lambda_3=\lambda_4=0$.

그리고 다음이 성립한다.

$$\begin{bmatrix} a & b \\ c & d \end{bmatrix}=a\begin{bmatrix} 1 & 0 \\ 0 & 0 \end{bmatrix}+b\begin{bmatrix} 0 & 1 \\ 0 & 0 \end{bmatrix}+c\begin{bmatrix} 0 & 0 \\ 1 & 0 \end{bmatrix}+d\begin{bmatrix} 0 & 0 \\ 0 & 1 \end{bmatrix}$$

따라서 $Mat_2(\mathbb{R})$는 4차원 공간이다.

과제 6.26 가. (임용고사 기출 문제) 벡터공간 $Mat_2(\mathbb{R})$의 다음 부분집합은 부분공간임을 보이고 그 차원을 구하여라.

$$W=\left\{\begin{bmatrix} a & b \\ c & d \end{bmatrix} \middle| a-3b+2c+d=0\right\}$$

나. 유한 체 F_2 위에서의 벡터공간 F_2^5의 부분 집합 $C=\{00000, 10110, 01001, 11111\}$에 대하여 다음 물음에 답하여라.

(1) C는 F_2^5의 부분공간임을 설명하여라.

(2) F_2^5와 C의 차원은 각각 얼마인가?

(3) F_2^5의 임의의 부분공간에 대하여 벡터의 개수와 차원과의 관계를 조사하여라.

위에서 정의한 차원은 당연히 자연수이다. 그러나 차원의 다른 개념(정의)에서는 상황이 다르다.

***과제 6.27** 다음 사실에 주목하여 '차원'의 일반적인 정의는 간단하지 않음을 간략히 살펴보아라.

가. $\mathbb{R}$와 $\mathbb{R}^2$의 농도(cardinality)는 같다. 즉, 집합론 관점에서는 두 집합의 차이를 비교할 수 없다. 물론, 이 대응은 연속함수는 아니다.

나. Peano space-filling curve (Munkres, 1975)에 의하면 다음과 같은 연속함수가 존재한다 : $f : [0, 1] \to [0, 1]\times[0, 1]$. 즉, 위상적(topological) 관점에서도 두 공간 $[0, 1]$과 $[0, 1]\times$

[0, 1]을 구별하기가 용이하지 않다. 물론, 이 함수는 일대일 대응은 아니다.

다. 프랙탈 이론에는 자기상사차원(self-similarity dimension)이 소개된다(Peitgen, Jürgens, & Saupe, 1991). 다음 사실을 조사하여라.

- 선분 [0, 1], 평면 $[0, 1]\times[0, 1]$, 입체 $[0, 1]\times[0, 1]\times[0, 1]$ 각각의 자기상사차원은 1, 2, 3이다.
- 코흐곡선(Koch curve)의 자기상사차원은 $\dfrac{\log 4}{\log 3}$이다.
- 칸토어집합(Cantor ternary set)의 자기상사차원은 $\dfrac{\log 2}{\log 3}$이다.
- 시어핀스키 삼각형(Sierpinski triangle)의 자기상사차원은 $\dfrac{\log 3}{\log 2}$이다.
- 멩어 스펀지(Menger sponge)의 자기상사차원은 $\dfrac{\log 20}{\log 3}$이다.

V가 n차원의 벡터공간이라고 할 때, 정리 6.22에 의하여 다음을 알 수 있다.

- 일차독립인 벡터의 수는 최대 n이다.
- V를 생성할 수 있는 벡터의 수는 최소 n이다.

이제, 다음이 성립한다.

≪정리 6.28≫ V를 n차원의 벡터공간이라고 하면 다음이 성립한다.

가. $S=\{v_1, \cdots, v_n\}$가 일차독립이면, S는 기저이다.

나. $S=\{v_1, \cdots, v_n\}$가 V를 생성하면, S는 기저이다.

증명 가. $v \in V$라고 하자. 그러면 $\{v_1, \cdots, v_n, v\}$는 일차종속이다. 따라서 $n+1$개의 벡터 $v_1, \cdots, v_n, v$ 중에서 하나는 앞의 벡터의 일차결합이다. 그런데 그 하나의 벡터는 v여야 한다. 결국, V의 임의의 벡터 v는 $\{v_1, \cdots, v_n\}$로부터 생성된다.

나. S는 V의 기저를 포함하고, 그 기저는 n개의 벡터로 이루어진다. 따라서 그 기지는 S 사체여야 한다. ■

과제 6.29 정리 6.28을 이용하여 다음을 설명하여라.

가. $\mathbb{R}^2$에서 $\{(1, 1), (1, 2)\}$는 기저이다.

나. $\mathbb{R}^3$에서 $\{(1, 1, 0), (1, 0, 1), (0, 1, 1)\}$은 기저이다.

≪정리 6.30≫ V는 n차원 벡터공간이고, $v_1 = \begin{bmatrix} a_{11} \\ \vdots \\ a_{1n} \end{bmatrix}, \cdots, v_n = \begin{bmatrix} a_{n1} \\ \vdots \\ a_{nn} \end{bmatrix}$일 때, $\{v_1, \cdots, v_n\}$가 V의 기저이기 위한 필요충분조건은 $|v_1, \cdots, v_n| = \begin{vmatrix} a_{11} & \cdots & a_{n1} \\ \vdots & & \vdots \\ a_{1n} & \cdots & a_{nn} \end{vmatrix} \neq 0$이다.

증명 정리 6.28로부터 집합 $\{v_1, \cdots, v_n\}$가 기저이기 위한 필요충분조건은 $\{v_1, \cdots, v_n\}$가 일차독립인 것이다. 그런데 정리 6.16에 의하여 $\{v_1, \cdots, v_n\}$가 일차독립이기 위한 필요충분조건은 $|v_1, \cdots, v_n| \neq 0$이다. ■

중학교에서 다음 사실을 살폈다.

두 유한 집합 X, Y에 대하여 다음이 성립한다.

$$|X \cup Y| = |X| + |Y| - |X \cap Y|$$

이와 비슷한 성질을 벡터공간에서 살펴보자.

≪정리 6.31≫ $W_1, W_2 \leq V$라고 할 때, 다음이 성립한다.

$$\dim(W_1 + W_2) = \dim W_1 + \dim W_2 - \dim(W_1 \cap W_2)$$

[증명 밑 그림]

$W_1 \cap W_2$의 기저 X를 먼저 설정하고, 여기에 몇 개의 벡터를 더 첨가하여 W_1과 W_2의 기저 Y, Z를 각각 구성한 후, $Y \cup Z$가 $W_1 + W_2$의 기저임을 보인다.

증명 $W_1 \cap W_2$ 공간의 기저를 $\{w_1, \cdots, w_k\}$라고 하자. $\{w_1, \cdots, w_k\}$는 W_1의 일차독립인 벡터이므로 여기에 몇 개의 벡터를 더 첨가하여 다음과 같은 W_1의 기저를 얻을 수 있다(정리 6.21).

$$\{w_1, \cdots, w_k, v_{k+1}, \cdots, v_m\}.$$

마찬가지로 다음과 같은 W_2의 기저를 얻을 수 있다.

$$\{w_1,\ \cdots,\ w_k,\ u_{k+1},\ \cdots,\ u_n\}.$$

이제, $\dim(W_1+W_2)=m+n-k$ 임을 증명하면 된다. 실제로, $m+n-k$ 개의 벡터로 이루어진 집합 $\{w_1,\ \cdots,\ w_k,\ v_{k+1},\ \cdots,\ v_m,\ u_{k+1},\ \cdots,\ u_n\}$ 가 W_1+W_2 의 기저임을 증명한다. 먼저,

$$\lambda_1 w_1+\cdots+\lambda_k w_k+\xi_{k+1}v_{k+1}+\cdots+\xi_m v_m+\delta_{k+1}u_{k+1} \\ +\cdots+\delta_n u_n=0$$

라고 하면,

$$\lambda_1 w_1+\cdots+\lambda_k w_k+\xi_{k+1}v_{k+1}+\cdots+\xi_m v_m \\ =-\delta_{k+1}u_{k+1}-\cdots-\delta_n u_n$$

이다. 이 벡터는, 좌변에 의해 W_1 에 속하고 우변에 의해 W_2 에 속하므로, $W_1\cap W_2$ 에 속한다. $W_1\cap W_2$ 은 $\{w_1,\ \cdots,\ w_k\}$ 에 의하여 생성되므로 적절한 스칼라 $\tau_1,\ \tau_2,\ \cdots,\ \tau_k$ 가 존재하여 다음이 성립한다.

$$-\delta_{k+1}u_{k+1}-\cdots-\delta_n u_n=\tau_1 w_1+\cdots+\tau_k w_k$$

따라서 $\tau_1 w_1+\cdots+\tau_k w_k+\delta_{k+1}u_{k+1}+\cdots+\delta_n u_n=0$ 이다. 이제, $\{w_1,\ \cdots,\ w_k,\ u_{k+1},\ \cdots,\ u_n\}$ 은 일차 독립이므로

$$\tau_1=\cdots=\tau_k=\cdots=\delta_{k+1}=\cdots=\delta_n=0$$

이다. 그런데

$$\lambda_1 w_1+\cdots+\lambda_k w_k+\xi_{k+1}v_{k+1}+\cdots+\xi_m v_m+\delta_{k+1}u_{k+1} \\ +\cdots+\delta_n u_n=0$$

이므로, $\lambda_1=\cdots=\lambda_k=\xi_{k+1}=\cdots=\xi_m=\delta_{k+1}=\cdots=\delta_n=0$ 임을 알 수 있다.

이제, $\{w_1, \cdots, w_k, v_{k+1}, \cdots, v_m, u_{k+1}, \cdots, u_n\}$가 W_1+W_2를 생성함을 증명한다. 실제로, W_1의 임의의 벡터 x는 $w_1, \cdots, w_k, v_{k+1}, \cdots, v_m$의 일차결합이고, W_2의 임의의 벡터 y는 $w_1, \cdots, w_k, u_{k+1}, \cdots, u_n$의 일차결합이므로, $x+y$는 $w_1, \cdots, w_k, v_{k+1}, \cdots, v_m, u_{k+1}, \cdots, u_n$의 일차결합이다. ■

한 예로서, U와 W를 벡터공간 $\mathbb{R}^3$의 각각 xy-평면, yz-평면이라고 하자. 즉,

$$U=\{(x, y, 0) \mid x, y \in \mathbb{R}\}, W=\{(0, y, z) \mid y, z \in \mathbb{R}\}$$

이다. $\mathbb{R}^3=U+W$이므로 $\dim(U+W)=3$이다. 한편, $\dim U=2$이고 $\dim W=2$이다. 그런데 $3=2+2-\dim(U\cap W)$이므로, 정리 6.31에 의하여 $\dim(U\cap W)=1$이다. 사실, $U\cap W$는 y-축이다. 즉,

$$U\cap W=\{(0, y, 0) \mid y \in \mathbb{R}\}$$

이다.

다음 연립방정식의 해공간을 W라고 하자.

$$\begin{cases} x+\ \ y+z-w=0 \\ 2x+3y+z-w=0 \end{cases}$$

이 연립방정식을 다음과 같이 변형할 수 있다.

$$\begin{cases} x+y+z-w=0 \\ \qquad y-z+w=0 \end{cases}$$

이제, $z=\alpha$, $w=\beta$라고 두면,

$$y = \alpha - \beta,$$
$$x = -y - z + w$$
$$= -\alpha + \beta - \alpha + \beta$$
$$= -2\alpha + 2\beta$$

임을 알 수 있다. 따라서 연립방정식의 해는

$$(x, y, z, w) = (-2\alpha + 2\beta, \alpha - \beta, \alpha, \beta)$$
$$= (-2\alpha, \alpha, \alpha, 0) + (2\beta, -\beta, 0, \beta)$$
$$= \alpha(-2, 1, 1, 0) + \beta(2, -1, 0, 1)$$

이다.

이제, $\{(-2, 1, 1, 0), (2, -1, 0, 1)\}$는 일차독립이므로 $\{(-2, 1, 1, 0), (2, -1, 0, 1)\}$는 W의 기저이다. 따라서 W의 차원은 2임을 알 수 있다.

***과제 6.32** 다음을 확인하여라.

가. 군론(group theory)에서 다음이 성립한다(Lagrange 정리).
유한군 G에서, G의 부분군 H의 위수와 지수는 $|G|$의 약수이다. 사실, $|G| = |G : H||H|$이다.

나. 체론(field theory)에서 다음이 성립한다.
$F \leq K \leq L$ (유한 확대체)일 때, $[L : F] = [L : K][K : F]$이다.

*상공간[13)]

어떤 집합에 동치관계가 주어지면 그 집합은 그 동치관계에 의한 동치류로 분할된다. 벡터공간의 부분공간 하나가 주어지면, 그 부분공간에 의하여 원래의 벡터공간에 동치관계가 주어진다. 여기에서는 부분공간에 의한 동치 관계와 그에 따른 분할에 관하여 알아보자.

벡터공간 V와 $W \leq V$이 주어졌을 때, 다음과 같은 관계를 생각하여 보자.

$$\forall x,\ y \in V,\ x \sim y \Leftrightarrow x-y \in W$$

≪**정리 6.33**≫ 관계 ~는 V 위의 동치 관계이다.

증명 임의의 $v \in V$에 대하여 $v-v=0 \in W$이므로 $v \sim v$이다. 따라서 관계 ~는 반사적이다. 이제, $u \sim v$이면 $u-v \in W$인데 W는 부분공간이므로 $-(u-v)=v-u \in W$, 즉 $v \sim u$이다. 따라서 ~는 대칭적이다. 한편, $u \sim v$이고 $v \sim w$이면 $u-v \in W$이고 $v-w \in W$인데 W는 부분공간이므로 $(u-v)+(v-w)=u-w \in W$, 즉 $u \sim w$이다. 따라서 ~은 추이적이다. ■

이 동치관계에 의하여 벡터공간 V는 분할된다.

13) 이 부분은 추상대수학 강좌의 내용으로 미룰 수 있다.

> **≪정리 6.34≫** 위의 동치 관계에 의한 x의 동치류 $\bar{x}$는 다음과 같다 : $x+W=\{x+w|w\in W\}$. 즉, $\bar{x}=x+W$이다.

증명 $v\in\bar{x}$이면 $v-x\in W$이다. 적당한 $w\in W$에 대하여 $v-x=w$, 즉 $v=x+w$이므로 $v\in x+W$이다. 이 논증은 역의 방향으로도 성립하므로 $\bar{x}=x+W$이다. ■

이제, 벡터공간 V의 $W\leq V$에 의한 동치류 전체의 집합을 V/W라고 하자. 즉, $V/W=\{x+W|x\in V\}$. 이 집합에 덧셈과 스칼라배를 정의하여 이 집합을 벡터공간으로 만들고자 한다.

> **≪정의 6.35≫** 임의로 주어진 $x+W$, $y+W\in V/W$과 $\lambda\in\mathbb{R}$에 대하여 덧셈과 스칼라배를 다음과 같이 정의한다.
>
> 가. $(x+W)+(y+W)=(x+y)+W\in V/W$
>
> 나. $\lambda(x+W)=(\lambda x)+W\in V/W$

> **≪정리 6.36≫** 위에서 정의한 덧셈과 스칼라 배는 잘 정의되고, 집합 V/W는 정의된 덧셈과 스칼라 배에 관하여 벡터공간이 된다.

과제 6.37 위 정리를 증명하여라.

벡터공간 V/W을 V의 W에 의한 상(商)공간(quotient space)이

라고 한다.

과제 6.38 가. 신현용(2008)을 참고하여 다음 사실에 관하여 대략 살펴보아라.

(1) 두 정수 x, y에 대하여 $x-y$가 n의 배수일 때, $x \sim y$라고 정의하면 $\sim$은 동치관계이다.

(2) x의 동치류는 $\{x+nk \mid k \in \mathbb{Z}\}$이다.

(3) 동치류는 n개이고, 동치류 전체의 집합을 보통 $\mathbb{Z}_n$와 같이 나타낸다.

나. 상공간 V/W의 구성과정과 $\mathbb{Z}_n$의 구성과정이 비슷함에 주목하여라.

≪**정리 6.39**≫ 벡터공간을 V의 W에 의한 상공간을 V/W라고 하면 $\dim V/W = \dim V - \dim W$ (즉, $\dim V = \dim V/W + \dim W$) 이다.

[증명 밑 그림]

V/W와 W 각각의 기저를 먼저 설정한 후, 이 두 기저를 이용하여 V의 기저를 유도한다.

증명 V/W의 기저를 $\{v_1 + W, \cdots, v_m + W\}$라고 하고, W의 기저를 $\{w_1, \cdots, w_n\}$이라고 하면, $\{v_1, \cdots, v_m, w_1, \cdots, w_n\}$가 V의 기저임을 보인다. 임의의 $v \in V$에 대하여 다음 조건을 만족시키는 $\lambda_1, \cdots, \lambda_m$이 존재한다.

$$v + W = \lambda_1 (v_1 + W) + \cdots + \lambda_m (v_m + W)$$

$$v+W=(\lambda_1 v_1+\cdots+\lambda_m v_m)+W$$

이므로 $v=\lambda_1 v_1+\cdots+\lambda_m v_m+w$, $w\in W$이다. 여기서, 적당한 $\xi_1, \cdots, \xi_n$에 대하여 $w=\xi_1 w_1+\cdots+\xi_n w_n$이므로 $\{v_1, \cdots, v_m, w_1, \cdots, w_n\}$는 V를 생성한다. 이제, $\{v_1, \cdots, v_m, w_1, \cdots, w_n\}$가 일차독립임을 보이기 위하여

$$\lambda_1 v_1+\cdots+\lambda_m v_m+\xi_1 w_1+\cdots+\xi_n w_n=0$$

이라고 하자. 여기서 $\xi_1 w_1+\cdots+\xi_n w_n\in W$이므로 $\lambda_1 v_1+\cdots+\lambda_m v_m+W=0+W$이다. 따라서 $\lambda_1(v_1+W)+\cdots+\lambda_m(v_m+W)=0+W$임을 알 수 있다. $\{v_1+W, \cdots, v_m+W\}$는 일차독립이므로 $\lambda_1=\cdots=\lambda_m=0$이다. 이제, $\lambda_1 v_1+\cdots+\lambda_m v_m+\xi_1 w_1+\cdots+\xi_n w_n=0$에서 $\lambda_1=\cdots=\lambda_m=0$이므로 $\xi_1 w_1+\cdots+\xi_n w_n=0$이다. $\{w_1, \cdots, w_n\}$도 일차독립이므로 $\xi_1=\cdots=\xi_n=0$이다. 따라서 $\{v_1, \cdots, v_m, w_1, \cdots, w_n\}$는 일차독립이다. ■

⋆과제 6.40 다음에 관하여 간략히 조사하여라.

군(group)에서 상군(quotient group)을 구성할 때에는 보통의 부분군으로는 되지 않는다. 정규부분군(normal subgroup)이라는 특별한 부분군이 필요하다. 환(ring)에서도 마찬가지이다. 환에서 상환(quotient ring)을 구성할 때에는 보통의 부분환으로는 되지 않는다. 이데알(ideal)이라는 특별한 부분환이 필요하다. 그러나 벡터공간의 경우는 보통의 부분공간으로도 상공간을 구성할 수 있다. 사실, 이는 벡터공간 즉 선형성의 한 가지 특징이라고 볼 수 있다. 군과 환에 관한 이상의 내용은 일반적으로 '추상대수학'에서 배우게 된다.

뒷 이야기

1. 다음을 확인하여라.

가. V를 벡터공간이라고 할 때 $\{\mathbf{0}\}$와 V는 모두 V의 부분공간들이다. 이들을 V의 자명한 부분공간(trivial subspaces)이라고 한다.

나. $V=\mathbb{R}^n\,(n\geq 2)$와 $W=\{(a_1, a_2, \cdots, a_{n-1}, 0)\,|\,a_i\in\mathbb{R},\ i=1, 2, \cdots, n-1\}$에 대하여 $W\leq V$이다.

다. $V=\mathbb{R}[x]$를 실수 계수 다항식 전체의 집합이라고 하자. 이제, V에서 어떤 고정된 양의 정수 n에 대해서 차수가 n보다 적거나 같은 모든 다항식들 전체의 집합을 $\mathbb{R}_n[x]$라고 하면, $\mathbb{R}_n[x]\leq V$이다.

라. 다음의 동차연립방정식을 생각하자.

$$\begin{cases} a_{11}x_1+a_{12}x_2+\cdots+a_{1n}x_n=0 \\ a_{21}x_1+a_{22}x_2+\cdots+a_{2n}x_n=0 \\ \cdots\cdots\cdots\cdots\cdots\cdots\cdots\cdots\cdots \\ a_{m1}x_1+a_{m2}x_2+\cdots+a_{mn}x_n=0 \end{cases}$$

여기서 a_{ij}는 $\mathbb{R}$의 원소이다. 이제, W를 위 동차연립방정식의 해집합이라고 하면 W는 $\mathbb{R}^n$의 부분공간으로서 주어진 동차연립방정식의 해공간이다. 그러나 다음 비동차연립방정식

$$\begin{cases} a_{11}x_1 + a_{12}x_2 + \cdots + a_{1n}x_n = b_1 \\ a_{21}x_1 + a_{22}x_2 + \cdots + a_{2n}x_n = b_2 \\ \cdots\cdots\cdots\cdots\cdots\cdots\cdots\cdots\cdots\cdots \\ a_{m1}x_1 + a_{m2}x_2 + \cdots + a_{mn}x_n = b_m \end{cases}$$

의 해집합은 일반적으로 $\mathbb{R}^n$의 부분공간이 아니다.

2. 벡터공간 V의 벡터 $v_1, v_2, \cdots, v_n$로 생성되는 부분공간 $\langle v_1, v_2, \cdots, v_n \rangle$에 대하여 다음을 토의하여 보아라.

   가. 생성 공간 $\langle v_1, v_2, \cdots, v_n \rangle$의 최소성

   나. 최소공배수, 최대공약수 개념과의 유사성

   다. 최소 상계(the least upper bound)와 최대 하계(the greatest lower bound) 개념과의 유사성

   ⋆라. 생성되는 부분 구조에 대하여 다음의 경우에 대해서도 조사하여 보아라.

   - 군(group)의 경우
   - 환(ring)의 경우
   - 체(field)의 경우

3. 일차 독립성과 생성에 관하여 다음과 같이 이해하여 보아라. v가 영벡터가 아니면 $\{v\}$는 항상 일차 독립이다. 그러나 영벡터가 아닌 두 개의 벡터로 이루어진 집합은 항상 일차 독립이라고 할 수 없다. 따라서 일차 독립성은 벡터의 개수가 적을수록 가능성이 커진다. 반면에 생성 능력은 벡터의 개수가 많을수록 증가한다.

*4. 이 책에서는 주로 유한 생성 공간을 다룬다. 무한 차원 벡터 공간에 대해서 다음을 조사하여 보아라.

가. 실계수 다항식 전체의 집합을 $\mathbb{R}[x]$라고 하면, $\mathbb{R}[x]$는 벡터공간이다.

나. 실수체 $\mathbb{R}$은 유리수체 $\mathbb{Q}$ 위에서 무한 차원 벡터공간이다.

다. Hamel basis(Halmos, 1974, 277쪽)와 선택공리(Axiom of Choice)의 관계

라. $C[-\pi, \pi]$를 $[-\pi, \pi]$에서 연속인 실(real-valued) 함수들 전체의 집합이라고 하자. 이 집합은 덧셈과 스칼라 배가 잘 정의되는 무한 차원 실 벡터공간이다(제IX장 참조).

5. 다음에 대하여 논의하여 보아라.

가. 집합의 '크기'는 보통 농도(cardinality)로 나타낸다.

나. 농도가 같은 두 집합은 대등(equipotent)하다.

다. 벡터공간의 '크기'는 보통 '차원'으로 나타낸다.

라. 벡터공간을 위한 척도로서 농도는 왜 적절하지 않은가?

마. 차원(유한)이 같은 두 벡터공간은 어떠한 관계가 있을까?

6. 다음을 확인하여라.

n차 이하의 실수계수 다항식 전체의 집합을 $\mathbb{R}_n[x]$라고 하면 $\mathbb{R}_n[x]$는 벡터공간이다. 이제, $\{1, x, x^2, \cdots, x^n\}$은 일차독립이고 $\mathbb{R}_n[x]$를 생성하므로 $\mathbb{R}_n[x]$의 기저이다. 그러므로 $\dim \mathbb{R}_n[x] = n+1$이다.

7. 벡터공간 $V=Mat_n(\mathbb{R})$에 대하여 다음 사실을 확인하여라.

가. $W_1=\{A\in V\,|\,|A|=1\}$이면, $W_1 \not\leq V$이다.

나. $W_2=\{A\in V\,|\,|A|=0\}$이면, $W_2 \not\leq V$이다. 사실, 이 경우에는 덧셈이 잘 정의되지 않는다. 다음 예를 생각하여 보면 알 수 있다.

$\begin{bmatrix}1 & 0\\0 & 0\end{bmatrix}\in W_2$, $\begin{bmatrix}0 & 0\\0 & 1\end{bmatrix}\in W_2$이지만,

$\begin{bmatrix}1 & 0\\0 & 0\end{bmatrix}+\begin{bmatrix}0 & 0\\0 & 1\end{bmatrix}=\begin{bmatrix}1 & 0\\0 & 1\end{bmatrix}\notin W_2$이다.

8. '자료 : 수학판타지7'을 참고하여 차원의 여러 가지 정의에 대하여 조사하여라.

9. 다음 자료를 참고하여 태극기에 있는 사괘들을 벡터공간 관점으로 살펴보아라.

조선시대에 영의정을 지낸 최석정(崔錫鼎, 1646~1715)이 남긴 '구수략'이라는 책에는 여러 가지 마방진이 소개되어 있다. 아래에 있는 것은 1부터 9까지의 자연수로 이루어진 마방진으로서 어느 줄, 어느 행, 또는 어느 대각선을 택하더라도 세 수의 합은 15이다.

$$\begin{matrix}8 & 3 & 4\\1 & 5 & 9\\6 & 7 & 2\end{matrix}$$

사실, 위 마방진은 강원도 화천군 사내면 사창리에 남아있는 화음동정사 터 바위 위에 태극도, 팔괘도와 함께 새겨져 있다.

각 괘는 하늘·사람·땅(天·人·地)을 나타내는 세 개의 효(爻)로 구성되는데, ⚊은 양 즉, 1을 나타내며 ⚋은 음 즉, 0을 나타낸다. 여덟 개의 괘를 아래 표와 같이 나타낼 수 있다.

전통적인 동양사상(주역)에서는 짝수(특히 0)는 여성(음)을 나타내고, 홀수(특히 1)는 남성(양)을 나타낸다. 이제, 음양을 $F_2=\{0, 1\}$의 두 원소로 이해할 수 있다. 이제, 팔괘(건乾, 태兌, 이離, 진震, 손巽, 감坎, 간艮, 곤坤)는 $F_2^3=\{111, 110, 101, 100, 011, 010, 001, 000\}$의 원소로 이해할 수 있다.

건	☰	111
태	☱	110
이	☲	101
진	☳	100
손	☴	011
감	☵	010
간	☶	001
곤	☷	000

태극기에 나타나는 사괘를 부호로 나타내면 $\{111, 101, 010, 000\}$이다. 태극기 중앙에 있는 태극(음·양)은 $F_2=\{0, 1\}$로 이해할 수 있고, 이는 다시 $\{111, 000\}$으로도 볼 수 있다.

10. 선택공리 또는 그의 동치명제를 사용하여 임의의 벡터공간은 기저를 가짐을 설명하여라.

VII

선형 사상

지난 줄거리

1. 다음 용어를 모두 사용하여 작문하여라.

일차독립, 생성, 기저, 차원

2. $\mathbb{R}^3$의 세 벡터 $(1, 1, 2)$, $(1, 2, 2)$, $(2, 3, 4)$는 일차독립인지 확인하여라.

3. 다음 집합은 $\mathbb{R}^3$의 기저인지 확인하여 보아라.

$$\{(1, 2, 2), (2, 2, 2), (2, 3, 4)\}.$$

4. $n\times n$ 대각행렬 전체의 집합은 벡터공간 $Mat_n(\mathbb{R})$의 부분공간인가?

5. 다음 중에서 $\mathbb{R}^2$의 부분공간은 어느 것인가?

가. $\{(x, y)\in\mathbb{R}^2 | y=x+1\}$

나. $\{(x, y)\in \mathbb{R}^2 | y=x^2\}$

다. 임의의 $\omega \in \mathbb{R}^2$에 대하여, $\{\lambda\omega | \lambda \in \mathbb{R}\}$

라. $\{(x, y)\in \mathbb{R}^2 | y=-x\}$

6. 일차독립과 일차종속에 관한 여러 가지 성질을 기술하여라.

이번 줄거리

1. 벡터공간이라는 대수적 구조에 따른 특별한 함수의 필요성을 인식하도록 한다. 이때, 집합론에서의 함수나 미적분학에서의 연속함수 등과 연계한다.

2. 선형 사상의 특별한 성질에 주목한다.

3. 선형 사상은 행렬로 표현됨을 알고, 더 나아가 그 표현방법을 이해한다.

4. n차원 벡터공간 $\mathbb{R}^n$에서 m차원 벡터공간 $\mathbb{R}^m$으로의 선형 사상 전체로 이루어진 벡터공간과 $m\times n$ 행렬 전체로 이루어지는 벡터공간 사이의 관계를 이해한다.

여는 이야기

‘함수’ 개념은 수학에서 매우 중요하다. 함수의 여러 가지 활용 중 하나는 두 수학적 대상을 비교하는 기능이다. 예를 들어, 두 집합을 비교할 때 함수를 이용하면 매우 편리하다. 집합론에서 두 집합이 ‘대등하다(equipotent)’라는 말은 두 집합 사이에 일대일 대응이 존재하는 것을 말한다. 예를 들어, 가부번 집합이라는 것은 자연수 전체의 집합과 대등한 집합을 말한다.

벡터공간은 대수적인 구조를 가진 집합이므로 두 벡터공간을 비교할 때에는 벡터의 합성 연산과 스칼라배를 잘 보존하는 특별한 함수를 필요로 한다. 이 장에서는 그 특별한 함수로서 선형 사상에 대하여 알아본다.

한편, 선형 사상은 행렬과 밀접한 관계가 있음을 주목한다. 즉, 선형 사상은 행렬로 표현되고, 행렬은 선형 사상이 됨을 살핀다.

더 나아가, n차원 벡터공간 $\mathbb{R}^n$에서 m차원 벡터공간 $\mathbb{R}^m$으로의 선형 사상 전체로 이루어진 벡터공간과 $m \times n$ 행렬 전체로 이루어지는 벡터공간 사이의 관계를 이해한다.

이 장에서 논의하는 구체적인 문제는 다음과 같다.

- 두 벡터공간을 비교할 때 사용하는 함수는 무엇인가?
- 선형사상의 특징은 무엇인가?

• 선형사상을 어떻게 행렬로 나타내나?

선형 사상

≪**정의 7.1**≫ 두 벡터공간 U, V 사이에 정의된 함수 $f: U \to V$가 다음 두 조건을 만족시킬 때, f를 선형사상(linear mapping)이라고 한다.

가. $\forall u, v \in U, f(u+v) = f(u) + f(v)$

나. $\forall u \in U, \forall \lambda \in \mathbb{R}, f(\lambda u) = \lambda f(u)$

이를테면, 함수 $h: \mathbb{R}^2 \to \mathbb{R}^2$를 $h((x, y)) = (y, x)$와 같이 정의하면, h는 선형사상이다. 사실, $u = (x_1, y_1)$와 $v = (x_2, y_2)$에 대하여 다음이 성립한다.

$$u+v = (x_1 + x_2, y_1 + y_2), \ h(u) = (y_1, x_1), \ h(v) = (y_2, x_2),$$
$$h(u+v) = (y_1 + y_2, x_1 + x_2)$$

또한, $h(u) + h(v) = (y_1 + y_2, x_1 + x_2)$. 따라서 $h(u+v) = h(u) + h(v)$이다. 한편, $\lambda u = (\lambda x_1, \lambda y_1)$이므로 다음을 알 수 있다.

$$h(\lambda u) = (\lambda y_1, \lambda x_1) = \lambda(y_1, x_1) = \lambda h(u)$$

한편, 함수 $f: \mathbb{R}^2 \to \mathbb{R}^2$를 $f((x, y)) = (xy, y)$와 같이 정의하면 f는 선형사상이 아니다. 사실, $u = (1, 2)$, $v = (2, 3)$에 대하여 $u+v = (3, 5)$, $f(u+v) = (15, 5)$이다. 그러나 $f(u) = (2, 2)$이고

$f(v)=(6, 3)$이므로 $f(u)+f(v)=(8, 5)$이다.

마찬가지로, 함수 $g:\mathbb{R}\to\mathbb{R}$가 다음과 같은 경우에는 어느 함수도 선형사상이 아님을 쉽게 알 수 있다.

$$g(x)=x+1$$
$$g(x)=x^3$$
$$g(x)=\sin x$$
$$g(x)=e^x$$

> **《정리 7.2》** 함수 $g:\mathbb{R}\to\mathbb{R}$가 선형사상이기 위한 필요충분조건은 다음과 같다 : $g(x)=ax$, $a\in\mathbb{R}$. 즉, 선형사상 $g:\mathbb{R}\to\mathbb{R}$는 정비례식 뿐이다.

증명 $g(x)=ax$꼴의 함수는 분명히 선형사상이다. 이제, $g:\mathbb{R}\to\mathbb{R}$가 선형사상이라고 하고 $g(1)=a$라고 하면, 임의의 실수 x에 대하여 $g(x)=xg(1)=ax$이다. ■

★과제 7.3 다음을 참고하여라.

가. 두 군을 비교할 때에는 '군준동형사상(group-homomorphism)'이라는 개념이 사용되고, 두 환을 비교할 때에는 '환준동형사상(ring-homomorphism)'이라는 개념이 사용된다. 이상의 내용은 '추상대수학'에서 배운다.

나. 두 위상공간(topological space)을 비교할 때에는 '연속 함수(continuous function)'의 개념이 사용된다.

≪정리 7.4≫ 함수 $f: U \to V$가 선형사상이면 다음이 성립한다.

가. $f(0)=0$

나. $f(-u)=-f(u)$

증명 가. 먼저, $f(0)=f(0+0)=f(0)+f(0)$이므로 양변에 $f(0)$의 덧셈에 관한 역원을 더해주면 $-f(0)+f(0)=-f(0)+(f(0)+f(0))$이다. 따라서 $0=0+f(0)=f(0)$이다.

나. $0=u+(-u)$이므로, $0=f(0)=f(u+(-u))=f(u)+f(-u)$이다. 따라서 $f(-u)=-f(u)$이다. ■

위 증명의 '나'를 '정리 2.11 다'를 이용하여 다음과 같이 증명할 수 있다.

$$f(-u)=f((-1)u)=(-1)f(u)=-f(u)$$

이제, 선형 사상 $f: U \to V$가 주어지면 다음과 같이 두 개의 중요한 부분공간을 얻을 수 있다.

≪정리 7.5≫ 함수 $f: U \to V$가 선형사상이면 다음이 성립한다.

가. $\mathrm{Ker}\, f=\{u \in U | f(u)=0\}$은 U의 부분공간이다.

나. $\mathrm{Im} f=\{f(u) | u \in U\}$은 V의 부분공간이다.

증명 가. 먼저, $0 \in \mathrm{Ker}\, f$이므로, $\mathrm{Ker}\, f \neq \varnothing$임을 알 수 있다. 이제, u, $v \in \mathrm{Ker}\, f$라고 하자. $f(u)=0$, $f(v)=0$이므로, $f(u+v)=$

$f(u)+f(v)=0+0=0$이다. 따라서 $u+v \in \mathrm{Ker}\, f$이다. 한편, $u \in \mathrm{Ker}\, f$이고, $\lambda \in \mathbb{R}$ 라고 하면, $f(\lambda u)=\lambda f(u)=\lambda \cdot 0=0$이다. 따라서 $\lambda u \in \mathrm{Ker}\, f$이다.

나. 우선, $0 \in \mathrm{Im}\, f$이므로, $\mathrm{Im}\, f \neq \varnothing$ 임을 알 수 있다. 이제, u', $v' \in \mathrm{Im}\, f$라고 하자. 그러면 $f(u)=u'$인 $u \in U$와 $f(v)=v'$인 $v \in U$가 존재한다. 따라서 다음을 알 수 있다. $f(u+v)=f(u)+f(v)=u'+v'$. 이는 $u'+v' \in \mathrm{Im}\, f$임을 뜻한다. 한편, $\lambda \in \mathbb{R}$ 이고, $u' \in \mathrm{Im}\, f$라고 하면, $f(u)=u'$인 $u \in U$가 존재하고, $f(\lambda u)=\lambda f(u)=\lambda u'$이다. 따라서 $\lambda u' \in \mathrm{Im}\, f$이다. 결국, $\mathrm{Im}\, f$는 V의 부분공간이다. ■

위 정리에서 $\mathrm{Ker}\, f$는 선형 사상 f의 '핵(kernel)'이라고 하고, $\mathrm{Im}\, f$는 선형 사상 f의 '상(像, image)' 또는 '상(像)공간'이라고 한다. 이때, 앞에서 언급한 '상(商)공간(quotient space)'과 혼동하지 않아야 한다.

≪**정리 7.6**≫ 선형사상 $f: U \to V$가 일대일(단사)이기 위한 필요충분조건은 $\mathrm{Ker}\, f=\{0\}$ 인 것이다.

증명 먼저, $f: U \to V$가 일대일이라고 하자. $\mathrm{Ker}\, f \supset \{0\}$ 이므로 $\mathrm{Ker}\, f \subset \{0\}$ 임을 보이면 된다. 이를 위하여 $u \in \mathrm{Ker}\, f$라고 하면 다음이 성립한다 : $f(u)=0=f(0)$. f가 일대일이므로 $u=0$이다. 이제, $\mathrm{Ker}\, f=\{0\}$ 이라고 하고 $f(u)=f(v)$라고 하자. f가 선형사상이므로 $f(u-v)=0$이다. 즉, $u-v \in \mathrm{Ker}\, f$이다. $\mathrm{Ker}\, f=\{0\}$ 이므로 $u=v$이고, 이는 f가 일대일임을 뜻한다. ■

≪**정의 7.7**≫ 선형사상 $f : U \to V$가 일대일대응(전사이며 단사)일 때 선형사상 f를 동형사상(isomorphism)이라고 한다. 이 경우 두 벡터공간 U, V는 동형(isomorphic)이라고 하고, $U \simeq V$와 같이 나타낸다.

선형사상 $f : U \to V$가 전사이기 위한 필요충분조건은 $\mathrm{Im} f = V$인 것이다. 결국, 선형사상 f가 단사인 경우는 $\mathrm{Ker}\, f$이 최소인 때이고, f가 전사인 경우는 $\mathrm{Im} f$가 최대인 때이다.

***과제 7.8** 다음을 확인하여라.

선형사상 $f : U \to V$에 있어서 $\mathrm{Ker}\, f$와 $\mathrm{Im} f$의 관계를 나타내는 제1동형 정리(The 1st Isomorphism Theorem)가 있다. 이 동형 정리로부터 다음 사실을 알 수 있다. 즉, 선형 사상 $T : U \to V$에 대하여 $\dim \mathrm{Im}\, T + \dim \mathrm{Ker}\, T = \dim U$가 성립한다. 이에 관해서는 군이나 환론의 경우와 함께 '추상대수학'에서 배우게 된다.

$\mathbb{R}$을 벡터공간으로 볼 때, 중·고등학교에서 배운 많은 함수 $f : \mathbb{R} \to \mathbb{R}$들은 선형사상이 아니다. 따라서 선형사상이 많지 않은 것처럼 느껴질 수 있다.

다음 정리는 선형사상을 얻을 수 있는 구체적인 방법을 제시한다. 이 정리에 의하면 선형사상은 매우 많이 존재한다는 것을 알 수 있다.

> **≪정리 7.9≫** (보편 사상 정리, Universal Mapping Property)
> V, W가 벡터공간이고, $\{v_1, \cdots, v_n\}$는 V의 기저이고, $\{w_1, \cdots, w_n\} \subset W$라고 하자. 이때, $T(v_i)=w_i$, $i=1, \cdots, n$인 선형 사상 $T: V \rightarrow W$가 유일하게 존재한다.

[증명 밑 그림]

먼저, 함수 $T: V \rightarrow W$를 정의하고 T가 $T(v_i)=w_i$, $i=1, \cdots, n$를 만족시키는 선형사상임을 보인다. 한편, $S(v_i)=w_i$, $i=1, \cdots, n$인 선형사상 $S: V \rightarrow W$가 있다고 할 때, $T=S$임을 보인다.

증명 다음과 같이 함수 $T: V \rightarrow W$를 정의하자.

임의의 $v=\lambda_1 v_1+\cdots+\lambda_n v_n \in V$에 대하여 $T(v)=\lambda_1 w_1+\cdots+\lambda_n w_n \in W$이다.

그러면 $T(v_i)=w_i$, $i=1, \cdots, n$이다. 또, T는 선형 사상이다. 사실, 임의의 $u, v \in V$에 대하여, $u=\xi_1 v_1+\cdots+\xi_n v_n$이고, $v=\lambda_1 v_1+\cdots+\lambda_n v_n$라고 하면 다음이 성립한다.

$$u+v=(\xi_1+\lambda_1)v_1+\cdots+(\xi_n+\lambda_n)v_n,$$
$$T(u+v)=(\xi_1+\lambda_1)w_1+\cdots+(\xi_n+\lambda_n)w_n$$

그런데

$$T(u)=\xi_1 w_1+\cdots+\xi_n w_n,\ T(v)=\lambda_1 w_1+\cdots+\lambda_n w_n$$

이므로,

$$T(u)+T(v)=(\xi_1+\lambda_1)w_1+\cdots+(\xi_n+\lambda_n)w_n$$

이다. 따라서 $T(u+v)=T(u)+T(v)$이다. 이제, $\lambda \in \mathbb{R}$에 대하여,

$$\lambda u = \lambda(\xi_1 v_1 + \cdots + \xi_n v_n) = (\lambda\xi_1)v_1 + \cdots + (\lambda\xi_n)v_n$$

이므로,

$$\begin{aligned} T(\lambda u) &= (\lambda\xi_1)w_1 + \cdots + (\lambda\xi_n)w_n = \lambda(\xi_1 w_1 + \cdots + \xi_n w_n) \\ &= \lambda T(u) \end{aligned}$$

이다. 따라서 $T(\lambda u) = \lambda T(u)$이다.

한편, $S : V \to W$가 $S(v_i) = w_i$, $i = 1, \cdots, n$인 선형 사상이라고 하고, $S = T$임을 보이자. 즉, $\forall v \in V$, $S(v) = T(v)$임을 보인다. 먼저, 임의의 $v \in V$에 대하여, $v = \lambda_1 v_1 + \cdots + \lambda_n v_n$라고 하면,

$$\begin{aligned} T(v) &= \lambda_1 w_1 + \cdots + \lambda_n w_n = \lambda_1 S(v_1) + \cdots + \lambda_n S(v_n) \\ &= S(\lambda_1 v_1 + \cdots + \lambda_n v_n) \\ &= S(v) \end{aligned}$$

이다. 따라서 $T = S$이다. ■

선형 사상의 행렬 표현

여기에서는 선형 사상은 하나의 행렬로 표현된다는 사실을 알아본다.

먼저, 정리 7.2에 의하면 선형사상 $g : \mathbb{R} \to \mathbb{R}$는 $g(x) = ax$와 같은 꼴이며, a를 1×1 행렬로 볼 수 있다.

또, 다음 선형 사상을 생각하여 보자 :

$$f : \mathbb{R}^2 \to \mathbb{R}^2,\ f((x, y)) = (y, x).$$

여기서, $A=\begin{bmatrix}0 & 1\\1 & 0\end{bmatrix}$라고 하면, $f((x, y))=A\begin{bmatrix}x\\y\end{bmatrix}$임을 알 수 있다. 즉,

$$A\begin{bmatrix}x\\y\end{bmatrix}=\begin{bmatrix}0 & 1\\1 & 0\end{bmatrix}\begin{bmatrix}x\\y\end{bmatrix}=\begin{bmatrix}y\\x\end{bmatrix}=f((x, y))$$

이다.

위와 같은 사실은 정의역과 공변역의 차원이 다른 경우에도 유효하다. 다음 예를 생각하여 보자.

함수 $g:\mathbb{R}^3 \to \mathbb{R}^2$, $g((x, y, z))=(y, z)$은 선형사상이다. 여기서 $B=\begin{bmatrix}0 & 1 & 0\\0 & 0 & 1\end{bmatrix}$라고 하면, $g((x, y, z))=B\begin{bmatrix}x\\y\\z\end{bmatrix}$가 된다. 즉,

$$B\begin{bmatrix}x\\y\\z\end{bmatrix}=\begin{bmatrix}0 & 1 & 0\\0 & 0 & 1\end{bmatrix}\begin{bmatrix}x\\y\\z\end{bmatrix}=\begin{bmatrix}y\\z\end{bmatrix}=g((x, y, z))$$

이다.

이제, 선형사상이 주어지면 이에 대응하는 행렬은 어떻게 구할 수 있을까? 먼저, 벡터공간 $\mathbb{R}^n$와 표준기저에 대해서만 알아본다.

위에서 언급한 다음 선형 사상을 생각하여 보자 :

$$f:\mathbb{R}^2 \to \mathbb{R}^2,\ f((x, y))=(y, x).$$

$\mathbb{R}^2$의 표준 기저 $\{(1, 0), (0, 1)\}$에 대하여 $f((1, 0))=(0, 1)$, $f((0, 1))=(1, 0)$이다. 표준기저에 속한 각 벡터의 상을 구하고 그 벡터를 열로 가지는 행렬이 $A=\begin{bmatrix}0 & 1\\1 & 0\end{bmatrix}$이다.

함수 $g: \mathbb{R}^3 \to \mathbb{R}^2$, $g((x, y, z))=(y, z)$의 경우도 마찬가지이다. 즉, $\mathbb{R}^3$의 표준 기저 $\{(1, 0, 0), (0, 1, 0), (0, 0, 1)\}$에 대하여

$$g((1, 0, 0))=(0, 0),\ g((0, 1, 0))=(1, 0),\ g((0, 0, 1))=(0, 1)$$

이므로 구하는 행렬은 $B=\begin{bmatrix}0 & 1 & 0\\0 & 0 & 1\end{bmatrix}$이다.

일반적으로, $h: \mathbb{R}^n \to \mathbb{R}^m$을 선형사상이라고 하자. $\mathbb{R}^n$의 표준 기저 $\{(1, 0, \cdots, 0), (0, 1, 0, \cdots, 0), \cdots, (0, \cdots, 0, 1)\}$에 대하여,

$$\begin{aligned}h((1, 0, 0, \cdots, 0)) &= (a_{11}, a_{21}, \cdots, a_{m1})\\ h((0, 1, 0, \cdots, 0)) &= (a_{12}, a_{22}, \cdots, a_{m2})\\ &\vdots\\ h((0, 0, \cdots, 0, 1)) &= (a_{1n}, a_{2n}, \cdots, a_{mn})\end{aligned}$$

라고 할 때, 행렬 $C=\begin{bmatrix}a_{11} & a_{12} & \cdots & a_{1n}\\ a_{21} & a_{22} & \cdots & a_{2n}\\ \vdots & \vdots & \vdots & \vdots\\ \vdots & \vdots & \vdots & \vdots\\ a_{m1} & a_{m2} & \cdots & a_{mn}\end{bmatrix}$를 생각하면,

$$h((x_1, x_2, \cdots, x_n)) = C\begin{bmatrix} x_1 \\ x_2 \\ \vdots \\ \vdots \\ x_n \end{bmatrix} = \begin{bmatrix} a_{11} & a_{12} & \cdots & a_{1n} \\ a_{21} & a_{22} & \cdots & a_{2n} \\ \vdots & \vdots & \vdots & \vdots \\ \vdots & \vdots & \vdots & \vdots \\ a_{m1} & a_{m2} & \cdots & a_{mn} \end{bmatrix}\begin{bmatrix} x_1 \\ x_2 \\ \vdots \\ \vdots \\ x_n \end{bmatrix}$$

임을 알 수 있다.

이를 알아보기 위하여 다음을 주목하자.

$$(x_1, \cdots, x_n) = x_1(1, 0, \cdots, 0) + x_2(0, 1, \cdots, 0) + \cdots + x_n(0, 0, \cdots, 1)$$

이때,

$$\begin{aligned} & h((x_1, \cdots, x_n)) \\ & = h(x_1(1, 0, \cdots, 0) + x_2(0, 1, \cdots, 0) + \cdots + x_n(0, 0, \cdots, 1)) \\ & = x_1 h((1, 0, \cdots, 0)) + x_2 h((0, 1, \cdots, 0)) + \cdots + x_n h((0, 0, \cdots, 1)) \\ & = x_1\begin{bmatrix} a_{11} \\ \vdots \\ \vdots \\ a_{m1} \end{bmatrix} + x_2\begin{bmatrix} a_{12} \\ \vdots \\ \vdots \\ a_{m2} \end{bmatrix} + \cdots + x_n\begin{bmatrix} a_{1n} \\ \vdots \\ \vdots \\ a_{mn} \end{bmatrix} \\ & = \begin{bmatrix} a_{11} & a_{12} & \cdots & a_{1n} \\ \vdots & \vdots & \vdots & \vdots \\ \vdots & \vdots & \vdots & \vdots \\ a_{m1} & a_{m2} & \cdots & a_{mn} \end{bmatrix}\begin{bmatrix} x_1 \\ \vdots \\ \vdots \\ x_n \end{bmatrix} \end{aligned}$$

이제, 일반적인 기저에 관한 다음 정리를 증명한다.

≪**정리 7.10**≫ 선형사상 $f: \mathbb{R}^n \to \mathbb{R}^m$, $\mathbb{R}^n$의 기저 $S=\{v_1, \cdots, v_n\}$, 그리고 $\mathbb{R}^m$의 기저 $T=\{w_1, \cdots, w_m\}$가 주어졌다. 벡터 $f(v_i)$의 좌표 $[f(v_i)]_T$를 i열로 하는 행렬 $A \in Mat_{m\times n}(\mathbb{R})$라고 하면, 임의의 $v \in \mathbb{R}^n$에 대하여 $[f(v)]_T = A[v]_S$이다.

증명 $A=\begin{bmatrix} a_{11} & a_{12} & \cdots & a_{1n} \\ a_{21} & a_{22} & \cdots & a_{2n} \\ \vdots & \vdots & \vdots & \vdots \\ a_{m1} & a_{m2} & \cdots & a_{mn} \end{bmatrix}$라고 하면, 다음이 성립한다.

$$
\begin{aligned}
f(v_1) &= a_{11}w_1 + a_{21}w_2 + \cdots + a_{m1}w_m \\
f(v_2) &= a_{12}w_1 + a_{22}w_2 + \cdots + a_{m2}w_m \\
&\cdots\cdots\cdots\cdots\cdots\cdots \\
f(v_n) &= a_{1n}w_1 + a_{2n}w_2 + \cdots + a_{mn}w_m
\end{aligned}
$$

이제, $[v]_S = \begin{bmatrix} \lambda_1 \\ \lambda_2 \\ \vdots \\ \lambda_n \end{bmatrix}$이라고 하면, 다음이 성립한다.

$$
\begin{aligned}
A[v]_S = A\begin{bmatrix} \lambda_1 \\ \lambda_2 \\ \vdots \\ \lambda_n \end{bmatrix} &= \lambda_1 A\begin{bmatrix} 1 \\ 0 \\ \vdots \\ 0 \end{bmatrix} + \lambda_2 A\begin{bmatrix} 0 \\ 1 \\ \vdots \\ 0 \end{bmatrix} + \cdots + \lambda_n A\begin{bmatrix} 0 \\ 0 \\ \vdots \\ 1 \end{bmatrix} \\
&= \begin{bmatrix} \lambda_1 a_{11} + \lambda_2 a_{12} + \cdots + \lambda_n a_{1n} \\ \lambda_1 a_{21} + \lambda_2 a_{22} + \cdots + \lambda_n a_{2n} \\ \vdots \\ \lambda_1 a_{m1} + \lambda_2 a_{m2} + \cdots + \lambda_n a_{mn} \end{bmatrix}
\end{aligned}
$$

한편,

$$\begin{aligned} f(v) &= \lambda_1 f(v_1) + \lambda_2 f(v_2) + \cdots + \lambda_n f(v_n) \\ &= \lambda_1(a_{11}w_1 + a_{21}w_2 + \cdots + a_{m1}w_n) \\ &\quad + \lambda_2(a_{12}w_1 + a_{22}w_2 + \cdots + a_{m2}w_m) \\ &\quad + \cdots + \lambda_n(a_{1n}w_1 + a_{2n}w_2 + \cdots + a_{mn}w_m) \\ &= (\lambda_1 a_{11} + \lambda_2 a_{12} + \cdots + \lambda_n a_{1n})w_1 \\ &\quad + (\lambda_1 a_{21} + \lambda_2 a_{22} + \cdots + \lambda_n a_{2n})w_2 \\ &\quad + \cdots + (\lambda_1 a_{m1} + \lambda_2 a_{m2} + \cdots + \lambda_n a_{mn})w_m \end{aligned}$$

이므로

$$[f(v)]_T = \begin{bmatrix} \lambda_1 a_{11} + \lambda_2 a_{12} + \cdots + \lambda_n a_{1n} \\ \lambda_1 a_{21} + \lambda_2 a_{22} + \cdots + \lambda_n a_{2n} \\ \vdots \\ \lambda_1 a_{m1} + \lambda_2 a_{m2} + \cdots + \lambda_n a_{mn} \end{bmatrix}$$

이다. 따라서 $[f(v)]_T = A[v]_S$이다. ■

위 정리에서 행렬 A를 '기저 S와 T에 관한 f의 표현(representation of f with respect to S and T)'이라고 한다.

한 예를 들어보자.

함수 $f: \mathbb{R}^2 \to \mathbb{R}^3$가 $f(x, y) = (x+y, x-y, 2x)$와 같이 정의되면 f는 선형사상이다. 이제, $\mathbb{R}^2$의 기저로서 $S = \{v_1, v_2\} = \{(1, 1), (1, -1)\}$을 택하고 $\mathbb{R}^3$의 기저로서 $T = \{w_1, w_2, w_3\} = \{(1, 0, 1), (1, 1, 0), (0, 1, 1)\}$을 택하면 다음을 알 수 있다.

$$f(v_1)=f(1,\ 1)=(2,\ 0,\ 2)=2w_1+0w_2+0w_3,$$
$$f(v_2)=f(1,\ -1)=(0,\ 2,\ 2)=0w_1+0w_2+2w_3$$

따라서 $A=\begin{bmatrix}2 & 0\\0 & 0\\0 & 2\end{bmatrix}$라고 하면 다음을 확인할 수 있다.

$$\begin{aligned}(x,\ y) &= x(1,\ 0)+y(0,\ 1)\\ &=x\left(\frac{v_1+v_2}{2}\right)+y\left(\frac{v_1-v_2}{2}\right)\\ &=\left(\frac{x+y}{2}\right)v_1+\left(\frac{x-y}{2}\right)v_2\end{aligned}$$

$$A\begin{bmatrix}\dfrac{x+y}{2}\\ \dfrac{x-y}{2}\end{bmatrix}=\begin{bmatrix}2 & 0\\0 & 0\\0 & 2\end{bmatrix}\begin{bmatrix}\dfrac{x+y}{2}\\ \dfrac{x-y}{2}\end{bmatrix}=\begin{bmatrix}x+y\\0\\x-y\end{bmatrix}$$

$$(x+y)(1,\ 0,\ 1)+0(1,\ 1,\ 0)+(x-y)(0,\ 1,\ 1)$$
$$=(x+y,\ x-y,\ 2x)$$

즉, A는 기저 S와 T에 관한 f의 표현이다.

주어진 선형사상을 행렬로 표현할 때, 벡터공간의 기저를 다른 것으로 택하면 행렬이 달라진다. 다른 기저에 의한 행렬 상호간의 관계에 관하여 알아보자.

먼저, $\mathbb{R}^n$의 기저 $S=\{v_1,\ \cdots,\ v_n\}$가 주어졌을 때, 벡터 $v\in\mathbb{R}^n$에 대하여 $[v]_S$는 기저 S에 관한 v의 좌표를 나타낸다(정의 6.18).

≪**정의 7.11**≫ $\mathbb{R}^n$의 두 기저 $S=\{v_1, \cdots, v_n\}$와 $S'=\{v'_1, \cdots, v'_n\}$가 주어졌을 때, $[v_i]_{S'}$를 i열로 하는 행렬 $P \in Mat_{n\times n}(\mathbb{R})$를 S 기저에서 S' 기저로의 추이행렬(transition matrix)이라고 한다.

이제, 서로 다른 기저에 관한 좌표 사이의 관계는 다음과 같다.

≪**정리 7.12**≫ $\mathbb{R}^n$의 두 기저 $S=\{v_1, \cdots, v_n\}$와 $S'=\{v'_1, \cdots, v'_n\}$가 주어졌고, S 기저에서 S' 기저로의 추이행렬을 P라고 하면, 임의의 벡터 $v \in \mathbb{R}^n$에 대하여 $[v]_{S'}=P[v]_S$이다.

증명 $P=\begin{bmatrix} a_{11} & a_{12} & \cdots & a_{1n} \\ a_{21} & a_{22} & \cdots & a_{2n} \\ \vdots & \vdots & \vdots & \vdots \\ \vdots & \vdots & \vdots & \vdots \\ a_{n1} & a_{n2} & \cdots & a_{nn} \end{bmatrix}$라고 하면, 다음이 성립한다.

$$\begin{aligned} v_1 &= a_{11}v'_1 + a_{21}v'_2 + \cdots + a_{n1}v'_n \\ v_2 &= a_{12}v'_1 + a_{22}v'_2 + \cdots + a_{n2}v'_n \\ &\cdots\cdots\cdots\cdots\cdots\cdots\cdots\cdots \\ v_n &= a_{1n}v'_1 + a_{2n}v'_2 + \cdots + a_{nn}v'_n \end{aligned}$$

이제, $[v]_S=\begin{bmatrix} \lambda_1 \\ \lambda_2 \\ \vdots \\ \vdots \\ \lambda_n \end{bmatrix}$이라고 하면, 다음이 성립한다.

$$P[v]_S = P\begin{bmatrix}\lambda_1\\ \lambda_2\\ \vdots\\ \vdots\\ \lambda_n\end{bmatrix} = \lambda_1 P\begin{bmatrix}1\\0\\ \vdots\\ \vdots\\ 0\end{bmatrix} + \lambda_2 P\begin{bmatrix}0\\1\\ \vdots\\ \vdots\\ 0\end{bmatrix} + \cdots + \lambda_n P\begin{bmatrix}0\\0\\ \vdots\\ \vdots\\ 1\end{bmatrix}$$

$$= \begin{bmatrix}\lambda_1 a_{11} + \lambda_2 a_{12} + \cdots + \lambda_n a_{1n}\\ \lambda_1 a_{21} + \lambda_2 a_{22} + \cdots + \lambda_n a_{2n}\\ \vdots\\ \vdots\\ \lambda_1 a_{n1} + \lambda_2 a_{n2} + \cdots + \lambda_n a_{nn}\end{bmatrix}$$

한편,

$$\begin{aligned} v &= \lambda_1 v_1 + \lambda_2 v_2 + \cdots + \lambda_n v_n \\ &= \lambda_1 (a_{11} v'_1 + a_{21} v'_2 + \cdots + a_{n1} v'_n) \\ &\quad + \lambda_2 (a_{12} v'_1 + a_{22} v'_2 + \cdots + a_{n2} v'_n) \\ &\quad + \cdots + \lambda_n (a_{1n} v'_1 + a_{2n} v'_2 + \cdots + a_{nn} v'_n) \\ &= (\lambda_1 a_{11} + \lambda_2 a_{12} + \cdots + \lambda_n a_{1n}) v'_1 \\ &\quad + (\lambda_1 a_{21} + \lambda_2 a_{22} + \cdots + \lambda_n a_{2n}) v'_2 \\ &\quad + \cdots + (\lambda_1 a_{n1} + \lambda_2 a_{n2} + \cdots + \lambda_n a_{nn}) v'_n \end{aligned}$$

이므로

$$[v]_{S'} = \begin{bmatrix}\lambda_1 a_{11} + \lambda_2 a_{12} + \cdots + \lambda_n a_{1n}\\ \lambda_1 a_{21} + \lambda_2 a_{22} + \cdots + \lambda_n a_{2n}\\ \vdots\\ \vdots\\ \lambda_1 a_{n1} + \lambda_2 a_{n2} + \cdots + \lambda_n a_{nn}\end{bmatrix}$$

따라서 $[v]_{S'} = P[v]_S$ 이다. ■

S 기저에서 S' 기저로의 추이행렬 P에 대하여 $P[v]_S = 0 = [v]_{S'}$ 라고 하면 $v=0$ 즉, $[v]_S = 0$이다. 결국, 일차연립방정식 $PX=0$은 자명한 해만 가진다. 따라서 P는 정칙행렬이다.

과제 7.13 S 기저에서 S' 기저로의 추이행렬 P라고 하면, S' 기저에서 S 기저로의 추이행렬은 P^{-1}임을 설명하여라.

≪정리 7.14≫ 선형사상 $f : \mathbb{R}^n \to \mathbb{R}^m$, $\mathbb{R}^n$의 기저 $S=\{v_1, \cdots, v_n\}$와 $S'=\{v'_1, \cdots, v'_n\}$, 그리고 $\mathbb{R}^m$의 기저 $T=\{w_1, \cdots, w_m\}$와 $T'=\{w'_1, \cdots, w'_m\}$가 주어졌다. S 기저에서 S' 기저로의 추이행렬을 P, T 기저에서 T' 기저로의 추이행렬을 Q라고 하고, 기저 S와 T에 관한 f의 표현을 A라고 하면 기저 S'와 T'에 관한 f의 표현은 QAP^{-1}이다.

증명 먼저, $[f(v)]_T = Q^{-1}[f(v)]_{T'}$이고 $[v]_S = P^{-1}[v]_{S'}$임을 알 수 있다. 이제, $[f(v)]_T = A[v]_S$이므로 $Q^{-1}[f(v)]_{T'} = AP^{-1}[v]_{S'}$, 즉 $[f(v)]_{T'} = QAP^{-1}[v]_{S'}$이다. 따라서 S'와 T'에 관한 f의 표현은 QAP^{-1}이다. ■

행렬에 의한 선형 사상

하나의 선형사상이 하나의 행렬을 결정하듯이, 행렬은 하나의 선형 사상을 결정함을 살펴보자.

먼저, $A \in Mat_{m\times n}(\mathbb{R})$라고 할 때, 함수 $f : \mathbb{R}^n \to \mathbb{R}^m$를 다음과 같이 정의하자.

$$f((x_1, \cdots, x_n)) = A\begin{bmatrix} x_1 \\ \vdots \\ \vdots \\ x_n \end{bmatrix}$$

이때, 함수 f는 선형사상이다. 실제로, $x=(x_1, \cdots, x_n)$, $y=(y_1, \cdots, y_n)$라고 하면,

$$f(x+y) = A\begin{bmatrix} x_1+y_1 \\ \vdots \\ \vdots \\ x_n+y_n \end{bmatrix} = A\begin{bmatrix} x_1 \\ \vdots \\ \vdots \\ x_n \end{bmatrix} + A\begin{bmatrix} y_1 \\ \vdots \\ \vdots \\ y_n \end{bmatrix} = f(x)+f(y)$$

한편, $x=(x_1, \cdots, x_n)$, $\lambda \in \mathbb{R}$에 대하여 다음이 성립한다.

$$f(\lambda x) = \begin{bmatrix} \lambda x_1 \\ \vdots \\ \vdots \\ \lambda x_n \end{bmatrix} = \lambda A\begin{bmatrix} x_1 \\ \vdots \\ \vdots \\ x_n \end{bmatrix} = \lambda \cdot f(x)$$

★과제 7.15 두 벡터 공간 $\mathbb{R}^n$, $\mathbb{R}^m$ 사이의 선형사상 전체의 집합과 $Mat_{m\times n}(\mathbb{R})$ 사이에는 밀접한 관계가 있다. 다음 절차에 따라 두 집합은 동형인 벡터공간임을 보여라.

(1) $Hom_{\mathbb{R}}(\mathbb{R}^n, \mathbb{R}^m) = \{f \mid f : \mathbb{R}^n \to \mathbb{R}^m$는 선형사상$\}$라고 하고 이 집합에 덧셈과 스칼라배를 정의하고, 그 덧셈과 스칼라배에 의하여 $Hom_{\mathbb{R}}(\mathbb{R}^n, \mathbb{R}^m)$가 벡터공간임을 보여라.

(2) 두 벡터공간 $Hom_{\mathbb{R}}(\mathbb{R}^n, \mathbb{R}^m)$과 $Mat_{m\times n}(\mathbb{R})$는 동형임을 보여라.

(3) 벡터공간 $Hom_{\mathbb{R}}(\mathbb{R}^n, \mathbb{R}^m)$에서 $m=n$인 경우에는 선형사상의 합성이 잘 정의되어 덧셈과 곱셈(합성) $\circ$에 관하여 환(ring)의 구조를 가짐을 보여라. 더 나아가, 임의의 두 선형사상 $f, g\in Hom_{\mathbb{R}}(\mathbb{R}^n, \mathbb{R}^n)$와 임의의 스칼라 $\lambda\in\mathbb{R}$에 대하여 $\lambda(f\circ g)=(\lambda f)\circ g=f\circ(\lambda g)$이다. 사실, 이러한 의미에서 $Hom_{\mathbb{R}}(\mathbb{R}^n, \mathbb{R}^n)$은 다원환(algebra)이다.

(4) 세 벡터공간 V, W, U에 대하여 $T: V\to W$, $S: W\to U$가 선형 사상일 때, 한수 $S\circ T: V\to U$, $(S\circ T)(v)=S(T(v))$는 V에서 U로의 선형사상임을 보여라.

(5) 벡터공간 $Mat_{m\times n}(\mathbb{R})$에서 $m=n$인 경우에는 행렬의 곱셈이 잘 정의되이 덧셈과 곱셈에 관하여 환의 구조를 가짐을 보여라. 더 나아가, 임의의 두 행렬 $A, B\in Mat_n(\mathbb{R})$와 임의의 스칼라 $\lambda\in\mathbb{R}$에 대하여 $\lambda(AB)=(\lambda A)B=A(\lambda B)$이다. 이러한 의미에서 $Mat_n(\mathbb{R})$는 다원환이다.

(6) 위 (2)에서 두 벡터공간이 동형임을 보이기 위해 구성한 동형사상이 환동형사상이 됨을 보여라. 결국, $Hom_{\mathbb{R}}(\mathbb{R}^n, \mathbb{R}^n)$과 $Mat_n(\mathbb{R})$는 다원환으로서 동형이다.

위 과제에서 두 벡터공간 $Hom_{\mathbb{R}}(\mathbb{R}^n, \mathbb{R}^m)$과 $Mat_{m\times n}(\mathbb{R})$가 동형이라는 사실을 '선형대수학의 기본정리'라고 부르기도 한다.

한편, 위 사실은 $Hom_{\mathbb{R}}(\mathbb{R}^n, \mathbb{R}^m)$에서 뿐만이 아니라 일반적인 n차원 벡터공간 U와 m차원 벡터공간 V에 대해서도 성립한다. 여기서, U에서 V로의 선형사상 전체로 이루어지는 벡터공간의 차원은 (U의 차원)×(V의 차원)임을 주목할 필요가 있다.

계급수(2)

제Ⅲ장에서는 행렬 A를 (기약)행사다리꼴로 나타냈을 때 0이 아닌 성분이 있는 행의 개수를 'A의 계급수'라고 정의하였다. 여기에서는 계급수에 대하여 좀 더 자세히 살핀다.

행렬 $A=\begin{bmatrix} a_{11} & \cdots & a_{1n} \\ \vdots & & \vdots \\ a_{n1} & \cdots & a_{nn} \end{bmatrix} \in Mat_n(\mathbb{R})$의 행 전체로 생성되는 공간을 행공간(row space)이라고 하고, 이 행공간의 차원을 행계급수(row rank)라고 하자.

예를 들어, $\begin{bmatrix} 0 & 1 & 1 \\ 0 & 0 & 0 \\ 0 & 0 & 0 \end{bmatrix}$의 행계급수는 1, $\begin{bmatrix} 1 & 0 & 0 \\ 0 & 1 & 0 \\ 0 & 0 & 0 \end{bmatrix}$의 행계급수는 2, 그리고 $\begin{bmatrix} 1 & 0 & 2 \\ 0 & 1 & 1 \\ 0 & 0 & 1 \end{bmatrix}$의 행계급수는 3이다.

과제 7.16 다음 사실을 설명하여라.

A의 행공간은 기본 행 변환에 의하여 불변이다. 따라서 주어진 행렬에 대하여 제Ⅲ장에서 정의한 계급수는 바로 행계급수이다.

마찬가지로, A의 열공간(column space)을 생각할 수 있고, A의 열공간은 기본 열 변환에 의하여 불변이다. 이 열공간의 차원을 열계급수(column rank)라고 할 때, 열계급수는 A를 (기약)열사다리꼴로 나타냈을 때 0이 아닌 성분이 있는 열의 개수이다.

다음이 성립한다.

≪정리 7.17≫ 행렬 A의 행계급수와 열계급수는 같다.

증명 $A = \begin{bmatrix} a_{11} & a_{12} & \cdots & a_{1n} \\ a_{21} & a_{22} & \cdots & a_{2n} \\ \vdots & \vdots & & \vdots \\ a_{n1} & a_{n2} & \cdots & a_{nn} \end{bmatrix}$의 i-행을 $A_i = (a_{i1}, a_{i2}, \cdots, a_{in})$, j-열을 $A^j = \begin{bmatrix} a_{1j} \\ a_{2j} \\ \vdots \\ a_{nj} \end{bmatrix}$라고 나타내자. A의 행계급수를 m라고 하고, 행공간의 한 기저를

$$U_1 = (u_{11}, u_{12}, \cdots, u_{1n})$$
$$U_2 = (u_{21}, u_{22}, \cdots, u_{2n})$$
$$\cdots$$
$$U_m = (u_{m1}, u_{m2}, \cdots, u_{mn})$$

라고 하면, 각각의 A_i는 U_i들의 일차결합이다. 즉,

$$
\begin{aligned}
A_1 &= k_{11}U_1 + k_{12}U_2 + \cdots + k_{1m}U_m \\
A_2 &= k_{21}U_1 + k_{22}U_2 + \cdots + k_{2m}U_m \\
&\cdots \\
A_n &= k_{n1}U_1 + k_{n2}U_2 + \cdots + k_{nm}U_m
\end{aligned}
$$

이로부터 다음을 얻을 수 있다.

$$
\begin{aligned}
a_{1j} &= k_{11}u_{1j} + k_{12}u_{2j} + \cdots + k_{1m}u_{mj} \\
a_{2j} &= k_{21}u_{1j} + k_{22}u_{2j} + \cdots + k_{2m}u_{mj} \\
&\cdots \\
a_{nj} &= k_{n1}u_{1j} + k_{n2}u_{2j} + \cdots + k_{nm}u_{mj}
\end{aligned}
$$

즉,

$$
A^j = \begin{bmatrix} a_{1j} \\ a_{2j} \\ \vdots \\ a_{nj} \end{bmatrix} = u_{1j}\begin{bmatrix} k_{11} \\ k_{21} \\ \vdots \\ k_{n1} \end{bmatrix} + u_{2j}\begin{bmatrix} k_{12} \\ k_{22} \\ \vdots \\ k_{n2} \end{bmatrix} + \cdots + u_{mj}\begin{bmatrix} k_{1m} \\ k_{2m} \\ \vdots \\ k_{nm} \end{bmatrix}
$$

이다. A의 모든 열 A^j는 m개의 벡터로 생성되므로

$$(A\text{의 열계급수}) \le (A\text{의 행계급수})$$

이다. 같은 방법으로

$$(A\text{의 행계급수}) \le (A\text{의 열계급수})$$

임을 보일 수 있다. 따라서

$$(A\text{의 열계급수}) = (A\text{의 행계급수})$$

이다. ■

임의의 행렬 $A \in Mat_n(\mathbb{R})$에 대하여 A의 행계급수(=열계급수)를 A의 계급수라고 한다.

⋆과제 7.18 조영수·강주호·신현용(2005)[14]을 참고하여, 위 정리는 정사각행렬뿐만이 아니라 모든 행렬 $A \in Mat_{m\times n}(\mathbb{R})$에 대해서도 성립한다는 것을 확인하여라.

제Ⅲ장에서 동차연립방정식의 해에 관하여 살펴보았다. 여기서, 다음 동차연립방정식의 해에 관하여 좀 더 생각한다.

$$\begin{cases} a_{11}x_1 + a_{12}x_2 + \cdots + a_{1n}x_n = 0 \\ a_{21}x_1 + a_{22}x_2 + \cdots + a_{2n}x_n = 0 \\ \cdots\cdots\cdots\cdots\cdots\cdots\cdots\cdots\cdots\cdots\cdots \\ a_{m1}x_1 + a_{m2}x_2 + \cdots + a_{mn}x_n = 0 \end{cases}$$

위 동차연립방정식의 해공간을 W라고 할 때, 다음이 성립한다. 여기서 A는 위 연립방정식의 계수 행렬이다.

≪**정리 7.19**≫ $A \in Mat_{m\times n}(\mathbb{R})$에 대응하는 선형 사상을 $L_A : \mathbb{R}^n \to \mathbb{R}^m$이라고 하면, $\dim \mathrm{Im}\, L_A = rank\, A$이고 $\mathrm{Ker}\, L_A = W$이며 $\dim W + rank\, A = n$이다.

[증명 및 그림]

다음 사실에 주목한다.

• 두 행렬 A, B가 행(열)동치이면 $rank\, A = rank\, B$이다.

---

14) 이 책에서는 '계급수'를 '계수'라고 한다.

• 행렬 A를 (기약)행사리꼴 행렬로 변환시켰을 때, 영벡터가 아닌 행의 개수가 $rank\ A$이다.

증명 임의의 $X \in \mathbb{R}^n$에 대하여 $L_A(X) = AX$이고 $\mathrm{Im}\, L_A = \{AX \mid X \in \mathbb{R}^n\}$이므로 $rank\ A = k \leq n$이라고 하면 $\mathrm{Im}\, L_A$는 일차독립인 k개의 (열)벡터의 일차결합 전체의 집합이다. 따라서 $\dim \mathrm{Im}\, L_A = k = rank\ A$이다. 한편, $\mathrm{Ker}\ L_A = \{X \in \mathbb{R}^n \mid L_A(X) = 0\} = \{X \in \mathbb{R}^n \mid AX = 0\}$ 이므로 $\mathrm{Ker}\ L_A = W$이다. 이제, $rank\ A = k$일 때, 제Ⅲ장의 논의에 의하면,

$$\begin{cases} a_{11}x_1 + a_{12}x_2 + \cdots + a_{1n}x_n = 0 \\ a_{21}x_1 + a_{22}x_2 + \cdots + a_{2n}x_n = 0 \\ \cdots\cdots\cdots\cdots\cdots\cdots\cdots\cdots \\ a_{n1}x_1 + a_{n2}x_2 + \cdots + a_{nn}x_n = 0 \end{cases}$$

의 해는 임의의 실수 $\lambda_{k+1}, \cdots, \lambda_n$에 대하여 다음과 같이 주어진다.

$$\begin{bmatrix} x_{k_1} \\ \vdots \\ \vdots \\ x_{k_n} \end{bmatrix} = \begin{bmatrix} -c_{1(k+1)}\lambda_{k+1} - \cdots - c_{1n}\lambda_n \\ -c_{2(k+1)}\lambda_{k+1} - \cdots - c_{2n}\lambda_n \\ \vdots \\ -c_{k(k+1)}\lambda_{k+1} - \cdots - c_{kn}\lambda_n \\ \lambda_{k+1} \\ \vdots \\ \lambda_n \end{bmatrix}$$

여기서, 미지수의 위치가 바뀌어, 원래의 미지수벡터 $\begin{bmatrix} x_1 \\ \vdots \\ \vdots \\ x_n \end{bmatrix}$는 $\begin{bmatrix} x_{k_1} \\ \vdots \\ \vdots \\ x_{k_n} \end{bmatrix}$로 변환되었음에 주목하여야 한다. 이제,

$$\begin{bmatrix} x_{k_1} \\ \vdots \\ \vdots \\ x_{k_n} \end{bmatrix} = \lambda_{k+1} \begin{bmatrix} -c_{1(k+1)} \\ -c_{2(k+1)} \\ \vdots \\ -c_{k(k+1)} \\ 1 \\ 0 \\ 0 \\ \vdots \\ 0 \end{bmatrix} + \lambda_{k+2} \begin{bmatrix} -c_{1(m+2)} \\ -c_{2(k+2)} \\ \vdots \\ -c_{k(k+2)} \\ 0 \\ 1 \\ 0 \\ \vdots \\ 0 \end{bmatrix} + \cdots + \lambda_n \begin{bmatrix} -c_{1n} \\ -c_{2n} \\ \vdots \\ -c_{kn} \\ 0 \\ 0 \\ \vdots \\ 0 \\ 1 \end{bmatrix}$$

이고,

$$\left\{ \lambda_{k+1} \begin{bmatrix} -c_{1(k+1)} \\ -c_{2(k+1)} \\ \vdots \\ -c_{k(k+1)} \\ 1 \\ 0 \\ 0 \\ \vdots \\ 0 \end{bmatrix}, \lambda_{k+2} \begin{bmatrix} -c_{1(k+2)} \\ -c_{2(k+2)} \\ \vdots \\ -c_{k(k+2)} \\ 0 \\ 1 \\ 0 \\ \vdots \\ 0 \end{bmatrix}, \cdots, \lambda_n \begin{bmatrix} -c_{1n} \\ -c_{2n} \\ \vdots \\ -c_{kn} \\ 0 \\ 0 \\ \vdots \\ 0 \\ 1 \end{bmatrix} \right\}$$

는 일차독립이므로 $\dim W = n - m = n - rank\ A$이다.[15) ■

★과제 7.20 정리 6.39와 과제 7.8을 이용하여 정리 7.19를 설명하여라.

15) $\dim W$를 A의 퇴화차수(nullity)라고 한다.

뒷 이야기

1. 함수 $R : \mathbb{R}^2 \to \mathbb{R}^2$은 벡터공간 $\mathbb{R}^2$에 정의되는 선형사상이라고 하자. 이제, $\mathbb{R}^2$의 표준기저 $\{(1, 0), (0, 1)\}$에 대하여 다음이 성립한다고 하자.

$$R((1, 0)) = (\cos\theta, \sin\theta), \ R((0, 1)) = (-\sin\theta, \cos\theta)$$

선형사상 $R : \mathbb{R}^2 \to \mathbb{R}^2$는 $\mathbb{R}^2$에서의 회전임을 설명하여라.

2. 다음을 증명하여라.
$f : U \to V$가 선형사상이고 $\{u_1, \cdots, u_n\}$이 U를 생성하면 $\{f(u_1), \cdots, f(u_n)\}$는 $\mathrm{Im} f$를 생성한다. $\{u_1, \cdots, u_n\}$이 일차독립이라고 하더라도 $\{f(u_1), \cdots, f(u_n)\}$은 일차독립이라고 할 수 없지만 f가 일대일이면 $\{f(u_1), \cdots, f(u_n)\}$은 일차독립이다.

*3. 추상대수학의 군론(group theory)에 다음과 같은 정리가 있다.

> 제1동형정리(the 1st isomorphism theorem)
> 두 군 G, H와 준동형사상 $f : G \to H$에 대하여, $G/\mathrm{Ker}\, f$는 $\mathrm{Im} f$와 동형이다.

여기서, $G/\mathrm{Ker} f$는 상군(quotient group)이다. 따라서 G가 유한군인 경우에는 등식 $|G| = |\mathrm{Ker}\, f||\mathrm{Im} f|$가 성립한다. 이 사실을 정리 7.19와 비교하여 보아라.

VIII

고유치

지난 줄거리

1. 다음 용어를 모두 사용하여 작문하여라.

   선형사상, 핵(kernel), 상(image), 선형사상을 행렬로, 행렬은 선형사상을

2. 다음 선형사상을 나타내는 행렬을 구하여라. 단, 표준 기저를 사용하여라.

$$f : \mathbb{R}^2 \to \mathbb{R}^2,\ f((x, y)) = (-y, -x)$$

3. 선형사상 $f : U \to V$가 일대일이기 위한 필요충분조건은 $\mathrm{Ker}\, f = \{0\}$ 임을 증명하여라.

4. 다음 물음에 답하여라.

   가. 다음 조건을 만족시키는 선형사상을 구하여라.

   (1) $f : \mathbb{R}^2 \to \mathbb{R}^2$

   (2) $f((1, 1)) = (1, 0)$이고 $f((1, 2)) = (1, 1)$이다.

나. 위에서 구한 선형사상 f에 대하여 다음을 계산하여라.

$$f((0,\ 0)),\ f((2,\ 3)),\ f((3,\ 3))$$

이번 줄거리

1. 대각행렬의 유용성을 이해한다.

2. 고유치, 고유벡터, 그리고 트레이스의 유용성을 인식한다.

3. 고유치와 고유벡터를 미분방정식이나 이차형식에 활용할 수 있다.

여는 이야기

정사각행렬의 성질을 결정하는 여러 가지를 생각할 수 있다. 외형적으로는 차수가 두드러지지만 주어진 행렬의 수학적 특징을 결정하는 것은 차수와 같은 외형적인 요인이 아니라 정칙성(행렬식)이나 계급수 등과 같은 내적인 정보들이다.

이 장에서는 정사각행렬의 특징을 결정하는 또 다른 중요한 정보에 대하여 알아본다.

이 장에서 논의하는 구체적인 문제는 다음과 같다.

- 행렬의 '고유치(eigenvalue)'는 어떤 의미에서 '고유'한가? 그 값은 어떤 의미에서 '특성(characteristic)'인가?
- 주어진 행렬의 고유치와 고유벡터는 어떻게 구하는가?
- 주어진 행렬의 트레이스는 무엇이며, 트레이스는 어떠한 특징이 있는가?
- 행렬의 특성다항식은 어떠한 면에서 '특성(characteristic)'인가?
- 고유치와 고유벡터는 어떻게 활용될 수 있는가?

고유치

행렬의 성격을 규정하는 것으로서 행렬의 행렬식 또는 계급수 등을 들 수 있다. 그런데 또 하나의 중요한 정보로서 행렬의 고유치를 생각할 수 있다. 고유치는 고유벡터와 함께 대각화가능성 문제, 미분방정식의 해법 등 수학의 여러 분야에 중요한 역할을 한다.

$A \in Mat_n(\mathbb{R})$이고 $\lambda \in \mathbb{R}$일 때, $AX = \lambda X$를 만족시키는 영벡터가 아닌 $X \in \mathbb{R}^n$가 존재할 경우 $\lambda \in \mathbb{R}$를 A의 고유치라고 한다.

이 책에서는 실수 스칼라만을 주로 생각하기 때문에, 특별한 언급이 없는 한 모든 고유치는 실수이다.

이제, λ가 A의 고유치라고 하면, $AX=\lambda X$, 즉 $AX-\lambda X=0$이므로 $(A-\lambda I)X=0$이다. 이 연립방정식이 자명하지 않은 해를 가지므로 $|A-\lambda I|=0$, 즉 $|\lambda I-A|=0$이다. 이때, $f(\lambda)=|\lambda I-A|$를 행렬 A의 고유(특성)다항식이라고 하고,[16] 방정식 $f(\lambda)=|\lambda I-A|=0$을 행렬 A의 고유(특성)방정식이라고 한다. 또, $f(\lambda)=0$을 만족시키는 $\lambda\in\mathbb{R}$, 즉 고유방정식의 실근이 A의 고유치이다.

행렬 A와 A의 전치행렬 A^T의 고유다항식은 같다. 실제로, 다음을 알 수 있다.

$$|\lambda I-A^T|=|(\lambda I-A)^T|=|\lambda I-A|$$

따라서 A와 A^T는 같은 고유치를 가진다.

과제 8.1 행렬의 고유(특성)방정식과 미분방정식에서의 특성방정식과의 관계를 알아보아라.

고유벡터

행렬 A의 고유치 λ에 대하여 $AX=\lambda X$를 만족시키는 영벡터가 아닌 벡터 X를 고유치 λ에 관한 고유벡터(eigenvector)라고 한다. 고유벡터는 영벡터가 아님에 유의할 필요가 있다.

고유치와 고유벡터의 한 예를 들어보자.

---

16) 책에 따라서 $|A-\lambda I|$을 고유다항식이라고 하는 경우도 있지만, 이 책에서는 편의상 $|\lambda I-A|$을 고유다항식으로 한다.

$A=\begin{bmatrix}0&1&0\\0&0&1\\6&-11&6\end{bmatrix}$일 때,

$$f(\lambda)=\begin{vmatrix}\lambda&-1&0\\0&\lambda&-1\\-6&11&\lambda-6\end{vmatrix}=\lambda^2(\lambda-6)-6+11\lambda$$
$$=\lambda^3-6\lambda^2+11\lambda-6$$
$$=(\lambda-1)(\lambda-2)(\lambda-3)$$

이다. 따라서 고유치는 1, 2, 3이다.

이제, 고유치 $\lambda=1$일 때, 고유벡터를 구해보자.

먼서, $\begin{bmatrix}1&-1&0\\0&1&-1\\-6&11&-5\end{bmatrix}\begin{bmatrix}x\\y\\z\end{bmatrix}=\begin{bmatrix}0\\0\\0\end{bmatrix}$이면, $x=y=z$임을 알 수 있다. 따라서 $[x, y, z]=\xi[1, 1, 1]$, $\xi\neq0$이다. 즉, $[1, 1, 1]$은 $\lambda=1$에 대한 하나의 고유베터이디. 같은 방법으로 고유치 $\lambda=2$에 대한 고유벡터는 $[x, y, z]=\xi[1, 2, 4]$, $\xi\neq0$이므로 $[1, 2, 4]$는 $\lambda=2$에 대한 하나의 고유벡터이다. 또, 고유치 $\lambda=3$에 대한 고유벡터는 $[x, y, z]=\xi[1, 3, 9]$, $\xi\neq0$이므로 $[1, 3, 9]$는 $\lambda=3$에 대한 하나의 고유벡터이다.

과제 8.2 다음을 설명하여라.

행렬 A의 고유치 λ와 이에 관한 고유벡터 X에 대하여

$$(a_0I+a_1A+a_2A^2+\cdots+a_nA^n)(X)=(a_0+a_1\lambda+a_2\lambda^2+\cdots+a_n\lambda^n)(X)$$

임을 알 수 있다. 따라서 행렬 $a_0I+a_1A+a_2A^2+\cdots+a_nA^n$은 고

유벡터 X에 대하여 고유치 $a_0+a_1\lambda+a_2\lambda^2+\cdots+a_n\lambda^n$를 가진다.

행렬 A의 한 고유치 λ에 대하여 집합 $\{X|AX=\lambda X\}$을 생각할 수 있다.

과제 8.3 행렬 A의 한 고유치 λ에 대한 $\{X|AX=\lambda X\}$는 벡터 공간임을 증명하여라.

≪정의 8.4≫ λ를 A의 고유치라고 하면 다음과 같이 정의되는 집합

$$E_\lambda=\{X\in R^n|AX=\lambda X\}\leq\mathbb{R}^n$$

를 λ에 관한 A의 고유공간(eigenspace)이라고 한다.

고유치 λ에 관한 고유공간 E_λ는 λ에 관한 고유벡터 전체의 집합과 동일하지 않다. 사실, E_λ는 λ에 관한 고유벡터 모두와 영벡터로 이루어진다.

서로 다른 고유치에 대응하는 고유벡터들의 집합은 일차독립이다.

《정리 8.5》 $\lambda_1, \lambda_2, \cdots, \lambda_n$가 행렬 A의 서로 다른 고유치이고, $v_1, v_2, \cdots, v_n$를 각각 $\lambda_1, \lambda_2, \cdots, \lambda_n$에 대응하는 고유벡터라고 하면, $\{v_1, v_2, \cdots, v_n\}$은 일차독립이다.

증명 n에 대하여 수학적 귀납법으로 증명하자. 먼저 $v_1 \neq 0$이므로 $\{v_1\}$은 일차독립이다. 이제, $\{v_1, v_2, \cdots, v_r\}$ $(2 \leq r < n)$가 일차독립이라고 가정하고 $\{v_1, v_2, \cdots, v_r, v_{r+1}\}$이 일차독립임을 보이자.

$$a_1v_1 + a_2v_2 + \cdots + a_rv_r + a_{r+1}v_{r+1} = 0 \qquad \cdots ①$$

이라고 하면 다음을 알 수 있다.

$$\begin{aligned} 0 &= A(a_1v_1 + a_2v_2 + \cdots + a_rv_r + a_{r+1}v_{r+1}) \\ &= a_1Av_1 + a_2Av_2 + \cdots + a_rAv_r + a_{r+1}Av_{r+1} \\ &= a_1\lambda_1v_1 + a_2\lambda_2v_2 + \cdots + a_r\lambda_rv_r + a_{r+1}\lambda_{r+1}v_{r+1} \qquad \cdots ② \end{aligned}$$

그런데 ①의 양변에 스칼라 λ_{r+1}배를 하면,

$$a_1\lambda_{r+1}v_1 + a_2\lambda_{r+1}v_2 + \cdots + a_r\lambda_{r+1}v_r + a_{r+1}\lambda_{r+1}v_{r+1} = 0 \quad \cdots ③$$

이다. ②와 ③에 의하여

$$a_1(\lambda_1 - \lambda_{r+1})v_1 + a_2(\lambda_2 - \lambda_{r+1})v_2 + \cdots + a_r(\lambda_r - \lambda_{r+1})v_r = 0$$

이다. $v_1, v_2, \cdots, v_r$가 일차독립이고 $\lambda_i \neq \lambda_{r+1}$ $(i = 1, 2, \cdots, r)$이므로 $a_1 = 0,\ a_2 = 0,\ \cdots,\ a_r = 0$이다. 이제, $a_{r+1}v_{r+1} = 0$에서 $v_{r+1} \neq 0$이므로 $a_{r+1} = 0$이다. 그러므로 $\{v_1, v_2, \cdots, v_r, v_{r+1}\}$은 일차독립이다. ■

행렬의 대각화

≪정의 8.6≫ $B=P^{-1}AP$를 만족시키는 정칙 행렬 $P\in Mat_n(\mathbb{R})$가 존재할 때 A와 B는 닮은(similar) 행렬이라고 한다. 특히, $D=P^{-1}AP$, 즉, A가 대각행렬 D와 닮은 행렬일 경우 A는 대각화가능하다(diagonalizable)고 한다.

두 행렬 A와 B가 닮은행렬이면 두 행렬의 행렬식과 고유다항식은 같다. 실제로, 다음을 알 수 있다.

$$|B|=|P^{-1}AP|=|P^{-1}||A||P|=|A|$$

$$|\lambda I-B|=|\lambda I-P^{-1}AP|=|P^{-1}(\lambda I-A)P|=|\lambda I-A|$$

과제 8.7 가. 대각행렬은 다음과 같이 유용한 성질을 가짐을 확인하여라.

- 대각행렬의 고유다항식은 선형인수로 인수분해된다.
- 거듭제곱이 용이하다.
- 행렬식, 역행렬 계산이 쉽다.

나. 대각행렬과 다음 행렬을 비교하여라.

스칼라행렬

삼각행렬

> **≪정리 8.8≫** 행렬 $A \in Mat_n(\mathbb{R})$가 대각화가능하기 위한 필요충분조건은 A가 n개의 일차독립인 고유벡터를 가지는 것이다. 이 경우 대각 성분들은 고유벡터들에 대응되는 고유치이다.

증명 행렬 A가 대각화가능하면 $P^{-1}AP$가 대각행렬이 되는 P가 있다. 대각행렬의 대각 성분을 $\{\lambda_1, \cdots, \lambda_n\}$이라고 하고 행렬 P의 열을 $\{P_1, \cdots, P_n\}$이라고 하자. 각각의 i $(1 \le i \le n)$에 대하여 $AP_i = \lambda_i P_i$이다. 행렬 P가 정칙이므로 $\{P_1, \cdots, P_n\}$는 일차독립이다. 한편, $\{P_1, \cdots, P_n\}$가 일차독립인 고유벡터라고 하고, 각각의 i $(1 \le i \le n)$에 대하여 $AP_i = \lambda_i P_i$라고 하자. $\{P_1, \cdots, P_n\}$를 열로 가지는 행렬 P를 만들고, $\{\lambda_1, \cdots, \lambda_n\}$를 대각 성분으로 하는 대각행렬 D를 만들자. 그러면 행렬 P는 정칙이고, $AP = PD$이다. ■

위 증명에서 $D = P^{-1}AP$를 만족시키는 P를 찾는 방법이 나타나 있다. 예를 들어, $A = \begin{bmatrix} 3 & 2 \\ 4 & 1 \end{bmatrix}$라고 할 때, $P^{-1}AP$가 대각행렬이 되는 P를 다음과 같이 구할 수 있다. A의 고유치는 5와 -1이고, 이에 대응하는 고유벡터는 각각 $\begin{bmatrix} 1 \\ 1 \end{bmatrix}$와 $\begin{bmatrix} 1 \\ -2 \end{bmatrix}$이므로 $P = \begin{bmatrix} 1 & 1 \\ 1 & -2 \end{bmatrix}$이다. 여기서 대각행렬 $D = \begin{bmatrix} 5 & 0 \\ 0 & -1 \end{bmatrix}$의 주 대각 성분은 고유치임에 주목할 필요가 있다.

한편, 행렬 P가 정칙이기 위한 필요충분조건은 $\{P_1, \cdots, P_n\}$가 일차독립인 것(정리 6.16)임을 다음과 같이 설명할 수 있다. 즉, $\{P_1, \cdots, P_n\}$가 일차종속이면 이 중의 하나는 다른 것들의 일차결합이 되므로, 행렬 P의 행렬식이 0이 되어 행렬 P는 비정칙이다.

한편, $\{P_1, \cdots, P_n\}$가 일차독립이면, 다음의 동차일차연립방정식 $\lambda_1 P_1 + \cdots + \lambda_n P_n = P[\lambda_1, \cdots, \lambda_n]^T = \mathbf{0}$은 자명한 해만을 가진다. 결국, 행렬 P는 정칙이다.

> **≪정리 8.9≫** n차의 행렬 A가 n개의 서로 다른 고유치를 가지면 A는 대각화가능하다.

증명 A가 n개의 서로 다른 고유치를 가지면 정리 8.4에 의하여 A는 n개의 일차독립인 고유벡터를 가지므로 정리 8.7에 의하여 행렬 A는 대각화가능하다. ■

n차의 행렬 A가 n개보다 적은 개수의 서로 다른 고유치를 가지더라도 A는 대각화가능할 수 있다. 예를 들어, 행렬 $A = \begin{bmatrix} 1 & 0 & 0 \\ 0 & 3 & -2 \\ 0 & -2 & 3 \end{bmatrix}$의 고유치와 고유벡터를 구해보면 다음과 같다.

$$\begin{array}{ccc} \lambda_1 = \lambda_2 = 1, & & \lambda_3 = 5 \\ \downarrow & & \downarrow \\ \begin{bmatrix} 1 \\ 0 \\ 0 \end{bmatrix}, \begin{bmatrix} 0 \\ 1 \\ 1 \end{bmatrix} & & \begin{bmatrix} 0 \\ 1 \\ -1 \end{bmatrix} \end{array}$$

위 세 고유벡터의 집합은 일차독립이다. 따라서 A는 대각화가능하다.

과제 8.10 다음을 확인하여라.

가. 대각화가능한 행렬의 합은 대각화가능하지 않을 수 있다.

예를 들어, $\begin{bmatrix} 2 & -1 \\ 1 & 0 \end{bmatrix} = \begin{bmatrix} 1 & -1 \\ 0 & 0 \end{bmatrix} + \begin{bmatrix} 1 & 0 \\ 1 & 0 \end{bmatrix}$의 경우를 생각하여 보아라.

나. 대각화가능한 행렬의 곱은 대각화가능하지 않을 수 있다.

예를 들어, $\begin{bmatrix} 2 & -1 \\ 1 & 0 \end{bmatrix} = \begin{bmatrix} -1 & 2 \\ 0 & 1 \end{bmatrix} \begin{bmatrix} 0 & 1 \\ 1 & 0 \end{bmatrix}$의 경우를 생각하여 보아라.

트레이스

행렬식이나 고유치는 주어진 정사각행렬의 특징을 나타내는 중요한 정보이다. 이들 정보와 함께 중요한 또 다른 정보에 대하여 간략히 살펴본다.

행렬 $A = \begin{bmatrix} a & b \\ c & d \end{bmatrix}$의 고유다항식은 $f(\lambda) = \lambda^2 - (a+d)\lambda + (ad-bc)$이다. 여기서, $ad-bc$는 주어진 행렬 A의 행렬식이다. 이제, $a+d$는 A의 주대각선 상에 있는 성분의 합으로서 A의 '트레이스(trace)'라고 하고, $\operatorname{tr} A$와 같이 나타낸다. 트레이스는 '자취'라는 뜻으로 이해할 수 있듯이 주어진 행렬의 주요한 정보를 가지고 있다.

≪정리 8.11≫ $A, B \in Mat_n(\mathbb{R})$에 대하여 다음이 성립한다.

가. $\operatorname{tr}(A^T) = \operatorname{tr} A$

나. $\operatorname{tr}(A+B) = \operatorname{tr} A + \operatorname{tr} B$

다. $\operatorname{tr}(AB) = \operatorname{tr}(BA)$

라. A와 B가 닮은행렬이면 $\operatorname{tr} A = \operatorname{tr} B$이다.

증명 가, 나는 정의에 의하여 분명하다.

다. $A=\begin{bmatrix} a_{11} & \cdots & a_{1n} \\ \vdots & & \vdots \\ a_{n1} & \cdots & a_{nn} \end{bmatrix}$, $B=\begin{bmatrix} b_{11} & \cdots & b_{1n} \\ \vdots & & \vdots \\ b_{n1} & \cdots & b_{nn} \end{bmatrix}$라고 하면, 다음을 알 수 있다.

$$\operatorname{tr} AB=\sum_{i=1}^{n}\sum_{k=1}^{n} a_{ik}b_{ki}$$

$$\operatorname{tr} BA=\sum_{i=1}^{n}\sum_{k=1}^{n} b_{ik}a_{ki}=\sum_{i=1}^{n}\sum_{k=1}^{n} a_{ki}b_{ik}=\sum_{i=1}^{n}\sum_{t=1}^{n} a_{it}b_{ti}$$

라. $\operatorname{tr} B=\operatorname{tr}(P^{-1}AP)=\operatorname{tr}(PP^{-1}A)=\operatorname{tr} A$ ■

이제, A와 B가 닮은 행렬이면 두 행렬의 고유다항식도 같고 트레이스도 같기 때문에, $A\in Mat_n(\mathbb{R})$가 대각행렬 $\begin{bmatrix} \lambda_1 & & & 0 \\ & \lambda_2 & & \\ & & \ddots & \\ 0 & & & \lambda_n \end{bmatrix}$으로 대각화되면 $\operatorname{tr} A=\lambda_1+\lambda_2+\cdots+\lambda_n$이다.

여기서, 다음 사실을 주목할 필요가 있다.

> A와 B가 닮은 행렬이면 두 행렬의 고유다항식과 행렬식이 같기 때문에, $A\in Mat_n(\mathbb{R})$가 대각행렬 $\begin{bmatrix} \lambda_1 & & & 0 \\ & \lambda_2 & & \\ & & \ddots & \\ 0 & & & \lambda_n \end{bmatrix}$으로 대각화되면 $|A|=\lambda_1\lambda_2\cdots\lambda_n$이다.

과제 8.12 두 행렬 A와 B가 행동치(또는 열동치)일 때, 두 행렬의 트레이스, 행렬식, 그리고 고유치는 일반적으로 같지 않다. 다음 조건을 만족시키는 행렬 A, B를 제시하여라.

가. A와 B가 행동치이지만 트레이스가 같지 않다.

나. A와 B가 열동치이지만 트레이스가 같지 않다.

다. A와 B가 행동치이지만 행렬식이 같지 않다.

라. A와 B가 열동치이지만 행렬식이 같지 않다.

마. A와 B가 행동치이지만 고유치는 같지 않다.

바. A와 B가 열동치이지만 고유치는 같지 않다.

이제, 행렬 $A=\begin{bmatrix} a & b \\ c & d \end{bmatrix}$의 고유다항식은 $f(\lambda)=\lambda^2-(a+d)\lambda+(ad-bc)$에서 다음을 확인할 수 있다.

$$f(A)=A^2-(a+d)A+(ad-bc)I=0$$

일반적으로, 다음이 성립한다. 증명은 김응태·박승안(2000)에 있다.

> **≪정리 8.13≫** (케일리-해밀턴, Cayley-Hamilton)
> 임의의 행렬 $A\in Mat_n(\mathbb{R})$와 A의 고유다항식 $f(\lambda)$에 대하여 $f(A)=0$이다.

여기서, $f(A)$를 계산할 때, 상수 λ는 스칼라행렬 λI이다. 즉, λA 등과 같은 계산에서는 A의 λ에 의한 스칼라 배이고, $A+\lambda$ 등

과 같은 경우에는 $A+\lambda I$이다.

> **≪정리 8.14≫** 행렬 $A \in Mat_n(\mathbb{R})$의 고유다항식을 $f(\lambda)=\lambda^n+a_{n-1}\lambda^{n-1}+\cdots+a_1\lambda+a_0$라고 하고 하면, $a_0=(-1)^n|A|$이고 $a_{n-1}=-\mathrm{tr}\,A$이다. 특히, $f(\lambda)$가 중복을 허락하여 $\lambda_1, \lambda_2, \cdots, \lambda_n$를 근으로 가질 때, $|A|=\lambda_1\lambda_2\cdots\lambda_n$이고 $\mathrm{tr}\,A=\lambda_1+\lambda_2+\cdots+\lambda_n$이다.

증명 고유다항식 $f(\lambda)=|\lambda I-A|=\lambda^n+a_{n-1}\lambda^{n-1}+\cdots+a_1\lambda+a_0$에서 $a_0=f(0)=|-A|=(-1)^n|A|$임을 알 수 있다. 한편,

$$A=\begin{bmatrix} a_{11} & a_{12} & \cdots & a_{1n} \\ a_{21} & a_{22} & \cdots & a_{2n} \\ \vdots & \vdots & \vdots & \vdots \\ a_{n1} & a_{n2} & \cdots & a_{nn} \end{bmatrix}$$

라고 할 때,

$$f(\lambda)=\begin{vmatrix} \lambda-a_{11} & -a_{12} & \cdots & -a_{1n} \\ -a_{21} & \lambda-a_{22} & \cdots & -a_{2n} \\ \vdots & \vdots & \vdots & \vdots \\ -a_{n1} & -a_{n2} & \cdots & \lambda-a_{nn} \end{vmatrix}$$

에서 λ^{n-1}의 계수는 $(\lambda-a_{11})(\lambda-a_{22})\cdots(\lambda-a_{nn})$을 전개한 식에서 얻어지므로 $a_{n-1}=-(a_{11}+a_{22}+\cdots+a_{nn})=-\mathrm{tr}\,A$이다. 한편,

$$\begin{aligned} f(\lambda)&=(\lambda-\lambda_1)(\lambda-\lambda_2)\cdots(\lambda-\lambda_n) \\ &=\lambda^n+a_{n-1}\lambda^{n-1}+\cdots+a_1\lambda+a_0 \end{aligned}$$

이므로 $a_0=f(0)=(-1)^n\lambda_1\lambda_2\cdots\lambda_n$이므로 $|A|=\lambda_1\lambda_2\cdots\lambda_n$이고, $a_{n-1}=-(\lambda_1+\lambda_2+\cdots+\lambda_n)$이므로 $\operatorname{tr} A=\lambda_1+\lambda_2+\cdots+\lambda_n$이다.

■

위 정리에서 $\lambda_1, \lambda_2, \cdots, \lambda_n$ 중에는 실수가 아닌 것도 있을 수 있다. 그러한 근은 이 책에서 뜻하는 고유치가 아니다.

*순회행렬식

행렬 $C=\begin{bmatrix} 0 & 1 & 0 & 0 & \cdots & 0 \\ 0 & 0 & 1 & 0 & \cdots & 0 \\ \vdots & \vdots & \vdots & \vdots & \vdots & \vdots \\ 0 & 0 & 0 & 0 & \cdots & 1 \\ 1 & 0 & 0 & 0 & \cdots & 0 \end{bmatrix} \in Mat_n(\mathbb{R})$ $(n\geq 2)$의 고유다항식은 $f(\lambda)=\lambda^n-1$이다. 따라서 $f(\lambda)$의 근은 다음과 같다.

$$\{\zeta,\ \zeta^2,\ \cdots\ \zeta^{n-1},\ \zeta^n=1\},\ \zeta=e^{\frac{2\pi i}{n}}$$

과제 8.15 가. 위의 행렬 C의 고유다항식은 $f(\lambda)=\lambda^n-1$임을 설명하여라.

나. 정리 8.13에 의하면 $f(C)=0$이다. 정리 8.13을 사용하지 않고, 직접 계산함으로써 $C^n=I$ 즉, $f(C)=0$임을 확인하여라.

이제, $g(x)=a_0+a_1x+a_2x^2+\cdots+a_{n-1}x^{n-1}$에 대하여 행렬 $g(C)$는 다음과 같다.

$$\begin{bmatrix} a_0 & a_1 & a_2 & a_3 & \cdots & a_{n-1} \\ a_{n-1} & a_0 & a_1 & a_2 & \cdots & a_{n-2} \\ a_{n-2} & a_{n-1} & a_0 & a_1 & \cdots & a_{n-3} \\ \vdots & \vdots & \vdots & \vdots & \vdots & \vdots \\ a_1 & a_2 & a_3 & a_4 & \cdots & a_0 \end{bmatrix}$$

위와 같은 행렬을 $g(x)$에 관한 순회행렬(circulant matrix)이라고 하며 그 행렬식을 $g(x)$에 관한 순회행렬식(circulant determinant) 또는 순회다항식(circulant polynomial)이라고 한다. 이제, 위 순회행렬의 순회행렬식(순회다항식)은 다음과 같다(과제 8.2, 정리 8.14).

$$\begin{vmatrix} a_0 & a_1 & a_2 & a_3 & \cdots & a_{n-1} \\ a_{n-1} & a_0 & a_1 & a_2 & \cdots & a_{n-2} \\ a_{n-2} & a_{n-1} & a_0 & a_1 & \cdots & a_{n-3} \\ \vdots & \vdots & \vdots & \vdots & \vdots & \vdots \\ a_1 & a_2 & a_3 & a_4 & \cdots & a_0 \end{vmatrix} = g(1)g(\zeta)g(\zeta^2)\cdots g(\zeta^{n-1})$$

이제, 몇 가지 예를 생각하여 보자. 먼저, $g(x)=a_0+a_1x$에 대하여 $\zeta=-1$이고 $\begin{vmatrix} a_0 & a_1 \\ a_1 & a_0 \end{vmatrix}=a_0^2-a_1^2=g(1)g(-1)$이다. 또, $g(x)=a_0+a_1x+a_2x^2$에 대하여 $\zeta=\omega=\dfrac{-1+\sqrt{3}i}{2}$이고, $\begin{vmatrix} a_0 & a_1 & a_2 \\ a_2 & a_0 & a_1 \\ a_1 & a_2 & a_0 \end{vmatrix}=a_0^3+a_1^3+a_2^3-3a_0a_1a_2=g(1)g(\zeta)g(\zeta^2)$.

과제 8.16 $g(x)=a+bx+cx^2+dx^3$에 대하여 $\begin{vmatrix} a & b & c & d \\ d & a & b & c \\ c & d & a & b \\ b & c & d & a \end{vmatrix}$는 다음과 같음을 설명하여라.

$$a^4-b^4+c^4-d^4-4a^2bd+4b^2ac+4d^2ca-4c^2db-2a^2c^2+2d^2b^2$$

두 정수의 제곱의 합으로 표현되는 두 정수의 곱은 다음과 같이 두 정수의 제곱의 합으로 표현된다.

$$(a^2+b^2)(c^2+d^2)=(ac+bd)^2+(ad-bc)^2$$

즉, 집합 $\{x^2+y^2 | x, y \in \mathbb{Z}\}$는 곱셈에 관하여 닫혀있다.

마찬가지로 집합 $\{x^2-y^2 | x, y \in \mathbb{Z}\}$도 곱셈에 관하여 닫혀 있음을 쉽게 알 수 있다.

이제, 순회행렬식(다항식) 전체의 집합은 곱셈에 관하여 닫혀 있음을 알 수 있다. 실제로, $g(x)$에 대한 순회행렬식 $g(1)g(\zeta)g(\zeta^2)\cdots g(\zeta^{n-1})$와 $h(x)$에 대한 순회행렬식 $h(1)h(\zeta)h(\zeta^2)\cdots h(\zeta^{n-1})$의 곱은 $g(x)h(x)=(x^n-1)q(x)+r(x)$, $\deg r(x)<n$를 만족시키는 $r(x)$에 대한 순회행렬식 $r(1)r(\zeta)r(\zeta^2)\cdots r(\zeta^{n-1})$이다. 사실, 두 실수계수 다항식

$$g(x)=a_0+a_1x+\cdots\cdots+a_{n-1}x^{n-1},$$
$$h(x)=b_0+b_1x+\cdots\cdots+b_{n-1}x^{n-1}$$

에 대하여

$$g(1)g(\zeta)g(\zeta^2)\cdots g(\zeta^{n-1}),\ h(1)h(\zeta)h(\zeta^2)\cdots h(\zeta^{n-1})$$

을 생각한다. 나눗셈 알고리즘에 의하여 다음 조건을 만족시키는 $q(x)$, $r(x)$가 존재한다.

$$g(x)h(x)=(x^n-1)q(x)+r(x),\ \deg r(x)<n$$

여기서 $g(\zeta^i)h(\zeta^i)=r(\zeta^i)(i=0,\ 1,\ 2,\ \cdots,\ n-1)$이므로 $\Pi_{i=0}^{n-1}g(\zeta^i)\Pi_{i=0}^{n-1}h(\zeta^i)=\Pi_{i=0}^{n-1}r(\zeta^i)$이다. 물론, 여기서 $r(x)$의 차수는 $n-1$보다 작거나 같다.

두 가지 예를 들어 보자. 먼저, 다항식 $g(x)=a+bx$와 $h(x)=c+dx$에 대하여 $g(x)h(x)$를 x^2-1로 나누면 나머지는 $r(x)=(ac-bd)+(ad+bc)x$이다. 따라서 $(a^2+b^2)(c^2+d^2)=(ac-bd)^2+(ad+bc)^2$이다.

마찬가지로, 다음이 성립함도 쉽게 알 수 있다.

$$\begin{aligned}&(a^3+b^3+c^3-3abc)(\alpha^3+\beta^3+\gamma^3-3\alpha\beta\gamma)\\&=(a\alpha+b\gamma+c\beta)^3+(a\beta+b\alpha+c\gamma)^3+(a\gamma+b\beta+c\alpha)^3\\&\quad-3(a\alpha+b\gamma+c\beta)(a\beta+b\alpha+c\gamma)(a\gamma+b\beta+c\alpha)\end{aligned}$$

과제 8.17 곱셈에 관하여 닫혀있는 다항식의 집합으로부터 인수분해 공식을 얻을 수 있음을 설명하여라.

일반적으로, $n(=2,\ 3,\ 4)$ 차방정식

$$x^n+a_1x^{n-1}+\cdots+a_{n-1}x+a_n=0$$

의 근을 공식을 구할 때에는 x^{n-1} 항을 소거하기 위해, $x=y-\dfrac{a_1}{n}$으로 치환하여

$$y^n + b_2 y^{n-2} + \cdots + b_n = 0$$

을 얻는다.

이제, 이차방정식의 근의 공식을 다음과 같이 유도할 수 있다.

$x^2 + px + q = 0$은 치환 $x = y - \frac{p}{2}$에 의하여

$$y^2 - \left(\frac{p^2}{4} - q\right) = 0$$

으로 변형된다. 이제, 이차의 순회다항식 $a^2 - b^2$에서 $a = y$라고 하면 방정식

$$y^2 - b^2 = (y+b)(y-b)$$

을 얻는다. 따라서 두 근은 $y = \pm b = \pm\sqrt{\frac{p^2}{4} - q}$ 이고, 따라서 이차방정식 $x^2 + px + q = 0$의 두 근은 $-\frac{p}{2} \pm b = -\frac{p}{2} \pm \sqrt{\frac{p^2}{4} - q}$ 이다.

동일한 과정을 통하여 삼차방정식의 근의 공식을 유도할 수 있다.

임의의 삼차방정식

$$z^3 + az^2 + bz + c = 0$$

은 치환 $z=x-\frac{a}{3}$에 의하여 $x^3+px+q=0$의 꼴로 변형된다.

삼차 순회다항식

$$(a+b+c)(a+b\omega+c\omega^2)(a+b\omega^2+c\omega)=a^3+b^3+c^3-3abc$$

으로부터 삼차방정식

$$x^3-3abx+a^3+b^3=0$$

을 풀 수 있다.

⋆과제 8.18 '자료 : 3차·4차 다항식의 해' 또는 유익승·신현용·한인기(2008)를 참고하여 삼차방정식과 사차방정식의 근의 공식을 유도하여라.

⋆이차 형식

다항식 $f(x_1, x_2, \cdots, x_n)$가 다음 조건을 만족시킬 때, $f(x_1, x_2, \cdots, x_n)$를 n차 동차다항식(homogeneous polynomial)이라고 한다.

$$f(tx_1, tx_2, \cdots, tx_n)=t^n f(x_1, x_2, \cdots, x_n)$$

이차동차다항식을 보통 이차형식(quadratic form)이라고 한다. 타원 또는 쌍곡선은 이차식 $ax^2+bxy+cy^2$, $a, b, c\in\mathbb{R}$으로 나타내어진다. 일반적으로 n, $n\geq 3$개의 변수 $x_1, x_2, \cdots, x_n$에 관하여 이차형식은 $\sum_{i=1}^{n}\sum_{j=1}^{n}a_{ij}x_ix_j$와 같이 주어진다.

이차형식은 행렬의 곱으로 나타내면 편리하다. 예를 들어, 이차형식 $ax^2+bxy+cy^2$, $a, b, c \in \mathbb{R}$는 다음과 같이 표현할 수 있다.

$$[x \quad y]\begin{bmatrix} a & b \\ 0 & c \end{bmatrix}\begin{bmatrix} x \\ y \end{bmatrix}$$

위의 표현을 다음과 같이 대칭행렬을 사용하여 나타낼 수 있다.

$$[x \quad y]\begin{bmatrix} a & \dfrac{b}{2} \\ \dfrac{b}{2} & c \end{bmatrix}\begin{bmatrix} x \\ y \end{bmatrix}$$

한편, K가 반대칭행렬이면 $[x_1, x_2, \cdots, x_n]K[x_1, x_2, \cdots, x_n]^T=0$이다. 역으로, 어떤 행렬 K에 대하여 $[x_1, x_2, \cdots, x_n]K[x_1, x_2, \cdots, x_n]^T=0$이면 K는 반대칭행렬이다.

이제, 이차형식을 나타내는 대칭행렬은 유일함을 살핀다.

앞의 예에서 이차형식 $ax^2+bxy+cy^2$은 $[x \quad y]\begin{bmatrix} a & \dfrac{b}{2} \\ \dfrac{b}{2} & c \end{bmatrix}\begin{bmatrix} x \\ y \end{bmatrix}$와 같이 나타낼 수 있는데, 이러한 대칭행렬 $\begin{bmatrix} a & \dfrac{b}{2} \\ \dfrac{b}{2} & c \end{bmatrix}$은 유일하게 결정된다.

일반적으로 다음이 성립한다.

≪정리 8.19≫ 이차형식 $f(x_1, x_2, \cdots, x_n)$을 $[x_1, x_2, \cdots, x_n]S[x_1, x_2, \cdots, x_n]^T$ 꼴로 나타낼 수 있는 대칭행렬 S는 유일하다.

증명 먼저, 주어진 꼴로 나타낼 수 있는 것은 분명하다. 이제, 두 대칭행렬 S, S'에 대하여 $[x_1, x_2, \cdots, x_n]S[x_1, x_2, \cdots, x_n]^T = [x_1, x_2, \cdots, x_n]S'[x_1, x_2, \cdots, x_n]^T$이면 $[x_1, x_2, \cdots, x_n](S-S')[x_1, x_2, \cdots, x_n]^T = 0$이다. 여기서 $S-S'$은 대칭이고 동시에 반대칭이므로 $S-S'=0$, 즉 $S=S'$이다. ■

주어진 이차형식에 의하여 결정되는 유일한 대칭행렬을 '이차형식의 행렬(matrix of the quadratic form)'이라고 한다.

과제 8.20 가. 이차형식을 행렬의 곱으로 나타낼 때 상삼각행렬과 대칭행렬이 등장함을 주목하여라.

나. 이차형식을 하삼각행렬을 이용하여 행렬의 곱으로 나타낼 수 있음을 설명하여라.

벡터공간의 기저를 바꾸어 즉, 좌표를 변환하여 이차형식 $ax^2+bxy+cy^2$을 dx^2+ey^2와 같은 꼴로 나타낼 수 있다. 예를 들어, 표준기저에 의하여 $2x^2+2xy+2y^2$로 나타나는 식을 아래 기저로 나타내면 $3x'^2+y'^2$이다.

$$\begin{cases} x = \dfrac{1}{\sqrt{2}}x' + \dfrac{1}{\sqrt{2}}y' \\ y = \dfrac{1}{\sqrt{2}}x' - \dfrac{1}{\sqrt{2}}y' \end{cases}$$

과제 8.21 다음 각각의 주장을 서로 연계하여 확인하여라.

가. 이차형식 $3x'^2+y'^2$의 행렬은 $B=\begin{bmatrix}3 & 0\\0 & 1\end{bmatrix}$이다.

나. 이차형식 $2x^2+2xy+2y^2$의 행렬은 $A=\begin{bmatrix}2 & 1\\1 & 2\end{bmatrix}$이고, A의 고유치는 B의 대각성분에 나타나는 3, 1이다.

다. 기저 $S'=\left\{\left(\frac{1}{\sqrt{2}}, \frac{1}{\sqrt{2}}\right), \left(\frac{1}{\sqrt{2}}, \frac{-1}{\sqrt{2}}\right)\right\}$에서 표준기저 S로의 추이행렬은 $P=\begin{bmatrix}\frac{1}{\sqrt{2}} & \frac{1}{\sqrt{2}}\\ \frac{1}{\sqrt{2}} & \frac{-1}{\sqrt{2}}\end{bmatrix}$이다.

라. $B=P^TAP$이다.

두 개의 $n\times n$ 행렬 A, B가 어떤 정칙행렬 P에 대하여 $B=P^TAP$와 같은 관계에 있을 때 두 행렬을 합동(congruent)이라고 한다.

과제 8.22 가. 행렬 A, B가 합동일 때 다음을 증명하여라.

(1) 행렬 A가 정칙이기 위한 필요충분조건은 B가 정칙인 것이다.

(2) A가 대칭행렬이면 B도 대칭행렬이다.

나. 두 행렬의 합동관계는 동치관계임을 설명하여라.

어떤 이차형식이 주어졌을 때 기저(좌표)가 바뀌면 이차형식의 행렬도 바뀌는데 그 두 행렬 사이에는 다음과 같은 관계가 있다.

≪정리 8.23≫ 기저 S'에 관하여 이차형식 f의 행렬을 A, 기저 S에서 기저 S'로의 추이행렬은 P라고 하면, 기저 S에 관하여 f의 행렬은 P^TAP이다.

증명 임의의 벡터 X에 대하여 $[X]_{S'}=P[X]_S$이다. 이제, $g=[X]_{S'}^TA[X]_{S'}$에서 $[X]_{S'}^T=[X]_S^TP^T$이므로 $g=[X]_S^TP^TAP[X]_S$이다. 따라서 기저 S에 관한 f의 행렬은 P^TAP이다. ■

과제 8.21에서 행렬 P에 대하여 $P^{-1}=P^T$이다. 실제로, 실수 성분의 대칭행렬 A에 관하여 다음을 알 수 있다(Kolman, 1970).

- A의 고유다항식의 모든 근은 실수이다.
- 다음 조건을 만족시키는 정칙행렬 P와 대각행렬 D가 존재한다.

$$D=PAP^{-1},\ P^{-1}=P^T$$

이상의 사실을 이용하면, 다음을 증명할 수 있다.

≪정리 8.24≫ 변수가 n개인 임의의 이차형식 $f(x_1, x_2, \cdots, x_n)$은 적절한 좌표변환을 통하여 $g(y_1, y_2, \cdots, y_n)=d_1y_1^2+d_2y_2^2+\cdots+d_ny_n^2$의 꼴로 나타낼 수 있다. 여기서, $d_1, d_2, \cdots, d_n$은 주어진 이차형식 행렬의 고유치이다.

증명 $f(x_1, x_2, \cdots, x_n)=[x_1, x_2, \cdots, x_n]S[x_1, x_2, \cdots, x_n]^T$에서 $D=PSP^{-1}$, $P^{-1}=P^T$을 만족시키는 정칙행렬 P와 대각행렬 D가 존재한다. $[y_1, y_2, \cdots, y_n]^T=P[x_1, x_2, \cdots, x_n]^T$라고 하면 다음이 성립한다.

$$\begin{aligned} f(x_1, x_2, \cdots, x_n) &= [y_1, y_2, \cdots, y_n]D[y_1, y_2, \cdots, y_n]^T \\ &= d_1y_1^2+d_2y_2^2+\cdots+d_ny_n^2 \\ &= g(y_1, y_2, \cdots, y_n) \end{aligned}$$

여기서 $d_1, d_2, \cdots, d_n$은 각각 D의 주대각선 상에 있는 성분으로서, 행렬 S의 고유치이다. ■

과제 8.25 정리 8.24를 유념하면서 과제 8.21의 주장들을 다시 확인하여라.

이제, n치 대칭군을 S_n이라고 하자. 다항식 $f(x_1, x_2, \cdots, x_n)$가 임의의 $\sigma \in S_n$에 대하여 다음 조건을 만족시킬 때, $f(x_1, x_2, \cdots, x_n)$를 대칭다항식(symmetric polynomial)이라고 한다.

$$f(x_{\sigma(1)}, x_{\sigma(2)}, \cdots, x_{\sigma(n)})=f(x_1, x_2, \cdots, x_n)$$

다음은 대칭동차다항식이다.

$$\begin{aligned} s_1 &= s_1(x_1, x_2, \cdots, x_n)=x_1+x_2+\cdots+x_n \\ s_2 &= s_2(x_1, x_2, \cdots, x_n)=\sum_{1\le i, j\le n} x_ix_j \\ &\cdots \\ s_n &= s_n(x_1, x_2, \cdots, x_n)=x_1x_2\cdots x_n \end{aligned}$$

위의 다항식을 기본대칭식(elementary symmetric polynomial)이라고 한다.

⋆과제 8.26 가. 김응태·박승안의 현대대수학 제4판(2000)을 참고하여 대칭다항식은 대칭동차다항식의 합으로 나타낼 수 있음을 확인하여라.

나. 유익승(2006), 권영인·신현국·김문섭(2006), 그리고 유익승·신현용·한인기(2008) 등을 참고하여 대칭다항식의 학교수학에서의 활용에 관하여 조사하여라. 특히, 연립방정식의 풀이 또는 다항식의 인수분해에의 활용에 관하여 살펴보아라.

⋆고유치의 응용

일계 연립 미분방정식(system of first-order differential equations)의 풀이와 관련하여, 고유방정식, 고유치, 고유벡터, 그리고 대각화의 응용을 알아보자.

이를 위해, 다음 일차연립미분방정식을 생각하여 보자.

$$\begin{cases} x_1{}'(t) = a_{11}x_1(t) + a_{12}x_2(t) + \cdots + a_{1n}x_n(t) \\ \cdots\cdots\cdots\cdots\cdots\cdots\cdots\cdots\cdots\cdots \\ x_n{}'(t) = a_{n1}x_1(t) + a_{n2}x_2(t) + \cdots + a_{nn}x_n(t) \end{cases}$$

위 방정식을 다음과 같이 행렬을 사용하여 표현하면 $X' = AX$

이다. 여기서 $X=\begin{bmatrix} x_1(t) \\ \vdots \\ x_n(t) \end{bmatrix}$이고 $X'=\begin{bmatrix} x'_1(t) \\ \vdots \\ x'_n(t) \end{bmatrix}$이며, 행렬 A는 위 일차 연립미분방정식의 오른쪽에서 얻어지는 계수행렬이다. 이제, 행렬 A가 다음과 같이 대각화가능하다고 하자. 즉, 다음 조건을 만족시키는 정칙행렬 P와 대각행렬 D가 존재한다.

$$D=P^{-1}AP, \quad D=\begin{bmatrix} c_1 & & 0 \\ & \ddots & \\ 0 & & c_n \end{bmatrix}$$

여기서 $X=PU, \quad U=\begin{bmatrix} u_1 \\ \vdots \\ u_n \end{bmatrix}$라고 하면, 다음이 성립한다.

$$PU'=APU.$$
$$U'=P^{-1}APU=DU$$

따라서

$$U(t)=\begin{bmatrix} a_1e^{c_1t} \\ a_2e^{c_2t} \\ \vdots \\ a_ne^{c_nt} \end{bmatrix}$$

이다. 이제,

$$\begin{aligned} X&=PU \\ &=[X_1, \cdots, X_n]\begin{bmatrix} a_1e^{c_1t} \\ \vdots \\ a_ne^{c_nt} \end{bmatrix}=[X_1, \cdots, X_n]\begin{bmatrix} a_1e^{c_1t} & & 0 \\ & \ddots & \\ 0 & & a_ne^{c_nt} \end{bmatrix} \end{aligned}$$

$$=a_1X_1e^{c_1t}+\cdots+a_nX_ne^{c_nt}$$

임을 알 수 있다.

예를 들어, $\begin{bmatrix} x_1' \\ x_2' \\ x_3' \end{bmatrix}=\begin{bmatrix} 3 & 0 & 0 \\ 0 & -2 & 0 \\ 0 & 0 & 4 \end{bmatrix}\begin{bmatrix} x_1 \\ x_2 \\ x_3 \end{bmatrix}$의 해는 다음과 같다.

$$\begin{bmatrix} x_1(t) \\ x_2(t) \\ x_3(t) \end{bmatrix}=a_1\begin{bmatrix} 1 \\ 0 \\ 0 \end{bmatrix}e^{3t}+a_2\begin{bmatrix} 0 \\ 1 \\ 0 \end{bmatrix}e^{-2t}+a_3\begin{bmatrix} 0 \\ 0 \\ 1 \end{bmatrix}e^{4t}$$

여기서 고유치와 고유벡터는 다음과 같다.

$$\lambda_1=3 \quad \rightarrow \begin{bmatrix} 1 \\ 0 \\ 0 \end{bmatrix}$$

$$\lambda_2=-2 \rightarrow \begin{bmatrix} 0 \\ 1 \\ 0 \end{bmatrix}$$

$$\lambda_3=4 \quad \rightarrow \begin{bmatrix} 0 \\ 0 \\ 1 \end{bmatrix}$$

이제, 미분방정식을 $X'=\begin{bmatrix} 1 & 0 & 0 \\ 0 & 3 & -2 \\ 0 & -2 & 3 \end{bmatrix}X$를 풀어보자.

먼저, 행렬 $\begin{bmatrix} 1 & 0 & 0 \\ 0 & 3 & -2 \\ 0 & -2 & 3 \end{bmatrix}$의 고유치와 고유벡터를 구해보면 다음과 같다.

$$\begin{array}{ccc} \lambda_1=\lambda_2=1, & & \lambda_3=5 \\ \downarrow & & \downarrow \\ \begin{bmatrix}1\\0\\0\end{bmatrix}, \begin{bmatrix}0\\1\\1\end{bmatrix} & & \begin{bmatrix}0\\1\\-1\end{bmatrix} \end{array}$$

따라서 해는 다음과 같다.

$$X(t)=a_1\begin{bmatrix}1\\0\\0\end{bmatrix}e^t+a_2\begin{bmatrix}0\\1\\1\end{bmatrix}e^t+a_3\begin{bmatrix}0\\1\\-1\end{bmatrix}e^{5t}$$

마찬가지로, $\begin{bmatrix}x_1{}'\\x_2{}'\end{bmatrix}=\begin{bmatrix}3 & -2\\-2 & 3\end{bmatrix}\begin{bmatrix}x_1\\x_2\end{bmatrix}$의 해를 구하면 다음과 같다.

$$\begin{bmatrix}x_1(t)\\x_2(t)\end{bmatrix}=a_1\begin{bmatrix}1\\1\end{bmatrix}e^t+a_2\begin{bmatrix}1\\-1\end{bmatrix}e^{5t}$$

과제 8.27 다음 미분방정식을 풀어라.

$$X'=\begin{bmatrix}0 & 1 & 0\\0 & 0 & 1\\6 & -11 & 6\end{bmatrix}X$$

뒷 이야기

*1. Lang(1971) 239쪽을 참고하여 행렬의 삼각화(triangulation)에 대하여 조사하여라.

가. M이 복소 행렬이면, $B^{-1}MB$가 삼각행렬이 되게 하는 정칙행렬 B가 존재한다.

나. 삼각화와 대각화를 비교하여라. 즉, M이 복소 행렬이면, $B^{-1}MB$가 대각행렬이 되게 하는 정칙행렬 B가 존재하는가?

2. 선형 변환의 고유치를 생각할 수 있다. 사실, 선형변환의 고유치는 그 선형변환을 나타내는 행렬의 고유치이다. 아래 예를 통하여 이에 관해 알아보아라. 이 경우에는 유리수가 스칼라이므로 고유치도 유리수여야 한다.

> 집합 $\mathbb{Q}(\sqrt{2})=\{a+b\sqrt{2}\,|\,a,\ b\in\mathbb{Q}\}$에는 덧셈이 잘 정의되고, 유리수 λ에 대하여 $\lambda(a+b\sqrt{2})=\lambda a+\lambda b\sqrt{2}$와 같이 스칼라배도 잘 정의되어, $\mathbb{Q}(\sqrt{2})$는 벡터공간이 된다. 이때, $S=\{1,\ \sqrt{2}\}$는 하나의 기저가 된다. 이제, 임의의 $x\in\mathbb{Q}(\sqrt{2})$에 대하여 $L(x)=\sqrt{2}x$로 정의되는 함수 $L:\mathbb{Q}(\sqrt{2})\to\mathbb{Q}(\sqrt{2})$은 선형사상이고, 이 사상은 기저 S에 관하여 $M_L=\begin{bmatrix}0&2\\1&0\end{bmatrix}$로 표현된다. M_L의 고유다항식은 $f(\lambda)=\lambda^2-2$로서 유리수 근을 가지지 아니하므로 행렬 M_L은 고유치를 가지지 아니한다. 따라서 선형변환 L은 고유치를 가지지 아니한다. 즉, 영(벡터)이 아닌 $x\in\mathbb{Q}(\sqrt{2})$에 대하여 $L(x)=\lambda x$인 유

리수 $\lambda \in \mathbb{Q}$는 존재하지 않는다.

3. 위의 예에서와 같이 집합 $\mathbb{Q}(\sqrt{2}, \sqrt{3})=\{a+b\sqrt{2}+c\sqrt{3}+d\sqrt{6} \mid a, b, c, d \in \mathbb{Q}\}$에는 덧셈과 스칼라배가 잘 정의되어 $\mathbb{Q}(\sqrt{2}, \sqrt{3})$는 벡터공간이 된다. 이때, 스칼라는 유리수이고 $S=\{1, \sqrt{2}, \sqrt{3}, \sqrt{6}\}$는 하나의 기저가 된다. 아래 물음에 답하여라.

가. 임의의 $x \in \mathbb{Q}(\sqrt{2}, \sqrt{3})$에 대하여 $L(x)=(\sqrt{2}+\sqrt{3})x$로 정의되는 함수 $L: \mathbb{Q}(\sqrt{2}, \sqrt{3}) \to \mathbb{Q}(\sqrt{2}, \sqrt{3})$은 선형사상이다. 이 사상을 기저 S에 관하여 표현하는 행렬 M_L을 구하여라.

나. 선형사상 L, 즉 행렬 M_L은 고유치를 가지지 않음을 설명하여라.

다. M_L의 고유다항식을 $f(\lambda)$라고 할 때, $f(\sqrt{2}+\sqrt{3})=0$임을 설명하여라.

라. A, B가 각각 정사각행렬일 때, $\begin{bmatrix} A & O \\ O & B \end{bmatrix}$의 행렬식은 $|A||B|$임을 증명하여라. 여기서 O는 모든 성분이 0인 행렬이다.

마. 임의의 $x \in \mathbb{Q}(\sqrt{2}, \sqrt{3})$에 대하여 $L(x)=(1+\sqrt{2})x$로 정의되는 함수 $L: \mathbb{Q}(\sqrt{2}, \sqrt{3}) \to \mathbb{Q}(\sqrt{2}, \sqrt{3})$은 선형사상이다. 이 사상을 기저 S에 관하여 표현하는 행렬 M_L을 구하여라.

바. M_L의 고유다항식을 $f(\lambda)$라고 할 때, $f(1+\sqrt{2})=0$임을 설명하여라.

사. M_L의 고유다항식 $f(\lambda)$은 두 이차식의 곱임을 보여라.

4. 부동점정리(Fixed Point Theorem)와 관련하여 다음을 확인하여라.

가. 연속함수 $f : [0, 1] \to [0, 1]$는 부동점을 가진다.

나. 연속함수 $f : B^2 \to B^2$는 부동점을 가진다. 여기서, B^2는 $\mathbb{R}^2$에서의 단위원 S^1의 경계와 내부의 합집합이다.

다. 행렬 $A \in Mat_3(\mathbb{R}^+)$는 양의 실수 고유치를 가진다(Munkres, p. 365).

라. (기상학정리, Meteorology Theorem) 어느 순간이라 하더라도, 지구상에는 동일한 온도와 기압을 가지는 두 대척점이 존재한다.

마. 행렬 $A \in Mat_3(\mathbb{R}^+)$가 고유치 1을 가질 때, 1에 관한 고유벡터는, 함수(선형사상) A의 부동점이다.

5. 다음 주장에 관하여 논의하여라.

> 뉴턴방정식($F = ma$)은 뉴턴 역학, 맥스웰방정식은 전자기학, 슈뢰딩거방정식은 양자역학, 그리고 아인슈타인방정식은 일반상대성이론의 핵심을 각각 나타낸다고 할 수 있다. 주어진 행렬의 특성다항식은 그 행렬의 특징을 결정짓는 값인 행렬식, 고유치, 그리고 트레이스 등의 정보를 나타낸다.

IX

내적 공간

지난 줄거리

1. 다음 용어를 모두 사용하여 작문하여라.
   (1) 행렬이 성질, 행렬식, 고유치
   (2) 행렬의 대각화, 고유벡터, 고유치

2. 다음 행렬의 고유치와 고유벡터를 계산하여라 : $\begin{bmatrix} 1 & 4 \\ 1 & 1 \end{bmatrix}$.

3. 닮은 행렬의 고유다항식은 같음을 증명하여라.

4. 행렬 A가 대각행렬 D로 대각화가능하다고 하자. 즉, $D=P^{-1}AP$를 만족시키는 P가 존재한다. 행렬 A의 고유치와 고유벡터는 행렬 D와 행렬 P와 어떠한 관계가 있는지를 설명하여라.

이번 줄거리

1. 내적 공간의 뜻을 이해하고 그 유용성을 안다.

2. $\mathbb{R}^n$에서 두 벡터의 사잇각과 내적을 생각할 수 있다.

3. 푸리에급수 등에서 내적공간의 다양한 유용성을 이해한다.

여는 이야기

고등학교에서, 좌표평면 $\mathbb{R}^2$이나 좌표공간 $\mathbb{R}^3$에서 두 벡터의 내적(inner product)을 생각하고, 이를 두 벡터의 사잇각과의 관계를 살폈다.

이 장에서는 이러한 개념들을 일반적인 $\mathbb{R}^n$에서 생각한다. 논의하는 구체적인 문제는 다음과 같다.

- 내적공간은 어떠한 벡터공간인가?
- 내적공간은 어떤 면에서 유용한가?
- $\mathbb{R}^n$에서 두 벡터의 사잇각을 어떻게 정의할 수 있는가?
- 푸리에급수는 무엇인가?

이 책에서는 주로 실 내적 공간을 주로 다루고, 복소 내적 공간은 토의 문제로 간략히 소개한다.

실 내적 공간

고등학교에서 살펴 본 다음 내용을 기억하여 보자.

벡터공간 $\mathbb{R}^2$에서의 두 벡터 $\vec{a}, \vec{b}$가 이루는 각의 크기를 θ $(0 \le \theta \le \pi)$라고 할 때, 두 벡터의 내적 $\vec{a} \cdot \vec{b}$는 다음과 같다.

$$|\vec{a}||\vec{b}| \cos \theta$$

이 정의로부터 두 벡터 $\vec{a}=(a_1, a_2)$, $\vec{b}=(b_1, b_2)$에 대하여 $\vec{a} \cdot \vec{b}=a_1b_1+a_2b_2$임을 알 수 있다. 벡터공간 $\mathbb{R}^3$에서도 마찬가지이다. 즉, 두 벡터 $\vec{a}=(a_1, a_2, a_3)$, $\vec{b}=(b_1, b_2, b_3)$에 대하여 $\vec{a} \cdot \vec{b}=a_1b_1+a_2b_2+a_3b_3$이다.

실제로, $\mathbb{R}^3$에서의 세 점 $O=(0, 0, 0)$, $A=(a_1, a_2, a_3)$, 그리고 $B=(b_1, b_2, b_3)$으로 이루어지는 삼각형 OAB에서 다음이 성립한다(cosine 법칙).

$$\overline{OA}^2 + \overline{OB}^2 - 2\overline{OA}\,\overline{OB} \cos \theta = \overline{AB}^2$$

이로부터 $\vec{a} \cdot \vec{b}=a_1b_1+a_2b_2+a_3b_3$을 얻을 수 있다.

$\mathbb{R}^2$의 경우에도 마찬가지 방법으로 증명할 수 있다.

한편, 내적에 관하여 다음이 성립한다.

$\vec{a}, \vec{b}, \vec{c}$가 벡터이고 λ가 실수일 때, 다음이 성립한다.

$$(\vec{a}+\vec{b})\cdot\vec{c}=\vec{a}\cdot\vec{c}+\vec{b}\cdot\vec{c}$$
$$\vec{a}\cdot(\vec{b}+\vec{c})=\vec{a}\cdot\vec{b}+\vec{a}\cdot\vec{c}$$
$$(\lambda\vec{a})\cdot\vec{b}=\vec{a}\cdot(\lambda\vec{b})=\lambda(\vec{a}\cdot\vec{b})$$
$$\vec{a}\cdot\vec{b}=\vec{b}\cdot\vec{a}$$

한편, $\vec{a}\cdot\vec{a}\geq 0$이다. 특히, 다음이 성립한다.

$$\vec{a}\cdot\vec{a}=0 \Leftrightarrow \vec{a}=0$$

여기서 하나 주목할 것은, 내적은 두 벡터 사이에 정의되는 함수이지만, 연산은 아니라는 것이다. 따라서 위의 성질들을 설명할 때, '분배법칙' 또는 '교환법칙' 등과 같은 용어를 사용하는 것은 바람직하지 않다.

이제, 다음과 같은 일반화를 생각하여 보자. 여기서, 두 벡터 u, v의 내적 $u\cdot v$를 (u, v)로 나타내기로 한다.

벡터공간 V에 대해서, $v, w, u\in V$, $a\in\mathbb{R}$라고 하자. 다음 네 가지 조건을 만족시키는 함수 $(\cdot, \cdot): V\times V \to \mathbb{R}$를 벡터공간 V 위의 내적(inner product)이라고 한다.

- $(v+u, w)=(v, w)+(u, w)$, $(av, w)=a(v, w)$

- $(v, w) = (w, v)$
- $(v, v) \geq 0$이다. 특히, 다음이 성립한다.

$$(v, v) = 0 \Leftrightarrow v = 0$$

앞으로 특별한 언급이 없는 한, 모든 내적공간은 스칼라가 실수인 실내적공간이다.

어떤 벡터공간 V에 내적이 존재하면 그 벡터공간을 내적공간(inner product space)이라고 한다. 내적공간에서 임의의 벡터 u에 대하여 $\sqrt{(u, u)}$를 u의 노름(norm)이라고 하며, $\|u\|$와 같이 나타낸다.

내적공간의 한 벡터 u와 임의의 스칼라 a에 대하여 $\|au\| = |a|\|u\|$임을 알 수 있다

과제 9.1 가. 다음 집합들의 덧셈과 곱셈에 관한 성질은 무엇인가?

유리수 전체의 집합

실수 전체의 집합

복소수 전체의 집합

$\mathbb{Z}_p$ (p는 소수)

나. 사원환에 관하여 알아보자. 사원수의 곱셈의 실수의 곱셈과 어떤 점에서 차이가 있는가?

다. 분모의 유리화와 분모의 실수화를 체의 구조와 관련하여 설명하여라.

≪**정리 9.2**≫ V를 내적공간이라고 할 때, 다음이 성립한다.
가. 임의의 $u \in V$에 대하여 $(0, u)=0$이다.
나. u는 V의 한 벡터라고 하자. 임의의 $v \in V$에 대하여 $(u, v)=0$이면 $u=0$이다.

증명 가. $(\mathbf{0}, u)=(0u, u)=0(u, u)=0$
나. $v=u$라고 하면 $(u, u)=0$이다. 따라서 $u=0$이다. ■

위 증명에서 '가'를 다음과 같이 증명할 수도 있다.

> 먼저, $(\mathbf{0}, u)=(\mathbf{0}+\mathbf{0}, u)=(\mathbf{0}, u)+(\mathbf{0}, u)$이다. 양변에서 $(\mathbf{0}, u)$의 덧셈에 관한 역원을 더하면 $(\mathbf{0}, u)=0$임을 알 수 있다.

표준 내적

벡터공간 $\mathbb{R}^n$에서 임의의 두 벡터, $A=(a_1, \cdots, a_n)$과 $B=(b_1, \cdots, b_n)$에 대하여, $(A, B)=\sum a_i b_i = a_1 b_1 + \cdots + a_n b_n$로 정의되는 함수 $(\cdot, \cdot) : \mathbb{R}^n \times \mathbb{R}^n \to \mathbb{R}$는 내적이 되며, 이를 표준내적(standard inner product)이라고 한다. 표준내적이 정의된 벡터공간 $\mathbb{R}^n$을 유클리드공간(Euclidean space)이라고 하고, 보통 E^n과 같이 나타낸다.

과제 9.3 가. 임의의 두 벡터 $A, B \in \mathbb{R}^3$에 대하여 다음이 성립함을 보여라 : $\|A \times B\| = \|A\| \|B\| \sin\theta$. 여기서 θ는 두 벡터 A, B의 사잇각이다. 이를 증명하는 과정에서 다음을 확

인하여라. 즉, $O(0,\ 0,\ 0)$, $A(a_1,\ a_2,\ 0)$, $B(b_1,\ b_2,\ 0)$을 꼭짓점으로 가지는 평행 사변형의 넓이 S는 다음과 같다.

$$\begin{aligned} S &= \|A\|\|B\|\sin\theta = \|A\times B\| \\ &= \left\| \left(0,\ 0,\ \begin{vmatrix} a_1 & a_2 \\ b_1 & b_2 \end{vmatrix}\right) \right\| \\ &= |a_1b_2 - a_2b_1| \\ &= 2\times\frac{1}{2}\begin{vmatrix} 0 & 0 & 1 \\ a_1 & a_2 & 1 \\ b_1 & b_2 & 1 \end{vmatrix} \end{aligned}$$

나. $\mathbb{R}^3$ 위의 세 점 $A=(a_1,\ a_2,\ a_3)$, $B=(b_1,\ b_2,\ b_3)$, 그리고 $C=(c_1,\ c_2,\ c_3)$과 원점 $O(0,\ 0,\ 0)$으로 이루어지는 육면체의 부피는 $[ABC]$임을 증명하여라. 따라서 A, B, C과 원점을 꼭짓점으로 하는 삼각뿔의 부피는 $\frac{1}{6}[ABC]$이다.

벡터의 정규화

벡터공간 $\mathbb{R}^2$이나 $\mathbb{R}^3$에서 주로 사용하는 표준기저는 각각 $\{(1,\ 0),\ (0,\ 1)\}$와 $\{(1,\ 0,\ 0),\ (0,\ 1,\ 0),\ (0,\ 0,\ 1)\}$이다. 여기에서의 모든 벡터의 노름은 1임을 기억할 필요가 있다.

> **≪정의 9.4≫** V를 내적공간, v를 V의 벡터라고 하자. 만약 $\|v\|=1$. 즉 $(v,\ v)=1$이면 v를 단위(unit)벡터 혹은 정규화되었다(normalized)고 한다.

영벡터 아닌 모든 벡터 $u \in V$는 $v = \dfrac{u}{\|u\|}$에 의하여 정규화된다.

> **≪정의 9.5≫** V를 내적공간이라고 하자. 벡터 $u, v \in V$에 대하여 $(u, v) = 0$일 때 u는 v에 직교한다(수직이다, orthogonal)라고 한다.

내적공간에서 두 벡터 u와 v가 직교할 때, $u \perp v$와 같이 나타낸다. 예를 들어, 벡터공간 $\mathbb{R}^2$에서 표준 내적을 생각하면, $(1, -1) \perp (1, 1)$이다.

> **≪정의 9.6≫** V를 내적공간이라고 하고, $u_1, u_2, \cdots, u_n$을 V의 벡터라고 하자. $i \neq j$, $(u_i, u_j) = 0$일 때 $u_1, u_2, \cdots, u_n$을 직교집합(orthogonal set)이라고 한다. 특히 $(u_i, u_j) = \delta_{ij}$일 때 $u_1, u_2, \cdots, u_n$을 정규직교집합(orthonormal set)이라고 한다. 여기서 δ_{ij}는 크로네커 델타이다.

> **≪정의 9.7≫** $u_1, u_2, \cdots, u_n$를 내적공간 V의 기저라고 하자. $u_1, u_2, \cdots, u_n$가 정규직교집합일 때 $u_1, \cdots, u_n$을 정규직교기저(orthonormal basis)라고 부른다.

예를 들어, 내적공간 $\mathbb{R}^n$의 상용기저 $e_1, e_2, \cdots, e_n$은 정규직교기저이고, $\mathbb{R}^2$에서 $\left\{\left(\frac{1}{\sqrt{2}}, \frac{1}{\sqrt{2}}\right), \left(\frac{1}{\sqrt{2}}, -\frac{1}{\sqrt{2}}\right)\right\}$은 정규직교이다.

이제, 정규벡터 u_1과 영벡터가 아닌 벡터 u_2가 주어질 때, u_2를 적절히 조작하여 u_1과 직교하도록 하고자 한다면, 어떤 과정을 거쳐야 할까? 이 물음에 대해 다음과 같은 직관적인 생각을 할 수 있을 것이다. 즉, 'u_2에서 u_1의 성분을 제거하여 $u_2-(u_1, u_2)u_1$를 생각'하는 것이다. 실제로, $(u_1, u_2-(u_1, u_2)u_1)=(u_1, u_2)-(u_1, u_2)(u_1, u_1)$ $=(u_1, u_2)-(u_1, u_2)=0$이 되어 $u_2-(u_1, u_2)u_1$는 u_1과 직교한다.

서로 직교인 두 정규벡터 u_1, u_2와 영벡터가 아닌 벡터 u_3이 주어질 때, u_3를 적절히 조작하여 u_1과 u_2 모두와 직교하도록 하고자 한다면, 어떤 과정을 거쳐야 할까? 이때에도 u_3에서 u_1의 성분과 u_2의 성분 모두를 제거하여 $u_3-(u_1, u_3)u_1-(u_2, u_3)u_2$를 생각할 수 있을 것이다.

일반적으로 다음이 성립한다.

≪정리 9.8≫ $\{u_1, u_2, \cdots, u_n\}$을 내적공간 V의 정규직교부분집합이라고 하면 다음이 성립한다.

가. $u_1, u_2, \cdots, u_n$은 독립이다.

나. 임의의 $v \in V$에 대하여, 다음의 w는 모든 u_i와 직교한다.

$$w = v - (v, u_1)u_1 - (v, u_2)u_2 - \cdots - (v, u_n)u_n$$

증명 가. $a_1u_1 + \cdots + a_nu_n = \mathbf{0}$이라고 하자.

$$\begin{aligned} 0 &= (\mathbf{0}, u_1) \\ &= (a_1u_1 + \cdots + a_nu_n, u_1) \\ &= a_1(u_1, u_1) + a_2(u_2, u_1) + \cdots + a_n(u_n, u_1) \\ &= a_1 + a_2 \cdot 0 + \cdots + a_n \cdot 0 \\ &= a_1 \end{aligned}$$

같은 방법으로 $i = 2, \cdots, n$에 대하여

$$\begin{aligned} 0 &= (\mathbf{0}, u_i) \\ &= (a_1u_1 + \cdots + a_nu_n, u_i) \\ &= a_1(u_1, u_i) + \cdots + a_i(u_i, u_i) + \cdots + a_n(u_n, u_i) \\ &= a_i \end{aligned}$$

따라서 $\{u_1, \cdots, u_n\}$는 일차독립이다.

나. w가 u_i의 각 벡터와 직교함을 증명하자. 먼저 $i = 1$에 대하여

$$\begin{aligned} (w, u_1) &= (v, u_1) - (v, u_1)(u_1, u_1) \\ &\quad - (v, u_2)(u_2, u_1) - \cdots - (v, u_n)(u_n, u_1) \\ &= (v, u_1) - (v, u_1) \cdot 1 - (v, u_2) \cdot 0 - \cdots - (v, u_n) \cdot 0 \end{aligned}$$

$$= 0$$

즉 w는 u_1에 직교한다. 같은 방법으로 $i=2, \cdots, n$에 대하여

$$\begin{aligned}(w, u_i) &= (v, u_i) - (v, u_1)(u_1, u_i) - \cdots \\ &\quad - (v, u_i)(u_i, u_i) - \cdots - (v, u_n)(u_n, u_i) \\ &= 0\end{aligned}$$

그러므로 $i=1, \cdots, n$에 대하여 w와 u_i는 직교한다. ■

그람-슈밑 직교화과정

내적 공간의 정규직교 기저는 중요한 역할을 한다. 정규직교기저가 항상 존재한다는 것을 다음과 같이 설명할 수 있다. 정규직교기저를 얻는 아래의 과정을 그람-슈밑 직교화과정(Gram-Schmidt orthogonalization process)이라고 한다.

$\{v_1, \cdots, v_n\}$을 내적 공간 V의 임의의 기저라고 하자. 이 기저로부터 정규직교기저 $\{u_1, \cdots, u_n\}$를 구하여 보자. 먼저, $v_1 \neq 0$이므로 $u_1 = v_1/\|v_1\|$이라고 두자. 그러면 $\{u_1\}$은 정규직교집합이다. w_2를 다음과 같이 둔다.

$$w_2 = v_2 - (v_2, u_1)u_1$$

$w_2 = 0$이면 $v_2 = (v_2, u_1)u_1 = kv_1$가 되어 모순이다. 따라서 $w_2 \neq 0$이다. 이때, $u_2 = w_2/\|w_2\|$라고 두면, $\{u_1, u_2\}$는 정규직교집합이다. 이제, 정규 직교 집합 $\{u_1, \cdots, u_i\}$를 구성했다고 하자.

w_{i+1}과 u_{i+1}을 다음과 같이 둔다.

$$w_{i+1}=v_{i+1}-(v_{i+1},\ u_1)u_1-\cdots-(v_{i+1},\ u_i)u_i,$$
$$u_{i+1}=w_{i+1}/\|w_{i+1}\|$$

여기서 $w_{i+1}\neq 0$이다. 왜냐하면, $v_{i+1}\not\in\langle v_1,\ \cdots,\ v_i\rangle=\langle u_1,\ \cdots,\ u_i\rangle$이기 때문이다. 마찬가지로 $\{u_1,\ \cdots,\ u_{i+1}\}$은 역시 정규직교이다. 수학적 귀납법에 의해 독립인 정규직교집합 $\{u_1,\ \cdots,\ u_n\}$을 얻을 수 있다. $\dim V=n$이므로 $\{u_1,\ \cdots,\ u_n\}$은 정규직교기저이다.

위 과정에서 $\langle v_1,\ \cdots,\ v_i\rangle$는 $v_1,\ \cdots,\ v_i$에 의하여 생성되는 V의 부분공간을 나타낸다.

한 예를 들어보자.

다음은 벡터공간 $\mathbb{R}^3$의 기저이다.

$$\{v_1=(0,\ 0,\ 1),\ v_2=(0,\ 1,\ 1),\ v_3=(1,\ 1,\ 1)\}$$

그람-슈밑 직교화과정을 사용하여 정규직교기저 $\{u_1,\ u_2,\ u_3\}$을 다음과 같이 구할 수 있다.

$\|v_1\|=1$이므로 $u_1=v_1$이다. 다음으로

$$\begin{aligned}w_2&=v_2-(v_2,\ u_1)u_1\\&=(0,\ 1,\ 1)-(0,\ 0,\ 1)\end{aligned}$$

$$=(0,\ 1,\ 0).$$

$\|w_2\|=1$이므로 $u_2=w_2$이다. 마지막으로

$$\begin{aligned} w_3 &= v_3-(v_3,\ u_1)u_1-(v_3,\ u_2)u_2 \\ &=(1,\ 1,\ 1)-(0,\ 0,\ 1)-(0,\ 1,\ 0) \\ &=(1,\ 0,\ 0). \end{aligned}$$

$\|w_3\|=1$이므로 $u_3=w_3$이다. 따라서 구하고자 하는 정규직교 기저는 다음과 같다.

$$\{u_1=(0,\ 0,\ 1)),\ u_2=(0,\ 1,\ 0),\ u_3=(1,\ 0,\ 0)\}$$

참고로, 정규직교기저에 그람-슈밀 직교화과정을 적용하면 원래와 같은 기저를 얻는다.

> **≪정리 9.9≫** W는 내적공간 V의 부분공간이라고 하자. V의 정규직교기저의 일부분이 되는 W의 정규직교기저가 존재한다.

증명 $\dim V=n$이라고 하자. $\{v_1,\ \cdots,\ v_r\}$을 W의 기저라고 하고, $\{v_1,\ \cdots,\ v_r,\ v_{r+1},\ \cdots,\ v_n\}$을 V의 기저라고 하자. 그러면 $\{v_1,\ \cdots,\ v_n\}$에 그람-슈밀 직교화과정을 적용하여, V의 정규직교기저 $\{u_1,\ \cdots,\ u_n\}$을 얻을 수 있다. $u_1,\ u_2,\ \cdots,\ u_r$가 W의 벡터이므로 $\{u_1,\ \cdots,\ u_r\}$는 W의 정규직교기저이다. ■

벡터공간의 기저 $\{u_1,\ u_2,\ \cdots,\ u_n\}$이 하나 주어지면, 모든 벡터

의 좌표가 결정된다. 주어진 벡터 v의 좌표를 구하기 위해서는 v를 $u_1, u_2, \cdots, u_n$의 일차결합으로 나타내어야 한다. 이는 미지수가 n개인 일차연립방정식을 푸는 문제이다.

다음 정리로부터 직교 기저의 유용성을 알 수 있다.

≪정리 9.10≫ $\{u_1, u_2, \cdots, u_n\}$가 내적공간 V의 직교 기저이면, 임의의 $v \in V$에 대하여 $v = \sum_{i=1}^{n} \frac{(u_i, v)}{(u_i, u_i)} u_i$이다.

증명 $v = \lambda_1 u_1 + \lambda_2 u_2 + \cdots + \lambda_n u_n$이라고 하면 다음이 성립한다.

$$(u_i, v) = \lambda_1 (u_i, u_1) + \cdots + \lambda_i (u_i, u_i) + \cdots + \lambda_n (u_i, u_n) = \lambda_i (u_i, u_i)$$

따라서 $\lambda_i = \frac{(u_i, v)}{(u_i, u_i)}$이다. ■

위 정리에서 $\{u_1, u_2, \cdots, u_n\}$가 내적공간 V의 정규직교 기저이면, 임의의 $v \in V$에 대하여 $v = \sum_{i=1}^{n} (u_i, v) u_i$임을 알 수 있다.

다음과 같은 예를 들 수 있다.

가. $\mathbb{R}^2$에서 기저 $\{(1, 1), (1, -1)\}$은 직교 기저이다.
이제, $u_1 = (1, 1)$, $u_2 = (1, -1)$, $v = (3, 4)$라고 하자. $v = \lambda_1 u_1$

$+\lambda_2 u_2$에서 $\lambda_1 = \dfrac{(u_1, v)}{(u_1, u_1)} = \dfrac{7}{2}$, $\lambda_2 = \dfrac{(u_2, v)}{(u_2, u_2)} = \dfrac{-1}{2}$임을 알 수 있다. 따라서 다음이 성립한다.

$$(3, 4) = \frac{7}{2}(1, 1) - \frac{1}{2}(1, -1)$$

나. $\mathbb{R}^2$에서의 정규직교기저 $\left\{\left(\dfrac{1}{\sqrt{2}}, \dfrac{1}{\sqrt{2}}\right), \left(\dfrac{1}{\sqrt{2}}, -\dfrac{1}{\sqrt{2}}\right)\right\}$에 대하여 벡터 (1, 1)의 좌표를 다음과 같이 구할 수 있다. 즉, $\left((1, 1), \left(\dfrac{1}{\sqrt{2}}, \dfrac{1}{\sqrt{2}}\right)\right) = \sqrt{2}$이고 $\left((1, 1), \left(\dfrac{1}{\sqrt{2}}, \dfrac{-1}{\sqrt{2}}\right)\right) = 0$이므로 $(1, 1) = \sqrt{2}\left(\dfrac{1}{\sqrt{2}}, \dfrac{1}{\sqrt{2}}\right) + 0\left(\dfrac{1}{\sqrt{2}}, \dfrac{-1}{\sqrt{2}}\right)$이나. 따라서 (1, 1)의 좌표는 $(\sqrt{2}, 0)$이다.

다. $\mathbb{R}^3$에서 표준기저 {(1, 0, 0), (0, 1, 0), (0, 0, 1)}는 정규직교기저이다.

이제, $e_1 = (1, 0, 0)$, $e_2 = (0, 1, 0)$, $e_3 = (0, 0, 1)$, $v = (2, 3, 7)$라고 하자. 이때, $v = \lambda_1 e_1 + \lambda_2 e_2 + \lambda_3 e_3$에서, 다음과 같음을 알 수 있다.

$$\lambda_1 = ((2, 3, 7), (1, 0, 0)) = 2, \quad \lambda_2 = ((2, 3, 7), (0, 1, 0)) = 3,$$
$$\lambda_3 = ((2, 3, 7), (0, 0, 1)) = 7$$

여러 가지 식

내적공간에서는 여러 가지 등식이나 부등식을 쉽게 유도할 수 있다.

≪정리 9.11≫ 내적공간 V의 임의의 두 벡터 $u, v \in V$에 대하여 다음이 성립한다.

$$|(u, v)| \le \|u\| \|v\|$$

여기서 등호가 성립하기 위한 필요충분조건은 두 벡터가 일차종속인 것이다.

증명 먼저 $v \ne \mathbf{0}$라고 하자. 임의의 실수 값 t에 대하여 다음이 성립한다.

$$\begin{aligned} 0 \le \|u-(u, v)tv\|^2 &= (u-(u, v)tv, u-(u, v)tv) \\ &= (u, u)-(u, v)t(u, v) \\ &\quad -(u, v)t(v, u)+(u, v)(u, v)t^2(v, v) \\ &= \|u\|^2-2|(u, v)|^2t+|(u, v)|^2\|v\|^2t^2 \end{aligned}$$

여기에서 $t=1/\|v\|^2$라고 두면 $0 \le \|u\|^2-\dfrac{|(u, v)|^2}{\|v\|^2}$이다. 그러므로 $|(u, v)|^2 \le \|u\|^2\|v\|^2$이다. 한편, $|(u, v)| \ge 0$이고 $|u| \ge 0$이므로 정리가 성립한다. 이제, $\{u, v\}$가 일차종속이라면 등호가 성립함을 쉽게 알 수 있다. 한편, 위 식에서 등호가 성립한다고 하면, 위 증명 과정을 거슬러 올라가 다음을 알 수 있다.

$0=\left\|u-\dfrac{(u, v)}{\|v\|^2}v\right\|$. 결국 $\{u, v\}$는 일차종속이다. ■

위 정리에서의 부등식을 코시-슈바르츠 부등식(Cauchy-Schwartz inequality)이라고 한다.

과제 9.12 위 부등식을 유클리드공간에서의 표준 내적을 사용하여 나타내어보아라.

$\mathbb{R}^2$와 $\mathbb{R}^3$에서 두 벡터의 내적과 두 벡터의 사잇각 사이에는 밀접한 관계가 있다(과제 9.3가 (1)). 일반적인 $\mathbb{R}^n$, $n \geq 4$에서도 사잇각을 생각할 수 있을까?

실제로, 코시-슈바르츠 부등식으로부터 $\mathbb{R}^3$와 $\mathbb{R}^n$을 포함하는 모든 내적공간에서 두 벡터의 사잇각을 정의할 수 있다.

코시-슈바르츠 부등식에 의하면, 임의의 내적공간 V에서 임의의 두 벡터 u, v에 대하여 다음이 성립함을 알 수 있다.

$$-1 \leq \frac{(u, v)}{\|u\|\|v\|} \leq 1$$

따라서 다음 조건을 만족시키는 실수 θ가 유일하게 존재한다.

$$\cos\theta = \frac{(u, v)}{\|u\|\|v\|}, \ 0 \leq \theta \leq \pi$$

이러한 θ를 두 벡터 u, v 사이의 각(angle)이라고 정의할 수 있다.

이 정의에 의해서도 다음을 알 수 있다. 즉, 내적공간 V의 임의의 두 벡터 u, v가 직교, 즉 $(u, v)=0$이기 위한 필요충분조건은 $\theta = \frac{\pi}{2}$이다.

과제 9.13 가. 두 변수 x, y가 $x^2+y^2=4$를 만족시킬 때 $3x+4y$의 최댓값을 다음 절차에 따라 구하여라.

(1) $(a^2+b^2)(x^2+y^2) \geq (ax+by)^2$을 코시-슈바르츠 부등식을 이용하여 설명하여라.

(2) 식 $(a^2+b^2)(x^2+y^2) \geq (ax+by)^2$의 우변을 좌변에 이항하고 전개하여 그 부등식을 증명하여라.

(3) 위 두 증명에서 등식은 언제 성립하는지 일차종속성 개념과 결부지어 살펴보아라.

(4) $(3x+4y)^2$의 최댓값은 $(3^2+4^2)(x^2+y^2)=100$이라고 주장할 수 있는가? 그 이유를 설명하여라.

(5) $(3x+4y)^2$의 최댓값을 구하고, 그 최댓값을 가지는 x, y를 구하여라.

나. 반지름이 5인 원에 내접하는 직(정)사각형 중에서 넓이가 최대인 것을 구하고, 그때의 가로와 세로의 길이는 각각 얼마인지 다음 절차에 따라 구하여라.

(1) 위 문제는 두 변수 x, y가 $x^2+y^2=25$를 만족시킬 때 xy의 최댓값을 구하는 문제와 같음을 설명하여라.

(2) xy의 최댓값을 구하기 위하여 $(xy)^2$의 최댓값을 먼저 구하여 그 값의 양의 제곱근을 구하면 됨을 설명하여라.

다. 위 '나'의 문제를 산술평균과 기하평균 사이의 대소 관계를 이용하여 풀어라.

라. 다음 물음에 답하여라.

(1) 세 변의 길이가 각각 3, 4, 5인 직각삼각형 내부의 한 점 P에서 각 변에 내린 수선의 길이를 a, b, c라고 할

때, $a^2+b^2+c^2$의 최솟값을 구하여라.

(2) 위 문제를 산술평균과 기하평균 사이의 대소 관계를 이용하여 다음과 같이 풀었다면, 어디가 잘못인지 논의하여라.

$a^2+b^2+c^2 \geq 3\times\sqrt[3]{a^2b^2c^2}$에서 등식은 $a=b=c$일 때 성립한다. 한편, $3a+4b+5c=12$이므로 $a=b=c=1$이다. 따라서 구하는 최솟값은 3이다.

≪**정리 9.14**≫ V가 내적공간이라고 하자. 임의의 벡터 u, $v\in V$에 대하여 다음이 성립한다.

$$\|u+v\|\leq\|u\|+\|v\|,\ \|u-v\|\geq|\|u\|-\|v\||$$

증명 $\|u+v\|^2=(u+v,\ u+v)$
$$=(u,\ u)+(u,\ v)+(v,\ u)+(v,\ v)$$
$$=\|u\|^2+(u,\ v)+(u,\ v)+\|v\|^2$$
$$=\|u\|^2+2(u,\ v)+\|v\|^2$$
$$\leq\|u\|^2+2\|u\|\|v\|+\|v\|^2$$
$$=(\|u\|+\|v\|)^2$$

그러므로 $\|u+v\|\leq\|u\|+\|v\|$이다. ■

위 정리에서의 부등식을 민코브스키 부등식(Minkowski inequality)이라고 한다.

과제 9.15 가. 정리 9.18에서 $\|u-v\|\geq|\|u\|-\|v\||$를 증명하여라.

나. 민코브스키 부등식을 삼각부등식(triangular inequality)이라고도 한다. 위 부등식을 2차원 유클리드공간에서 그림으로 설명하여라.

다. 다음에 관하여 조사하여라.

(1) 코시-슈바르츠 부등식과 통계학에서의 코시-슈바르츠 부등식 사이의 관계

(2) 아인슈타인과 민코브스키와의 관계

(3) 민코브스키 기하

(4) 갈로아와 코오시와의 관계

(5) 코오시의 해석학적 업적

≪**정리 9.16**≫ V가 내적공간이라고 하자. 임의의 두 벡터 $u, v \in V$가 직교하면 다음이 성립한다.

$$\|u+v\|^2 = \|u\|^2 + \|v\|^2$$

증명

$$\begin{aligned}\|u+v\|^2 &= (u+v,\ u+v)\\ &= (u,\ u)+(u,\ v)+(v,\ u)+(v,\ v)\\ &= \|u\|^2+(u,\ v)+(u,\ v)+\|v\|^2\\ &= \|u\|^2+2(u,\ v)+\|v\|^2\\ &= \|u\|^2+\|v\|^2\end{aligned}$$

■

위 정리는 피타고라스(Pythagoras) 정리이다.

과제 9.17 가. 피타고라스 정리의 여러 가지 증명에 관하여 알

아보아라.

나. 위 등식을 2차원 유클리드공간에서 그림으로 설명하여라.

다. '삼각형의 세 수선은 한 점에서 만난다'는 사실을 논증기하적인 방법과 해석기하적인 방법으로 각각 증명하고, 두 방법을 비교하여라. 삼각형의 오심 모두에 관하여 같은 문제를 풀어보아라.

내적공간에서는 거리함수를 정의할 수 있다. 예를 들어, 표준 내적인 정의되는 $\mathbb{R}^2$에서 두 벡터 $\vec{a}=(a_1, a_2)$, $\vec{b}=(b_1, b_2)$에 대하여 두 벡터 사이의 거리는 보통 $\|\vec{a}-\vec{b}\|=\sqrt{(a_1-b_1)^2+(a_2-b_2)^2}$와 같이 정의된다.

다음 정리는 부호론에서 활용한다.

≪정리 9.18≫ V를 내적공간이라고 하고, 함수 d를 다음과 같이 정의하자.

$$\forall u, v \in V,\ d(u, v)=\|u-v\|$$

그러면 d는 V 위의 거리(metric)이다. 즉, d는 다음 성질을 만족시킨다.

가. $d(u, v) \geq 0$, $d(u, v)=0 \Leftrightarrow u=v$

나. $d(u, v)=d(v, u)$

다. $d(u, w) \leq d(u, v)+d(v, w)$, $u, v, w \in V$

증명 '가'와 '나'는 노름의 정의로부터 분명하다. 이제, $u-w=(u-v)+(v-w)$이므로 민코브스키 부등식에 의하여 $d(u, w) \le d(u, v)+d(v, w)$이다. ■

*직교군

제V장에서 $\mathbb{R}^2$에서의 등거리변환에 대하여 알아보았다. 실제로, 평행이동, 회전, 반사, 그리고 미끄럼반사는 각각

$$\begin{bmatrix} 1 & 0 & e \\ 0 & 1 & f \\ 0 & 0 & 1 \end{bmatrix}, \begin{bmatrix} \cos\theta & -\sin\theta & 0 \\ \sin\theta & \cos\theta & 0 \\ 0 & 0 & 1 \end{bmatrix},$$

$$\begin{bmatrix} \cos\theta & \sin\theta & 0 \\ \sin\theta & -\cos\theta & 0 \\ 0 & 0 & 1 \end{bmatrix}, \begin{bmatrix} \cos\theta & \sin\theta & e \\ \sin\theta & -\cos\theta & f \\ 0 & 0 & 1 \end{bmatrix}$$

로 표현된다는 사실을 알았다.

이제, 이 모든 행렬에서 3행과 3열을 제거한 2×2 행렬 $\begin{bmatrix} a & b \\ c & d \end{bmatrix}$의 특징은 다음과 같다.

- 두 행벡터는 서로 직교한다.
- 두 열벡터는 서로 직교한다.
- 모든 행벡터와 열벡터는 정규벡터이다.

따라서 $A=\begin{bmatrix} a & b \\ c & d \end{bmatrix}$에 대하여 $AA^T=A^TA=I$임을 알 수 있다.

과제 9.19 정칙행렬 A에 대하여 $A^{-1}=A^T$일 때, A를 직교

(orthogonal)행렬이라고 한다. 직교행렬에 관한 다음 사실을 확인하여라.

가. 정칙행렬 A가 직교행렬이기 위한 필요충분조건은 A의 행(열)집합이 직교정규집합(orthonormal set)인 것이다.

나. 정칙행렬 $A=\begin{bmatrix} a & b \\ c & d \end{bmatrix}$가 직교행렬이면 다음이 성립한다.

(1) $a^2+b^2=c^2+d^2=1$

(2) $ac+bd=ab+cd=0$

(3) $|A|=\pm 1$이다.

다. 정칙행렬 A가 대칭행렬이면 $P^{-1}AP=D$를 만족시키는 직교행렬 P가 존재한다. 여기서 D는 A의 고유치에 의한 대각행렬이다.

라. 치환행렬은 직교행렬이다.

이와 관련하여 직교군(orthogonal group)과 특수직교군(special orthogonal group)에 대하여 알아보자.

일반적으로, n이 1 또는 2인 경우에 n차 직교군 $O(n)$과 특수직교군 $SO(n)$은 다음과 같이 정의된다.[17)]

$$O(n)=\{A\in Mat_n(\mathbb{R})\,|\,AA^T=A^TA=I\}$$
$$SO(n)=\{A\in O(n)\,|\,\det A=1\}$$

여기서 다음 사실을 쉽게 확인할 수 있다.

---

17) n이 3 이상인 경우의 논의는 이 책에서 생략한다.

- $A \in O(n)$이면 $|A| = \pm 1$이다.
- $A \in O(n)$이기 위한 필요충분조건은 $A^{-1} = A^T$이다.
- $A = \begin{bmatrix} a & b \\ c & d \end{bmatrix} \in O(n)$이면 $A^{-1} = \dfrac{1}{ad-bc}\begin{bmatrix} d & -b \\ -c & a \end{bmatrix}$이므로 A는 $\begin{bmatrix} a & -b \\ b & a \end{bmatrix}$이든가 $\begin{bmatrix} a & b \\ b & -a \end{bmatrix}$이다. 이제, $|A| = \pm 1$이므로 $A = \begin{bmatrix} \cos\theta & -\sin\theta \\ \sin\theta & \cos\theta \end{bmatrix}$ 또는 $A = \begin{bmatrix} \cos\theta & \sin\theta \\ \sin\theta & -\cos\theta \end{bmatrix}$이다.

다음을 알 수 있다.

- n이 1인 경우에는 $O(1) = \{1, -1\}$이다. 이는 한 선분의 대칭군이다.
- n이 2인 경우에는 다음을 알 수 있다.

$$O(2) = \left\{ \begin{bmatrix} \cos\theta & -\sin\theta \\ \sin\theta & \cos\theta \end{bmatrix} \middle| 0 \le \theta < 2\pi \right\}$$
$$\cup \left\{ \begin{bmatrix} \cos\theta & \sin\theta \\ \sin\theta & -\cos\theta \end{bmatrix} \middle| 0 \le \theta < 2\pi \right\}$$
$$SO(2) = \left\{ \begin{bmatrix} \cos\theta & -\sin\theta \\ \sin\theta & \cos\theta \end{bmatrix} \middle| 0 \le \theta < 2\pi \right\}$$

$O(2)$는 평면 위에서 원의 대칭군이다. 사실, $SO(2)$는 회전 전체의 집합이고 $O(2) - SO(2)$는 반사 전체의 집합이다.

***과제 9.20** 공간($\mathbb{R}^3$)에서의 회전변환에 대하여 조사하여라.

*푸리에급수

$C[-\pi, \pi]$을 $[-\pi, \pi]$에서 연속인 실(real-valued) 함수 전체의 집합이라고 하면 이 집합은 덧셈과 스칼라 배가 잘 정의되어 벡

터공간이 됨을 알 수 있다. 이제, 임의의 f, $g \in C[-\pi, \pi]$에 대하여 $(f, g) = \int_{-\pi}^{\pi} f(x)g(x)dx$라고 정의하면, 내적공간의 모든 성질을 만족시키므로 $C[-\pi, \pi]$은 내적공간이다.

과제 9.21 $(f, f) = 0$이면 $f = 0$임을 증명하여라.

다음 집합을 생각해보자.

$$\left\{ \frac{1}{\sqrt{2\pi}}, \frac{1}{\sqrt{\pi}} \cos mx, \frac{1}{\sqrt{\pi}} \sin nx \,\middle|\, m, n \in \mathbb{N} \right\}$$

이 집합은 $C[-\pi, \pi]$의 정규직교집합이다. 실제로 다음을 알 수 있다.

- $\int_{-\pi}^{\pi} \left(\frac{1}{\sqrt{2\pi}} \right)^2 dx = 1$
- $\int_{-\pi}^{\pi} \left(\frac{1}{\sqrt{\pi}} \cos mx \right)^2 dx = \frac{1}{\pi} \int_{-\pi}^{\pi} \cos mx \cos mx dx = 1$
- $\int_{-\pi}^{\pi} \left(\frac{1}{\sqrt{\pi}} \sin nx \right)^2 dx = \frac{1}{\pi} \int_{-\pi}^{\pi} \sin nx \sin nx dx = 1$
- $\int_{-\pi}^{\pi} \cos mx dx = 0$
- $\int_{-\pi}^{\pi} \sin nx dx = 0$
- $\int_{-\pi}^{\pi} \cos mx \sin nx dx = 0$

- $\int_{-\pi}^{\pi} \cos nx \cos mxdx = 0, \ m \neq n$
- $\int_{-\pi}^{\pi} \sin nx \sin mxdx = 0, \ m \neq n$

따라서 $C[-\pi, \pi]$는 무한차원 벡터공간임을 알 수 있다. 사실, 위 집합은 $C[-\pi, \pi]$의 기저이다(Stoll, 2001).

임의의 함수 $f \in C[-\pi, \pi]$는 다음과 같이 나타낼 수 있다.

$$f(x) = a_0 \frac{1}{\sqrt{2\pi}} + \sum_{m=1}^{\infty} a_m \cos mx + \sum_{n=1}^{\infty} b_n \sin nx$$

이때, $\left\{ \frac{1}{\sqrt{2\pi}}, \frac{1}{\sqrt{\pi}} \cos mx, \frac{1}{\sqrt{\pi}} \sin nx \middle| m, n \in \mathbb{N} \right\}$는 정규직교기저이므로 다음이 성립한다.

$$a_0 = \left(f(x), \frac{1}{\sqrt{2\pi}} \right) = \frac{1}{\sqrt{2\pi}} \int_{-\pi}^{\pi} f(x) dx$$

$$a_m = \left(f(x), \frac{1}{\sqrt{\pi}} \cos mx \right) = \frac{1}{\sqrt{\pi}} \int_{-\pi}^{\pi} f(x) \cos mxdx, \quad m = 1, 2, 3 \cdots$$

$$b_n = \left(f(x), \frac{1}{\sqrt{\pi}} \sin nx \right) = \frac{1}{\sqrt{\pi}} \int_{-\pi}^{\pi} f(x) \sin nxdx, \quad n = 1, 2, 3 \cdots$$

함수 $f(x)$의 '푸리에급수(Fourier series)'라는 것은 $f(x)$를 다음

과 같은 꼴로 나타낸 것이다.

$$f(x)=a_0+\sum_{n=1}^{\infty}(a_n \cos nx+b_n \sin nx)$$

여기서, 푸리에계수(Fourier coefficients)는 다음과 같이 주어진다.

$$a_0=\frac{1}{2\pi}\int_{-\pi}^{\pi}f(x)dx$$

$$a_m=\frac{1}{\pi}\int_{-\pi}^{\pi}f(x)\cos mxdx,\ m=1,\ 2,\ \cdots$$

$$b_m=\frac{1}{\pi}\int_{-\pi}^{\pi}f(x)\sin mxdx,\ m=1,\ 2,\ \cdots$$

과제 9.22 가. 다음을 확인하여라.

$$\int_{-\pi}^{\pi}\cos nx \cos mxdx=\pi\delta_{mn}$$

$$\int_{-\pi}^{\pi}\sin nx \sin mxdx=\pi\delta_{mn}$$

여기서 δ_{mn}은 크로네커델타이다.

나. 다음 함수의 푸리에급수를 구하여라.

(1) $f(x)=x,\ -\pi\le x\le\pi$

(2) $f(x)=x^2,\ -\pi\le x\le\pi$

다. $f(x)=x,\ -\pi\le x\le\pi$의 푸리에급수를 이용하여 $1-\frac{1}{3}+\frac{1}{5}$

$-\frac{1}{7}+\cdots=\frac{\pi}{4}$ 임을 설명하여라.

라. $f(x)=x^2,\ -\pi\leq x\leq\pi$ 의 푸리에급수를 이용하여 $1+\frac{1}{4}+\frac{1}{9}+\frac{1}{16}+\cdots=\frac{\pi^2}{6}$ 이고 $1-\frac{1}{4}+\frac{1}{9}-\frac{1}{16}+\cdots=\frac{\pi^2}{12}$ 임을 설명하여라.

지금까지는 연속함수의 푸리에급수를 생각하였으나, 사실은 연속이 아닌 함수(특히, 주기가 2π 인 주기함수)에 대해서도 푸리에급수를 생각할 수 있다.

과제 9.23 다음을 확인하여라.

가. 주기가 2π 인 함수 $f(x)=\begin{cases}1, & -\pi<x<0\\ -1, & 0\leq x<\pi\end{cases}$ 의 푸리에급수는 다음과 같다.

$$f(x)=\frac{4}{\pi}\left(\sin x+\frac{1}{3}\sin 3x+\frac{1}{5}\sin 5x+\cdots\right)$$

나. $1-\frac{1}{3}+\frac{1}{5}-\frac{1}{7}+\cdots=\frac{\pi}{4}$

⋆직교 보공간

$\mathbb{R}^2$ 에서 x-축에 있는 모든 벡터는 y-축에 있는 모든 벡터와 직교한다. 더 나아가, x-축에 있는 모든 벡터와 직교인 벡터 전체의 집합은 y-축에 있는 벡터 전체의 집합이다.

여기서, x-축에 있는 벡터 전체의 집합은 $\mathbb{R}^2$의 부분공간이고, y-축에 있는 벡터 전체의 집합도 $\mathbb{R}^2$의 부분공간이다.

≪정의 9.24≫ W를 내적공간 V의 부분공간이라고 하자. 다음과 같이 정의되는 $W^{\perp}$를 W의 직교 보공간(orthogonal complement)이라고 부르고 'W perp'라고 읽는다.

$$W^{\perp}=\{x\in V \mid (x,\ w)=0,\ \forall w\in W\}$$

다음이 성립한다.

≪정리 9.25≫ V를 내적공간이라고 하자. $W\leq V$이면 $W^{\perp}\leq V$이다.

증명 분명히 $0\in W^{\perp}$. $u,\ v\in W^{\perp}$이라면 임의의 스칼라 $\alpha,\ \beta$와 임의의 $w\in W$에 대하여

$$(\alpha u+\beta v,\ w)=\alpha(u,\ w)+\beta(v,\ w)=\alpha\cdot 0+\beta\cdot 0=0$$

이다. 따라서 $\alpha u+\beta v\in W^{\perp}$이므로 $W^{\perp}$는 V의 부분공간이다. ■

$\mathbb{R}^2$의 모든 벡터는 x-축에 있는 벡터 하나와 y-축에 있는 벡터 하나의 합성으로 나타낼 수 있다. 또, x-축과 y-축 모두에 속하는 벡터는 영벡터뿐이다.

벡터공간 V의 두 부분공간 W_1, W_2에 대하여 $V=W_1+W_2$이고 $W_1 \cap W_2=\{0\}$일 때, V는 W_1, W_2의 직합(direct sum)이라고 하고 $V=W_1 \oplus W_2$와 같이 나타낸다.

> ≪**정리 9.26**≫ W가 내적공간 V의 부분공간이면 $V=W \oplus W^{\perp}$이다.

증명 $\dim V=n$이라고 하자. 먼저, $\{u_1, \cdots, u_r\}$가 W의 정규직교기저가 되는 V의 정규직교기저 $\{u_1, \cdots, u_n\}$을 잡을 수 있다. $\{u_1, \cdots, u_n\}$이 정규직교이므로 $u_{r+1} \cdots, u_n \in W^{\perp}$이다. $v \in V$, $v=a_1u_1 + \cdots + a_ru_r + a_{r+1}u_{r+1} + \cdots + a_nu_n$이라고 하자. 이제, $a_1u_1 + \cdots + a_ru_r \in W$, $a_{r+1}u_{r+1} + \cdots + a_nu_n \in W^{\perp}$이므로 $V=W+W^{\perp}$이다. 한편, $w \in W \cap W^{\perp}$이면$(w, w)=0$이므로 $w=\mathbf{0}$이다. 따라서 $W \cap W^{\perp}=0$이고, 결국 $V=W \oplus W^{\perp}$이다. ■

> ≪**정리 9.27**≫ W가 내적공간 V의 부분공간이라고 하면 다음이 성립한다.
>
> 가. $W \leq W^{\perp\perp}$
>
> 나. V가 유한차원이면 $W=W^{\perp\perp}$이다. 여기서 $W^{\perp\perp}=(W^{\perp})^{\perp}$이다.

증명 가. $w \in W$라고 하자. 임의의 벡터 $v \in W^{\perp}$에 대하여 $(w, v)=0$이므로 $w \in W^{\perp\perp}$이다. 그러므로 $W \leq W^{\perp\perp}$이다.

나. V를 유한차원이라고 하면 $V=W \oplus W^{\perp}$이고 $V=W^{\perp} \oplus W^{\perp\perp}$

이다. 따라서 $\dim W = \dim V - \dim W^{\perp}$, $\dim W^{\perp\perp} = \dim V - \dim W^{\perp}$. 이제, $\dim W = \dim W^{\perp\perp}$이고 $W \le W^{\perp\perp}$이므로 $W = W^{\perp\perp}$이다. ■

한 예로서 다음을 살펴보자.

다음의 동차연립방정식을 생각하자.

$$\begin{cases} a_{11}x_1 + a_{12}x_2 + \cdots + a_{1n}x_n = 0 \\ a_{21}x_1 + a_{22}x_2 + \cdots + a_{2n}x_n = 0 \\ \cdots\cdots\cdots\cdots\cdots\cdots\cdots\cdots\cdots \\ a_{m1}x_1 + a_{m2}x_2 + \cdots + a_{mn}x_n = 0 \end{cases}$$

여기서 $A = [a_{ij}]_{m \times n}$을 위 연립방정식의 계수행렬이라고 하고, W를 위 동차연립방정식의 해공간이라고 하면 다음이 성립한다.

가. W는 선형 사상 A의 핵이다. 즉 $W = \text{Ker}\, A$이다.

나. $W = \langle A_{(1)}, A_{(2)}, \cdots, A_{(m)} \rangle^{\perp}$. 여기서 $A_{(i)}$는 행렬 A의 i번째 행을 나타낸다.

그러므로 W는 A의 행공간의 직교 보공간이다.

뒷 이야기

1. 다음을 확인하여라.

n을 하나의 자연수라고 하고, $\mathbb{C}^n = \{(z_1, z_2, \cdots, z_n) | z_i \in \mathbb{C}, i=1, 2, \cdots, n\}$이라고 하자. $\mathbb{C}^n$의 원소 $z=(z_1, z_2, \cdots, z_n)$, $w=(w_1, w_2, \cdots, w_n)$과 $\mathbb{C}$의 원소 k에 대해서 다음과 같이 정의하자.

$$z+w=(z_1+w_1, z_2+w_2, \cdots, z_n+w_n)$$
$$kz=(kz_1, kz_2, \cdots, kz_n)$$

그러면 $\mathbb{C}^n$은 $\mathbb{C}$의 원소, 즉 복소수가 스칼라인 벡터공간이고, $\mathbf{0}=(0, 0, \cdots, 0)$, $-z=(-z_1, -z_2, \cdots, -z_n)$이다.

*2. 김응태·박승안(2000)을 참고하여 복소 내적 공간에 대해서 조사하여라.

가. 표준 내적(Hermitian product)

$X=(x_1, \cdots, x_n)$와 $Y=(y_1, \cdots, y_n)$에 대하여

$$(X, Y)=x_1\overline{y_1}+\cdots+x_n\overline{y_n}$$

와 같이 정의하면 다음이 성립한다.

(1) $(v, w)=\overline{(w, v)}$

(2) $(u, v+w)=(u, v)+(u, w)$

(3) $(au, v)=a(u, v)$, $(u, av)=\overline{a}(u, v)$

나. $X=(1, i)$이면, $X \cdot X=0$이다. 또, $X=(1, 2i)$이면, $X \cdot X=$

-3이다.

*3. 김응태·박승안(2000)을 참고하여 다음에 대하여 조사하여라.

가. 직교 변환

(1) 유클리드공간에서 거리를 보존하는 선형변환을 직교변환(orthogonal transformation)이라고 한다.

(2) 직교변환은 각을 보존한다.

(3) 유클리드공간 E^n에서의 직교변환 $L : E^n \to E^n$를 E^n의 직교정규기저에 대하여 행렬로 표현하면 그 행렬은 직교행렬이다.

나. 2차원 유클리드 평면에서의 직교 변환

다. 3차원 유클리드공간에서의 직교 변환

라. 유니타리(unitary) 행렬, 유니타리 변환

마. 에르미드(Hermitian) 행렬, 에르미트 변환

*4. 윤종국(2009) 또는 전대호(2002) 등을 참조하여 유클리드 기하학과 $\mathbb{R}^n$과의 관계, 유클리드 기하학과 뉴턴(Newton) 물리학과의 관계 등을 다음 주제를 중심으로 알아보아라.

- $\mathbb{R}^2$와 $\mathbb{R}^3$에서의 해석기하학(analytic geometry)
- 해석기하학을 통한 유클리드 기하학의 발전
- $\mathbb{R}^3$에서의 뉴턴 물리학의 구현
- 특수상대성이론, 시공간, 민코브스키(Minkowski) 공간
- 민코브스키 공간과 유클리드공간과의 차이. 사실, 벡터공간 $\mathbb{R}^4$에 정의되는 내적(inner product)이 다르다. 내적에 대해서

는 뒤에서 논의한다.

- 민코브스키 기하학과 유클리드 기하학
- 유클리드 기하학에서의 선형대수학의 역할

*5. 전대호(2002) 등을 참조하여 다음에 관하여 개략적으로 알아보아라.

비유클리드공간, 비유클리드 기하학, 리이만 기하학, 상대성 이론, 끈이론(String Theory)

*6. 조영수 · 강주호 · 신현용(2007) 등을 참고하여 다음에 관하여 조사하여라.

선형범함수(linear functional), 쌍대공간(dual space), 사영사상(projection mapping), 트레이스사상(trace mapping), 일차형식(linear form), 쌍대기저(dual basis), 제2의 쌍대기저(the second dual space)

*7. Kaye, Laflamme, & Mosca(2007)을 참고하여 양자역학에서의 다음에 관하여 조사하여라.

Dirac 표기법, 텐서곱(tensor product), 퀀텀비트(qubit)의 행렬 표현, 복소 행렬의 유용성, 유한차원 복소 벡터공간으로서의 힐버트공간(Hilbert space)

8. '자료 : 수학판타지1'과 '자료 : 수학판타지2'를 참고하여 피타고라스정리와 관련하여 피타고라스 음계, 피타고라스 세 수, 무리수 등에 관하여 조사하여라.

X

응용

지난 줄거리

1. 다음 용어를 모두 사용하여 작문하여라.
   (1) 좌표평면, 표준내석, 내적공간, 유클리드공간
   (2) 정규벡터, 두 벡터의 직교, 정규직교기저, 그람-슈미트 과정

2. 2차원 유클리드공간에서 코시-슈바르츠 부등식이 뜻하는 바는 무엇인가?

3. 그람-슈밑 직교화과정을 통하여 다음 기저를 직교화하여라.

$$\{(1,\ 1,\ 0),\ (1,\ 0,\ 1),\ (0,\ 1,\ 1)\}$$

4. $[-\pi,\ \pi]$ 위에 정의된 함수 $f(x)=x$의 푸리에급수를 구하여라.

이번 줄거리

1. 여러 가지 실례를 통하여 대수학, 특히 선형대수학의 유용성을 인식한다.

2. 유한벡터공간의 유용성을 안다.

3. 선형대수학 전반에 걸쳐 복습한다.

여는 이야기

선형대수학은 미분방정식, 기하학, 응용대수학 등 수학의 전 분야에서 유용하게 활용된다. 이 장에서는 부호론(coding theory)을 통하여 선형대수학의 유용성을 살펴본다. 특히 정수론에서 접한 유한체(finite field)와 유한체 위에서의 유한 벡터공간을 부호론에 활용함으로써 선형대수학의 유용성을 실감할 수 있다. 다만, 앞에서는 실 벡터공간을 주로 다루었는데 그 이론을 유한체 위에서의 벡터공간에 그대로 적용한다.

사실, 정보 통신 분야에서 대두되는 중요한 문제 중의 하나는 통신 중에 발생할 수 있는 오류(소음) 문제를 해결하는 것이다. 즉, 오류가 발생을 했다면 오류발생 사실을 알아야 하고, 더 나아가 발생한 오류를 수정까지도 가능한 통신 체계가 요구된다. 이러한 문제를 다루는 학문이 부호론이다. 대수적부호론(algebraic coding theory)에서 선형대수학은 간단한 확률 이론 그리고 추상 대수학과 함께 중심적 역할을 한다. 특히, 유한 벡터공간 F^n에 거리(metric) 등이 정의되므로 유용한 응용을 경험할 수 있다.

이 장에서 논의하는 구체적인 문제는 다음과 같다.

- 전문을 어떻게 부호화하나?
- 부호를 어떻게 복호화하나?
- 오류를 어떻게 탐지하고 수정하나?

부호

전달하여야 할 내용을 전문(message)이라고 하고 이 전문이 통신로를 통하여 전달될 수 있도록 기호로 전환하는 과정을 부호화(encoding)라고 한다. 또 부호화된 언어를 부호어(codeword)라고 하고, 모든 부호어들의 집합을 부호(code)라고 한다. 이 전문은 통신로를 통하여 수신자에게 전달되고, 수신자는 이것을 보통의 언어로 바꾸어 전달받은 내용을 알게 된다. 여기서, 수신된 기호를 수신벡터(received vector)라고 하고 이 기호를 보통의 언어로 전환하는 과정을 복호(decoding)라고 한다.

일반적으로, 이와 같은 전달체계에서 부호화 및 복호는 컴퓨터를 통하여 기계적으로 처리되지만 불량한 통신로나 소음이 심한 조건 등에서는 전문이 제대로 전달되지 않을 때가 있다. 이와 같이 전문이 잘못 전달되는 경우에 오류(error)가 발생했다고 한다. 부호론은 수신벡터로부터 이와 같은 오류를 탐지(detection)하고 수정(correction)하여 정확한 정보를 얻게 함과 동시에 부호의 부호화 및 복호를 쉽게 할 수 있게 하는 부호를 만드는 이론을 연구하는 학문이다.

정보를 부호화하는 방법은 상황에 따라 다양하지만, 이 책에서는 수학적인 이론, 특히 선형대수학 이론이 많이 쓰이는 선형부호(linear code)만을 다룬다. 결국, 이 장에서의 모든 부호는 선형부호이다.

한편, 일반적인 부호론에서는 q진(q-ary) 선형 부호를 다룰 수 있지만, 이 장에서는 이진(binary) 선형 부호만을 다룬다. 여기에서는 위수가 2인 유한체 $F_2=\{0, 1\}$를 F로 나타낸다. 또, $F^n=F\times\cdots\times F$는 체 F 위에서의 n차원 벡터공간을 뜻하고, 선형부호는 이진 선형 부호를 뜻한다.

> **≪정의 10.1≫** 벡터공간 F^n의 부분공간 C를 선형부호라고 한다. 이때, C에 속하는 벡터를 부호어라고 하고, n을 이 부호의 길이(length)라고 한다.

길이 n인 부호 C에 속하는 부호어 $x=(x_1, x_2, \cdots, x_n)$를 간단히 $x=x_1x_2\cdots x_n$로 나타낸다.

예를 들어, 두 가지 정보 'yes'와 'no'를 두 개의 기호 '0'과 '1'을 사용하여 다음과 같이 4가지 방법으로 부호화 하였다고 하자.

가. 0 : yes　　나. 00 : yes　　다. 000 : yes　　라. 00000 : yes
　　1 : no　　　　11 : no　　　　111 : no　　　　11111 : no

이때, $C_1=\{0, 1\}$, $C_2=\{00, 11\}$, $C_3=\{000, 111\}$ 및 $C_4=\{00000, 11111\}$은 각각 부호이다. 또한 0, 1은 C_1의, 00, 11은 C_2의, 000, 111은 C_3의, 00000, 11111은 C_4의 부호어이다.

또, C_1, C_2, C_3와 C_4는 각각 길이가 1, 2, 3과 5인 이진부호이다.

이진부호의 경우 수 0과 1이 통신로를 통하여 전달될 때에 1과 0으로 잘못 전달되어 오류가 발생할 확률(일반적으로 $\frac{1}{2}$보다 훨씬 작다)은 두 경우 똑같다고 가정한다. 이와 같은 통신로를 대칭통신로(symmetric channel)라고 한다.

앞의 예 '가'의 경우에 0을 보냈는데 1을 받으면 잘못된 정보를 받게 되는데, 받는 사람이 오류가 발생했는지 발생하지 아니했는지 알지 못하기 때문에 잘못된 정보를 얻게 되므로 유용한 부호가 되지 못한다.

나.의 경우에 01 또는 10을 받으면 정보가 잘못 전달되었음을 알지만 00인지 11인지 알 수 없다. 즉, 한 비트의 오류 발생을 탐지하지만 이를 수정할 수는 없다.

다.의 경우에 001을 받았다면 이것은 확률적으로 111보다 000이 보내어진 부호어일 확률이 크므로 000으로 복호하게 된다. 즉,

이 부호는 오류가 한 비트에서 발생했을 때에 오류를 수정하여 전문이 바르게 전달될 수 있다. 이와 같은 방법으로 복호하는 방법을 최근방복호법(nearest neighborhood decoding)이라고 한다. 이 부호에서 오류가 한 비트에서 발생하면 정확히 복호되지만, 오류가 두 비트 이상에서 발생하면, 오류가 발생했음은 알지만 복호가 잘못됨을 유의하자.

라.의 경우에 최근방복호법을 사용하면 두 비트까지의 오류를 수정할 수 있다.

부호어가 통신로를 통하여 전달될 때에 수신벡터를 최근방복호법으로 복호하는 경우 수정할 수 있는 오류의 개수의 범위를 알기 위하여 부호의 최소거리를 정의한다.

≪**정의 10.2**≫ 길이가 n인 부호 C의 두 부호어 $x=x_1x_2\cdots x_n$과 $y=y_1y_2\cdots y_n$에 대하여 두 부호어 x와 y에 대하여

$$d(x, y)=|\{i \mid x_i \neq y_i\}|$$

를 x와 y 사이의 해밍거리(Hamming distance between x and y) 또는 간단히 거리라고 한다. 또한,

$$d(C)=\min\{d(x, y) \mid x, y \in C \text{이고 } x \neq y\}$$

를 부호 C의 최소거리(minimum distance)라고 한다.

서로 다른 두 부호어 x와 y의 해밍거리는 x와 y의 같은 위치에서 서로 다른 원소를 가지는 성분들의 개수이다. 이를테면, 앞의 C_1, C_2, C_3와 C_4는 각각 최소거리가 1, 2, 3과 5인 부호이다.

또한 해밍거리 d는 F^n 위에서 거리함수(distance function 또는 metric function)가 된다. 다시 말하면 (F^n, d)는 다음 세 조건을 만족시킨다.

가. 임의의 $x, y \in F^n$에 대하여 $d(x, y) \geq 0$이고 $d(x, y) = 0 \Leftrightarrow x = y$이다.

나. 임의의 $x, y \in F^n$에 대하여 $d(x, y) = d(y, x)$이다.

다. 임의의 $x, y, z \in F^n$에 대하여 $d(x, z) \leq d(x, y) + d(y, z)$이다.

위 마지막 성질은 다음과 같이 증명할 수 있다.

> 먼저 x에서 $d(x, y)$개의 자릿수를 바꾸어 y를 얻고, y에서 $d(y, z)$개의 자릿수를 바꾸어 z를 얻을 수 있다. 이 사실로부터 $d(x, z) \leq d(x, y) + d(y, z)$가 성립함을 알 수 있다.

부호의 길이, 최소거리, 부호어의 개수 및 기호의 개수를 사용하여 부호를 다음과 같이 나타낸다.

≪정의 10.3≫ 길이가 n, 최소거리가 d이고 부호어의 개수가 M개인 부호를 (n, M, d)-부호라고 나타낸다. 최소거리는 나타내지 않을 때에는 (n, M)-부호라고 나타낸다.

앞의 C_2와 C_3은 각각 이진 (2, 2, 2)-부호와 이진 (3, 2, 3)-부호이다. 일반적으로 (n, M, d)-부호에서 탐지 및 수정할 수 있는 오류의 개수의 범위에 관하여 다음 정리가 성립한다.

≪정리 10.4≫ 부호 C가 (n, M, d)-부호일 때,

가. $d \geq s+1$이면 s비트까지의 오류를 탐지할 수 있다.

나. $d \geq 2t+1$이면 t비트까지의 오류를 수정할 수 있다.

증명 가. 부호 C에서 $d \geq s+1$을 가정하자. 임의의 부호어 x를 보내는 과정에서 s개의 오류가 발생했다면 수신벡터는 가정에 의하여 C의 부호어가 될 수 없다. 따라서 s개의 오류가 발생했을 때에 수신벡터가 잘못된 것을 알 수 있다.

나. 부호 C에서 $d \geq 2t+1$을 가정하고 임의의 부호어 x가 보내질 때 t개 이하의 오류가 발생한 수신벡터를 y라고 하자. 즉, $d(x, y) \leq t$이다. 수신벡터 y에 대하여 x와 다른 부호어 x'이 $d(x', y) \leq t$라면

$$d(x, x') \leq d(x, y) + d(x', y) \leq t + t = 2t$$

이다. 그러나 부호의 최소거리는 $d \geq 2t+1$이므로 모순이다. 따라서 임의의 다른 부호어 x'에 대하여 $d(x', y) > t$이다. 그러므로 x가 y에 가장 가까운 부호어이다. ■

위의 정리를 이용하면 다음과 같은 표를 얻을 수 있다.

$d(C)$	1	2	3	4	5	6	7	8	9	⋯
탐지할 수 있는 오류의 개수	0	1	2	3	4	5	6	7	8	⋯
수정할 수 있는 오류의 개수	0	0	1	1	2	2	3	3	4	⋯

≪**정리 10.5**≫ 부호 C가 (n, M, d)-부호이면, $d-1$개의 오류를 탐지할 수 있고 $\left[\dfrac{d-1}{2}\right]$개의 오류를 수정할 수 있다. 단, $[x]$는 x보다 크지 않은 최대정수이다.

최소거리의 계산

수정할 수 있는 오류의 범위와 부호의 최소거리 관계를 앞에서 살펴보았다. 이제 주어진 (n, M)-부호의 최소거리를 구하려면 M개의 부호어에서 서로 다른 두 개의 부호어의 거리를 구하여 그들의 최솟값을 찾아야 한다. 즉, $\binom{M}{2}$가지 경우 모두를 택하여 거리를 계산하여야 하므로 매우 복잡하다. 또한 부호를 나타낼 때에 모든 부호어를 나열하여야 하므로 부호어의 개수가 많은 경우는 곤란할 뿐만 아니라 부호화 및 복호에 많은 시간을 소비해야 한다. 이와 같은 문제를 효율적으로 해결하기 위하여 부호에 선형대수적인 기법을 사용한다.

부호는 n차원 벡터공간 F^n의 부분공간이므로 그의 차원은 n 이하이다. 한편 모든 부분공간은 덧셈에 관한 항등원을 영벡터로 가지므로 선형부호는 영벡터 $\mathbf{0}$을 부호어로 항상 가진다.

부호의 길이가 n이고 k차원 부분공간인 부호를 $[n, k]$-부호라고 나타내고, 최소거리 d가 주어질 때 $[n, k, d]$-부호라고 쓴다. 한편 k차원 부분공간의 원소의 개수는 2^k이므로 $[n, k, d]$-부호이면 $(n, 2^k, d)$-부호이다.

≪정의 10.6≫ n차원 공간 F^n의 임의의 벡터 $x=x_1x_2\cdots x_n$에 대하여 $\omega(x)=|\{i|x_i\neq 0\}|$을 벡터 x의 해밍 무게(Hamming weight) 또는 간단히 무게라고 한다. 또한 부호 C에 대하여 $\omega(C)=\min\{\omega(x)|x\in C-\{\mathbf{0}\}\}$을 C의 해밍 무게 또는 간단히 최소무게(minimum weight)라고 한다.

≪정리 10.7≫ 임의의 부호 C에 대하여, $d(C)=\omega(C)$이다.

증명 n차원 벡터공간 F^n의 임의의 두 벡터를 x와 y라면 $d(x, y)=\omega(x-y)$이다. 부호 C의 최소거리를 d라고 하면 부호 C의 적당한 부호어 u와 v가 존재하여 $d(u, v)=d$이다. 부호 C는 부분공간이므로 $u-v$는 $\mathbf{0}$ 벡터가 아닌 C의 원소이다. 따라서 $d=d(u, v)=\omega(u-v)\geq\omega(C)$이다. 역으로 $\omega(C)=d$라고 하자. 그러면 부호 C의 $\mathbf{0}$이 아닌 원소 u가 존재하여 $\omega(u)=d$이므로 $d=\omega(u)=d(u, \mathbf{0})\geq d(C)$이다. 그러므로 $d(C)=\omega(C)$이다. ■

이 정리로부터 부호의 최소거리를 비교적 쉽게 구할 수 있다. 즉, $\binom{M}{2}$가지 경우의 거리를 계산하는 대신에, 부호 C의 $\mathbf{0}$을 제외한 $M-1$개의 부호어들의 해밍무게를 구함으로써 최소거리를 구할 수 있다.

과제 10.8 다음과 같은 세 부호 C_1, C_2, C_3의 최소거리는 각각 1, 2 및 3임을 설명하여라.

정보 \ 부호	C_1	C_2	C_3
동	00	000	00000
서	01	011	01101
남	10	101	10110
북	11	110	11011

생성행렬

모든 벡터공간은 기저를 가지므로 주어진 부호의 부호어를 모두 나열하는 대신에 기저의 원소들만 나열하여도 부호어 전체를 알 수 있다. 따라서 부호어를 많이 가지는 부호를 표현하는데 효율적이다. 다음에 설명하는 생성행렬을 이용하면 부호의 모든 부호를 나타내는데 편리하다.

≪정의 10.9≫ $[n, k]$-부호가 주어졌을 때, 그 부호(벡터공간)의 기저를 이루는 모든 부호어를 행으로 하는 $k \times n$ 행렬을 생성행렬이라고 한다.

예를 들어, 앞에서 살펴 본 부호 C_1, C_2 및 C_3의 생성행렬을 각각 G_1, G_2 및 G_3로 나타내면 다음과 같다.

$$G_1 = \begin{bmatrix} 0 & 1 \\ 1 & 0 \end{bmatrix} \quad G_2 = \begin{bmatrix} 0 & 1 & 1 \\ 1 & 0 & 1 \end{bmatrix} \quad G_3 = \begin{bmatrix} 0 & 1 & 1 & 0 & 1 \\ 1 & 0 & 1 & 1 & 0 \end{bmatrix}$$

주어진 부호를 생성행렬을 사용하여 간단히 표현하는 방법을 살펴보았다. 이제, 생성행렬이 주어지면 부호를 어떻게 구할 수 있는지를 살펴보자. 먼저 다음 정리는 분명하다.

> **≪정리 10.10≫** $[n, k]$-부호 C의 생성행렬을 G라고 하고, G의 k개의 행벡터를 각각 $R_1, R_2, \cdots, R_k$라고 하면, 임의의 부호어는 행벡터들 $R_1, R_2, \cdots, R_k$의 일차결합으로 유일하게 표현된다. 즉,
>
> $$C = \{a_1R_1 + a_2R_2 + \cdots + a_kR_k \mid a_1, a_2, \cdots, a_k \in F\}$$
>
> 이다.

부호에서 동치부호의 개념은 부호의 부호화와 복호를 하는데 이용된다. 부호는 생성행렬로 나타낼 수 있으므로 생성행렬의 행과 열에서 다음과 같은 치환으로 얻은 부호는 원래의 부호와 유의미한 차이가 없음을 알 수 있다. 이렇게 얻어진 부호를 동치부호(equivalent code)라고 한다.

(R1) 두 행을 서로 교환한다.
(R2) 한 행을 다른 행에 더한다.
(C1) 두 열을 서로 교환한다.

생성행렬에서 한 행(열)의 스칼라 배와 한 열을 다른 열에 더하는 것은 별도로 고려하지 않는다. 그 이유는 위의 세 가지 치환으로 생성하는 부호와 이를 추가로 고려하여 생성하는 부호는 같기 때문이다. 실제로, 이 책에서는 이진부호만을 생각하므로 스칼

라는 0과 1 뿐이므로 벡터 v의 스칼라 배는 영벡터이든가 v 자신이다. 참고로, 이 경우에는 뺄셈은 덧셈과 같은 의미이다. $F=\{0, 1\}$에서 $-0=0$이고 $-1=1$이기 때문이다.

과제 10.11 두 부호가 '동치'라는 관계는 정말로 동치관계(equivalence relation)인지 알아보아라.

이제, 부호 C의 생성행렬을 G라고 하고, G에 위의 세 가지 연산을 적당히 시행하여 $[I_k|A]$로 변환할 수 있다. (단, I_k는 $k\times k$ 단위행렬이고, A는 $k\times(n-k)$ 꼴이다). 이와 같은 생성행렬 $[I_k|A]$를 표준형이라고 한다. 실제로 표준형을 이용하면 부호화나 복호를 간편하게 할 수 있다. 부호의 임의의 생성행렬이 주어지면 동치부호를 생성하는 표준형을 얻을 수 있다.

생성행렬의 표준형을 구하는 예는 다음과 같다.

예를 들어, 생성행렬 $\begin{bmatrix} 1 & 1 & 1 & 1 & 1 & 1 & 1 \\ 1 & 0 & 0 & 0 & 1 & 0 & 1 \\ 1 & 1 & 0 & 0 & 0 & 1 & 0 \\ 0 & 1 & 1 & 0 & 0 & 0 & 1 \end{bmatrix}$의 표준형은 $\begin{bmatrix} 1 & 0 & 0 & 0 & 1 & 0 & 1 \\ 0 & 1 & 0 & 0 & 1 & 1 & 1 \\ 0 & 0 & 1 & 0 & 1 & 1 & 0 \\ 0 & 0 & 0 & 1 & 0 & 1 & 1 \end{bmatrix}$이다.

부호화

부호의 부호어는 생성행렬에 의하여 결정되는 것을 앞에서 살펴보았다. 여기에서는 생성행렬의 표준형을 이용하여 부호화 및 오류의 탐지를 편리하게 하는 방법을 알아보자.

부호 C를 $[n, k]$-부호라고 하고 그의 생성행렬을 G라고 하자. 그러면 부호 C는 2^k개의 부호어를 가지므로 2^k개의 서로 다른 정보를 전송하는데 이용될 수 있다. 이 정보의 집합을 k차원 벡터공간 F^k와 동일하게 보고 벡터 $u=u_1u_2\cdots u_k$를 부호어 $x=x_1x_2\cdots x_n$로 만드는 부호화 과정을 살펴보자. 부호의 생성행렬 G의 k개의 행벡터들을 $R_1, R_2, \cdots, R_k$라고 하면

$$uG=\sum_{i=1}^{k}u_iR_i$$

이므로 uG는 부호어이다. 이때, k차원 벡터 u를 전문 벡터라고 한다. 즉, 선형부호의 생성행렬이 주어지면 전문벡터의 부호어는 전문벡터에 생성행렬을 곱한 결과로 생각하면 된다. 특히, 생성행렬이 표준형인 경우는 다음과 같음을 쉽게 알 수 있다.

≪정리 10.12≫ 부호 C를 $[n, k]$-부호라고 하고 그의 생성행렬 G를 $G=[I_k|A]$이라고 하자. 단, $A=[a_{ij}]$는 $k\times(n-k)$ 행렬이다. 또한, 전문벡터를 $u=u_1u_2\cdots u_k$라고 하고, 그에 대응하는 부호어를 $x=x_1x_2\cdots x_n$라고 하면 다음이 성립한다.

$$x_i=u_i(1\le j\le k),\ x_{k+i}=\sum_{j=1}^{k}a_{ij}u_j\ (1\le i\le n-k)$$

전문은 $u=x_1x_2\cdots x_k$이므로 부호어의 k자리까지만 보면 알 수 있다. 나머지 $n-k$자리의 숫자는 잘 전달된 부호어인가를 확인하는데 사용된다.

> **≪정의 10.13≫** 위의 정리의 가정에서 $u=u_1u_2\cdots u_k=x_1x_2\cdots x_k$를 전문자리(message digit)라고 하고 $x_{k+1}\cdots x_n$을 검사자리(check digit)라고 한다.

예를 들어, [7, 4]-부호 C의 생성행렬이

$$G=\begin{bmatrix}1&0&0&0&1&0&1\\0&1&0&0&1&1&1\\0&0&1&0&1&1&0\\0&0&0&1&0&1&1\end{bmatrix}$$

이라면 전문 벡터 $u=u_1u_2u_3u_4$에 대응하는 부호어는
$x=(u_1\ \ u_2\ \ u_3\ \ u_4)G$이므로

$$x=(u_1\ \ u_2\ \ u_3\ \ u_4\ \ u_1+u_2+u_3\ \ u_2+u_3+u_4\ \ u_1+u_2+u_4)$$

이다. 따라서 0000은 0000000, 1000은 1000101, 그리고 1111은 1111111로 각각 부호화된다.

복호

앞에서는 부호의 정의 및 부호화에 관하여 알아보았다. 이제 부호를 복호하는 방법에 관하여 살펴보자.

부호어 $x=x_1 \cdots x_n$이 통신로를 통하여 보내져서 수신벡터 $y=y_1 \cdots y_n$을 얻었다고 가정하자. 이때, 벡터 $y-x$를 오류벡터(error vector)라고 하고, $e=e_1 \cdots e_n$라고 나타내기로 한다. 만일 $e=e_1 \cdots e_n=0 \cdots 0$이면 $y=y_1 \cdots y_n$가 보내진 부호어이지만, $e=e_1 \cdots e_n \neq 0 \cdots 0$이면 $y=y_1 \cdots y_n$는 부호어가 아니다.

수신벡터 y로부터 부호어 x를 구하는 복호 방법으로서 스레피안복호법(Slepian decoding scheme)을 소개한다.

부호가 벡터공간이라는 사실을 이용하여 스레피안은 1960년에 부호를 적당히 나열하여 수신벡터와 최소거리에 있는 부호어로 복호하는 방법을 개발하였다.

$[n, k]$-부호를 C라고 하고, 벡터공간 F^n의 임의의 벡터를 a라고 할 때, 집합 $a+C=\{a+x \mid x \in C\}$은 C의 잉여류(coset)이다.

> **≪정의 10.14≫** 한 잉여류의 원소 중에 최소 무게를 가지는 벡터를 그 잉여류의 대표원(coset leader)이라고 한다.

예를 들어, [4, 2]-부호 C의 생성행렬이

$$G=\begin{bmatrix}1 & 0 & 1 & 1\\ 0 & 1 & 0 & 1\end{bmatrix}$$

이면 $C=\{0000, 1011, 0101, 1110\}$이다. 한편, 1000을 가지는 잉여류는

$$1000+C=\{1000, 0011, 1101, 0110\}$$

이고 1110을 가지는 잉여류는

$$1110+C=\{1110, 0101, 1011, 0000\}$$

이다. 이들 잉여류의 대표원은 각각 1000, 0000이다.

벡터공간의 성질로부터 다음 사실을 쉽게 알 수 있다.

≪정리 10.15≫ $[n, k]$-부호를 C라고 하면, 다음이 성립한다.

가. 벡터공간 F^n의 임의의 벡터 a는 하나의 잉여류에 속한다.

나. 모든 잉여류는 꼭 2^k개의 벡터를 가진다.

다. 임의의 두 잉여류는 같거나 서로소이다. 즉, 임의의 두 잉여류 $a+C$와 $b+C$에 대하여 $a+C=b+C$ 아니면 $(a+C)\cap(b+C)=\varnothing$이다.

라. 서로 다른 모든 잉여류의 합집합은 벡터공간 F^n이다.

위의 사실로부터 벡터공간 F^n은 2^{n-k}개의 서로 다른 잉여류를 가짐을 알 수 있다.

이를테면, 앞의 예에서 F^4는 4개의 잉여류를 가지며, 다음 표와 같다.

잉여류	잉여류의 집합	대표원
$0000+C$	0000, 1011, 0101, 1110	0000
$1000+C$	1000, 0011, 1101, 0110	1000
$0100+C$	0100, 1111, 0001, 1010	0100 또는 0001
$0010+C$	0010, 1001, 0111, 1101	0010

잉여류 $0001+C$의 대표원은 0001 또는 0100이다. 따라서 잉여류의 대표원은 일반적으로 유일하지 않을 수 있다.

위의 예와 같이 벡터공간의 모든 벡터를 나열한 도표를 선형부호 C에 대한 스레피안 표준나열표(Slepian standard array table)라고 한다. 또한 이 표를 이용하여 복호하는 방법을 스레피안복호법이라고 한다.

스레피안 표준나열표를 만드는 과정은 다음과 같다.

1단계 : 영벡터로 시작하여 모든 부호어를 첫 행에 나열한다.

2단계 : 벡터공간의 원소로 첫 행에 있지 않고 최소무게를 가지는 벡터 a를 선택하고 $a+C$의 원소를 두 번째의 행에 나열한다.

3단계 : 벡터공간의 원소로 첫 두 행에 없는 최소무게를 가지는 벡터 b를 선택하고 $b+C$의 원소를 세 번째의 행에 나열한다.

4단계 : 이와 같은 과정을 모든 잉여류가 나열될 때까지 계속 한다.

과제 10.16 다음을 확인하여라.

[5, 2, 3]-부호 C의 생성행렬이 $G=\begin{bmatrix} 1 & 0 & 1 & 1 & 0 \\ 0 & 1 & 0 & 1 & 1 \end{bmatrix}$이면 $C=\{00000, 10110, 01011, 11101\}$이므로 8가지의 잉여류를 가지며 스레피안 표준나열표는 다음과 같다.

	잉여류					대표원의 무게
부호어	$00000+C$	00000	10110	01011	11101	0
	$10000+C$	10000	00110	11011	01101	1
	$01000+C$	01000	11110	00011	10101	1
	$00100+C$	00100	10010	01111	11001	1
	$00010+C$	00010	10100	01001	11111	1
	$00001+C$	00001	10111	01010	11100	1
	$11000+C$	11000	01110	10011	00101	2
	$10001+C$	10001	00111	11010	01100	2

앞에서 설명한 스레피안 표준나열표를 만드는 과정에 의하여 표의 각 행의 첫 열에 나열되는 원소가 자신을 품는 잉여류의 대표원이 됨을 알 수 있다.

이제, 스레피안 표준나열표를 이용하여 최근방복호법으로 수신벡터를 복호하는 방법을 다음 예에서 살펴보자.

예를 들어, 위의 예와 같이, 부호와 스레피안 표준나열표가 주어졌다고 하자. 이 부호는 이진 [5, 2, 3]-부호이므로 한 개의 오류를 수정할 수 있는 부호임에 유의하자.

(1) 수신벡터로 11110을 얻었다면, 11110이 속한 잉여류의 대표원은 01000이다. 이 잉여류에 속한 벡터는 두 번째 자리가 잘못된 벡터이므로 보내진 부호어는 10110이다. 실제로 11110과 최소거리인 부호어는 11110과 같은 열에 있는 부호어 10110이다.
따라서 수신벡터를 얻으면 수신벡터와 같은 열에 위치한 부호어로 복호한다.

(2) 수신벡터 11000을 얻었다면 00000이 보내진 부호어이다. 그러나 11000을 품는 잉여류는 부호어 00000과 두 자리가 잘못된 것이므로 여기에서 보내진 부호어를 찾을 수 없다. 실제 11000은 부호어와 거리가 각각 2, 3, 3, 2이므로 11000은 00000과 11101의 두 부호어가 보내진 부호어일 확률이 같다.

예에서 알 수 있는 것처럼 최소거리가 3인 부호에서 각 부호어와의 거리가 2 이상인 수신벡터는 복호할 수 없다.

패리티 검사행렬

앞에서 설명한 스레피안복호는 부호어의 개수가 많을 때, 스레피안 표준나열표를 만들어 수신벡터를 복호하는 과정이 복잡하다. 따라서 생성 행렬을 이용하여 패리티 검사행렬(parity check matrix)을 구하여 복호하는 오증복호(syndrome decoding)를 설명하기 위한 용어와 성질을 살펴본다.

내적공간 $\mathbb{R}^n$에서와 마찬가지로, F^n의 임의의 두 벡터 $x=x_1x_2\cdots x_n$와 $y=y_1y_2\cdots y_n$에 대하여

$$(x, y)=x_1y_1+x_2y_2+\cdots x_ny_n$$

을 x와 y의 내적(inner product)이라고 한다. 특히, $(x, y)=0$일 때, 벡터 x와 y는 '직교한다(orthogonal, perpendicular)' 또는 '수직(垂直)이다'라고 한다.

예를 들어, 벡터공간 F^5에서

$$((10111), (01011))=0+0+0+1+1=0$$

이므로 두 벡터 (10111), (01011)는 직교한다.

한편, F^n의 임의의 세 벡터 x, y, z와 체 F의 임의의 두 원소 α, β에 대하여 다음이 성립한다.

가. $(x, y)=(y, x)$

나. $(\alpha x+\beta y, z)=\alpha(x, z)+\beta(y, z)$

이제, 주어진 $[n, k]$-부호 C에 대하여 부호 C의 모든 부호어와 직교인 벡터들의 집합을 $C^{\perp}$라고 하자. 즉,

$$C^{\perp}=\{v\in F^n \mid C\text{의 임의의 부호어 } x\text{에 대하여 } (x, v)=0\text{이다}\}$$

≪**정리 10.17**≫ $[n, k]$-부호 C에 대하여 벡터공간 F^n의 임의의 벡터 v가 $C^\perp$의 원소일 필요충분조건은 v가 생성행렬 G의 모든 행벡터와 직교하는 것이다. 즉,

$$v \in C^\perp \Leftrightarrow vG^T = \mathbf{0}$$

증명 생성행렬 G의 행벡터를 $R_1, R_2, \cdots R_k$이라고 하면

$$vG^T = ((v, R_1), (v, R_2), \cdots, (v, R_k))$$

이다. 벡터공간 F^n의 임의의 벡터 v가 $C^\perp$의 원소이면 정의에 의하여 부호 C의 임의의 부호어 x에 대하여 $(v, x) = 0$이므로 각 $i(1 \le i \le k)$에 대하여 $(v, R_i) = 0$이다. 따라서 $vG^T = \mathbf{0}$이다.

역으로, $vG^T = \mathbf{0}$이라고 가정하자. 이때, 임의의 $i(1 \le i \le k)$에 대하여 $(v, R_i) = 0$이다. 임의의 부호어 x는 생성행렬 G의 행벡터들의 일차결합으로 표현되므로 적당한 F의 원소 $\alpha_1, \alpha_2, \cdots, \alpha_k$가 존재하여

$$x = \alpha_1 R_1 + \alpha_2 R_2 + \cdots + \alpha_k R_k$$

이다. 따라서

$$\begin{aligned}(v, x) &= (v, \alpha_1 R_1 + \alpha_2 R_2 + \cdots + \alpha_k R_k) \\ &= \alpha_1 (v, R_1) + \alpha_2 (v, R_2) + \cdots + \alpha_k (v, R_k) \\ &= 0\end{aligned}$$

이다. ■

> **≪정리 10.18≫** 주어진 $[n, k]$-부호 C에 대하여 $C^{\perp}$는 $[n, n-k]$-부호이다.

증명 집합 $C^{\perp}$의 임의의 두 부호어를 x와 y, 부호 C의 임의의 부호어를 u라고 하고 체 F의 임의의 두 원소를 α와 β라고 하면

$$(\alpha x+\beta y,\ u)=\alpha(x,\ u)+\beta(y,\ u)=\alpha 0+\beta 0=0$$

이다. 따라서 $\alpha x+\beta y\in C^{\perp}$는 부분공간이다. 그러므로 $C^{\perp}$는 선형부호이다.

한편, $C^{\perp}$가 $n-k$차원인 것은 선형대수학에서 이미 증명하였다. 그러나 다음과 같이 다시 증명할 수도 있다.

생성행렬 G를

$$G=\begin{bmatrix} 1 & 0 & \cdots & 0 & a_{11} & \cdots & a_{1n-k} \\ 0 & 1 & \cdots & 0 & a_{21} & \cdots & a_{2n-k} \\ \vdots & \vdots & \vdots & \vdots & \vdots & \vdots & \vdots \\ \vdots & \vdots & \vdots & \vdots & \vdots & \vdots & \vdots \\ 0 & 0 & \cdots & 1 & a_{k1} & \cdots & a_{kn-k} \end{bmatrix}$$

이라고 하면

$$\begin{aligned} &C^{\perp} \\ &=\left\{z=(z_1z_2\cdots\ z_n)\in F^n \mid zG^T=0\right\} \\ &=\left\{z=(z_1z_2\cdots\ z_n)\in F^n \mid z_i+\sum_{j=1}^{n-k}a_{ij}z_{k+j}=0,\ i=0,\ 1,\ 2,\ \cdots,\ k\right\} \end{aligned}$$

이다. 따라서 $k+1\leq j\leq n$인 j에 대하여 각 z_j는 독립적으로 0과 1의 값을 가지므로 $C^{\perp}$는 2^{n-k}개의 벡터를 가진다. 따라서 $C^{\perp}$의 차원은 $n-k$이다. ■

위 정리에서 $C^{\perp}$을 C의 쌍대 부호(dual code)[18] 또는 직교부호라고 한다. 한편, 부호 C가 $C=\{0000, 1100, 0011, 1111\}$ 이면, 쌍대 부호는 $C^{\perp}=C$이다. 이와 같은 부호를 자기 쌍대 부호(self-dual code)라고 한다.

다음 사실은 쉽게 알 수 있다.

> **≪정리 10.19≫** 임의의 $[n, k]$-부호 C에 대하여 $(C^{\perp})^{\perp}=C$이다.

> **≪정의 10.20≫** 임의의 $[n, k]$-부호 C에 대한 쌍대 부호 $C^{\perp}$의 생성행렬 H를 부호 C의 패리티 검사행렬이라고 한다.

이를테면, 선형부호 $C=\{0000, 1100, 0011, 1111\}$의 패리티 검사행렬은 $H=\begin{bmatrix} 1 & 1 & 0 & 0 \\ 0 & 0 & 1 & 1 \end{bmatrix}$이다.

> **≪정리 10.21≫** 부호 C의 생성행렬을 G라고 하고 패리티 검사행렬을 H라고 하면, $GH^T=0$이고 $HG^T=0$이다.

---

18) 선형대수학에서의 쌍대 공간(dual space)과 혼동하지 않도록 주의하여야 한다.

증명 행렬 G와 H의 각 행은 부호 C와 부호 $C^{\perp}$의 부호어이므로 그의 내적은 0이다. 따라서 $GH^T=0$이고 $HG^T=0$이다. ■

> ≪**정리 10.22**≫ 행렬 H가 부호 C의 패리티 검사행렬이면,
>
> $$C=\{x\in F^n \mid xH^T=0\}$$
>
> 이다.

증명 집합 $\{x\in F^n \mid xH^T=0\}$은 $(C^{\perp})^{\perp}$이고 $(C^{\perp})^{\perp}=C$이므로 $C=\{x\in F^n \mid xH^T=0\}$이다. ■

> ≪**정리 10.23**≫ 행렬 G를 $[n, k]$-부호 C의 생성행렬이라고 가정할 때, $(n-k)\times n$ 행렬 H의 각 행이 일차독립이고 $GH^T=0$이라면 H는 부호 C의 패리티 검사행렬이다.

> ≪**정리 10.24**≫ 행렬 $G=[I_k|A]$가 $[n, k]$-부호 C의 생성행렬이면, $H=[-A^T|I_{n-k}]$는 부호 C의 패리티 검사행렬이다.

증명 생성행렬 G를

$$G=\begin{bmatrix} 1 & 0 & \cdots & 0 & a_{11} & \cdots & a_{1n-k} \\ 0 & 1 & \cdots & 0 & a_{21} & \cdots & a_{2n-k} \\ \vdots & \vdots & \vdots & \vdots & \vdots & \vdots & \vdots \\ \vdots & \vdots & \vdots & \vdots & \vdots & \vdots & \vdots \\ 1 & 0 & \cdots & 0 & a_{k1} & \cdots & a_{kn-k} \end{bmatrix}$$

라고 하면,

$$H=\begin{bmatrix} -a_{11} & \cdots & -a_{k1} & 1 & 0 & \cdots & 0 \\ -a_{12} & \cdots & -a_{k2} & 0 & 1 & \cdots & 0 \\ \vdots & \vdots & \vdots & \vdots & \vdots & \vdots & \vdots \\ \vdots & \vdots & \vdots & \vdots & \vdots & \vdots & \vdots \\ -a_{1k} & \cdots & -a_{kn-k} & 0 & 0 & \cdots & 1 \end{bmatrix}$$

이고 $GH^T=0$이다. 또한 H의 각 행이 일차독립이므로, H는 C의 패리티 검사행렬이다. ■

참고로, 이 단원에서의 모든 벡터와 행렬은 $F=\{0, 1\}$ 위에서 생각하므로 위 정리와 증명에서 음수 부호($-$)는 의미가 없음을 알 수 있다.

예를 들어, [7, 4]-부호 C의 생성행렬이

$$G=\begin{bmatrix} 1 & 0 & 0 & 0 & 1 & 0 & 1 \\ 0 & 1 & 0 & 0 & 1 & 1 & 1 \\ 0 & 0 & 1 & 0 & 1 & 1 & 0 \\ 0 & 0 & 0 & 1 & 0 & 1 & 1 \end{bmatrix}$$

이면 그의 패리티 검사행렬은 다음과 같다.

$$H=\begin{bmatrix} 1 & 1 & 1 & 0 & 1 & 0 & 0 \\ 0 & 1 & 1 & 1 & 0 & 1 & 0 \\ 1 & 1 & 0 & 1 & 0 & 0 & 1 \end{bmatrix}$$

오증 복호

앞에서 패리티 검사행렬에 관하여 살펴보았다. 여기에서는 패리티 검사행렬을 이용한 오증 복호에 관하여 알아보자.

≪정의 10.25≫ 행렬 H를 $[n, k]$-부호 C의 패리티 검사행렬이라고 하고, F^n의 임의의 벡터 y에 대하여 $1\times(n-k)$ 행렬 $S(y)=yH^T$를 y의 오증(syndrome)이라고 한다.

위의 정의로부터 다음 성질을 쉽게 증명할 수 있다.

가. 행렬 H의 행들을 $H_1, H_2, \cdots, H_{n-k}$이라고 하면

$$S(y)=((y, H_1), (y, H_2), \cdots, (y, H_{n-k}))$$

이다.

나. y가 부호어이기 위한 필요충분조건은 $S(y)=\mathbf{0}$이다.

≪정리 10.26≫ 두 벡터 x와 y가 부호 C의 같은 잉여류에 속할 필요충분조건은 $S(x)=S(y)$이다. 따라서 잉여류의 집합과 오증의 집합은 일대일 대응한다.

증명
$$\begin{aligned} x+C=y+C &\Leftrightarrow x-y\in C \\ &\Leftrightarrow S(x-y)=(x-y)H^T=\mathbf{0} \\ &\Leftrightarrow S(x)=xH^T=yH^T=S(y) \end{aligned}$$
■

예를 들어, 부호 C의 패리티 검사행렬 H가

$$H=\begin{bmatrix} 1 & 0 & 1 & 0 \\ 1 & 1 & 0 & 1 \end{bmatrix}$$

이면 오증은 다음 표와 같다.

잉여류	잉여류의 집합	대표원	오증
$0000+C$	0000, 1011, 0101, 1110	0000	00
$1000+C$	1000, 0011, 1101, 0110	1000	11
$0100+C$	0100, 1111, 0001, 1011	0100 또는 0001	01
$0010+C$	0010, 1001, 0111, 1101	0010	10

이제, 수신벡터 y의 오증을 사용한 복호 과정은 다음과 같다.

1단계 : 수신벡터 y의 오증 $S(y)=z$를 계산한다.
2단계 : $S(y)=z$에 해당되는 대표원 $f(z)$를 찾는다.
3단계 : y를 $y+f(z)$로 복호한다.

이와 같은 복호를 오증복호법(syndrome decoding scheme)이라고 한다.

과제 10.27 위 예에서는 오증이 01인 경우는 복호할 수 없음을 설명하여라.

오증복호법에서는 잉여류의 집합 전체를 나열하지 않고 대표원과 오증 만을 나열하면 된다. 따라서 스레피안복호법보다 간단하게 복호할 수 있다. 이를 알아보기 위하여 다음과 같은 생각하여 보자.

[5, 2, 3]-부호 C의 생성행렬 G와 패리티 검사행렬 H는 다음과 같다고 하자.

$$G=\begin{bmatrix}1&0&1&1&0\\0&1&0&1&1\end{bmatrix}\qquad H=\begin{bmatrix}1&0&1&0&0\\1&1&0&1&0\\0&1&0&0&1\end{bmatrix}$$

부호 $C=\{00000, 10110, 01011, 11101\}$에서 오증복호법을 살펴보자.

부호 C의 최소거리가 3이므로 수정할 수 있는 오류의 개수는 한 개다. 해밍무게가 1이하인 대표원은 다음의 6가지이며 그의 오증은 다음 표와 같다.

(잉여류의)대표원 $f(z)$	오증 z
0 0 0 0 0	0 0 0
1 0 0 0 0	1 1 0
0 1 0 0 0	0 1 1
0 0 1 0 0	1 0 0
0 0 0 1 0	0 1 0
0 0 0 0 1	0 0 1

가. 수신벡터가 $y=11110$이면 $z=S(y)=yH^T=011$이므로 $f(z)=01000$이다. 따라서 부호어는 $x=y+f(z)=10110$이다.

나. 수신벡터가 $y=11000$이면 $z=S(y)=yH^T=101$이다. 이 경우 $S(y)$는 위의 표에 없기 때문에 복호를 할 수 없다. 이 경우의 수신벡터는 부호어로부터 두개 이상의 오류가 발생한 것이다.

과제 10.28 오증복호법이 스레피안복호법에 비해 계산상 한층 효과적임을 설명하여라.

뒷 이야기

1. 실생활에서는 여러 가지 부호를 사용한다. 자주 사용되는 부호로서 다음에 관하여 조사하여라.
   주민등록번호, 바코드(EAN-13), ISBN(ISBN-13), 점자, 수화, 대수적 부호(algebraic code), 아스키(ASCII) 부호, Codec, 미국의 사회보장번호(social security number), DNA 구조, 정보사회의 부작용

2. 10자리의 전화번호로서 10진 부호를 이용하면 다음과 같은 기능을 부여할 수 있다. 즉, 한자리의 번호만 잘못 돌린 경우에 수정되어 옳게 연결되도록 할 수 있다. Hill(1986)을 참고하여 그러한 방안을 생각하여 보아라.

*3. 박승안·이민섭·이재학·신현용(1991) 또는 Hill(1986)을 참고하여 다음에 관하여 알아보아라.
   완전 부호(Hamming 부호, Golay 부호), 순환(cyclic) 부호, 제곱잉여(quadratic residue) 부호, BCH 부호, Goppa 부호, Reed-Muller 부호, Reed-Solomon 부호

4. '자료: 수학판타지3' 등을 참고하여 라틴 사각형(라틴 방진, Latin squares), 오일러방진, 그리고 오일러의 36 장교문제(Euler's 36 officers problem)에 관하여 알아보아라.

5. '자료: 수학판타지10'을 참고하여 정보수학에서 선형대수학의 역할에 대하여 조사하여라.

평가 문항

교사의 수업 전문성 중에서 학생평가전문성은 특히 중요하다. 학생에 대한 공정한 평가는 물론 평가는 수업과 밀접히 관계되기 때문이다. 여기에서는 강좌 내용 또는 강좌와 관련된 학교 수학 내용을 중심으로 여러 가지 평가 문항을 제시한다.

아래 문항 중에는 본문에 제시된 것과 똑같은 문제가 있다. 이러한 문제에 대해서는 해답을 별도로 제공하지 않는다. 똑같지는 않다 하더라도 본문으로부터 쉽게 풀 수 있는 문제에 대해서도 해답을 제공하지 않을 수 있다.

I

1. (임용고사 기출 문제) 점 (x, y)를 점 (ry, rx)로 옮기는 일차변환 f와 점 (x, y)를 점 $(x\sin\theta+y\cos\theta,\ x\cos\theta-y\sin\theta)$로 옮기는 일차변환 g에 의한 합성변환 $g\circ f$를 나타내는 행렬의 모든 성분의 합은?

가. $2r(\cos\theta+\sin\theta)$　　　　나. $2r(\cos\theta-\sin\theta)$

다. $2r\sin\theta$　　　　라. $2r\cos\theta$

2. (임용고사 기출 문제) 두 행렬 A, B가 닮은(similar)행렬이고, A의 고유치(eigenvalue)가 1, 2, 3이면 행렬 B의 고유치는?

가. 1, 2, 3　　　　나. -1, 2, 3

다. -1, -2, -3　　　　라. 1, -2, -3

3. (임용고사 기출 문제) 직교좌표평면 위의 임의의 점 $P(x, y)$에서 직선 $y=mx$ $(m\neq 0)$에 내린 수선의 발을 $P'(x', y')$이라고 할 때, $\begin{bmatrix} x' \\ y' \end{bmatrix}=A\begin{bmatrix} x \\ y \end{bmatrix}$를 만족시키는 선형사상을 나타내는 행렬 A는?

가. $\dfrac{1}{m^2+1}\begin{bmatrix} m & 1 \\ m^2 & m \end{bmatrix}$　　　　나. $\dfrac{1}{m^2+1}\begin{bmatrix} 1 & m \\ m & m^2 \end{bmatrix}$

다. $\dfrac{1}{m^2+2}\begin{bmatrix} 1 & m^2 \\ -m & m \end{bmatrix}$　　　　라. $\dfrac{1}{m^2+2}\begin{bmatrix} -1 & m \\ m^2 & m \end{bmatrix}$

4. (임용고사 기출 문제) 연립방정식 $\begin{cases} x+y+az=0 \\ x+ay+z=0 \\ ax+y+z=0 \end{cases}$이 $x=y=z=0$ 이외의 해를 갖도록 하는 a의 값들의 합은?

가. -1　　　　나. 0

다. 1　　　　라. 2

5. (임용고사 기출 문제) 세 벡터 $(1, 1, 0)$, $(1, x, 1)$, $(0, 1, -1)$이 일차종속이 되는 x의 값은?

가. -1 나. 0

다. 1 라. 2

6. (임용고사 기출 문제) 세 집합 $U=\left\{\begin{bmatrix} a & b \\ 0 & c \end{bmatrix} \middle| a,\ b,\ c\text{는 실수}\right\}$, $A=\left\{Y \middle| Y=X\begin{bmatrix} 0 & 0 \\ 0 & 1 \end{bmatrix},\ X\in U\right\}$, $B=\left\{Z \middle| Z=X\begin{bmatrix} 2 & 0 \\ 0 & 1 \end{bmatrix},\ X\in U\right\}$에서 A와 B의 포함관계는?

가. $A\subset B$ 나. $A\supset B$

다. $A=B$ 라. $A\cap B=\varnothing$

7. (모의임용고사 기출 문제) 실수의 집합 R 위에서 정의된 벡터공간 R^4의 두 벡터 $a=(a_1,\ a_2,\ a_3,\ a_4)$, $b=(b_1,\ b_2,\ b_3,\ b_4)$에 대하여 내적 $a\cdot b$를

$$a\cdot b=a_1b_1+a_2b_2+a_3b_3+a_4b_4$$

로 정의하자. 두 벡터 $(1,\ 0,\ 1,\ -1)$과 $(1,\ 2,\ 2,\ 0)$이 이루는 각의 크기를 θ라고 할 때, $\cos\theta$의 값은?

가. $\frac{\sqrt{3}}{9}$ 나. $\frac{1}{3}$ 다. $\frac{\sqrt{3}}{4}$

라. $\frac{\sqrt{3}}{3}$ 마. $\frac{\sqrt{3}}{2}$

8. (모의임용고사 기출 문제) 행렬 $A=\begin{bmatrix} 1 & -3 \\ -3 & 1 \end{bmatrix}$에 대하여 다음 중 $P^{-1}AP$가 대각행렬이 되도록 하는 행렬 P는?

가. $\begin{bmatrix}1 & -1\\1 & 1\end{bmatrix}$ 나. $\begin{bmatrix}2 & -1\\1 & -1\end{bmatrix}$ 다. $\begin{bmatrix}1 & 3\\1 & 1\end{bmatrix}$

라. $\begin{bmatrix}1 & -2\\-1 & 1\end{bmatrix}$ 마. $\begin{bmatrix}1 & 1\\-1 & 4\end{bmatrix}$

9. 한 변의 길이가 1인 정삼각형 ABC에서 변 BC의 삼등분점을 M, N이라고 할 때 $\overrightarrow{AM}$, $\overrightarrow{BM}$의 내적은?

가. $\frac{7}{9}$ 나. $\frac{8}{9}$ 다. $\frac{13}{18}$

라. $\frac{17}{18}$ 마. $-\frac{1}{18}$

10. 옳지 <u>못한</u> 것은?

가. 선형변환 $T: V \to U$에서 $\dim V = \dim(\text{Ker T}) + \dim(\text{Im}\,T)$이다.

나. $L = \{T | T: \mathbb{R}^n \to \mathbb{R}^n \text{선형변환}\}$일 때, $L \cong Mat_{n\times n}(\mathbb{R})$이다.

다. 유한차원 벡터공간 V의 두 부분공간 W_1, W_2에 관하여 $\dim(W_1 + W_2) = \dim W_1 + \dim W_2 - \dim(W_1 \cap W_2)$이다.

라. $n\times n$행렬 A가 대각화가능하기 위한 필요충분조건은 A는 n개의 서로 다른 고유치를 가지는 것이다.

마. $T: \mathbb{R} \to \mathbb{R}$가 선형변환이면 항상 $T(0) = 0$이다.

11. 행렬 $A = \begin{bmatrix}a_{11} & a_{12}\\a_{n1} & a_{22}\end{bmatrix}$의 행렬식 $|A|$는 다음과 같이 정의된다 :

$|A|=a_{11}a_{22}-a_{12}a_{21}$. 이 행렬식의 정의와 관계가 가장 적은 것은?

가. 우치환(even permutation) 나. 기치환(odd permutation)
다. 부호(sign) 함수 라. 연속(continuous) 함수
마. 치환의 개수

12. 옳지 못한 것은?

가. $|AB|=|A||B|$ 나. $|A+B|=|A|+|B|$
다. $\mathrm{tr}(AB)=\mathrm{tr}(BA)$ 라. $\mathrm{tr}(A+B)=\mathrm{tr}(A)+\mathrm{tr}(B)$
마. $|AB|=|BA|$

여기서, A와 B는 $n\times n$ 행렬이며, $|A|$는 A의 행렬식을, $\mathrm{tr}\,A$는 A의 트레이스를 나타낸다.

13. $\mathbb{R}^2$이 부분공간인 집합은?

가. $\{(x, y)\in\mathbb{R}^2|y=x+1\}$ 나. $\{(x, y)\in\mathbb{R}^2|y=x^2\}$
다. $\{(x, y)\in\mathbb{R}^2|y=-x\}$ 라. $\{(x, y)\in\mathbb{R}^2|y=\sin x\}$
마. $\{(x, y)\in\mathbb{R}^2|y=e^x\}$

14. U, V는 두 벡터공간(vector space)이고, $\dim U=2$, $\dim V=8$, $\dim(U+V)=5$이다. 벡터공간 $U\cap V$의 차원(dimension)은?

가. 1 나. 2 다. 3
라. 4 마. 5

15. 선형 부호를 모두 고르면?

$$C_1 = \{0000000,\ 1111111\}$$

$$C_2 = \{0000000,\ 1111000,\ 0000111,\ 1111111\}$$

$$C_3 = \{1010111,\ 0101000\}$$

$$C_4 = \{1010111,\ 0101000,\ 1111111\}$$

가. C_1, C_2, C_3, C_4 나. C_1, C_3 다. C_2, C_4

라. C_3, C_4 마. C_1, C_2

16. 일차방정식의 일반적인 형태는 $ax=b$이다. 여기서 $a=0$이고 $b=0$이면 해는 무수히 많으나, $a=0$이지만 $b\neq 0$이면 해는 존재하지 않는다. 그러나 $a\neq 0$인 경우에는 b의 값에 무관하게 유일한 해 $a^{-1}b=\dfrac{b}{a}$를 가진다. 이 경우 해의 존재성과 유일성에 관한 한 a의 값이 중요한 역할을 한다. 이제, 미지수가 두 개인 일차방정식 두 개로 이루어진 연립방정식은 다음과 같은 행렬로 표현이 가능하다 : $AX=B$. 이 연립방정식의 해에 관하여 위의 일차방정식의 경우와 비슷한 사실을 알 수 있다. 이 연립방정식의 해의 존재성과 유일성에 관하여 2×2 행렬 A의 무엇이 가장 중요한 역할을 하는가?

가. 트레이스(trace) 나. 행렬식(determinant)

다. 고유치(eigenvalue) 라. 고유벡터(eigenvector)

마. 행과 열의 개수

17. 좌표 평면 위에 세 점의 좌표가 주어졌을 때, 이 세 점을 꼭짓점으로 하는 삼각형의 넓이를 계산하려고 한다. 다음 중 어느 개념이나 성질을 활용하면 가장 편리한가?

가. 행렬식　　　　　　　　　나. 직선의 방정식
다. 두 직선의 수직 조건　　　라. 두 직선의 평행조건
마. 피타고라스 정리

18. 주어진 두 행렬 $A=\begin{bmatrix} a_{11} & a_{12} \\ a_{21} & a_{22} \end{bmatrix}$, $B=\begin{bmatrix} b_{11} & b_{12} \\ b_{21} & b_{22} \end{bmatrix}$에 대하여 그 두 행렬의 곱을 $AB=\begin{bmatrix} a_{11}b_{11} & a_{12}b_{12} \\ a_{21}b_{21} & a_{22}b_{22} \end{bmatrix}$와 같이 정의하지 않고, 대신에 $AB=\begin{bmatrix} a_{11}b_{11}+a_{12}b_{21} & a_{11}b_{12}+a_{12}b_{22} \\ a_{21}b_{11}+a_{22}b_{21} & a_{21}b_{12}+a_{22}b_{22} \end{bmatrix}$와 같이 정의한다. 그 이유와 관계가 가장 깊은 것은?

가. 벡터공간의 구조
나. 선형(linear)함수의 연속성
다. 행렬의 유용성
라. 선형함수의 가역(invertible)성
마. 선형함수의 미분가능성

19. 다음 문제를 생각하여 보자.

> 행렬 $A=\begin{bmatrix} 1 & -\sqrt{3} \\ \sqrt{3} & 1 \end{bmatrix}$에 대하여 $A+A^4+A^7=kA$를 만족시키는 k의 값은 얼마인가?

이 문제를 풀 때 사용되는 케일리-해밀턴(Cayley-Hamilton) 정리와 가장 관련이 깊은 것은?

가. 고유벡터(eigenvector)
나. 최소다항식(minimal polynomial)
다. 고유치(eigenvalue)

라. 특성다항식(characteristic polynomial)

마. 트레이스(trace)

20. 내적(inner product)과 관계가 가장 적은 것은?

가. 각(angle)의 정의 나. 삼각부등식의 증명

다. 피타고라스 정리의 증명 라. 삼각형 세 내각의 합

마. 코시-슈바르츠 부등식

21. 정보통신을 위한 학문으로 부호론(Coding Theory)이 있다. 부호론은 다음 중 어느 영역과 가장 밀접한 관계가 있는가?

가. 집합론 나. 선형대수학

다. 미분기하학 라. 위상수학

마. 미적분학

Ⅱ

1. 미지수가 n개인 1차 연립방정식의 해에 관한 크래머(Cramer) 공식을 쓰고 증명하여라.

2. 정칙행렬의 역행렬은 기본행연산을 사용하여 구할 수도 있고, 행렬식과 수반행렬을 사용하여 구할 수 있다. 간단한 예를 통하여 이 두 가지 방법을 모두 설명하여라.

3. 선형사상에 관한 보편사상정리를 기술하고 증명하여라.

4. 내적공간에서의 코오시-슈바르츠(Cauchy-Schwartz) 부등식을 쓰고 증명하여라.

5. $n \times n$ 행렬 A가 역행렬을 가질 필요충분조건을 가급적 여러 개 기술하여라. 또, 역행렬을 가지는 경우 역행렬을 구하는 방법을 두 개 기술하여라.

6. 유클리드공간 E^3의 다음 기저를 직교정규화 하여라.

(1) $\{v_1 = (1, 1, 0), v_2 = (1, 0, 1), v_3 = (0, 1, 1)\}$

(2) $\{v_1 = (1, 0, 1), v_2 = (1, 1, 2), v_3 = (0, 0, 1)\}$

7. 부호 C가 (n, M, d) 부호일 때, 다음을 증명하여라.

(1) $d \geq s+1$이면 s비트까지의 오류를 탐지할 수 있다.

(2) $d \geq 2t+1$이면 t비트까지의 오류를 수정할 수 있다.

8. 다음 동차 연립방정식을 풀어라.

$$\begin{cases} x+y-z=0 \\ 3x+4y-2z=0 \end{cases}$$

9. 다음 연립방정식을 세 가지 방법, 즉 가감법, 크래머 공식, 그리고 역행렬을 이용하는 방법으로 풀어라.

$$\begin{cases} x+5y=6 \\ x-y=0 \end{cases}$$

10. $\mathbb{R}^3$의 세 벡터 (1, 1, 2), (1, 2, 2), (2, 3, 4)는 일차독립인지 확인하여라.

11. $n \times n$ 대각행렬 전체의 집합은 벡터공간 $Mat_n(\mathbb{R})$의 부분공간임을 설명하여라.

12. 다음 선형 사상을 나타내는 행렬을 표준 기저를 사용하여 구하여라.

$$f : \mathbb{R}^2 \to \mathbb{R}^2,\ f(x, y) = (-y, -x)$$

13. 다음 물음에 답하여라.

(1) 다음 조건을 만족시키는 선형 사상 $f : \mathbb{R}^2 \to \mathbb{R}^2$을 구하여라 :

$f(1, 1) = (1, 0)$이고 $f(1, 2) = (1, 1)$이다.

(2) 위에서 구한 선형 사상 f에 대하여 다음을 계산하여라 :

$f(0, 0)$, $f(2, 3)$, $f(3, 3)$

14. 다음 행렬의 고유치와 각 고유치에 관한 고유벡터를 계산하여라.

$$\begin{bmatrix} 1 & 4 \\ 1 & 1 \end{bmatrix}$$

15. 닮은 행렬의 고유다항식은 같음을 증명하여라.

16. 행렬 A가 대각행렬 D로 대각화가능하다고 하자. 즉, $D = P^{-1}AP$

를 만족시키는 P가 존재한다. 행렬 A의 고유치와 고유벡터는 행렬 D와 행렬 P와 어떠한 관계가 있는지를 설명하여라.

17. 2차원 공간의 표준 내적에 대하여 코오시-슈바르츠 부등식이 뜻하는 바는 무엇인지 설명하여라.

18. λ를 사상 $T : V \to V$의 고유치라고 하자. V_λ를 λ에 대한 고유공간이라고 하자. 그러면 V_λ는 V의 부분공간임을 증명하여라.

19. 행렬 A와 A^T는 같은 특성다항식을 가짐을 증명하여라.

20. λ $(\neq 0)$를 역사상이 존재하는 사상 T의 고유치라고 하자. 그러면 λ^{-1}은 T^{-1}의 고유치임을 증명하여라.

21. $v_1, v_2, v_3, \cdots, v_n$을 사상 $T : V \to V$의 서로 다른 고유치 $\lambda_1, \lambda_2, \lambda_3, \cdots, \lambda_n$에 대한 고유벡터라고 하자. 그러면 $v_1, v_2, v_3, \cdots, v_n$는 일차독립임을 증명하여라.

22. 다음 행렬에 대한 고유치와 고유벡터를 찾고 대각화가 가능하다면 대각화하여라.

(1) $A = \begin{bmatrix} 1 & -3 & 3 \\ 3 & -5 & 3 \\ 6 & -6 & 4 \end{bmatrix}$ (2) $B = \begin{bmatrix} -3 & 1 & -1 \\ -7 & 5 & -1 \\ -6 & 6 & -2 \end{bmatrix}$

23. 다음 각각의 행렬에 대하여, P^TAP가 대각행렬이 되는 직교행렬 P를 찾아라.

(1) $A=\begin{bmatrix} 1 & 2 \\ 2 & 1 \end{bmatrix}$ (2) $A=\begin{bmatrix} 2 & 1 & 1 \\ 1 & 2 & 1 \\ 1 & 1 & 2 \end{bmatrix}$

24. 내적공간 V의 정규직교 기저 $\{v_1, v_2, v_3\}$에 대하여 V의 임의의 벡터 w에 대하여 $\|w\|^2=(w, v_1)^2+(w, v_2)^2+(w, v_3)^2$이 성립함을 증명하여라.

25. $(u, v)_1$과 $(u, v)_2$를 벡터공간 V의 두 내적이라고 할 때, $(u, v)=(u, v)_1+(u, v)_2$도 V의 내적임을 증명하여라.

26. 유한 벡터공간 F_2^n은 거리(metric) 공간임을 증명하여라.

27. (임용고사 기출 문제) $A=\begin{bmatrix} -5 & 9 \\ -6 & 10 \end{bmatrix}$일 때 $P^{-1}AP$가 대각행렬이 되게 하는 정칙행렬 P를 구하고 A를 대각화하여라.

28. (임용고사 기출 문제) 3×3행렬 $A=\begin{bmatrix} 1 & 0 & 1 \\ 0 & 2 & 0 \\ 0 & 0 & 3 \end{bmatrix}$에 대하여, A^{10}의 고유값(eigenvalues)과 고유벡터(eigenvectors)를 모두 구하여라.

29. (임용고사 기출 문제) 선형사상 $T:\mathbb{R}^3 \to \mathbb{R}^3$가 행렬 $A=$

$\begin{bmatrix} 1 & 0 & 1 \\ 0 & 1 & 2 \\ -1 & 1 & 1 \end{bmatrix}$에 의하여 표현된다고 하자. 즉, $x \in \mathbb{R}^3$에 대하여 $Tx = Ax$이다. T의 핵(kernel)의 차원(dimension)과 T의 상(image)의 차원을 각각 구하여라.

30. (임용고사 기출 문제) 행렬 $\begin{bmatrix} 1 & 1 & -1 \\ 0 & 2 & 0 \\ 0 & 0 & 2 \end{bmatrix}$의 고유치(eigenvalue)와 고유공간(eigenspace)을 구하여라.

31. (임용고사 기출 문제) 실수체 $\mathbb{R}$ 위의 벡터공간 V에 대하여 W_1, W_2를 V의 부분공간이라고 하자. $V = W_1 + W_2$일 때, 임의의 $v \in V$에 대하여 $v = w_1 + w_2$ $(w_1 \in W_1,\ w_2 \in W_2)$로 유일하게 표현될 필요충분조건은 $W_1 \cap W_2 = \{\mathbf{0}\}$임을 증명하여라.

32. (임용고사 기출 문제) V와 W가 n차원 실벡터공간이라고 하자. 선형사상 $L : V \to W$에 대하여 $\text{Ker}\, L = \{0\}$이면 L은 동형사상(isomorphism)임을 증명하여라.

33. (임용고사 기출 문제) $\mathbb{R}^2$의 두 기저(basis) $\alpha = \{v_1, v_2\}$, $\beta = \{u_1, u_2\}$에서 $v_1 = (0, 1)$, $v_2 = (1, 0)$, $u_1 = (1, -2)$, $u_2 = (2, 3)$일 때, 다음 물음에 답하여라.

(1) 선형사상 $f : \mathbb{R}^2 \to \mathbb{R}^2$, $f(v_1) = u_1$, $f(v_2) = u_2$를 나타내는 행렬 A를 구하여라.

(2) 이 선형사상에 의하여 세 점 $P(-1, 0)$, $Q(1, -1)$, $R(2, 3)$

이 옮겨지는 점을 각각 P', Q', R'이라고 할 때, $\triangle P'Q'R'$의 넓이를 구하여라.

34. (임용고사 기출 문제) 실벡터공간 $\mathbb{R}^3$에서의 벡터 a에 대하여 선형사상 $T(p)=a\times p+(p\cdot a)a$ $(p\in\mathbb{R}^3)$가 정의되었다. 벡터 a의 크기가 $\sqrt{2}$일 때, T의 고유치는 그것뿐임을 보여라. 단, $u\times v$와 $u\cdot v$는 각각 u, v의 외적(cross product)과 내적(inner product)을 나타낸다.

35. A, B를 2×2 행렬이라고 할 때, 다음 등식이 일반적으로 성립하지 않음을 보여라. $(A-B)\times(A+B)=A^2-B^2$.

36. A, B를 2×2 행렬이라고 할 때, $A^2=AB$, $A\neq O$이라고 하면 $A=B$라고 말할 수 있는가?

37. A, B를 3×3 상삼각행렬이라고 하자. 그러면 AB도 상삼각행렬임을 증명하여라. 또 A, B가 $n\times n$ 상삼각행렬일 때, AB도 상삼각행렬임을 보여라.

38. A, B, C를 $n\times n$ 행렬이라고 하고, 행렬의 곱이 정의된다고 하자. 그러면 $(ABC)^T=C^TB^TA^T$임을 증명하여라.

39. 다음 물음에 답하여라.

(1) B를 임의의 $m\times n$ 행렬이라고 하면, B^TB와 BB^T는 대칭

행렬임을 증명하여라.

(2) A, B는 대칭행렬이지만 AB는 대칭행렬이 아닌 2×2 행렬의 보기를 들어라.

(3) A, B가 대칭인 $n\times n$ 행렬일 때, AB가 대칭행렬이기 위한 필요충분조건을 구하여라.

40. A는 $A^2-3A+I=O$를 만족시키는 정사각행렬이라고 하자. A의 역행렬이 존재하면 $A^{-1}=3I-A$임을 증명하여라.

41. A가 정사각행렬이고, 역행렬이 존재한다고 할 때, $(A^{-1})^T=(A^T)^{-1}$임을 증명하여라.

42. λ ($\neq0$)를 역사상(inverse mapping)이 존재하는 사상 T의 고유치라고 하면 λ^{-1}은 T^{-1}의 고유치임을 증명하여라.

43. 다음과 같이 정의되는 사상 $T:\mathbb{R}^3\rightarrow\mathbb{R}^3$의 고유치와 고유벡터를 찾고 각 사상에 대응되는 행렬이 대각화가 가능하면 대각화하여라.

(1) $T(x, y, z)=(2x+y, y-z, 2y+4z)$

(2) $T(x, y, z)=(x+y, y+z, -2y-z)$

(3) $T(x, y, z)=(x+y+z, 2y+z, 2y+3z)$

44. 행렬의 닮음(similarity) 관계는 동치 관계임을 보여라.

45. 다음과 같이 정의된 함수 $T : \mathbb{R}^3 \to \mathbb{R}^3$를 생각하자 :

주어진 $a \in \mathbb{R}^3$에 대하여 $T(v) = a \times v + (v \cdot a)a$이다.

다음 물음에 답하여라.

(1) T는 선형사상임을 증명하여라.

(2) T는 유일한 고유치를 가짐을 증명하여라.

(3) 위에서 구한 고유치에 관한 고유공간을 구하여라.

46. 행렬 $\begin{bmatrix} 1 & 2 \\ 3 & 4 \end{bmatrix}$를 대칭행렬과 반대칭행렬의 합으로 나타내어라.

47. 다음 주장을 증명 또는 반증하여라.

임의의 두 정칙행렬 A, B에 대하여 $\mathrm{tr}(AB) = \mathrm{tr}(A)\mathrm{tr}(B)$이다.

여기서 $\mathrm{tr}(A)$는 행렬 A의 트레이스를 나타낸다.

48. 이 책에서 소개한 무한차원벡터공간의 예를 들어라.

49. 다음 주장을 증명 또는 반증하여라.

오직 두 개의 벡터로 이루어지는 벡터공간이 존재한다.

50. 다음을 증명하여라.

(1) $\begin{vmatrix} b+c & c+a & a+b \\ a & b & c \\ 1 & 1 & 1 \end{vmatrix} = 0$

(2) $\begin{vmatrix} 1 & 1 & 1 \\ a & b & c \\ a^2 & b^2 & c^2 \end{vmatrix} = (b-a)(c-a)(c-b)$

51. 상삼각행렬의 행렬식은 어떻게 구하는지 설명하여라.

52. 다음을 증명하여라.

(1) $A^2=I$이면, $|A|=\pm 1$이다.

(2) $A^TA=I$이면, $|A|=\pm 1$이다.

53. $A=\begin{bmatrix} t+3 & -1 & 1 \\ 5 & t-3 & 1 \\ 6 & -6 & t+4 \end{bmatrix}$가 역행렬이 존재하지 않을 때, t의 값을 구하여라.

54. A의 역행렬이 존재할 때, 다음을 증명하여라.

(1) $A^{-1}=\dfrac{1}{|A|}\operatorname{adj}(A)$

(2) $(\operatorname{adj}(A))^{-1}=\dfrac{1}{|A|}A=\operatorname{adj}(A^{-1})$

(3) $\operatorname{adj}(\operatorname{adj} A)=A \quad (A\in Mat_2(\mathbb{R}))$

55. A가 $n\times n$ 상삼각행렬이면, A의 여인수 $A_{1j}(2\leq j\leq n)$는 0임을 보여라.

56. M을 정칙인 $n\times n$ 행렬이라고 하고, A, B를 $MAM^{-1}=B$인 $n\times n$ 행렬이라고 하자. 이때, $|A|=|B|$임을 증명하여라.

57. A가 $A^2=A$인 $n\times n$ 행렬일 때, $|A|$를 구하여라.

58. $A \in Mat_2(\mathbb{R})$가 $A^T = -A$를 만족시키면, $|A| = (-1)^n |A|$임을 보여라. 특히, n이 홀수이면 A는 비정칙임을 증명하여라.

59. 벡터공간 $V = \mathbb{R}^3$에서 다음 집합 W는 V의 부분공간임을 증명하여라.

(1) $W = \{(a, b, 0) | a, b \in \mathbb{R}\}$

(2) $W = \{(a, b, c) | a+b+c = 0 \in \mathbb{R}\}$

60. 벡터공간 $V = \mathbb{R}^3$에서 다음 집합 W는 V의 부분공간이 아님을 증명하여라.

(1) $W = \{(a, b, c) | a \geq 0\}$

(2) $W = \{(a, b, c) | a^2 + b^2 + c^2 \leq 1\}$

61. n차 이하인 실수계수 다항식 전체로 이루어지는 벡터공간 $\mathbb{R}_n[x]$는 유한개의 벡터로 생성됨을 보여라.

62. $W_1, W_2, W_3, \cdots$ 를 벡터공간 V의 부분공간이라고 하자. $W_1 \subset W_2 \subset W_3 \subset \cdots$ 라고 할 때, $W = W_1 \cup W_2 \cup W_3 \cup \cdots$ 는 V의 부분공간임을 증명하여라.

63. W를 $\mathbb{R}^n$의 부분공간이라고 하고, A를 $m \times n$ 행렬이라고 하자. $\mathbb{R}^m$의 부분집합 $V = \{y | y = Ax, x \in W\}$라고 하면 V는 $\mathbb{R}^m$의 부분공간임을 보여라.

64. 선형 사상 $T: U \to V$에 대하여 $\dim U = \dim \operatorname{Im} T + \dim \operatorname{Ker} T$임을 증명하여라.

65. 선형 사상 $T: U \to V$의 행렬표현을 A라고 하면 $rank\, A = \dim \operatorname{Im} T$임을 증명하여라.

66. 다음을 증명하여라.
두 유한차원 벡터공간 V, W에 대하여, $V \simeq W \Leftrightarrow \dim V = \dim W$이다.

67. $P((x, y, z)) = (0, 0, 0)$로 정의되는 사상 $P: \mathbb{R}^3 \to \mathbb{R}^3$는 선형사상임을 증명하여라.

68. $V = C[0, 1]$을 구간 $0 \le x \le 1$ 위에서의 연속함수 전체로 이루어지는 벡터공간이라고 하고, W를 구간 $0 \le x \le 1$ 위에서 1차 도함수를 갖는 모든 함수로 이루어진 $C[0, 1]$의 부분공간이라고 하자. 이때, $D: V \to W$를 $D(f) = f'$이라고 하면, D는 선형사상임을 증명하여라.

69. $T: V \to W$가 선형사상이라고 하자. 그러면 V의 임의의 원소 u, v에 대하여 다음을 증명하여라.

(1) $T(-v) = -T(v)$

(2) $T(u-v) = T(u) - T(v)$

70. $T: V \to W$는 선형사상이고 $\{v_1, v_2, \cdots, v_n\}$가 V의 기저라고 할 때, $T(v_1)=T(v_2)=\cdots=T(v_n)=0$이면, T는 영사상임을 증명하여라.

71. $T: V \to V$는 선형사상이고 $\{v_1, v_2, \cdots, v_n\}$는 V의 기저라고 할 때, $T(v_1)=v_1$, $T(v_2)=v_2$, $\cdots$, $T(v_n)=v_n$이면, T는 항등사상임을 증명하여라.

72. 다음 각 선형사상이 일대일 사상인지를 판정하여라.

(1) $P((x, y, z))=(x, y, 0)$로 정의되는 $P: \mathbb{R}^3 - \mathbb{R}^3$

(2) 행렬 $A=\begin{bmatrix} 1 & 3 & -2 & 4 \\ 2 & 6 & -4 & 8 \\ 3 & 9 & 1 & 5 \\ 1 & 1 & 4 & 8 \end{bmatrix}$에 의한 $L_A: \mathbb{R}^4 \to \mathbb{R}^4$

(3) $T((x, y))=(y, x)$로 정의되는 $T: \mathbb{R}^2 \to \mathbb{R}^2$

(4) $T((x, y, z))=(x+y+x, x-y-z)$로 정의되는 $T: \mathbb{R}^3 \to \mathbb{R}^2$

73. 다음 물음에 답하여라.

복소수 전체의 집합 $\mathbb{C}$는 실수체 $\mathbb{R}$ 위에서 벡터공간이라고 할 수 있다. 실수가 스칼라이므로 스칼라 배는 복소수(벡터)와 실수(스칼라)와의 곱이다.

(1) $\{1, i\}$는 기저임을 증명하여라.

(2) 임의의 $z \in \mathbb{C}$에 대하여 $f(z)=iz$로 정의되는 함수 f : $\mathbb{C} \to \mathbb{C}$는 선형사상임을 증명하여라.

(3) 위의 선형사상 f를 기저 $\{1, i\}$에 관하여 행렬 $M \in Mat_2(\mathbb{R})$

으로 나타내어라.

(4) 행렬 M의 고유다항식 $\Delta(\lambda)$를 구하여라.

(5) $\Delta(i)=0$이고 $\Delta(\lambda)$는 $\mathbb{R}[x]$에서 인수분해가 되지 않음을 설명하여라.

74. 선형사상 $T: V \to W$가 행렬 A로 표현된다면 그 선형사상에 의하여 삼각형의 넓이는 $|A|$만큼 변함을 증명하여라.

75. $A=\begin{bmatrix} a_{11} & \cdots & a_{1m} \\ \vdots & & \vdots \\ a_{m1} & \cdots & a_{mm} \end{bmatrix}$이고 $B=\begin{bmatrix} b_{11} & \cdots & b_{1n} \\ \vdots & & \vdots \\ b_{n1} & \cdots & b_{nn} \end{bmatrix}$일 때, $(m+n)\times(m+n)$ 행렬 $\begin{bmatrix} A & O \\ O & B \end{bmatrix}$의 행렬식은 $|A||B|$임을 증명하여라. 단, $\begin{bmatrix} A & O \\ O & B \end{bmatrix}$에서 오른쪽 위에 있는 O은 $m\times n$ 영행렬이고, 왼쪽 아래에 있는 O은 $n\times m$ 영행렬이다. 더 나아가 $\begin{bmatrix} A & O \\ C & B \end{bmatrix}$의 행렬식도 $|A||B|$임을 증명하여라. 여기서, C는 임의의 $n\times m$ 행렬이다.

76. (임용고사 기출 문제) 다음 미분방정식의 일반해 $X=X(t)$를 구하여라.

$X'=AX$. 여기서 $A=\begin{bmatrix} 1 & 2 \\ 4 & 3 \end{bmatrix}$이고 $X=\begin{bmatrix} x_1(t) \\ x_2(t) \end{bmatrix}$이다.

77. 생성행렬이 $G=\begin{bmatrix} 1 & 0 & 1 & 1 & 0 \\ 0 & 1 & 0 & 1 & 1 \end{bmatrix}$으로 주어진 부호에 관하여 다음 물음에 답하여라.

(1) 스레피안 표준나열표를 만들어라.

(2) 11111과 01011이 수신벡터일 때 각각을 복호하라.

78. [7, 4, 3]-부호의 생성행렬이 $G=\begin{bmatrix}1&0&0&0&1&1&1\\0&1&0&0&1&1&0\\0&0&1&0&1&0&1\\0&0&0&1&0&1&1\end{bmatrix}$일 때, 스레피안복호법 및 오증복호법을 이용하여 1100110을 복호하고 이 두 방법을 비교하여라.

79. 다음과 같은 16개의 벡터를 부호어로 가지는 (7, 16, 3)-부호에 관하여 다음을 구하여라.

0000000	1111111
1101000	0010111
0110100	1001011
0011010	1100101
0001101	1110010
1000110	0111001
0100011	1011100
1010001	0101110

(1) 부호의 길이, 차원, 최소거리

(2) 생성행렬 G

80. 부호 $C=\{000, 110, 011, 101\}$의 쌍대 부호를 구하여라.

81. 선형부호 $C=\{000, 110, 011, 101\}$의 패리티 검사행렬을 구하여라.

82. [7, 4, 3]-부호 C의 패리티 검사행렬이 다음과 같다고 하자.

$$H=\begin{bmatrix}1&1&1&0&1&0&0\\0&1&1&1&0&1&0\\1&1&0&1&0&0&1\end{bmatrix}$$

다음 물음에 답하여라.

(1) 부호의 최소거리는 얼마인가?

(2) 수정할 수 있는 오류의 개수는 몇 개인가?

(3) 각 잉여류 대표원에 대한 오증을 구하여라.

(4) 수신 벡터 중에서 복호화할 수 있는 벡터는 모두 몇 개인가?

83. 박승안(2000) 287쪽 이후를 참고하여 행렬이 '게임 이론(game theory)'에 어떻게 활용되는지 조사하여라.

84. Wilson & Watkins(1990) 85쪽 이후를 참고하여 인접행렬(adjacency matrix)이나 결합행렬(딸림행렬, incidence matrix)에서 행렬의 곱이 어떻게 유용하게 사용되는지 조사하여라.

85. Rotman(1984) 162쪽을 참고하여 일반선형군 $GL_n(F_q)$, $q=p^k$, p는 소수의 위수에 관하여 알아보아라. 또, $Mat_n(F_q)$의 원소 중 정칙인 행렬과 비정칙인 행렬의 비율에 관하여 살펴보아라.

86. 다음 설명의 오류를 지적하여라.

(1) E를 단위함수라고 하면 단위함수는 모든 행렬과 교환법칙이 성립한다. 따라서 임의의 행렬 A에 대하여 $AE=EA$

이다.

(2) 벡터공간에는 덧셈연산과 스칼라 배 연산이 있다. 스칼라 배는 교환법칙이 성립하고, 덧셈에 대한 분배법칙이 성립한다. 또 스칼라(실수) 1은, 임의 벡터 v에 대하여 $1v=v$을 만족시키므로, 스칼라 배의 항등원이다.

87. 다음 용어를 모두 사용하여 작문하여라.

(1) 선형대수학, 벡터공간, 행렬, 일차연립방정식

(2) 일차동차연립방정식, 계수행렬, 정칙행렬, 역행렬, 유일한 해

(3) $n\times n$-정칙행렬, 역행렬, 행렬식, 계급수, 여인수전개, 수반행렬, 역행렬을 구할 수 있다.

(4) n개의 벡터, 일차결합, 일차독립, 일차종속, 기저, 차원

(5) 내적공간, 특별한 벡터공간, 민코브스키 부등식, 피타고라스 정리

(6) 정보 사회, 정보 보호, 정보 통신, 암호학, 부호론, 선형대수학의 응용

(7) 부호화, 복호화, 최근방복호법, 스레피안복호법, 오증복호법

88. '선형대수학'이라는 강좌 명이 뜻하는 바는 무엇일까? 선형대수학에서 주로 다루는 내용은 어떠한 것이 있으며 그러한 개념들은 실생활이나 다른 학문영역에서 어떻게 관련되며 활용되는지 논의하여라.

89. '정보수학'은 무슨 학문을 이르는 것일까? 정보수학의 주된 연구 문제는 무엇이며 그러한 문제의 해결에 대수학 특히, 선형대수학은 어떠한 역할을 하는지 논의하여라.

90. 현행 교육과정에 의하면 선형대수학은 초등학교 수학 교육과정과 직접적인 관계가 없다고 할 수 있다. 그렇다면 초등학교 교사를 양성하는 '교육대학'에서는, 비록 '수학심화' 과정이라고 하더라도 선형대수학 강좌를 개설할 필요가 없다고 주장할 수 있다. 이 주장에 찬성하는 경우에는 보다 많은 찬성의 이유를 제시하고, 반대하는 경우에는 반대하는 이유를 말하여라.

91. 중등학교 교사를 양성하는 '수학교육과'에서 선형대수학 강좌를 필수로 개설해야 하는지 아니면 선택으로 개설해도 무난한지 논의하여라.

92. 현행 초·중·고등학교 수학과 교육과정을 참고하여, 이 책에 소개된 내용이라면 중등학교(중·고등학교) 수학과정 중에서 선형대수학 관련 부분은 모두 무난히 가르칠 수 있는지 논의하여라.

93. 다음을 설명하여라.

(1) 자연수의 소인수분해

(2) 정수 계수를 가지는 다항식의 인수분해

(3) 정칙행렬의 기본행렬들로의 분해

*(4) 분자, 원자, 쿼크 등에 의한 물질의 분해

*(5) 유한가환군의 유한순환군으로의 분해

94. 다음 물음에 답하여라.

(1) 실수의 덧셈과 행렬의 덧셈, 실수의 곱셈과 행렬의 곱셈을 다음 측면에서 비교하여라.

(가) 결합법칙　　(나) 항등원

(다) 역원　　(라) 교환법칙

(2) 실수의 곱셈과 행렬의 곱셈에 관하여 다음 성질이 성립하는지 확인하여라.

$xy=0$이면 $x=0$ 또는 $y=0$이다.

95. 다음 물음에 답하여라.

(1) 다음 연립방정식을 가감법으로 풀어라.

$$\begin{cases} 2x+y=3 \\ x+y=2 \end{cases}$$

(2) 위 연립방정식을 직선의 그래프를 이용하여 풀어라.

(3) 위 연립방정식을 행렬과 역행렬을 이용하여 풀어라.

(4) 다음 연립일차방정식이 한 쌍의 해를 가지는 경우, 해가 무수히 많은 경우, 해가 없는 경우를 각각 설명하여라.

$$\begin{cases} ax+by=p \\ cx+dy=q \end{cases}$$

(5) 위 (4)에서 각각의 경우를 직선의 그래프를 이용하여 설명하여라.

96. 다음 물음에 답하여라.

(1) $\mathbb{R}^n$에서 코시-슈바르츠 부등식이 뜻하는 바를 설명하여라.

$$|(u, v)| \le \|u\|\|v\|$$

여기서, (u, v)는 표준내적을 나타낸다.

(2) 위 부등식으로부터 $\dfrac{|(u, v)|}{\|u\|\|v\|}$의 값의 범위를 구하여라.

(3) 두 벡터 u와 v의 사잇각 θ를 정의하여라.

(4) $\mathbb{R}^2$와 $\mathbb{R}^3$에서 다음을 유도하여라.

$$(u, v) = \|u\|\|v\| \cos\theta$$

97. 다음 물음에 답하여라.

(1) 세 함수 $f : A \to B$, $g : B \to C$, $h : C \to D$에 대하여 다음이 성립한다.

$$(h \circ g) \circ f = h \circ (g \circ f)$$

(2) 행렬은 하나의 함수로 볼 수 있음을 설명하여라.

(3) 행렬 곱 연산은 결합법칙을 성립시킴을 설명하여라.

(4) $f \circ g \ne g \circ f$인 두 함수 $f : A \to A$와 $g : A \to A$를 제시하여라.

(5) 행렬 곱 연산은 교환법칙을 성립시키지 않음을 설명하여라.

98. 다음 물음에 답하여라.

(1) 행렬의 덧셈이 유용한 실생활의 예를 하나 제시하여라.

(2) 행렬의 곱셈이 유용한 실생활의 예를 하나 제시하여라.

(3) 고등학교 이산수학 교과서를 참고하여 그래프 이론에서

행렬 개념이 유용하게 활용되는 예를 조사하여라.

99. 다음 물음에 답하여라.

(1) 두 행렬의 덧셈이 정의되기 위해서는 두 행렬의 행의 수와 열의 수는 각각 어떠해야 하는가?

(2) 행렬의 덧셈이 사용되는 실생활의 예를 하나 제시하여라.

(3) 두 행렬의 곱셈이 정의되기 위해서는 두 행렬의 행의 수와 열의 수는 각각 어떠해야 하는가?

(4) 행렬의 곱셈이 사용되는 실생활의 예를 하나 제시하여라.

(5) 그래프의 인접행렬 유용성을 행렬의 곱셈과 연계하여 설명하여라.

100. 다음 물음에 답하여라.

(1) 벡터공간에서 다음 각각에 대하여 요약하여라.
부분공간의 정의, 부분공간의 차원, 상공간의 구성, 상공간의 차원, 내적의 정의와 성질

(2) 위 성질들이 유한체 위에서의 유한 벡터공간의 경우에도 성립함을 증명하여라.

(3) 오류의 탐지, 오류의 수정, 복호 기법 등에 위 성질들이 어떻게 응용되는지 알아보아라.

Ⅲ

다음 문항은 수행평가 형식이다.

1. 평가 내용 : 연립방정식

평가 유형 : 모둠별 토의

평가 목표 : 수학적 사고능력, 실생활문제 해결

평가의 특징 : 실수 집합에서 해를 구하는 미지수가 두 개인 일차방정식과 정수 집합에서 해를 구하는 디오판투스 방정식은 해의 존재성과 해의 개수에 관하여 다르게 접근해야 한다. 실생활 문제에서 저절한 방정식을 활용할 수 있는가를 평가한다.

평가 문항 : 다음 물음에 답하여라.

(1) 미지수가 두 개인 일차방정식의 해에 대하여 논의하여라.

(2) 정수론에서 디오판투스방정식의 해의 존재와 개수, 그리고 그 해법에 관하여 논의하여라.

(3) 화투치는 방법에 대하여 알아보아라.

(4) 최대 몇 명까지 칠 수 있는가?

(5) n명이 칠 때, 바닥에 깔아야 하는 화투 수와 손에 들어야 하는 화투수는 각각 몇 장인가?

2. 평가 내용 : 차원의 뜻

평가 유형 : 프로젝트

평가 목표 : 수학적 지식

평가 기준 :

(1) 상 : 여러 가지 차원과 물리학에서의 우주 차원 이론을

이해한다.

(2) 중 : 유클리드공간의 차원을 이해한다.

(3) 하 : 책을 읽고 그 내용을 대략 이해한다.

평가의 특징 : 강좌와 관계가 깊은 교양서를 읽게 하여, 강좌의 내용을 보다 넓게 이해할 수 있다.

평가 문항 :

(1) 다음 책을 읽고 그 내용을 간략히 요약하여라 :
Abbott, E. (Annotated by I. Stewart)(2002). The Annotated Flatland, Perseus Publishing. 윤태일 역(1998). 플랫랜드 이야기, 늘봄.

(2) 위 책의 내용으로부터 4차원에서의 상황을 유추하여 보아라.

(3) 유클리드공간에서의 차원은 무엇인가?

(4) 다음 책을 참고하여 상자차원과 자기상사(닮음)차원에 대하여 알아보아라 :
신인선·류희찬 옮김(1998). 수학교사를 위한 프랙탈 기하, 서울 : 경문사.

(5) (이 문항은 수준이 높기 때문에 생략할 수 있다.) 다음 문헌을 참고하여 차원 개념의 복잡성에 대하여 대략 알아보아라 : Munkres, J. R. (1975). Topology, Prentice-Hall, INC.

(6) 다음 책을 참고하여 상대성이론과 초끈 이론(Super-string Theory)에서의 우주의 차원에 대하여 알아보아라 : Mlodinow, L.(2001). Euclid's Window : The Story of Geometry from Parallel Lines to Hyperspsce. 전대호 옮김(2002). 유클리드의 창 : 기하학 이야기, 서울 : 까치.

과제 풀이

Ⅱ. 선형성

지난 줄거리

1.

- 자연수의 덧셈의 도입은 초등학교 1학년이다.
- 분수의 덧셈의 도입은 초등학교 4학년이다.
- 음수의 덧셈의 도입은 중학교 1학년이다.
- 실수의 덧셈의 도입은 중학교 3학년이고 실수의 연산법칙은 고등학교 1학년에서 다룬다.
- 복소수의 덧셈의 도입은 고등학교 1학년이다.
- 행렬의 덧셈의 도입은 수학 I 이다.

2.

- 좌표평면의 도입은 중학교 1학년이다.
- 행렬의 도입은 수학 I 이다.
- 벡터의 도입은 기하와 벡터에서이다. 7차 교육과정 수학Ⅱ에 있었으나 2007년에 공포된 개정 교육과정(선택과정)에서 기하와 벡터 과목으로 이동되었다.
- 벡터의 내적의 도입은 기하와 벡터이다. 7차 교육과정 수학 Ⅱ에 있었으나 2007년에 공포된 교육과정(선택과정)에서 기하와 벡터 과목으로 이동되었다.

과제 2.8 가. (1) 합집합과 교집합의 정의, 구체적인 사례를 통해 두 집합의 합집합과 교집합을 구할 수 있도록 한다. 합집합과 교집합을 연산으로 보고, 그 성질 등은 다루지 아니한다. 한편, 두 유한집합 A, B에 대하여 $n(A\cup B)=n(A)+n(B)-n(A\cap B)$임을 지도한다.

(2) 집합의 연산법칙을 지도한다. 즉 $\cup$과 $\cap$의 결합법칙과 교환법칙을 지도하고 $\cup$에 대한 $\cap$의 분배법칙과 $\cap$에 대한 $\cup$의 분배법칙을 지도한다. 또, 드모르간 법칙을 지도하고 활용할 수 있도록 한다. 여러 법칙들의 엄밀한 증명은 하지 않고, 벤 다이어그램을 이용하여 직관적으로 확인한다.

(3) 임의의 세 집합 A, B, C에 대하여 다음이 성립한다.

- 결합법칙 $(A\cap B)\cap C=A\cap(B\cap C)$,
  $(A\cup B)\cup C=A\cup(B\cup C)$
- 교환법칙 $A\cap B=B\cap A$, $A\cup B=B\cup A$
- 분배법칙 $A\cap(B\cup C)=(A\cap B)\cup(A\cap C)$,
  $A\cup(B\cap C)=(A\cup B)\cap(A\cup C)$

집합의 연산에서 분배법칙의 경우, 합집합에 대한 교집합의 분배법칙, 교집합에 대한 합집합의 분배법칙 모두가 성립한다는 것을 주목할 필요가 있다.

나. 실수 전체의 집합 $\mathbb{R}$의 임의의 원소 a, b, c와 두 연산(덧셈과 곱셈)에 대하여 다음이 성립한다.

- 결합법칙 $(a+b)+c=a+(b+c)$, $(ab)c=a(bc)$
- 교환법칙 $a+b=b+a$, $ab=ba$
- 분배법칙 $a(b+c)=ab+ac$, $(a+b)c=ac+bc$

실수의 연산에서 분배법칙의 경우, 덧셈에 대한 곱셈의 분배법칙은 성립하지만, 곱셈에 대한 덧셈의 분배법칙은 성립하지 않는다.

다. (1) 한 개의 반례라도 허락한다면, 여러 개, 심지어 무한개의 반례라도 허락하지 않을 명분이 없다.

(2) 여기에서의 연산은 이항연산이다. 집합 X에 정의되는 이항연산이란 데카르트 곱 $X \times X$에서 X로 사상되는 함수이다. 함수 값이 정의되지 않는 단 한 개의 예외라도 있을 수 없다.

(3) 다음과 같이 0이 아닌 실수 전체의 집합에서는 곱셈과 나눗셈이 잘 정의된다.

$$\times : \mathbb{R}-\{0\} \times \mathbb{R}-\{0\} \rightarrow \mathbb{R}-\{0\},\ (a,\ b) \mapsto a \times b$$
$$\div : \mathbb{R}-\{0\} \times \mathbb{R}-\{0\} \rightarrow \mathbb{R}-\{0\},\ (a,\ b) \mapsto a \div b$$

'0을 제외한 실수 전체의 집합이 나눗셈에 관하여 닫혀 있다.'라고 표현하는 것은 옳은 표현이라고 할 수 있다.

과제 2.9 가. 세 벡터 $u,\ v,\ w \in \mathbb{R}^2$를 각각 $u=(u_1,\ u_2)$, $v=(v_1,\ v_2)$, $w=(w_1,\ w_2)$라고 하자.

(1)
$$\begin{aligned}(u+v)+w &= \{(u_1,\ u_2)+(v_1,\ v_2)\}+(w_1,\ w_2)\\ &=(u_1+v_1,\ u_2+v_2)+(w_1,\ w_2)\\ &=(u_1+v_1+w_1,\ u_2+v_2+w_2)\\ &=(u_1,\ u_2)+(v_1+w_1,\ v_2+w_2)\\ &=(u_1,\ u_2)+\{(v_1,\ v_2)+(w_1,\ w_2)\}\end{aligned}$$

$$= u + (v + w)$$

(5) 임의의 두 스칼라 $\lambda, \mu \in \mathbb{R}$에 대하여 다음이 성립한다.

$$\begin{aligned}(\lambda+\mu)u &= (\lambda+\mu)(u_1, u_2) = \{(\lambda+\mu)u_1, (\lambda+\mu)u_2\} \\ &= (\lambda u_1 + \mu u_1, \lambda u_2 + \mu u_2) = (\lambda u_1, \lambda u_2) + (\mu u_1, \mu u_2) \\ &= \lambda(u_1, u_2) + \mu(u_1, u_2) = \lambda u + \mu u\end{aligned}$$

이와 같은 방법으로 나머지 성질도 모두 보일 수 있다.

나. 세 벡터 $u, v, w \in \mathbb{R}^3$를 각각

$$u = (u_1, u_2, u_3),\ v = (v_1, v_2, v_3),\ w = (w_1, w_2, w_3)$$

라고 하자.

(1) $$\begin{aligned}(u+v)+w &= \{(u_1, u_2, u_3) + (v_1, v_2, v_3)\} + (w_1, w_2, w_3) \\ &= (u_1+v_1, u_2+v_2, u_3+v_3,) + (w_1, w_2, w_3) \\ &= (u_1+v_1+w_1, u_2+v_2+w_2, u_3+v_3+w_3) \\ &= (u_1, u_2, u_3) + (v_1+w_1, v_2+w_2, v_3+w_3) \\ &= (u_1, u_2, u_3) + \{(v_1, v_2, v_3) + (w_1, w_2, w_3)\} \\ &= u + (v + w)\end{aligned}$$

이와 같은 방법으로 나머지 성질도 모두 보일 수 있다.

다. 함수 $f : V \times V \to V$는 V 위에서의 (이항)연산이지만, 함수 $f : \mathbb{R} \times V \to V$은 연산이 아니다. 따라서 벡터의 합은 연산이지만, 스칼라 배는 연산이 아니다. 스칼라 배에 관한 위의 네 성질 중에서 처음 두 성질은 분배법칙과 비슷하지만 '분배법칙'이라고 할 수 없다. 세 번째 성질도 결합법칙

과 비슷하나 '결합법칙'이라고 할 수 없다. 마지막 네 번째 성질을 '단위원의 성질'이라고 할 수 없다. 스칼라 배는 연산이 아니기 때문이다.

과제 2.10 가. 세 벡터 $x, y, z \in F_2^3$를 각각 $x=(x_1, x_2, x_3)$, $y=(y_1, y_2, y_3)$, $z=(z_1, z_2, z_3)$라고 놓고, 과제 2.9에서와 같은 방법으로 모든 성질을 보일 수 있다.

과제 2.14 가. $S_1=\{1\}$, $S_2=\{1, (1, 2)\}$이다. 두 개 모두 가환군임을 쉽게 알 수 있다.

나. 다음과 같은 S_3의 연산표를 얻을 수 있다. 이 표에서는 위에 있는 치환에 왼쪽에 있는 치환을 합성한 것이다.

0	1	(1 2)	(1 3)	(2 3)	(1 2 3)	(1 3 2)
1	1	(1 2)	(1 3)	(2 3)	(1 2 3)	(1 3 2)
(1 2)	(1 2)	1	(1 3 2)	(1 2 3)	(2 3)	(1 3)
(1 3)	(1 3)	(1 2 3)	1	(1 3 2)	(1 2)	(2 3)
(2 3)	(2 3)	(1 3 2)	(1 2 3)	1	(1 3)	(1 2)
(1 2 3)	(1 2 3)	(1 3)	(2 3)	(1 2)	(1 3 2)	1
(1 3 2)	(1 3 2)	(1 2 3)	(1 2)	(1 3)	1	(1 2 3)

이 연산표는 주대각선에 대하여 대칭이 아니다. 예를 들어, (12)(13)과 (13)(12)는 같지 않다. 이는 대칭군 S_3는 가환군이 아님을 뜻한다.

과제 2.16 $\sigma=(123)$이라고 하면, $\sigma^{-1}=(132)$이므로 $(\sigma^{-1})^{-1}=(123)=\sigma$이다. 한편, $\tau=(12)$이라고 하면, $\tau\sigma=(23)$이다. 이제, $(\tau\sigma)^{-1}=(23)=(132)(12)=\sigma^{-1}\tau^{-1}$이다.

과제 2.18 가. 두 집합의 상등을 각 집합이 서로를 포함하는 것으로 표현해서 위 증명에 적용하였다.

나. 연산에 관하여 닫혀있다는 성질을 비롯하여 결합법칙, 항등원, 역원 등 모든 성질이 사용되었다.

다. $1^{-1}=1$, $(12)^{-1}=(12)$, $(13)^{-1}=(13)$, $(23)^{-1}=(23)$, $(123)^{-1}=(132)$, $(132)^{-1}=(123)$이므로, $S_3^{-1}=\left\{\sigma^{-1}\ \ \sigma\in S_3\right\}=\{1, (12), (13), (23), (132), (123)\}=S_3$이다. 마찬가지 방법으로, $\tau S_3=S_3=S_3\tau$임을 확인할 수 있다.

Ⅲ. 행렬

지난 줄거리

1. 대수학은 집합 위에 연산을 정의하고 그 집합의 구조를 탐구하는 학문이다. 한 집합 위에 덧셈과 스칼라배가 잘 정의되고 앞 장에서 언급한 8가지 성질을 만족시킬 때, 그 집합은 덧셈 연산과 스칼라 배에 대하여 벡터공간이 된다. 벡터공간은 덧셈에 관하여 가환군을 이룬다.

2. 자연수 전체집합에서 덧셈과 곱셈은 잘 정의된다. 즉,

$\forall a, b \in \mathbb{N}$에 대하여 $a+b \in \mathbb{N}$, $ab \in \mathbb{N}$이다.

3. 스칼라 배는 $\mathbb{R} \times V$에서 V로의 함수인데, 이것은 $V \times V$에서 V로의 함수가 아니므로 벡터공간 V에 정의된 연산이 아니다.

4. 예로서 좌표공간, 행렬공간, 그리고 유한 벡터공간을 들고 각각에서 덧셈과 스칼라배를 살피라.

과제 3.1 가. 고등학교 과정에서는 2×2 행렬을 다룬다. x, y에 대한 연립방정식 $\begin{cases} ax+by=p \\ cx+dy=q \end{cases}$를 행렬을 이용하여 나타내면 $\begin{bmatrix} a & b \\ c & d \end{bmatrix}\begin{bmatrix} x \\ y \end{bmatrix}=\begin{bmatrix} p \\ q \end{bmatrix}$와 같다. 여기서, $A=\begin{bmatrix} a & b \\ c & d \end{bmatrix}$, $X=\begin{bmatrix} x \\ y \end{bmatrix}$, $B=\begin{bmatrix} p \\ q \end{bmatrix}$라고 하면 이 연립방정식은 $AX=B$와 같은 꼴로 나타낼 수 있다. 따라서 연립방정식의 해를 구하는 것은 행렬 X를 구하는 것과 같다.

나. 한 전자 대리점에서 판매하는 오디오가 35만원, 냉장고가 80만원, TV가 55만원이라고 하자. 한 주간의 갑과 을이 판매한 제품의 수가 아래와 같을 때, 두 사람의 판매 금액은 어떻게 되는가?

	오디오	냉장고	TV
갑	2	1	3
을	1	3	1

판매한 제품의 수를 나타낸 행렬이 $\begin{bmatrix} 2 & 1 & 3 \\ 1 & 3 & 1 \end{bmatrix}$이라면 갑과 을의 판매액을 $\begin{bmatrix} 2 & 1 & 3 \\ 1 & 3 & 1 \end{bmatrix}\begin{bmatrix} 35 \\ 80 \\ 55 \end{bmatrix}=\begin{bmatrix} 315 \\ 330 \end{bmatrix}$와 같이 계산할 수 있다. 즉, 갑과 을의 판매액은 각각 315만원, 330만원이다.

다. 인접행렬은 꼭짓점과 꼭짓점의 연결관계를 나타내는 행렬이다. 그래프 G의 변의 집합이 $E(G)$이고, 꼭짓점의 집합이 $V(G)=\{V_1, \cdots, V_P\}$인 경우 $P\times P$ 행렬 $A(G)=[a_{ij}]$를 다음과 같이 정의한다.

$$a_{ij}=\begin{cases} 1, & V_{ij}\in E(G) \\ 0, & V_{ij}\notin E(G) \end{cases}$$

즉, 두 꼭짓점 V_i와 V_j가 연결되어 있으면 i행 j열의 값이 1이고, 연결되어 있지 않으면 0이다. 인접행렬은 그래프에서 꼭짓점들의 연결상태를 행렬로 나타냄으로써 그래프의 여러 가지 성질을 간편하게 살필 수 있게 한다.

참고로, 이산수학에서 인접행렬과 함께 자주 등장하는 수열이 결합행렬(incidence matrix)이다. 결합행렬은 꼭짓점과 변 사이의 관계를 나타내는 행렬이다. 아래 그림에서와 같이, 꼭짓점 a가 변 1 위에 있으므로 (1, 1)-성분이 1이고, 꼭짓점 c는 변 1 위에 있지 않으므로 (3, 1)-성분은 0이다.

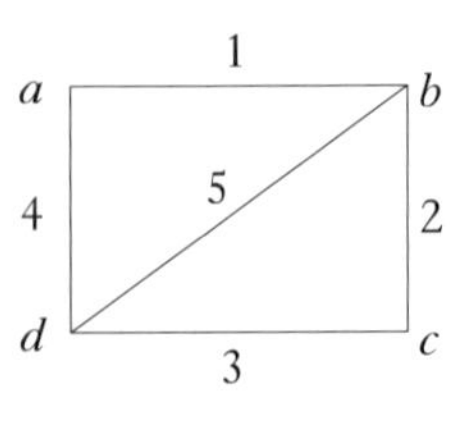

$$\begin{array}{c} \\ a \\ b \\ c \\ d \end{array}\begin{array}{c} \begin{array}{ccccc} 1 & 2 & 3 & 4 & 5 \end{array} \\ \begin{bmatrix} 1 & 0 & 0 & 1 & 0 \\ 1 & 1 & 0 & 0 & 1 \\ 0 & 1 & 1 & 0 & 0 \\ 0 & 0 & 1 & 1 & 1 \end{bmatrix} \end{array}$$

라. $[0.3 \quad 0.2 \quad 0.5]\begin{bmatrix} 0.7 & 0.2 & 0.1 \\ 0.05 & 0.9 & 0.05 \\ 0.1 & 0.4 & 0.5 \end{bmatrix} = [0.27 \quad 0.44 \quad 0.29]$. 현재 토지 용도 비율은 상업지역, 공업지역, 주거지역이 각각 27%, 44%, 29%이다.

과제 3.3 A의 역행렬이 B이므로 $AB=BA=I$이고, 이는 B의 역행렬이 A라는 뜻이다. 즉, $A=B^{-1}$이다.

과제 3.9 정칙행렬과 행동치인 행렬은 정칙행렬의 기본 행 변환에 의하여 얻어지는데, 이러한 기본 행 변환에 대응하는 기본행렬들은 모두 정칙행렬이다. 정칙행렬은 곱셈에 관하여 닫혀있으므로 정칙행렬과 행동치인 행렬은 정칙이다. 이제, 비정칙행렬의 기본 행 변환에 의한 행동치 행렬이 정칙행렬이라 하자. 기본 행 변환에 역변환도 기본 변환이므로 원래 행렬도 정칙행렬이 되어야 하므로 모순을 얻게 된다.

과제 3.10 예를 들어, $A=\begin{bmatrix} 1 & 0 & 0 \\ 0 & 1 & 0 \\ 0 & 0 & 0 \end{bmatrix}$라고 하면 어떠한 B에 대해서도 AB의 마지막 행은 영벡터이다. 따라서 AB는 단위행렬이 될 수 없다.

과제 3.12 가. (4) 예를 들어 $\begin{bmatrix}1&2\\3&4\end{bmatrix}$의 1열과 2열을 바꾸고자 하면, 단위행렬 $\begin{bmatrix}1&0\\0&1\end{bmatrix}$의 1열과 2열을 바꾼 $\begin{bmatrix}0&1\\1&0\end{bmatrix}$을 $\begin{bmatrix}1&2\\3&4\end{bmatrix}$의 우측에 곱해주면 된다. 즉, $\begin{bmatrix}1&2\\3&4\end{bmatrix}\begin{bmatrix}0&1\\1&0\end{bmatrix}=\begin{bmatrix}2&1\\4&3\end{bmatrix}$이다. 마찬가지로 $\begin{bmatrix}1&2\\3&4\end{bmatrix}$의 1열을 -3배 하고자 하면, 단위행렬 $\begin{bmatrix}1&0\\0&1\end{bmatrix}$의 1열을 -3배한 $\begin{bmatrix}-3&0\\0&1\end{bmatrix}$을 $\begin{bmatrix}1&2\\3&4\end{bmatrix}$의 우측에 곱해주면 된다. 즉, $\begin{bmatrix}1&2\\3&4\end{bmatrix}\begin{bmatrix}-3&0\\0&1\end{bmatrix}=\begin{bmatrix}-3&2\\-9&4\end{bmatrix}$이다. 한편, $\begin{bmatrix}1&2\\3&4\end{bmatrix}$의 1열을 -3배하여 2열에 더하고자 하면, 단위행렬 $\begin{bmatrix}1&0\\0&1\end{bmatrix}$의 1열을 -3배하여 2열에 더한 $\begin{bmatrix}1&-3\\0&1\end{bmatrix}$을 $\begin{bmatrix}1&2\\3&4\end{bmatrix}$의 우측에 곱해주면 된다. 즉, $\begin{bmatrix}1&2\\3&4\end{bmatrix}\begin{bmatrix}1&-3\\0&1\end{bmatrix}=\begin{bmatrix}1&-1\\3&-5\end{bmatrix}$이다.

(5) 행렬 A가 행렬 B로부터 일련의 기본 열연산에 의하여 얻어지면, '행렬 A는 행렬 B에 열동치이다.'라고 한다. 집합 $Mat_n(\mathbb{R})$에 관계 $\sim$를 다음과 같이 정의하자.

두 원소 $A, B \in Mat_n(\mathbb{R})$에 대하여 A가 B에 열동치일 때 $A \sim B$이다.

관계 $\sim$는 $Mat_n(\mathbb{R})$에서 동치관계임을 알 수 있다. 실제로, 임의의 $A \in Mat_n(\mathbb{R})$에 대하여 $A = AI$이다(반사율). 단위행렬 I는 기본행렬이므로 $A \sim A$이다. 마찬가지 방법으로 대칭율과 추이율을 보일 수 있다.

나. 정리 3.11의 경우와 같이 설명할 수 있다.

다. 예를 들어, $\begin{bmatrix} 1 & 0 & 0 & 0 \\ 0 & 1 & 0 & 0 \\ 0 & 0 & 1 & 1 \\ 0 & 0 & 0 & 0 \end{bmatrix}$의 경우 3열을 -1배 하여 4열에 더하면, 4열은 영벡터가 된다.

과제 3.13 다. '나'에서 $A=\begin{bmatrix} 1 & -1 \\ 1 & 1 \end{bmatrix}^{-1}$라고 하면 $\begin{bmatrix} x \\ y \end{bmatrix}=A\begin{bmatrix} -2 \\ 1 \end{bmatrix}$를 만족시킨다. 그러나 $\begin{bmatrix} x \\ y \end{bmatrix}=A\begin{bmatrix} -2 \\ 1 \end{bmatrix}$를 만족시키는 A는 유일하지 않기 때문에 이 문제는 옳지 않다.

과제 3.16 나. (1) 미분방정식 $a_2y''+a_1y'+a_0y=0(a_2\neq0,\ a_1,\ a_0$는 실수인 상수)의 일차독립인 두 해 y_1, y_2를 찾을 수 있으면 c_1, c_2가 임의의 상수일 때 일반해 $y=c_1y_1+c_2y_2$를 구할 수 있다.

(2) $a_2y''+a_1y'+a_0y=g$의 일반해는 동차미분방정식 $a_2y''+a_1y'+a_0y=0$의 일반해 $y_c=c_1y_1+c_2y_2$와 주어진 비동차미분방정식의 특수해 y_p의 합 $y=y_p+c_1y_1+c_2y_2$으로 주어진다.

다. (1) 동형 2차 선형점화식은 $a_n=c_1a_{n-1}+c_2a_{n-2}(c_1,\ c_2$는 상수)와 같이 주어진다.

(2) 점화식 $a_n=c_1a_{n-1}+c_2a_{n-2}$의 특성다항식은 $t^2-c_1t-c_2$이다. 이 특성다항식의 한 근이 λ라고 하면, 수열 $\{\lambda^n\}$

은 점화식 $a_n = c_1 a_{n-1} + c_2 a_{n-2}$을 만족시킨다. 실제로, 특성다항식의 근들은 동형선형점화식의 일반해를 제공한다.

(3) n에 관한 함수 $f(n)$이 존재하여 $a_n = c_1 a_{n-1} + c_2 a_{n-2} + f(n)$와 같은 꼴로 주어지는 선형점화식이 비동차이다.

(4) 수열 $\{x_n\}$이 동차선형점화식 $a_n = c_1 a_{n-1} + c_2 a_{n-2}$의 일반해이고, 수열 $\{y_n\}$이 비동차점화식 $a_n = c_1 a_{n-1} + c_2 a_{n-2} + f(n)$의 특수해이면, 수열 $\{x_n + y_n\}$은 $a_n = c_1 a_{n-1} + c_2 a_{n-2} + f(n)$의 일반해이다.

과제 3.17 가. $(a, m) = d$라고 할 때, 일차 합동식 $ax \equiv b \pmod{m}$가 해를 가질 필요충분조건은 $d|b$이다.

나. 일차 합동식 $ax \equiv b \pmod{n}$의 해는 다음 일차 합동식의 해이다.

$$\frac{a}{d}x \equiv \frac{b}{d} \left(\bmod\ \frac{n}{d}\right),\ \left(\frac{a}{d},\ \frac{n}{d}\right) = 1$$

이 합동식은 유일한 해를 가지며, 유클리드알고리즘으로 구할 수 있다.

다. x_0가 일차합동식의 특수해라고 하면, d개의 합동이 아닌 해는 다음과 같이 주어진다.

$$x \equiv x_0 + \frac{m}{d} r \pmod{m},\ r = 0,\ 1,\ \cdots,\ d-1$$

과제 3.19 고등학교 교과서에서는 영행렬이 아닌 임의의 정사각행렬 A와 단위행렬 I에 대하여 $AB=BA=I$를 만족시키는 행렬 B가 존재할 때, B를 A의 역행렬이라고 정의한다. 하지만 $AB=I$이면 $BA=I$임을 언급한 상황이 아니므로, 참고서에 제시한 해답은 문제가 있다.

과제 3.20 가. 단위행렬에서 두 행 또는 그 이상을 치환하여 얻은 행렬이 치환행렬이다. 행 대신에 열을 치환하여도 된다. 이러한 행렬의 경우에는 각 행과 각 열에서 단 한 개의 성분만이 1이고 그 밖의 성분은 모두 0이다.

나. 임의의 벡터 $V=[v_1, v_2, \cdots, v_n]$에 대하여 치환행렬을 좌측에 곱하면, 단위행렬에 적용한 치환이 그대로 벡터 성분 사이에 이루어진다. 예를 들어, $\begin{bmatrix} 0 & 0 & 1 \\ 1 & 0 & 0 \\ 0 & 1 & 0 \end{bmatrix}\begin{bmatrix} v_1 \\ v_2 \\ v_3 \end{bmatrix}=\begin{bmatrix} v_3 \\ v_1 \\ v_2 \end{bmatrix}$이다. 열의 치환은 $[v_1 \quad v_2 \quad v_3]\begin{bmatrix} 0 & 0 & 1 \\ 1 & 0 & 0 \\ 0 & 1 & 0 \end{bmatrix}=[v_2 \quad v_3 \quad v_1]$와 같이 구현할 수 있다. 이제, 임의의 정사각형 행렬 $A \in Mat_n(\mathbb{R})$에 치환행렬을 왼쪽에 곱해주면 단위행렬에 적용한 치환이 그대로 행의 치환이 이루어지고, 오른쪽에 곱해주면 단위행렬에 적용한 치환이 그대로 열의 치환이 이루어진다. 예를 들어, $\begin{bmatrix} 0 & 1 & 0 \\ 0 & 0 & 1 \\ 1 & 0 & 0 \end{bmatrix}\begin{bmatrix} 1 & 2 & 3 \\ 4 & 5 & 6 \\ 7 & 8 & 9 \end{bmatrix}=\begin{bmatrix} 4 & 5 & 6 \\ 7 & 8 & 9 \\ 1 & 2 & 3 \end{bmatrix}$이고
$\begin{bmatrix} 1 & 2 & 3 \\ 4 & 5 & 6 \\ 7 & 8 & 9 \end{bmatrix}\begin{bmatrix} 0 & 1 & 0 \\ 0 & 0 & 1 \\ 1 & 0 & 0 \end{bmatrix}=\begin{bmatrix} 3 & 1 & 2 \\ 6 & 4 & 5 \\ 9 & 7 & 8 \end{bmatrix}$이다.

과제 3.21

1	0	2	3
0	1	1	−1
1	0	5	−3
1	−1	0	1
$\frac{1}{5}$	0	1	−3
$\frac{1}{5}$	$-\frac{1}{5}$	0	1
$\frac{1}{5}$	$\frac{3}{5}$	1	0
$\frac{1}{5}$	$-\frac{2}{5}$	0	1

과제 3.23 가. $A \in Mat_n(\mathbb{R})$가 정칙이므로 적당한 $B \in Mat_n(\mathbb{R})$가 존재하여 $AB = I$이다. $I = I^T = (AB)^T = B^T A^T$이므로 A^T는 정칙행렬이다.

나. $A^T(A^{-1})^T = (A^{-1}A)^T = I^T = I$이므로 $(A^T)^{-1} = (A^{-1})^T$이다.

뒷 이야기

3. 가. ℝ에서 모든 원소의 덧셈에 관한 역원이 존재하고, 0이 아닌 모든 원소의 곱셈에 관한 역원이 존재한다. 덧셈과 곱셈에 관한 교환법칙이 모두 성립한다.

나. $Mat_2(\mathbb{R})$에서 모든 원소의 덧셈에 관한 역원이 존재하고, 정칙행렬이라고 하는 원소에 대해서만 곱셈에 관한 역원이 존재한다. 덧셈에 관하여 교환법칙이 성립하지만, 곱셈에 관한 교환법칙은 성립하지 않는다.

위 '가'와 '나'의 내용을 다음과 같이 요약할 수 있다.

실수의 곱셈	① 곱셈에 관한 항등원이 존재한다. ② 0이 아닌 수의 곱셈에 관한 역원이 존재한다. ③ 결합, 교환 법칙이 성립한다.
$n\times n\,(n\geq 2)$ 행렬의 곱셈	① 정사각행렬이 아닌 경우의 곱셈은 행렬 A의 열의 개수와 행렬 B의 행의 개수가 같을 때에만 AB가 정의된다. 그때, AB의 행의 개수는 A의 행의 개수이고 AB의 열의 개수는 B의 열의 개수이다. ② 곱셈에 관한 항등원은 존재하지만, 영행렬이 아님에도 역행렬이 존재하지 않는 행렬이 있다. ③ A와 B는 영행렬이 아니지만 $A\cdot B=O$인 경우가 있다. ④ 결합법칙은 성립하나, 교환법칙은 성립하지 않는다.

다. 집합 $\{f|f:\mathbb{R}\rightarrow\mathbb{R}$는 함수$\}$의 합성 연산에 관해서는 일대일대응만 역원을 가지며, 교환법칙은 성립하지 않는다.

4.

영행렬 (zero matrix) : $\begin{bmatrix} 0 & 0 \\ 0 & 0 \end{bmatrix}$	① 덧셈에 관한 항등원이다. ② 실수에서 0과 비슷하다. ③ 역행렬이 존재하지 않는다.
단위행렬 (identity matrix) : $\begin{bmatrix} 1 & 0 \\ 0 & 1 \end{bmatrix}$	① 곱셈에 관한 항등원이다. ② 실수에서 1과 비슷하다. ③ 역행렬은 자기 자신이다.
스칼라 행렬 (scalar matrix) : $\begin{bmatrix} d & 0 \\ 0 & d \end{bmatrix}$	① 곱해주면(좌·우측에 무관하게) 스칼라배 해준 것과 같게 된다. 예 : $\begin{bmatrix} \lambda & 0 \\ 0 & \lambda \end{bmatrix}\begin{bmatrix} a & b \\ c & d \end{bmatrix}=\begin{bmatrix} \lambda a & \lambda b \\ \lambda c & \lambda d \end{bmatrix}$ $=\lambda\begin{bmatrix} a & b \\ c & d \end{bmatrix}$
대각행렬 (diagonal matrix) : $\begin{bmatrix} \lambda_1 & 0 \\ 0 & \lambda_2 \end{bmatrix}$	① 좌측에 곱해주면 각 행을 λ_1배, λ_2배 해준다. 예 : $\begin{bmatrix} \lambda_1 & 0 \\ 0 & \lambda_2 \end{bmatrix}\begin{bmatrix} a & b \\ c & d \end{bmatrix}=\begin{bmatrix} \lambda_1 a & \lambda_1 b \\ \lambda_2 c & \lambda_2 d \end{bmatrix}$ ② 우측에 곱해주면 각 열을 λ_1배, λ_2배 해준다. 예 : $\begin{bmatrix} a & b \\ c & d \end{bmatrix}\begin{bmatrix} \lambda_1 & 0 \\ 0 & \lambda_2 \end{bmatrix}=\begin{bmatrix} \lambda_1 a & \lambda_2 b \\ \lambda_1 c & \lambda_2 d \end{bmatrix}$ ③ 행렬식과 역원 구하기가 쉽다.
상(하)삼각행렬 (triangular matrix) : $\begin{bmatrix} a & b \\ 0 & d \end{bmatrix}$ 또는 $\begin{bmatrix} a & 0 \\ c & d \end{bmatrix}$	① 상삼각행렬 : $\begin{bmatrix} a & b \\ 0 & d \end{bmatrix}$ ② 하삼각행렬 : $\begin{bmatrix} a & 0 \\ c & d \end{bmatrix}$ ③ 행렬식 구하기는 쉬우나 역원 구하기는 그렇지 않다.

Ⅳ. 행렬식

지난 줄거리

1. (1) 행렬 집합은 덧셈과 곱셈에 관하여 닫혀 있으며 덧셈에 관하여 가환군을 이룬다. 행렬 집합에서 덧셈에 관한 항등원을 영행렬이라 하고, 곱셈에 관한 항등원을 단위행렬이라고 한다. 한편, 행렬의 곱셈에 관해서 결합법칙은 성립하지만 교환법칙은 성립하지 않는다.

   (2) 정칙행렬은 적당한 기본 행 연산을 유한 번 시행하여 단위행렬로 변환시킬 수 있다. 세 가지 기본 행 연산을 단위행렬에 적용하여 얻은 행렬을 기본행렬이라고 한다. 기본행렬에는 세 가지가 있다. A가 정칙행렬일 때, A의 우측에 단위행렬로 덧붙인 행렬을 만들고 A가 단위행렬이 되도록 기본 행 연산을 시행할 때, 우측에서 최종적으로 얻어진 행렬이 A의 역행렬이 된다.

   (3) 선형동차연립방정식은 해가 항상 존재한다. 선형동차연립방정식을 행렬을 사용하여 $AX=0$의 꼴로 나타냈을 때, A가 정칙인 경우에는 자명한 해만 유일하게 가지고, A가 비정칙이면 자명하지 않은 해를 무수히 많이 가진다. 선형비동차연립방정식은 $AX=B(\neq 0)$인 경우로 표현할 수 있는데, 이 경우에는 해가 항상 존재하는 것은 아니다. 실제로, A가 정칙이면 유일한 해를 가지고, A가 비정칙이면 B에 따라 해가 존재할 수도 있고 존재하지 않을 수도 있는데, 존재하는 경우에는 무수히 많은 해가 존재한다.

2. 임의의 행렬 $A \in Mat_n(\mathbb{R})$에 대하여, A의 계급수가 n보다 작으면, A는 역행렬을 가지지 않는다. 사실, A의 역행렬이 존재하는 것은 A의 계급수가 n인 것의 필요충분조건이다. 이를 바꾸어 말하면, A의 역행렬이 존재하지 않는 것은 A의 계급수가 n보다 작은 것의 필요충분조건이다.

3. 미지수가 n개인 연립방정식의 계수행렬의 계급수가 n인 것은 연립방정식의 해가 유일하게 존재하는 것의 필요충분조건이다.

4. $\left[\begin{array}{cc|cc} 1 & 2 & 1 & 0 \\ 3 & 4 & 0 & 1 \end{array}\right] \to \left[\begin{array}{cc|cc} 1 & 2 & 1 & 0 \\ 0 & -2 & -3 & 1 \end{array}\right] \to \left[\begin{array}{cc|cc} 1 & 2 & 1 & 0 \\ 0 & 1 & \frac{3}{2} & -\frac{1}{2} \end{array}\right] \to$

$\left[\begin{array}{cc|cc} 1 & 0 & -2 & 1 \\ 0 & 1 & \frac{3}{2} & -\frac{1}{2} \end{array}\right]$이므로 $A^{-1} = \begin{bmatrix} -2 & 1 \\ \frac{3}{2} & -\frac{1}{2} \end{bmatrix}$이다.

5. 주어진 연립방정식을 $AX=0$꼴로 나타내면 $A = \begin{bmatrix} 1 & 1 & -1 \\ 3 & 4 & -2 \\ 2 & 3 & -1 \end{bmatrix}$이다. 이제,

$$\begin{bmatrix} 1 & 1 & -1 \\ 3 & 4 & -2 \\ 2 & 3 & -1 \end{bmatrix} \to \begin{bmatrix} 1 & 1 & -1 \\ 0 & 1 & 1 \\ 0 & 1 & 1 \end{bmatrix} \to \begin{bmatrix} 1 & 0 & -2 \\ 0 & 1 & 1 \\ 0 & 0 & 0 \end{bmatrix}$$

이므로 동차연립방정식의 계수행렬이 정칙이 아니다. 무수히 많은 해 $\{(2\lambda, -\lambda, \lambda) | \lambda \in \mathbb{R}\}$가 존재한다.

과제 4.3 가. (1×1)-행렬의 행렬식은 행렬의 원소 그 자체

이다.

*나. (1) $0!=1$로 정의한다. 실제로, 순열 또는 조합의 공식을 통하여 $0!=1$라고 정의하면 편리하다는 것을 알 수 있다. 예를 들어, ${}_nP_n=n!$이다. $n>r$인 경우, ${}_nP_r=\dfrac{n!}{(n-r)!}$인데 $n=r$인 경우에도 이 공식이 성립하도록 $0!=1$로 정의하면 편리하다.

(2) $2^0=1$로 정의한다. 지수법칙에 의하면, 서로 다른 두 자연수 m, n에 대하여, $2^{m-n}=\dfrac{2^m}{2^n}$이다. $m=n$인 경우에도 이 공식이 성립하도록 $2^0=1$로 정의하면 편리하다. 실제로, 0이 아닌 임의의 수 a에 대하여 a^0은 1로 정의한다.

한편, $0^2=0$으로 정의한다. 실제로, 0이 아닌 임의의 수 a에 대하여 0^a는 0으로 정의한다.

일반적으로 0^0은 정의하지 않는다. 그 이유는 0^0을 합리적으로 정의하기 어렵기 때문이다. 다음과 같이 설명할 수 있을 것이다. 먼저, $D=\{(x, y)\ x\geq 0, y\geq 0\}$이라고 할 때, 함수 $f(x, y)=x^y$는 집합 $D-\{(0, 0)\}$에서 정의된 연속함수이다. 만일, 이 함수를 D에서 연속이 되도록 $f(0, 0)$의 값을 정의할 수 있다면, 이 값을 0^0으로 정하는 것은 합리적이다. 그러나 x축 위에 있는 $D-\{(0, 0)\}$의 점에서는 f의 값은 1이고, y축 위에 있는 $D-\{(0, 0)\}$의 점에서는 f의 값은 0이다. 따라서 D에서 f가 연속이 되도록 $f(0, 0)$의 값, 즉 0^0을 정하는 것은 어렵다.

(3) 추상대수학에 다음과 같은 공식이 있다.

$$\deg f(x)g(x) = \deg f(x) + \deg g(x)$$

즉, 두 다항식의 곱의 차수는 각각의 다항식의 차수의 합과 같다는 뜻이다. 이제, 0이 아닌 상수 다항식은 임의의 다항식과 곱하면 차수가 그대로 유지되므로 차수가 0이다. 반면, 임의의 다항식에 영다항식을 곱하면 모두 0이 되므로 영 다항식의 차수는 형식적으로 $-\infty$로 정의한다.

(4) 논리학에서 중요한 기본약속이다.

(5) (4)를 이용하여 공집합은 모든 집합의 부분집합임을 보일 수 있다. 사실, A가 집합일 때, '$\varnothing \subset A$'임을 보이려면 '$x \in \varnothing \Rightarrow x \in A$'임을 보여야 한다. 그런데 이 조건문에서 가정($x \in \varnothing$)이 거짓이므로 '$x \in \varnothing \Rightarrow x \in A$'는 참이다. 따라서 $\varnothing \subset A$이다.

과제 4.5 $\begin{vmatrix} 1 & 2 \\ 3 & 4 \end{vmatrix} = 4-2=2,\ \begin{vmatrix} 1 & 3 \\ 2 & 4 \end{vmatrix} = 4-2=2$

과제 4.7 가. A_i를 A의 i열 벡터라고 하자.

$A = [A_1 \cdots A_i \cdots A_j \cdots A_n]$, $B = [A_1 \cdots A_j \cdots A_i \cdots A_n]$이라고 하면 다음이 성립한다.

$$|B| = |B^T| = \begin{vmatrix} A_1^T \\ \vdots \\ A_j^T \\ \vdots \\ A_i^T \\ \vdots \\ A_n^T \end{vmatrix} = - \begin{vmatrix} A_1^T \\ \vdots \\ A_i^T \\ \vdots \\ A_j^T \\ \vdots \\ A_n^T \end{vmatrix} = -|A^T| = -|A|$$

나. 위 문제(과제 4.7 가)는 정리 4.4와 정리 4.6을 이용하여 증명하였다. 이를 살펴보면 위 문제는 정리 4.6에서 '서로 다른 두 행'이라는 말을 '서로 다른 두 열'이라는 말로 바꾸어 놓은 것임을 알 수 있다. 이는 전치행렬의 행렬식과 원래 행렬의 행렬식이 서로 같다는 것을 이용하여 행에 대한 성질을 열에 대한 성질로 바꿀 수 있기 때문이다. 행렬식의 성질에 관한 한 행에 관한 모든 성질은 열에 관해서도 성립한다. 따라서 한쪽을 증명하면 다른 쪽은 증명할 필요가 없다. 이와 같은 비슷한 성질이 사영기하학에서 성립하는 쌍대원리(dual principle)이다. 평면사영기하학에서는, '점'과 '선'에 관한 어떤 정리가 있을 때, 그 정리에서 '점'을 '선'으로 바꾸고 '선'을 '점'으로 바꾸어 얻은 명제도 참이다. 과제 5.34에 구체적인 예가 제시된다.

과제 4.11 가. $|kA| = \sum_{\sigma \in S_n} \operatorname{sgn}(\sigma) ka_{1\sigma(1)} ka_{2\sigma(2)} \cdots ka_{n\sigma(n)}$

$$= k^n \sum_{\sigma \in S_n} \operatorname{sgn}(\sigma) a_{1\sigma(1)} a_{2\sigma(2)} \cdots a_{n\sigma(n)} = k^n |A|$$

나. 한 행이 영벡터인 행렬 A에서 영벡터인 행에 k배$(k \neq 0)$한 행렬을 B라고 하면, 다음을 알 수 있다.

$$|B| = |A| = k|A| \Rightarrow |A| = 0$$

과제 4.16 가. A와 B가 행동치이므로 적절한 기본행렬 $E_1, \cdots, E_n$가 존재하여 $A = E_1 \cdots E_n B$이다. $E_1, \cdots, E_n$이 기본행렬이므로 $|A| = |E_1||E_2| \cdots |E_n||B|$이다. 여기서, $|A| = 0$이면 $|E_1||E_2| \cdots |E_n| \neq 0$이므로 $|B| = 0$이 된다. 마찬가지로, $|B| = 0$이면 $|E_1||E_2| \cdots |E_n| \neq 0$이므로 $|A| = 0$이다.

나. '가'와 같은 방법으로 보일 수 있다.

과제 4.19 $A = \begin{bmatrix} 1 & 1 \\ 1 & 1 \end{bmatrix}$, $B = \begin{bmatrix} 1 & 0 \\ 0 & 1 \end{bmatrix}$, $|A+B| = \begin{vmatrix} 2 & 1 \\ 1 & 2 \end{vmatrix} = 3$, $|A| + |B| = \begin{vmatrix} 1 & 1 \\ 1 & 1 \end{vmatrix} + \begin{vmatrix} 1 & 0 \\ 0 & 1 \end{vmatrix} = 0 + 1 = 1$

이 경우 $|A+B| \neq |A| + |B|$이다.

뒷 이야기

1. 2×2 행렬의 행렬식이나 3×3 행렬의 경우에는 치환이 각각 2개, 6개 뿐이므로 행렬의 모양에서 규칙성을 찾아낼 수 있다. 그러나 $n \times n$ 행렬에서는 오른쪽(양) 방향에서 n개의 항과, 왼쪽(음) 방향에서 n개의 항을 쉽게 찾을 수 있으나, 이 $2n$개의 항은 전체 $n!$개의 항에 미치지 못한다. 예를 들어, $n=4$의 경우에는 $4! = 24$개의 항을 부호를 따져 찾아야 하지만 $2 \times 4 = 8$

개만을 쉽게 찾을 수 있을 뿐이다.

4.

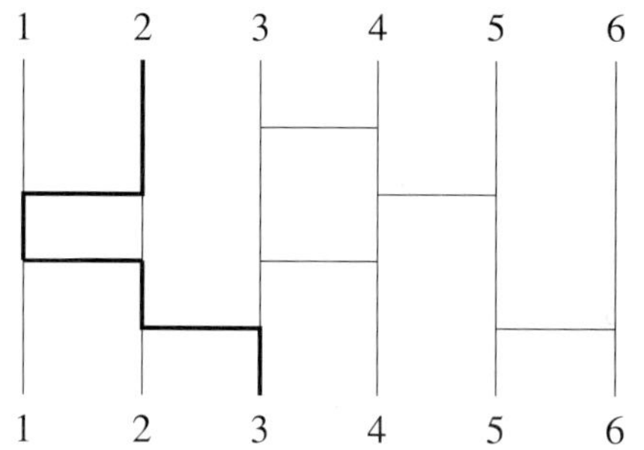

위 그림에서 2에서 1로 가는 과정은 호환 (21)−(12)로 표현 가능하고, 다시 1에서 2로 가는 과정은 호환 (12)로 표현 가능하며, 2에서 3으로 가는 과정은 호환 (23)으로 표현 가능하다. 따라서 위에서 굵은 선으로 표시된 위의 과정은 호환의 곱 (23)(12)(21)로 표현 가능하다.

이제, 위의 사다리타기 게임 전체는 (56)(23)(34)(12)(45)(12)(34)으로 표현할 수 있으며, 이는 $\sigma=(2365)\in S_6$이다. 사다리타기 게임은 대칭군의 한 원소로써 표현되고, 대칭군의 각 원소들은 일대일대응이므로 술래가 둘일 수는 없다.

Ⅴ. 여인수 전개

지난 줄거리

1. 집합 $X=\{1, 2, 3, \cdots, n\}$와 X에 대하여 $S_n=\{\sigma \mid \sigma : X \to X$

은 일대일 대응 }을 생각할 때, S_n의 원소를 치환이라고 한다. 모든 치환은 호환의 곱으로 나타낼 수 있는데 짝수 개의 호환의 곱으로 표현되는 치환을 우치환, 홀수 개의 곱으로 표현되는 치환을 기치환이라고 한다. 이때 치환 σ가 우치환일 때에는 1로, σ가 기치환일 때에는 -1로 대응시키는 함수 $\mathrm{sgn}: S_n \to \{1, -1\}$을 부호함수라고 하고, 이는 행렬식의 정의에 중요하게 쓰인다. *Sarrus* 공식을 이용하면, 2×2, 3×3 행렬의 경우에는 각각의 행렬식을 간편하게 기억할 수 있다.

3. $\begin{vmatrix} 1 & 2 & 3 & 4 \\ 0 & 1 & 1 & 1 \\ 1 & 0 & 0 & 4 \\ 2 & 4 & 6 & 8 \end{vmatrix} = \begin{vmatrix} 1 & 2 & 3 & 4 \\ 0 & 1 & 1 & 1 \\ 1 & 0 & 0 & 4 \\ 0 & 0 & 0 & 0 \end{vmatrix} = 0$

$\begin{vmatrix} 1 & 2 & 3 & 4 \\ 0 & 1 & 1 & 0 \\ 1 & 0 & 0 & 4 \\ 2 & 3 & 6 & 8 \end{vmatrix} = \begin{vmatrix} 1 & 2 & 3 & 0 \\ 0 & 1 & 1 & 0 \\ 1 & 0 & 0 & 0 \\ 2 & 3 & 6 & 0 \end{vmatrix} = 0$

과제 5.1 n^2개

⋆과제 5.2 $|A|$를 i행에 관하여 여인수 전개를 하면, $|A| = a_{i1}A_{i1} + a_{i2}A_{i2} + \cdots + a_{in}A_{in}$이다. 여기서 $A_{i1}, A_{i2}, \cdots, A_{in}$ 각각은 $(n-1)!$개의 치환에 의해 얻어지는 값인데, 서로 겹치는 치환은 없다. 그러나 여러 행이나 열에서 임의로 택한 n개의 성분을 택하는 경우에는 이러한 보장을 할 수 없다.

★과제 5.5 가. 물론 $A_{11}=M_{11}$을 보인 후 동일한 논증으로 증명을 할 수 있다. 그러나 첨자를 깔끔하게 처리하기가 번거롭다. 그러나 $A_{nn}=M_{nn}$을 이용하는 경우에는 'n'이라는 첨자가 사라지므로 첨자를 깨끗하게 처리할 수 있다.

나. 먼저, 주대각선 위에 있지 않는 성분에 대해서는 여인수와 소행렬식이 같지 않을 수 있다. 설령, 부호를 고려하여 그 문제를 해결하더라도 첨자 처리가 번거롭다.

다. A'_{nk}와 A_{ik}는 임의의 실수가 아니라 어떤 성분의 여인수이기 때문이다. 특히, A'_{nn}와 $(-1)^{i+j}A_{ij}$는 임의의 실수가 아니라, 모두 A의 성분 a_{ij}의 여인수이다.

과제 5.6 $\begin{bmatrix} 1 & 0 & 3 & 4 \\ 1 & 1 & 1 & 1 \\ 1 & 0 & 0 & 0 \\ 1 & 0 & 6 & 8 \end{bmatrix}$을 제3열에 대하여 여인수진개하면 행렬식이 0임을 알 수 있다. 물론, 이 경우에는 다음과 같이 설명할 수도 있다.

$$\begin{vmatrix} 1 & 0 & 3 & 4 \\ 1 & 1 & 1 & 1 \\ 1 & 0 & 0 & 0 \\ 1 & 0 & 6 & 8 \end{vmatrix} = \begin{vmatrix} 1 & 0 & 3 & 4 \\ 1 & 1 & 1 & 1 \\ 1 & 0 & 0 & 0 \\ -1 & 0 & 0 & 0 \end{vmatrix} = \begin{vmatrix} 1 & 0 & 3 & 4 \\ 1 & 1 & 1 & 1 \\ 1 & 0 & 0 & 0 \\ 0 & 0 & 0 & 0 \end{vmatrix} = 0$$

한편, $\begin{vmatrix} 1 & 2 & 3 & 4 \\ 0 & 1 & 1 & 5 \\ 0 & 0 & 0 & 4 \\ 2 & 3 & 6 & 8 \end{vmatrix} = a_{31}A_{31} + a_{32}A_{32} + a_{33}A_{33} + a_{34}A_{34} =$

$-4\begin{vmatrix} 1 & 2 & 3 \\ 0 & 1 & 1 \\ 2 & 3 & 6 \end{vmatrix}$에서, 다음을 알 수 있다 :

$$-4\begin{vmatrix} 1 & 2 & 3 \\ 0 & 1 & 1 \\ 2 & 3 & 6 \end{vmatrix} = -4\left(1\begin{vmatrix} 1 & 3 \\ 2 & 6 \end{vmatrix} - 1\begin{vmatrix} 1 & 2 \\ 2 & 3 \end{vmatrix}\right) = -4(0+1) = -4.$$

과제 5.10 $n\times n$ 행렬 $A=\begin{bmatrix} a_{11} & \cdots & a_{1n} \\ \vdots & & \vdots \\ a_{n1} & \cdots & a_{nn} \end{bmatrix}$에서 n에 관한 수학적 귀납법으로 증명한다. 먼저, $n=1$인 경우에는 분명하다. $n=k-1$인 경우에 정리가 성립한다고 하자. $n=k$ 경우, 전치행렬 $B=A^T$의 행렬식을 k 행에 관하여 정리하면, $|B|=\sum_{i=1}^{k} b_{ki}B_{ki}$이다. 여기서, $b_{ij}=a_{ji}$이고 B_{ki}는 B에서 ki-성분의 여인수를 나타낸다. 귀납법 가정에 의하여, 전치행렬에서 ki-성분의 여인수는 원래 행렬에서 ik-성분의 여인수와 같다. 즉, $|B_{ki}|=|A_{ik}|$이다. 따라서 $|B|=\sum_{i=1}^{k} b_{ki}B_{ki}=\sum_{i=1}^{k} a_{ik}A_{ik}=|A|$이다.

과제 5.12 가. $A=\begin{bmatrix} 1 & 2 \\ 3 & 4 \end{bmatrix} \rightarrow \begin{bmatrix} A_{11} & A_{21} \\ A_{12} & A_{22} \end{bmatrix} = \begin{bmatrix} 4 & -2 \\ -3 & 1 \end{bmatrix}$

나. $B=\begin{bmatrix} 1 & 1 & 0 \\ 0 & 1 & 1 \\ 1 & 0 & 1 \end{bmatrix} \rightarrow \begin{bmatrix} B_{11} & B_{21} & B_{31} \\ B_{12} & B_{22} & B_{32} \\ B_{13} & B_{23} & B_{33} \end{bmatrix} = \begin{bmatrix} 1 & -1 & 1 \\ 1 & 1 & -1 \\ -1 & 1 & 1 \end{bmatrix}$

다. (1) $A(\text{adj}\,A)=\begin{bmatrix} 1 & 2 \\ 3 & 4 \end{bmatrix}\begin{bmatrix} 4 & -2 \\ -3 & 1 \end{bmatrix}=\begin{bmatrix} -2 & 0 \\ 0 & -2 \end{bmatrix}$

$$=\begin{bmatrix} 4 & -2 \\ -3 & 1 \end{bmatrix}\begin{bmatrix} 1 & 2 \\ 3 & 4 \end{bmatrix}=(\mathrm{adj}\, A)A$$

(2) $B(\mathrm{adj}\, B)=\begin{bmatrix} 2 & 0 & 0 \\ 0 & 2 & 0 \\ 0 & 0 & 2 \end{bmatrix}=(\mathrm{adj}\, B)B$

라. (1) 영행렬 : 행렬의 덧셈에 대한 항등원이고 모든 행렬과의 곱은 0이다.

(2) 단위행렬 : 행렬의 곱셈에 대한 항등원이다.

(3) 스칼라행렬 : 행렬의 곱셈에 관하여 모든 행렬과 가환적이다.

(4) 대각행렬 : 주대각 성분이 모두 0이 아니면 정칙이고, 역행렬은 주대각 성분 각각의 역수를 취함으로 얻을 수 있다. 거듭제곱이 용이하다.

(5) 삼각행렬 : 행렬식은 대각성분의 곱이다.

과제 5.14 가. $a_{11}a_{22}-a_{12}a_{21}$은 $|A|$이므로 $a_{11}a_{22}-a_{12}a_{21}\neq 0$이면 $A^{-1}=\dfrac{1}{|A|}\mathrm{adj}\, A$에서 $A^{-1}=\dfrac{1}{a_{11}a_{22}-a_{12}a_{21}}\begin{bmatrix} a_{22} & -a_{12} \\ -a_{21} & a_{11} \end{bmatrix}$ 임을 알 수 있다.

나. $A=\begin{bmatrix} 1 & 1 & 0 \\ 0 & 1 & 1 \\ 1 & 0 & 1 \end{bmatrix}$, $\mathrm{adj}\, A=\begin{bmatrix} A_{11} & A_{21} & A_{31} \\ A_{12} & A_{22} & A_{32} \\ A_{13} & A_{23} & A_{33} \end{bmatrix}=\begin{bmatrix} 1 & -1 & 1 \\ 1 & 1 & -1 \\ -1 & 1 & 1 \end{bmatrix}$

$$A^{-1}=\frac{1}{|A|}\mathrm{adj}\, A=\frac{1}{2}\begin{bmatrix} 1 & -1 & 1 \\ 1 & 1 & -1 \\ -1 & 1 & 1 \end{bmatrix}$$

다. 먼저, $A\in Mat_n(\mathbb{R})$가 정칙이면 $AA^{-1}=A^{-1}A=I$이므로

$|A||A^{-1}|=|A^{-1}||A|=1$이다. 따라서 $|A|\neq 0$이다. 한편, $|A|\neq 0$이라면 $\frac{1}{|A|}\operatorname{adj} A$가 존재하고 $A\left(\frac{1}{|A|}\operatorname{adj} A\right)=\left(\frac{1}{|A|}\operatorname{adj} A\right)A=I$이다. 따라서 A는 정칙이다.

라. $|A|\neq 0$ 또는 $|B|\neq 0$이라 하자. $|A|\neq 0$이면 $A^{-1}=\frac{1}{|A|}\operatorname{adj} A$가 존재한다. 이때, $AB=0$의 양쪽에 A^{-1}를 곱해주면 $A^{-1}AB=A^{-1}0$이 되어, $B\neq 0$이라는 가정에 모순이다. $|B|\neq 0$일 때에도 마찬가지이다.

마. 먼저, 행렬식이 0이 아님을 주목한다. 이제, 기본 행 연산을 이용하여 다음과 같이 구할 수 있다.

$$\begin{bmatrix}1 & 3 & : & 1 & 0\\ 2 & 4 & : & 0 & 1\end{bmatrix}\to\begin{bmatrix}1 & 3 & : & 1 & 0\\ 0 & -2 & : & -2 & 1\end{bmatrix}$$

$$\to\begin{bmatrix}1 & 3 & : & 1 & 0\\ 0 & 1 & : & 1 & -\frac{1}{2}\end{bmatrix}\to\begin{bmatrix}1 & 0 & : & -2 & \frac{3}{2}\\ 0 & 1 & : & 1 & -\frac{1}{2}\end{bmatrix}$$

한편, 여인수 전개를 이용하여 다음과 같이 구할 수 있다.

$$A^{-1}=\frac{\operatorname{adj} A}{|A|}=-\frac{1}{2}\begin{bmatrix}A_{11} & A_{21}\\ A_{12} & A_{22}\end{bmatrix}=-\frac{1}{2}\begin{bmatrix}4 & -3\\ -2 & 1\end{bmatrix}$$

$$=\begin{bmatrix}-2 & \frac{3}{2}\\ 1 & -\frac{1}{2}\end{bmatrix}$$

과제 5.17 나. 라그랑쥬 보간법 공식에 의하면, 서로 다른 실수 $a_0, a_1, \cdots, a_n$와 임의의 실수 $b_0, b_1, \cdots, b_n$에 대하여 $f(a_i)=b_i$, $i=0, 1, \cdots, n$을 만족시키는 다항식 $f(x)=c_nx^n+\cdots+c_1x+c_0$가 유일하게 존재한다. 실제로, 임의의 $i=0, 1, \cdots, n$에 대하여 $b_i=c_na_i^n+\cdots+c_1a_i+c_0$이므로 다음과 같은 관계식을 얻을 수 있다.

$$\begin{bmatrix} 1 & a_0 & a_0^2 & \cdots & a_0^n \\ 1 & a_1 & a_1^2 & \cdots & a_1^n \\ \vdots & \vdots & \vdots & \cdots & \vdots \\ 1 & a_n & a_n^2 & \cdots & a_n^n \end{bmatrix} \begin{bmatrix} c_0 \\ c_1 \\ \vdots \\ c_n \end{bmatrix} = \begin{bmatrix} b_0 \\ b_1 \\ \vdots \\ b_n \end{bmatrix}$$

Vandermonde 행렬식은 0이 아니므로 $c_0, c_1, \cdots, c_n$는 유일하게 결정된다.

다. 일반적인 동형선형점화식은 $a_n=c_1a_{n-1}+c_2a_{n-2}+\cdots+c_ka_{n-k}$ $(n\ge k)$와 같이 주어지고, 이에 관한 특성다항식은 $t^k-c_1t^{k-1}-\cdots-c_{k-1}t-c_k$이다. 특성다항식이 서로 다른 근 $\lambda_1, \lambda_2, \cdots, \lambda_k$를 가지면, $\alpha_1\lambda_1^n+\alpha_2\lambda_2^n+\cdots+\alpha_k\lambda_k^n$은 $a_n=c_1a_{n-1}+c_2a_{n-2}+\cdots+c_ka_{n-k}(n\ge k)$의 해이다. 이제, 초기조건 $a_0, a_2, \cdots, a_{k-1}$을 이용하면 다음과 같은 일차연립방정식을 얻는다.

$$a_0=\alpha_1\lambda_1^0+\alpha_2\lambda_2^0+\cdots+\alpha_k\lambda_k^0$$

$$a_1=\alpha_1\lambda_1^1+\alpha_2\lambda_2^1+\cdots+\alpha_k\lambda_k^1$$

$$\cdots$$

$$a_{k-1} = \alpha_1 \lambda_1^{k-1} + \alpha_2 \lambda_2^{k-1} + \cdots + \alpha_k \lambda_k^{k-1}$$

Vandermonde 행렬식은 0이 아니므로, α_1, α_2, $\cdots$, α_k는 유일하게 결정된다. 이렇게 구한 $\alpha_1 \lambda_1^n + \alpha_2 \lambda_2^n + \cdots + \alpha_k \lambda_k^n$이 동차선형점화식 $a_n = c_1 a_{n-1} + c_2 a_{n-2} + \cdots + c_k a_{n-k} (n \geq k)$의 일반해이다.

과제 5.19 가. 삼각형의 선분의 길이와 각을 몰라도 좌표를 알면 넓이를 구할 수 있고, 공식을 암기하기가 쉽다.

나. 사각형 $OABC$는 평행사변형이므로 그 넓이는 삼각형 OAB 넓이의 두 배가 된다. 즉, $S = 2 \times \frac{1}{2} \begin{vmatrix} x_1 & y_1 \\ x_2 & y_2 \end{vmatrix} = \begin{vmatrix} x_1 & y_1 \\ x_2 & y_2 \end{vmatrix}$이다.

과제 5.27 정삼각형의 세 개의 꼭짓점에 각각 1, 2, 3의 번호를 부여하고, 삼각형의 중심[19]을 평면직각좌표축의 원점으로 할 때, 정삼각형의 중심을 변화시키지 않는 등거리변환군은 $S_3 = \{1, (12), (13), (23), (123), (132)\}$이다. 이에 대하여 다음을 알 수 있다.

- 직선 $y = \left(\tan \frac{\theta_1}{2}\right) x$에 관한 반사 $\begin{bmatrix} \cos \theta_1 & \sin \theta_1 \\ \sin \theta_1 & -\cos \theta_1 \end{bmatrix}$을 시행한 후, 직선 $y = \left(\tan \frac{\theta_2}{2}\right) x$에 관한 반사 $\begin{bmatrix} \cos \theta_2 & \sin \theta_2 \\ \sin \theta_2 & -\cos \theta_2 \end{bmatrix}$을 시행하면

19) 이 경우에는 내심, 외심, 수심, 무게중심이 모두 일치한다.

$$\begin{bmatrix} \cos\theta_2 & \sin\theta_2 \\ \sin\theta_2 & -\cos\theta_2 \end{bmatrix} \begin{bmatrix} \cos\theta_1 & \sin\theta_1 \\ \sin\theta_1 & -\cos\theta_1 \end{bmatrix}$$

$$= \begin{bmatrix} \cos(\theta_2-\theta_1) & -\sin(\theta_2-\theta_1) \\ \sin(\theta_2-\theta_1) & \cos(\theta_2-\theta_1) \end{bmatrix}$$

가 되어 $\theta_2-\theta_1$만큼의 회전이 된다.

- 등거리변환 (13)은 직선 $y=\left(\tan\dfrac{60°}{2}\right)x$에 관한 반사로서 다음과 같이 표현된다.

$$\begin{bmatrix} \cos 60° & \sin 60° \\ \sin 60° & -\cos 60° \end{bmatrix} = \begin{bmatrix} \dfrac{1}{2} & \dfrac{\sqrt{3}}{2} \\ \dfrac{\sqrt{3}}{2} & -\dfrac{1}{2} \end{bmatrix}$$

- 등거리변환 (23)은 직선 $y=\left(\tan\dfrac{180°}{2}\right)x$에 관한 반사로서 다음과 같이 표현된다.

$$\begin{bmatrix} -1 & 0 \\ 0 & 1 \end{bmatrix}$$

- 등거리변환 (12)은 직선 $y=\left(\tan\dfrac{300°}{2}\right)x$에 관한 반사로서 다음과 같이 표현된다.

$$\begin{bmatrix} -\dfrac{1}{2} & \dfrac{\sqrt{3}}{2} \\ \dfrac{\sqrt{3}}{2} & \dfrac{1}{2} \end{bmatrix}$$

이제, (23)(13) = (123)을 다음과 같이 확인할 수 있다.

$$\begin{bmatrix} -1 & 0 \\ 0 & 1 \end{bmatrix} \begin{bmatrix} \frac{1}{2} & \frac{\sqrt{3}}{2} \\ \frac{\sqrt{3}}{2} & -\frac{1}{2} \end{bmatrix} = \begin{bmatrix} -\frac{1}{2} & -\frac{\sqrt{3}}{2} \\ \frac{\sqrt{3}}{2} & -\frac{1}{2} \end{bmatrix}$$

여기서, $\begin{bmatrix} -\frac{1}{2} & -\frac{\sqrt{3}}{2} \\ \frac{\sqrt{3}}{2} & -\frac{1}{2} \end{bmatrix}$는 120°만큼의 회전을 나타낸다.

마찬가지로, (12)(13)=(132)를 다음과 같이 확인할 수 있다.

$$\begin{bmatrix} -\frac{1}{2} & \frac{\sqrt{3}}{2} \\ \frac{\sqrt{3}}{2} & \frac{1}{2} \end{bmatrix} \begin{bmatrix} \frac{1}{2} & \frac{\sqrt{3}}{2} \\ \frac{\sqrt{3}}{2} & -\frac{1}{2} \end{bmatrix} = \begin{bmatrix} \frac{1}{2} & -\frac{\sqrt{3}}{2} \\ \frac{\sqrt{3}}{2} & \frac{1}{2} \end{bmatrix}$$

여기서, $\begin{bmatrix} \frac{1}{2} & -\frac{\sqrt{3}}{2} \\ \frac{\sqrt{3}}{2} & \frac{1}{2} \end{bmatrix}$는 240°만큼의 회전을 나타낸다.

마찬가지 방법으로, (13)(23)=(132) 등 모든 관계를 확인할 수 있다.

과제 5.28 가. $x_2 = ax_1 + by_1 + e$, $y_2 = cx_1 + dy_1 + f$이고 $x'_2 = ax'_1 + by'_1 + e$, $y'_2 = cx'_1 + dy'_1 + f$이므로 세 점 $O'(e, f)$, $A'(x_2, y_2)$, $B'(x'_2, y'_2)$을 꼭짓점으로 가지는 삼각형의 넓이는 정리 5.20에 의하여 $\frac{1}{2}\begin{vmatrix} e & f & 1 \\ ax_1 + by_1 + e & cx_1 + dy_1 + f & 1 \\ ax'_1 + by'_1 + e & cx'_1 + dy'_1 + f & 1 \end{vmatrix}$

이다. 이는

$$\frac{1}{2}\begin{vmatrix} e & f & 1 \\ ax_1+by_1 & cx_1+dy_1 & 0 \\ ax'_1+by'_1 & cx'_1+dy'_1 & 0 \end{vmatrix} = \frac{1}{2}\begin{vmatrix} ax_1+by_1 & cx_1+dy_1 \\ ax'_1+by'_1 & cx'_1+dy'_1 \end{vmatrix}$$

$$= \frac{1}{2}\begin{vmatrix} x_1 & y_1 \\ x'_1 & y'_1 \end{vmatrix}\begin{vmatrix} a & c \\ b & d \end{vmatrix}$$

$$= \pm\frac{1}{2}\begin{vmatrix} x_1 & y_1 \\ x'_1 & y'_1 \end{vmatrix}$$

이므로 세 점 $O(0, 0)$, $A(x_1, y_1)$, $B(x'_1, y'_1)$을 꼭짓점으로 가지는 삼각형의 넓이와 같다.

나. 변환 $\begin{bmatrix} x_2 \\ y_2 \\ 1 \end{bmatrix} = \begin{bmatrix} 1 & 0 & 0 \\ 1 & 1 & 0 \\ 0 & 0 & 1 \end{bmatrix}\begin{bmatrix} x_1 \\ y_1 \\ 1 \end{bmatrix}$에 의하여 점 (1, 1)은 (1, 2)에, (2, 2)는 (2, 4)에 대응한다. 그러나 (1, 1)와 (1, 2) 사이의 거리는 $\sqrt{2}$이지만 (2, 2)와 (2, 4) 사이의 거리는 $\sqrt{5}$이다.

과제 5.29 가. 복소수 z를 극형식으로 나타내어 $z=r(\cos\theta+i\sin\theta)$이라고 하자. 이는 복소수 z의 크기가 r이고 편각이 θ임을 뜻한다. i를 극형식으로 나타내면 $\cos\frac{\pi}{2}+i\sin\frac{\pi}{2}$이므로

$$zi=r(\cos\theta+i\sin\theta)\cdot\left(\cos\frac{\pi}{2}+i\sin\frac{\pi}{2}\right)$$

$$=r\left(\cos\left(\theta+\frac{\pi}{2}\right)+i\sin\left(\theta+\frac{\pi}{2}\right)\right)$$

이다. 따라서 복소수 z에 i를 곱하면 z는 평면의 중점에 관하여 반시계 방향으로 90° 회전한다.

라. 먼저, f가 단사임을 보인다. 이를 위해, $f(e^{i\theta_1})=f(e^{i\theta_2})$ 즉, $\begin{bmatrix}\cos\theta_1 & -\sin\theta_1\\ \sin\theta_1 & \cos\theta_1\end{bmatrix}=\begin{bmatrix}\cos\theta_2 & -\sin\theta_2\\ \sin\theta_2 & \cos\theta_2\end{bmatrix}$이라고 하자.

$\begin{bmatrix}\cos\theta_1 & -\sin\theta_1\\ \sin\theta_1 & \cos\theta_1\end{bmatrix}$의 역행렬은 $\begin{bmatrix}\cos\theta_1 & \sin\theta_1\\ -\sin\theta_1 & \cos\theta_1\end{bmatrix}$이므로 다음을 알 수 있다.

$$\begin{aligned}\begin{bmatrix}1 & 0\\ 0 & 1\end{bmatrix}&=\begin{bmatrix}\cos\theta_1 & \sin\theta_1\\ -\sin\theta_1 & \cos\theta_1\end{bmatrix}\begin{bmatrix}\cos\theta_2 & -\sin\theta_2\\ \sin\theta_2 & \cos\theta_2\end{bmatrix}\\ &=\begin{bmatrix}\cos(\theta_1-\theta_2) & \sin(\theta_1-\theta_2)\\ -\sin(\theta_1-\theta_2) & \cos(\theta_1-\theta_2)\end{bmatrix}\end{aligned}$$

따라서 $\theta_1-\theta_2=2k\pi(k\in\mathbb{Z})$이므로 $e^{i\theta_1}=e^{i\theta_2}$이다. 그러므로 f는 단사이다.

이제, f가 전사임을 보이자. 사실, $\mathrm{Im}f=\{f(e^{i\theta})|\theta\in R\}=\left\{\begin{bmatrix}\cos\theta & -\sin\theta\\ \sin\theta & \cos\theta\end{bmatrix}\middle|\theta\in R\right\}$이므로 f는 전사이다. 따라서 f는 일대일 대응이다.

과제 5.32 $\begin{vmatrix}1 & k & 1\\ -1 & 1 & -1\\ 1 & 3 & 3\end{vmatrix}=3-3-k-1+3+3k=2k+2=0$이므로 $k=-1$이다.

과제 5.34 가. 사영평면에서의 어떤 명제에서 '점'과 '직선'을 서로 맞바꾸고, 또 '…를 지난다'와 '… 위에 있다'를 서로 맞바꾸어 놓은 명제를 원래 명제의 쌍대명제라고 한다. 쌍대원리에 의하면, 사영평면에 관한 어떤 명제가 참이면, 그의 쌍대명제도 참이다.

나. A_1, A_2, A_3는 $y=0$인 선 위에 있고 B_1, B_2, B_3는 $z=0$인 선 위에 있다고 가정하여도 일반성을 잃지 않는다. 따라서 다음과 같이 생각한다.

$$A_1=[p,\ 0,\ 1],\ A_2=[q,\ 0,\ 1],\ A_3=[r,\ 0,\ 1]$$
$$B_1=[l,\ 1,\ 0],\ B_2=[m,\ 1,\ 0],\ B_3=[n,\ 1,\ 0]$$

이 경우, A_2B_3은 $\langle A_2\times B_3\rangle=\langle -1,\ n,\ q\rangle$이고, A_3B_2는 $\langle A_3\times B_2\rangle=\langle -1,\ m,\ r\rangle$이므로 C_1은 $[nr-qm,\ r-q,\ n-m]$이다. 마찬가지 방법으로

$$C_2=[lp-rn,\ p-r,\ l-n],\ C_3=[mq-pl,\ q-p,\ m-l]$$

이다. 이제, $\begin{vmatrix} nr-qm & r-p & n-m \\ lp-rn & p-r & l-n \\ mq-pl & q-p & m-l \end{vmatrix}=0$이므로, 세 점 C_1, C_2, C_3는 공선점이다.

Ⅵ. 벡터 공간

지난 줄거리

1. (1) 실수 성분을 가지는 n 차의 행렬 $A=[a_{ij}]_{n\times n}$에서 제i행

과 제j열을 제거하고 얻은 행렬의 행렬식을 A의 a_{ij}에 의한 소행렬식이라고 하고 이것을 M_{ij}라고 나타낸다. 한편, $|A| = a_{i1}A_{i1} + a_{i2}A_{i2} + \cdots + a_{in}A_{in}$으로 나타낸 식을 $|A|$의 제i행에 관한 여인수 전개식이라고 하고, 이 전개식에서 A_{ij}를 a_{ij}의 여인수라고 한다. 여인수는 소행렬식으로 구할 수 있으며 $A_{ij} = (-1)^{i+j}M_{ij}$인 관계가 있다. 임의의 $n \times n$ 행렬의 행렬식을 구하는데 여인수 전개를 이용할 수 있다.

(2) $A = [a_{ij}]_{n \times n}$에서 a_{ij}의 여인수 A_{ij}를 성분으로 가지는 행렬 $[A_{ij}]_{n \times n}$를 A의 여인수행렬이라고 하고, 여인수 행렬의 전치행렬을 수반행렬이라고 한다. 수반행렬과 그의 성질을 이용하면, Cramer 공식을 얻을 수 있고, 정칙행렬의 역행렬을 구할 수 있다.

2. 먼저, $A = \begin{bmatrix} 1 & 3 \\ 2 & 4 \end{bmatrix}$의 역행렬을 기본 행 연산을 이용하여 다음과 같이 구할 수 있다.

$$\begin{bmatrix} 1 & 3 & : 1 & 0 \\ 2 & 4 & : 0 & 1 \end{bmatrix} \to \begin{bmatrix} 1 & 3 & : & 1 & 0 \\ 0 & -2 & : & -2 & 1 \end{bmatrix}$$

$$\to \begin{bmatrix} 1 & 3 & : & 1 & 0 \\ 0 & 1 & : & 1 & -\frac{1}{2} \end{bmatrix} \to \begin{bmatrix} 1 & 0 & : & -2 & \frac{3}{2} \\ 0 & 1 & : & 1 & -\frac{1}{2} \end{bmatrix}$$

한편, A의 역행렬을 여인수 전개를 이용하여 다음과 같이 구할 수 있다.

$$A^{-1}=\frac{\operatorname{adj} A}{|A|}=-\frac{1}{2}\begin{bmatrix} A_{11} & A_{21} \\ A_{12} & A_{22} \end{bmatrix}=-\frac{1}{2}\begin{bmatrix} 4 & -3 \\ -2 & 1 \end{bmatrix}=\begin{bmatrix} -2 & \frac{3}{2} \\ 1 & -\frac{1}{2} \end{bmatrix}$$

3. 먼저, 가감법을 이용하여 푼다.

$$x+5y=6 \qquad \cdots ①$$

$$x-y=0 \qquad \cdots ②$$

의 두 식에서 ①−②를 해 주면 $6y=6$ 즉, $y=1$을 얻을 수 있다. 이를 ②에 대입하면 $x=1$이다. 따라서 $\begin{cases} x=1 \\ y-1 \end{cases}$이다.

이제, Cramer공식을 이용하여 푼다.

$\begin{bmatrix} 1 & 5 \\ 1 & -1 \end{bmatrix}\begin{bmatrix} x \\ y \end{bmatrix}=\begin{bmatrix} 6 \\ 0 \end{bmatrix}$에서, 다음과 같이 풀 수 있다.

$$x=\frac{\begin{vmatrix} 6 & 5 \\ 0 & -1 \end{vmatrix}}{\begin{vmatrix} 1 & 5 \\ 1 & -1 \end{vmatrix}}=\frac{-6}{-6}=1$$

$$y=\frac{\begin{vmatrix} 1 & 6 \\ 1 & 0 \end{vmatrix}}{\begin{vmatrix} 1 & 5 \\ 1 & -1 \end{vmatrix}}=\frac{-6}{-6}=1$$

마지막으로, 역행렬을 이용하여 다음과 같이 풀 수 있다.

$$\begin{bmatrix} 1 & 5 \\ 1 & -1 \end{bmatrix}\begin{bmatrix} x \\ y \end{bmatrix}=\begin{bmatrix} 6 \\ 0 \end{bmatrix}$$

$$\begin{bmatrix} 1 & 5 \\ 1 & -1 \end{bmatrix}^{-1} = -\frac{1}{6}\begin{bmatrix} -1 & -5 \\ -1 & 1 \end{bmatrix}$$

$$\begin{bmatrix} x \\ y \end{bmatrix} = -\frac{1}{6}\begin{bmatrix} -1 & -5 \\ -1 & 1 \end{bmatrix}\begin{bmatrix} 6 \\ 0 \end{bmatrix} = -\frac{1}{6}\begin{bmatrix} -6 \\ -6 \end{bmatrix} = \begin{bmatrix} 1 \\ 1 \end{bmatrix}$$

4. 영행렬, 단위행렬, 스칼라행렬, 대각행렬은 모두 삼각행렬의 특수한 형태로서 그 행렬식은 주대각선 위에 있는 성분 모두의 곱이다.

과제 6.4 가. W_1, W_2, W_3 각각에 벡터의 덧셈과 스칼라배가 잘 정의되고, 벡터공간의 정의가 요구하는 여덟 가지 성질을 모두 만족시킴을 확인해보면 된다.

나. W_4에는 덧셈에 관한 항등원 (0, 0)이 없음을 금방 알 수 있다. 따라서 W_4는 부분공간이 아니다. 실은, W_4에는 덧셈 자체가 잘 정의되지 않는다. 임의의 두 벡터 $w_1, w_2 \in W_4$에 대하여 $w_1 = (x, x+1)$, $w_2 = (y, y+1)$라고 하자. $w_1 + w_2 = (x+y, x+y+2)$이므로 $w_1 + w_2 \notin W_4$이기 때문이다.

다. 정칙행렬 전체의 집합은 덧셈이 잘 정의되지 않고, 비정칙행렬 전체의 집합도 덧셈이 잘 정의되지 않는다. 다음과 같은 예를 들 수 있다. 정칙행렬의 합이 비정칙행렬인 예로서 $\begin{bmatrix} 1 & 0 \\ 0 & 1 \end{bmatrix} + \begin{bmatrix} 0 & 1 \\ 1 & 0 \end{bmatrix} = \begin{bmatrix} 1 & 1 \\ 1 & 1 \end{bmatrix}$을 들 수 있고, 비정칙행렬의 합이 정칙행렬인 예로서 $\begin{bmatrix} 1 & 1 \\ 2 & 2 \end{bmatrix} + \begin{bmatrix} 1 & 2 \\ 1 & 2 \end{bmatrix} = \begin{bmatrix} 2 & 3 \\ 3 & 4 \end{bmatrix}$을 들 수 있다.

과제 6.6 가. 동차연립방정식을 행렬을 이용하여 $AX=0$으로 표현할 수 있다. 연립방정식의 해공간을 V라고 하자. 임의의 두 행렬 $v_1, v_2 \in V$에 대하여 v_1과 v_2는 연립방정식의 해가 되므로 $Av_1=0$, $Av_2=0$임을 알 수 있다. 이때, $A(v_1+v_2)=Av_1+Av_2=0$이고 v_1+v_2는 연립방정식의 해가 되므로 $v_1+v_2 \in V$이다. 또, 임의의 $\lambda \in \mathbb{R}$와 임의의 $v \in V$에 대하여, $A(\lambda v)=\lambda(Av)=\lambda 0=0$이므로 λV도 연립방정식의 해가 되고 $\lambda v \in V$이다. 따라서 $V \leq \mathbb{R}^n$이다.

나. 비동차연립방정식 $\begin{cases} 2x+2y=1 \\ x+y=1 \end{cases}$에서 볼 수 있듯이, 비동차연립방정식의 해집합은 공집합일 수 있다. 한편, $\begin{cases} 2x+2y=2 \\ x+y=1 \end{cases}$에서 볼 수 있듯이, 비동차연립방정식의 해집합이 공집합이 아니라 하더라도 덧셈에 관한 항등원 (0, 0)이 해가 아니므로 부분공간일 수 없다.

다. 스칼라 행렬집합의 임의의 두 행렬을 $\lambda I=\begin{bmatrix} \lambda & 0 \\ 0 & \lambda \end{bmatrix}$, $\mu I=\begin{bmatrix} \mu & 0 \\ 0 & \mu \end{bmatrix}$라고 하자. $\lambda I+\mu I=\begin{bmatrix} \lambda & 0 \\ 0 & \lambda \end{bmatrix}+\begin{bmatrix} \mu & 0 \\ 0 & \mu \end{bmatrix}=\begin{bmatrix} \lambda+\mu & 0 \\ 0 & \lambda+\mu \end{bmatrix}=(\lambda+\mu)I$이므로 덧셈이 잘 정의된다. 또 $\forall \lambda \in \mathbb{R}$와 임의의 스칼라 행렬 $\mu I=\begin{bmatrix} \mu & 0 \\ 0 & \mu \end{bmatrix}$에 대하여 $\lambda(\mu I)=\lambda\begin{bmatrix} \mu & 0 \\ 0 & \mu \end{bmatrix}=\begin{bmatrix} \lambda\mu & 0 \\ 0 & \lambda\mu \end{bmatrix}=(\lambda\mu)I$이므로 스칼라배가 잘 정의된다. 따라서 스칼라 행렬 전체의 집합은 $Mat_2(\mathbb{R})$의 부분공간이다.

대각행렬 전체의 집합이나 상(하)삼각행렬 전체의 집합도 $Mat_2(\mathbb{R})$의 부분공간이 됨을 위와 같이 보일 수 있다.

라. {(000), (010), (101), (111)}에서 임의의 두 벡터를 잡자. (000)은 {(000), (010), (101), (111)}의 영벡터이므로 (000)와 다른 벡터 u의 합은 u이다. 또한 모든 벡터들은 같은 벡터끼리 더하면 모두 (000)이 된다. 한편 (010)+(101)=(111), (010)+(111)=(101), (101)+(111)=(010)이므로 덧셈이 잘 정의된다. 또, 스칼라배는 0 또는 1 뿐인데 모든 벡터에 0배를 하면 (000)이 되고 1배를 하면 자기 자신이 되므로 스칼라배도 잘 정의된다. 따라서 {(000), (010), (101), (111)} $\leq F_2^3$이다.

과제 6.8 $\langle v_1, v_2, \cdots, v_n \rangle$의 임의의 두 벡터를

$$\lambda_1 v_1 + \lambda_2 v_2 + \cdots + \lambda_n v_n,\ \mu_1 v_1 + \mu_2 v_2 + \cdots + \mu_n v_n$$

라고 하자.

$$\begin{aligned}&\lambda_1 v_1 + \lambda_2 v_2 + \cdots + \lambda_n v_n + \mu_1 v_1 + \mu_2 v_2 + \cdots + \mu_n v_n \\ &= (\lambda_1 + \mu_1) v_1 + (\lambda_2 + \mu_2) v_2 + \cdots + (\lambda_n + \mu_n) v_n \in \langle v_1, v_2, \cdots, v_n \rangle\end{aligned}$$

이다. 또, 임의의 $\mu \in \mathbb{R}$와 임의의 벡터 $\lambda_1 v_1 + \lambda_2 v_2 + \cdots + \lambda_n v_n \in \langle v_1, v_2, \cdots, v_n \rangle$에 대하여

$$\begin{aligned}&\mu(\lambda_1 v_1 + \lambda_2 v_2 + \cdots + \lambda_n v_n) \\ &= (\mu\lambda_1) v_1 + (\mu\lambda_2) v_2 + \cdots + (\mu\lambda_n) v_n \in \langle v_1, v_2, \cdots, v_n \rangle\end{aligned}$$

이다.

과제 6.9 가. 임의의 $x, y \in U \cap W$에 대하여 $x, y \in U$이고 $x, y \in W$이다. U와 W는 부분공간이므로 $x+y \in U$이고 $x+y \in W$이다. 따라서 $x+y \in U \cap W$이다.

이제, 임의의 $\lambda \in \mathbb{R}$와 임의의 $x \in U \cap W$에 대하여 $x \in U$이고 $x \in W$이며 U와 W가 부분공간이므로 $\lambda x \in U$이고 $\lambda x \in W$이다. 따라서 $\lambda x \in U \cap W$이다. 따라서 $U \cap W \leq V$이다.

나. $\langle v_1, v_2, \cdots, v_n \rangle$에서의 임의의 벡터를 $\lambda_1 v_1 + \lambda_2 v_2 + \cdots + \lambda_n v_n$라고 하자. $v_1, v_2, \cdots, v_n$ 모두를 포함하는 V의 부분공간은 모두 $\lambda_1 v_1 + \lambda_2 v_2 + \cdots + \lambda_n v_n$를 포함하므로 $\langle v_1, v_2, \cdots, v_n \rangle \subset \cap \{W \mid W$는 $v_1, v_2, \cdots, v_n$ 모두를 포함하는 V의 부분공간$\}$이다. 한편, $\langle v_1, v_2, \cdots, v_n \rangle$는 $v_1, v_2, \cdots, v_n$ 모두를 포함하는 V의 부분공간 중 하나이므로 이러한 집합들의 교집합인 $\cap \{W \mid W$는 $v_1, v_2, \cdots, v_n$ 모두를 포함하는 V의 부분공간$\}$를 포함한다. 즉, $\langle v_1, v_2, \cdots, v_n \rangle \supset \cap \{W \mid W$는 $v_1, v_2, \cdots, v_n$ 모두를 포함하는 V의 부분공간$\}$이다. 따라서 $\langle v_1, v_2, \cdots, v_n \rangle = \cap \{W \mid W$는 $v_1, v_2, \cdots, v_n$ 모두를 포함하는 V의 부분공간$\}$이다.

과제 6.12 가. 임의의 $u \in U$에 대하여 $u = u + 0w \in U + W$이므로 $U \subset U + W$이고, 임의의 $w \in W$에 대하여 $w = 0u + w \in U + W$이므로 $W \subset U + W$이다. 따라서 $U \cup W \subset U + W$이다.

나. 임의의 $x, y \in U + W$에 대하여 $x = u_1 + w_1$, $y = u_2 + w_2$ ($u_1, u_2 \in U$, $w_1, w_2 \in W$)라고 하면, $x + y = u_1 + w_1 + u_2 + w_2 =$

$(u_1+u_2)+(w_1+w_2)$이고 $U \leq X$, $W \leq X$이다. 따라서 $(u_1+u_2)+(w_1+w_2) \in U+W$이다. 결국, $U+W \leq X$이다. 한편, X는 U와 W를 포함하는 임의의 공간이므로 $U+W$는 V의 부분공간 중에서 U와 W를 포함하는 최소부분공간이다.

과제 6.14 가. $\lambda_1 v_1 + \lambda_2 v_2 + \lambda_3 v_3 = 0$이라고 하면, $(\lambda_1, \lambda_2, \lambda_3) = (0, 0, 0)$이므로 $\lambda_1 = \lambda_2 = \lambda_3 = 0$이다.

나. $\lambda_1 v_1 + \lambda_2 v_2 + \lambda_3 v_3 = 0$이라고 하면, $(\lambda_1 + \lambda_3, \lambda_2 + \lambda_3, 0) = (0, 0, 0)$이므로 반드시 $\lambda_1 = \lambda_2 = \lambda_3 = 0$는 아니다.

과제 6.15 가. $\lambda_1 v_1 = 0$이라고 하자. $v_1 \neq 0$이므로 $\lambda_1 = 0$이다. 따라서 $\{v_1\}$은 일차독립이다.

나. v_i를 영벡터라고 하고 $\lambda_1 v_1 + \lambda_2 v_2 + \cdots + \lambda_n v_n = 0$이라고 하자. $\lambda_1, \lambda_2, \cdots, \lambda_{i-1}, \lambda_{i+1}, \cdots, \lambda_n$ 모두가 0이라고 하여도 λ_i는 0이 아니게 택할 수 있으므로 $\{v_1, v_2, \cdots, v_n\}$은 일차종속이다.

다. $\{v_1, v_2, \cdots, v_n\}$의 적당한 부분집합 $\{v_1, v_2, \cdots, v_k\}$가 일차종속이라고 하자. 그러면 모두는 0이 아닌 λ_i가 존재하여 $\lambda_1 v_1 + \lambda_2 v_2 + \cdots + \lambda_k v_k = 0$이 된다.

따라서 $\lambda_1 v_1 + \lambda_2 v_2 + \cdots + \lambda_k v_k + 0 v_{k+1} + \cdots + 0 v_n = 0$이고 모든 λ_i가 0은 아니므로 $\{v_1, v_2, \cdots, v_n\}$은 일차종속이다.

라. $\{v_1, v_2, \cdots, v_n\}$가 일차종속이므로 모두가 0은 아닌 λ_i가 존

재하여 $\lambda_1 v_1 + \lambda_2 v_2 + \cdots + \lambda_n v_n = 0$이 된다. 이제, $\{v_1, v_2, \cdots, v_n\}$을 포함하는 임의의 부분집합을 $\{v_1, v_2, \cdots, v_n, v_{n+1}, \cdots, v_t\}$라고 하자. $\lambda_1 v_1 + \lambda_2 v_2 + \cdots + \lambda_n v_n + 0v_{n+1} + \cdots + 0v_t = 0$이고 모든 λ_i가 0은 아니므로 $\{v_1, v_2, \cdots, v_n, v_{n+1}, \cdots, v_t\}$은 일차종속이다.

과제 6.26 가. W의 임의의 두 원소를 $\begin{bmatrix} a_0 & b_0 \\ c_0 & d_0 \end{bmatrix}$, $\begin{bmatrix} a_1 & b_1 \\ c_1 & d_1 \end{bmatrix}$라고 하자.

$$\begin{bmatrix} a_0 & b_0 \\ c_0 & d_0 \end{bmatrix} + \begin{bmatrix} a_1 & b_1 \\ c_1 & d_1 \end{bmatrix} = \begin{bmatrix} a_0 + a_1 & b_0 + b_1 \\ c_0 + c_1 & d_0 + d_1 \end{bmatrix}$$

이고,

$$\begin{aligned} &(a_0 + a_1) - 3(b_0 + b_1) + 2(c_0 + c_1) + (d_0 + d_1) \\ &= (a_0 - 3b_0 + 2c_0 + d_0) + (a_1 - 3b_1 + 2c_1 + d_1) \\ &= 0 + 0 = 0 \end{aligned}$$

이므로

$$\begin{bmatrix} a_0 + a_1 & b_0 + b_1 \\ c_0 + c_1 & d_0 + d_1 \end{bmatrix} \in W$$

이다. 또, 임의의 $\lambda \in \mathbb{R}$와 임의의 벡터 $\begin{bmatrix} a & b \\ c & d \end{bmatrix} \in W$에 대하여 $\lambda \begin{bmatrix} a & b \\ c & d \end{bmatrix} = \begin{bmatrix} \lambda a & \lambda b \\ \lambda c & \lambda d \end{bmatrix}$이고 $\lambda a - 3\lambda b + 2\lambda c + \lambda d = \lambda(a -$

$3b+2c+d)=\lambda 0=0$이므로 $\lambda\begin{bmatrix} a & b \\ c & d \end{bmatrix} \in W$이다. 따라서 $W \le Mat_2(\mathbb{R})$이다.

한편, $\left\{\begin{bmatrix} 3 & 1 \\ 0 & 0 \end{bmatrix}, \begin{bmatrix} -2 & 0 \\ 1 & 0 \end{bmatrix}, \begin{bmatrix} -1 & 0 \\ 0 & 1 \end{bmatrix}\right\}$는 W의 기저가 되므로 $\dim W=3$이 된다. $\left\{\begin{bmatrix} 3 & 1 \\ 0 & 0 \end{bmatrix}, \begin{bmatrix} -2 & 0 \\ 1 & 0 \end{bmatrix}, \begin{bmatrix} -1 & 0 \\ 0 & 1 \end{bmatrix}\right\}$가 서로 일차독립인 것은 쉽게 알 수 있고, $b\begin{bmatrix} 3 & 1 \\ 0 & 0 \end{bmatrix}+c\begin{bmatrix} -2 & 0 \\ 1 & 0 \end{bmatrix}+d\begin{bmatrix} -1 & 0 \\ 0 & 1 \end{bmatrix}=\begin{bmatrix} 3b-2c-d & b \\ c & d \end{bmatrix}=\begin{bmatrix} a & b \\ c & d \end{bmatrix}$이므로 W를 생성함을 알 수 있다. 참고로, W의 기저를 다양하게 제시할 수 있다. 이를테면, $\left\{\begin{bmatrix} 1 & 0 \\ 0 & -1 \end{bmatrix}, \begin{bmatrix} 0 & 1 \\ 0 & 3 \end{bmatrix}, \begin{bmatrix} 0 & 0 \\ 1 & -2 \end{bmatrix}\right\}$도 W의 기저이다.

나. (1) C에서 임의의 두 벡터를 잡자. 00000은 C의 영벡터이므로 00000와 다른 벡터 u의 합은 u이다. 또한 모든 벡터들은 같은 벡터끼리 더하면 모두 00000이 된다. 한편 $10110+01001=11111$, $10110+11111=01001$, $01001+11111=10110$이므로 덧셈이 잘 정의된다.

또, 스칼라배는 0 또는 1뿐인데 모든 벡터에 0배를 하면 00000이 되고 1배를 하면 자기 자신이 되므로 스칼라배도 잘 정의된다. 따라서 $C \le F_2^5$이다.

(2) F_2^5의 기저는 $\{10000, 01000, 00100, 00010, 00001\}$이므로 $\dim F_2^5=5$이다. C의 기저는 $\{10110, 01001\}$이므로 $\dim C=2$이다.

(3) F_2^5의 임의의 부분공간 C가 k 차원이면 C의 벡터(원소)의 개수는 2^k개이다.

★과제 6.27 다. 주어진 선분을 $\frac{1}{2}$로 자르면 자기 모양과 닮은 형태의 모양 2조각이 된다. 마찬가지로, 주어진 선분을 $\frac{1}{3}$, $\frac{1}{4}$, $\frac{1}{5}$로 자르면 각각 3, 4, 5조각으로 나누어진다. 한편, 면의 경우에서 한 변의 길이를 $\frac{1}{2}$로 자른 경우 모두 4조각의 닮은 형태를 얻을 수 있다. 코흐곡선의 경우를 살펴보자. 1단계에서 2단계로의 경우를 살펴보면, 길이는 $\frac{1}{3}$로 줄어들지만, 모두 4개의 1단계와 닮은 형태의 조각들이 생긴다. 다음 1단계에서 3단계로의 경우를 보면, 길이는 $\frac{1}{9}$로 줄어들지만, 모두 16개의 1단계와 닮은 형태의 조각들이 생긴다. 프랙탈의 자기상사(self-similarilty)차원을 정의하기 위해, 축소율 S에 대한 조각의 개수를 P라고 할 때의 관계식 $P=\frac{1}{S^D}$을 생각한다. 선분, 정사각형, 정육면체의 각각의 경우에는 $D=1$, $D=2$, $D=3$임을 알 수 있다. 이 값은 우리가 알고 있는 각각의 도형의 차원과 일치한다. 코흐곡선의 경우에는 다음과 같다.

$$4=\frac{1}{\left(\frac{1}{3}\right)^D}=3^D$$

$$\log 4=D\log 3$$

$$D=\frac{\log 4}{\log 3}$$

이로부터, 코흐곡선의 자기상사차원은 1차원과 2차원 사이임을 알 수 있다. 한편, 칸토어 집합의 자기상사차원은 $D=\dfrac{\log 2}{\log 3}$으로서 0과 1 사이이므로 점과 선분 사이의 도형으로 이해할 수 있다. 시어핀스키 삼각형의 자기상사차원은 $D=\dfrac{\log 3}{\log 2}$으로서 1과 2 사이이다. 멩어 스펀지의 자기상사차원은 $D=\dfrac{\log 20}{\log 3}$임을 알 수 있다.

과제 6.29 가. $\begin{vmatrix} 1 & 1 \\ 1 & 2 \end{vmatrix} \neq 0$이므로 $\{(1, 1), (1, 2)\}$는 $\mathbb{R}^2$의 기저이다.

나. $\begin{vmatrix} 1 & 1 & 0 \\ 1 & 0 & 1 \\ 0 & 1 & 1 \end{vmatrix} \neq 0$이므로 $\{(1, 1, 0), (1, 0, 1), (0, 1, 1)\}$는 $\mathbb{R}^3$의 기저이다.

과제 6.37 먼저, 덧셈이 잘 정의됨을 보이자. $x_1+W=x_2+W$이고 $y_1+W=y_2+W$일 때, $(x_1+W)+(y_1+W)=(x_2+W)+(y_2+W)$ 즉, $(x_1+y_1)+W=(x_2+y_2)+W$가 됨을 보여야 한다. $x_1+W=x_2+W$이고 $y_1+W=y_2+W$이므로 $x_1-x_2 \in W$이고, $y_1-y_2 \in W$이다. 따라서 W가 부분공간이므로 $(x_1-x_2)+(y_1-y_2)=(x_1+y_1)-(x_2+y_2) \in W$가 되고, $(x_1+y_1)+W=(x_2+y_2)+W$가 됨을 알 수 있다. 따라서 덧셈이 잘 정의된다. 다음으로, 스칼라 배가 잘 정의됨을 보이자. $x_1+W=x_2+W$일 때, 임의의 $\lambda \in \mathbb{R}$에 대하여 $\lambda(x_1+W)=\lambda(x_2+W)$ 즉, $\lambda x_1+W=\lambda x_2+W$임을 보여야 한다. $x_1+W=x_2+W$이므로 $x_1-x_2 \in W$이고, W가 부분공간이므

로 $\lambda(x_1-x_2)=\lambda x_1-\lambda x_2\in W$가 된다. 따라서 $\lambda x_1+W=\lambda x_2+W$가 된다. 따라서 집합 V/W에는 덧셈과 스칼라 배가 잘 정의된다. 이제, V/W는 다음 여덟 가지 성질을 모두 만족시키므로 벡터공간이 됨을 알 수 있다.

- $\forall x+W,\ \forall y+W,\ \forall z+W\in V/W,$
  $\{(x+W)+(y+W)\}+(z+W)=(x+W)+\{(y+W)+(z+W)\}$
- $\exists 0+W$; $(x+W)+(0+W)=(0+W)+(x+W)=x+W,\ \forall x\in V$
- $\forall x+W\in V/W,\ \exists -x+W\in V/W$;
  $(x+W)+(-x+W)=(-x+W)+(x+W)=0+W$
- $\forall x+W,\ \forall y+W\in V/W,\ (x+W)+(y+W)=(y+W)+(x+W)$

한편, 임의의 $\lambda,\ \mu\in\mathbb{R}$와 임의의 $x+W,\ y+W\in V/W$에 대하여 다음이 성립한다.

- $(\lambda+\mu)(x+W)=\lambda(x+W)+\mu(x+W)$
- $\lambda\{(x+W)+(y+W)\}=\lambda(x+W)+\lambda(y+W)$
- $\lambda\{\mu(x+W)\}=(\lambda\mu)(x+W)$
- $1(x+W)=x+W$

Ⅶ. 선형 사상

지난 줄거리

1. V가 벡터공간이고 $v_1,\ v_2,\ \cdots,\ v_n\in V$일 때, '$\lambda_1 v_1+\lambda_2 v_2+\cdots+\lambda_n v_n=0\Rightarrow\lambda_1=\lambda_2=\cdots=\lambda_n=0$'인 조건을 만족시키면 $\{v_1,\ v_2,$

$\cdots, v_n\}$ 은 일차독립이라고 한다. V의 부분집합 $\{v_1, v_2, \cdots, v_n\}$ 가 일차독립이고 V를 생성할 때, $\{v_1, v_2, \cdots, v_n\}$를 V의 기저라고 하며, n을 V의 차원이라고 한다.

2. $\begin{vmatrix} 1 & 1 & 2 \\ 1 & 2 & 3 \\ 2 & 2 & 4 \end{vmatrix} = 0$이므로 $\{(1, 1, 2), (1, 2, 2), (2, 3, 4)\}$은 일차독립이 아니다.

3. $\begin{vmatrix} 1 & 2 & 2 \\ 2 & 2 & 3 \\ 2 & 2 & 4 \end{vmatrix} = -2 \neq 0$이므로 $\{(1, 2, 2), (2, 2, 2), (2, 3, 4)\}$는 일차독립이고, 정리 6.28에 의해 기저이다.

4. 대각행렬 전체의 집합에는 덧셈과 스칼라배가 잘 정의되므로 부분공간이다.

5. 다, 라

6. 영벡터가 아닌 벡터 하나로 이루어진 집합은 일차독립이다. $\{v_1, v_2, \cdots, v_n\}$가 일차독립이면 $\{v_1, v_2, \cdots, v_n\}$의 임의의 부분집합도 일차독립이다. 한편, 영벡터를 포함하는 집합은 일차종속이다. $\{v_1, v_2, \cdots, v_n\}$가 일차종속이면 $\{v_1, v_2, \cdots, v_n\}$를 포함하는 모든 집합은 일차종속이다.

⋆과제 7.8 제1동형 정리(The 1st Isomorphism Theorem)의 내용

은 다음과 같다.

선형사상 $f: U \to V$에 대하여 $U/\mathrm{Ker}\, f \simeq \mathrm{Im} f$이다.

이제, $\dim(U/\mathrm{Ker}\, f) \simeq \dim \mathrm{Im} f$이고, 정리 6.39에 의하여 $\dim(U/\mathrm{Ker}\, f) = \dim U - \dim \mathrm{Ker}\, f$이므로 $\dim \mathrm{Im}\, T + \dim \mathrm{Ker}\, T = \dim U$이다. 벡터공간의 경우는 물론 군과 환의 경우에도 여러 가지 동형정리가 있는데 이들에 관해서는 '추상대수학'에서 배우게 된다.

과제 7.13 정리 7.11에 의하여, 임의의 벡터 $v \in \mathbb{R}^n$에 대하여 $P[v]_s = [v]_{s'}$이다. 따라서 $P[v_i']_s = [v_i']_{s'}$ 즉, $[v_i']_s = P^{-1}[v_i']_{s'}$이다. P^{-1}의 i 열은 $[v_i']_s$이다. 따라서 S' 기저에서 S 기저로의 추이행렬은 P^{-1}이다.

***과제 7.15** (2) 선형사상을 행렬로 대응시키는 본문에서의 함수는 $Hom_{\mathbb{R}}(\mathbb{R}^n, \mathbb{R}^m)$에서 $Mat_{m\times n}(\mathbb{R})$으로의 선형사상이다. 더 나아가 이 선형사상은 일대일이고 위로의 사상이므로 동형사상이다.

(3) $Hom_{\mathbb{R}}(\mathbb{R}^n, \mathbb{R}^n)$에서는 두 선형사상의 합성(composite)이 잘 정의된다. 이제, 이 연산을 곱셈으로 생각하면, $Hom_{\mathbb{R}}(\mathbb{R}^n, \mathbb{R}^n)$는 덧셈연산과 함께 환의 구조를 가지게 된다. 한편, 임의의 두 선형사상 $f, g \in Hom_{\mathbb{R}}(\mathbb{R}^n, \mathbb{R}^n)$와 임의의 스칼라 $\lambda \in \mathbb{R}$에 대하여 $\lambda(f\circ g) = (\lambda f)\circ g = f\circ(\lambda g)$인

것은 분명하다.

(5) $Mat_n(\mathbb{R})$는 물론 $Hom_{\mathbb{R}}(\mathbb{R}^n, \mathbb{R}^n)$에 곱셈도 잘 정의되므로, $Mat_n(\mathbb{R})$와 $Hom_{\mathbb{R}}(\mathbb{R}^n, \mathbb{R}^n)$는 벡터공간의 구조는 물론이고 환의 구조도 가지게 된다. 한편, 임의의 두 행렬 $A, B \in Mat_n(\mathbb{R})$와 임의의 스칼라 $\lambda \in \mathbb{R}$에 대하여 $\lambda(AB) = (\lambda A)B = A(\lambda B)$인 것은 분명하다.

(6) 위 (2)에서 얻은 (선형)동형사상에서 (3)에서 정의된 연산을 추가로 고려하면, 환동형사상이 됨을 알 수 있다.

과제 7.16 $v_1, v_2, \cdots, v_n$에 의하여 생성된 부분공간 $\langle v_1, v_2, \cdots, v_n \rangle$에서 다음과 같은 변환에 의하여 불변이다.

- 두 벡터의 위치를 바꾼다.
- 한 벡터에 0이 아닌 스칼라배를 한다.
- 한 벡터에 스칼라배를 하여 다른 벡터에 더한다.

마지막 변환에 의하여 불변인 것은 다음과 같이 보일 수 있다. 먼저,

$$\langle v_1, v_2, \cdots, v_i, \cdots, \lambda v_i + v_j, \cdots, v_n \rangle \subset \langle v_1, v_2, \cdots, v_n \rangle$$

이다. 한편, $v_j = -\lambda v_i + (\lambda v_i + v_j)$이므로

$$\langle v_1, v_2, \cdots, v_n \rangle \subset \langle v_1, v_2, \cdots, v_i, \cdots, \lambda v_i + v_j, \cdots, v_n \rangle$$

이다. 따라서 주어진 행렬 A의 행공간은 기본 행 변환에 의하여 불변이다.

뒷 이야기

1. $R((1, 0))=(\cos\theta, \sin\theta)$, $R((0, 1))=(-\sin\theta, \cos\theta)$이므로 선형사상 $R:\mathbb{R}^2 \to \mathbb{R}^2$는 행렬 $\begin{bmatrix}\cos\theta & -\sin\theta \\ \sin\theta & \cos\theta\end{bmatrix}$로 표현된다. 이는 원점을 중심으로 θ만큼 반시계방향으로의 회전을 나타낸다(제Ⅴ장 참조).

Ⅷ. 고유치

지난 줄거리

1. 두 벡터 U, V 사이에 정의된 함수 $f: U \to V$에서, U의 임의의 원소 u, v와 임의의 실수 λ에 대하여 $f(u+v)=f(u)+f(v)$이고 $f(\lambda u)=\lambda f(u)$일 때, f를 선형사상이라고 한다. 선형사상 f의 핵 $\mathrm{Ker}\, f$가 $\{0\}$과 같으면 f는 단사이고, 상 $\mathrm{Im} f$가 V이면 f는 전사이다. 선형사상 f가 전단사이면, f를 동형사상이라고 한다. 선형사상은 하나의 행렬로 표현되고, 행렬은 하나의 선형사상을 결정한다.

2. $\mathbb{R}^2$의 표준기저 $\{(1, 0), (0, 1)\}$에 대하여 $f((1, 0))=(0, -1)$, $f((0, 1))=(-1, 0)$이므로, 이 선형사상을 나타내는 행렬은 $\begin{bmatrix}0 & -1 \\ -1 & 0\end{bmatrix}$이다.

4. 가. f가 선형사상이라는 것을 이용하여 $f(1, 0)$, $f(0, 1)$을 구해 보자. 여기서는 편의상 $f((x, y))$를 $f(x, y)$로 나타낸다.

$$\begin{aligned} f(0,\ 1) &= f(1-1,\ 2-1) = f(1,\ 2) + f(-(1,\ 1)) \\ &= f(1,\ 2) - f(1,\ 1) \\ &= (1,\ 1) - (1,\ 0) = (0,\ 1) \\ f(1,\ 0) &= f(1-0,\ 1-1) = f(1,\ 1) + (-f(0,\ 1)) \\ &= f(1,\ 1) - f(0,\ 1) \\ &= (1,\ 0) - (0,\ 1) = (1,\ -1) \end{aligned}$$

$f(1,\ 0)=(1,\ -1)$, $f(0,\ 1)=(0,\ 1)$이므로 조건을 만족시키는 선형사상은

$$f(x,\ y) = \begin{bmatrix} 1 & 0 \\ -1 & 1 \end{bmatrix} \begin{bmatrix} x \\ y \end{bmatrix} = (x,\ -x+y)$$

이다.

나. $f(0,\ 0)=(0,\ -0+0)=(0,\ 0)$,
$f(2,\ 3)=(2,\ -2+3)=(2,\ 1)$,
$f(3,\ 3)=(3,\ -3+3)=(3,\ 0)$

과제 8.1 미분방정식 $y''+a_1y'+a_0y=0$(a_1, a_0은 상수)에서 y'', y', y 대신에 λ^2, λ, $\lambda^0=1$로 각각 바꾼 대수방정식 $\lambda^2+a_1\lambda+a_0=0$을 특성방정식이라고 한다. 이 미분방정식에서의 특성방정식의 해는 주어진 미분방정식의 특성근을 제시한다. 한편, 주어진 행렬의 고유방정식은 그 행렬의 고유치를 제시한다.

과제 8.2 행렬 A의 고유치 λ와 이에 관한 고유벡터 X에 대하여 $AX=\lambda X$이므로 $A^iX=\lambda^iX$, $i\geq 0$이다. 따라서

$$(a_0I+a_1A+a_2A^2+\cdots+a_nA^n)X=(a_0+a_1\lambda+a_2\lambda^2+\cdots+a_n\lambda^n)X$$

이다. 결국, 행렬 $a_0I+a_1A+a_2A^2+\cdots+a_nA^n$은 고유벡터 X에 대하여 고유치 $a_0+a_1\lambda+a_2\lambda^2+\cdots+a_n\lambda^n$를 가진다.

과제 8.3 집합 $\{X|AX=\lambda X\}$를 S라고 하자. 그러면 임의의 $X_1, X_2\in S$에 대하여 $AX_1=\lambda X_1$, $AX_2=\lambda X_2$이다. 이제,

$$A(X_1+X_2)=AX_1+AX_2=\lambda X_1+\lambda X_2=\lambda(X_1+X_2)$$

이므로 덧셈이 잘 정의된다. 또한, 임의의 $X_1\in S$와 임의의 $\mu\in\mathbb{R}$에 대하여 $A(\mu X_1)=\mu AX_1=\mu\lambda X_1=\lambda(\mu X_1)$이다. 따라서 스칼라 배도 잘 정의된다. 이제, 정리 6.5에 의하여 S는 부분공간이다.

과제 8.7 가. 대각행렬 $\begin{bmatrix} a_{11} & 0 & \cdots & 0 \\ 0 & a_{22} & \cdots & 0 \\ \vdots & \vdots & \ddots & \vdots \\ 0 & 0 & \cdots & a_{nn} \end{bmatrix}$의 고유다항식은

$$\begin{vmatrix} \lambda-a_{11} & 0 & \cdots & 0 \\ 0 & \lambda-a_{22} & \cdots & 0 \\ \vdots & \vdots & \ddots & \vdots \\ 0 & 0 & \cdots & \lambda-a_{nn} \end{vmatrix}=(\lambda-a_{11})(\lambda-a_{22})\cdots(\lambda-a_{nn})$$

으로서 선형인수로 인수분해된다.

한편, 대각행렬 $\begin{bmatrix} a_{11} & 0 & \cdots & 0 \\ 0 & a_{22} & \cdots & 0 \\ \vdots & \vdots & \ddots & \vdots \\ 0 & 0 & \cdots & a_{nn} \end{bmatrix}$을 제곱하면

$$\begin{bmatrix} a_{11} & 0 & \cdots & 0 \\ 0 & a_{22} & \cdots & 0 \\ \vdots & \vdots & \ddots & \vdots \\ 0 & 0 & \cdots & a_{nn} \end{bmatrix}\begin{bmatrix} a_{11} & 0 & \cdots & 0 \\ 0 & a_{22} & \cdots & 0 \\ \vdots & \vdots & \ddots & \vdots \\ 0 & 0 & \cdots & a_{nn} \end{bmatrix}=\begin{bmatrix} a_{11}^2 & 0 & \cdots & 0 \\ 0 & a_{22}^2 & \cdots & 0 \\ \vdots & \vdots & \ddots & \vdots \\ 0 & 0 & \cdots & a_{nn}^2 \end{bmatrix}$$

가 되고, 이런 방식으로 거듭 제곱을 계속 해 나가면

$$\begin{bmatrix} a_{11} & 0 & \cdots & 0 \\ 0 & a_{22} & \cdots & 0 \\ \vdots & \vdots & \ddots & \vdots \\ 0 & 0 & \cdots & a_{nn} \end{bmatrix}^n=\begin{bmatrix} a_{11}^n & 0 & \cdots & 0 \\ 0 & a_{22}^n & \cdots & 0 \\ \vdots & \vdots & \ddots & \vdots \\ 0 & 0 & \cdots & a_{nn}^n \end{bmatrix}$$

이 되므로, 대각행렬의 거듭제곱이 용이하다.

또한, 대각행렬 $\begin{bmatrix} a_{11} & 0 & \cdots & 0 \\ 0 & a_{22} & \cdots & 0 \\ \vdots & \vdots & \ddots & \vdots \\ 0 & 0 & \cdots & a_{nn} \end{bmatrix}$의 행렬식은 $a_{11}a_{22}\cdots a_{nn}$이고, 행렬식이 0이 아닌 경우에는 역행렬 $\begin{bmatrix} a_{11}^{-1} & 0 & \cdots & 0 \\ 0 & a_{22}^{-1} & \cdots & 0 \\ \vdots & \vdots & \ddots & \vdots \\ 0 & 0 & \cdots & a_{nn}^{-1} \end{bmatrix}$을 쉽게 얻을 수 있다.

나. 스칼라행렬과 삼각행렬의 성질은 대각행렬과 유사한 것이 많다. 고유다항식을 구할 때나 행렬식을 구할 때는 대각성분들을 곱해서 구할 수 있고, 특히 스칼라행렬의 경우에는

거듭 제곱이 용이하며 역행렬이 존재하는 경우 그 계산이 쉽다.

과제 8.12 가. $\begin{bmatrix}1&2\\3&4\end{bmatrix} \to \begin{bmatrix}1&2\\0&2\end{bmatrix} \to \begin{bmatrix}1&0\\0&2\end{bmatrix} \to \begin{bmatrix}1&0\\0&1\end{bmatrix}$이므로 $\begin{bmatrix}1&2\\3&4\end{bmatrix}$, $\begin{bmatrix}1&0\\0&1\end{bmatrix}$는 서로 행동치이다. 하지만 각각의 트레이스는 $4+1=-5$, $1+1=2$로 서로 같지 않다.

나. $\begin{bmatrix}1&2\\3&4\end{bmatrix} \to \begin{bmatrix}1&1\\3&2\end{bmatrix} \to \begin{bmatrix}1&0\\3&-1\end{bmatrix} \to \begin{bmatrix}1&0\\0&1\end{bmatrix}$이므로 $\begin{bmatrix}1&2\\3&4\end{bmatrix}$, $\begin{bmatrix}1&0\\0&1\end{bmatrix}$는 서로 열동치이다. 하지만 각각의 트레이스는 서로 같지 않다.

다. 행동치인 두 행렬 $\begin{bmatrix}1&2\\3&4\end{bmatrix}$, $\begin{bmatrix}1&0\\0&1\end{bmatrix}$의 각각의 행렬식은 $4-6=-2$, $1-0=1$로 서로 같지 않다.

라. 열동치인 두 행렬 $\begin{bmatrix}1&2\\3&4\end{bmatrix}$, $\begin{bmatrix}1&0\\0&1\end{bmatrix}$의 각각의 행렬식은 서로 같지 않다.

마. 행동치인 두 행렬 $\begin{bmatrix}1&2\\3&4\end{bmatrix}$, $\begin{bmatrix}1&0\\0&1\end{bmatrix}$에 대해서, $\begin{bmatrix}1&2\\3&4\end{bmatrix}$의 고유치는 1, 4이고, $\begin{bmatrix}1&0\\0&1\end{bmatrix}$의 고유치는 1로서 같지 않다.

바. 열동치인 두 행렬 $\begin{bmatrix}1&2\\3&4\end{bmatrix}$, $\begin{bmatrix}1&0\\0&1\end{bmatrix}$ 각각의 고유치도 같지 않다.

과제 8.15 가. 고유다항식을 나타내는 행렬식을 n 행에 관하여 여인수전개하면 다음과 같다.

$$f(\lambda)=(-1)\times(-1)^{n+1}\times\begin{bmatrix}-1 & 0 & \cdots & 0\\ 0 & -1 & \cdots & 0\\ \vdots & \vdots & \vdots & \vdots\\ 0 & 0 & \cdots & -1\end{bmatrix}+\lambda A_{nn}$$

여기서, $\begin{bmatrix}-1 & 0 & \cdots & 0\\ 0 & -1 & \cdots & 0\\ \vdots & \vdots & \vdots & \vdots\\ 0 & 0 & \cdots & -1\end{bmatrix}$는 $(n-1)\times(n-1)$ 행렬이고, A_{nn}는 nn-성분의 여인수로서 λ^{n-1}이다. 따라서 $f(\lambda)=(-1)(-1)^{n+1}(-1)^{n-1}+\lambda\lambda^{n-1}=\lambda^{n}-1$이다.

나. $C^{2}=\begin{bmatrix}0 & 1 & 0 & \cdots & 0\\ 0 & 0 & 1 & \cdots & 0\\ 0 & 0 & 0 & \cdots & 0\\ \vdots & \vdots & \vdots & \vdots & \vdots\\ 1 & 0 & 0 & \cdots & 0\end{bmatrix}^{2}=\begin{bmatrix}0 & 0 & 1 & 0 & \cdots & 0\\ 0 & 0 & 0 & 1 & \cdots & 0\\ 0 & 0 & 0 & 0 & \cdots & 0\\ \vdots & \vdots & \vdots & \vdots & \vdots & \vdots\\ 0 & 1 & 0 & 0 & \cdots & 0\end{bmatrix}$

$$C^{3}=\begin{bmatrix}0 & 1 & 0 & \cdots & 0\\ 0 & 0 & 1 & \cdots & 0\\ 0 & 0 & 0 & \cdots & 0\\ \vdots & \vdots & \vdots & \vdots & \vdots\\ 1 & 0 & 0 & \cdots & 0\end{bmatrix}^{3}=\begin{bmatrix}0 & 0 & 0 & 1 & \cdots & 0\\ 0 & 0 & 0 & 0 & \cdots & 0\\ 0 & 0 & 0 & 0 & \cdots & 0\\ \vdots & \vdots & \vdots & \vdots & \vdots & \vdots\\ 0 & 0 & 1 & 0 & \cdots & 0\end{bmatrix}$$

이와 같은 방식으로 제곱해 준 회수만큼 오른쪽으로 숫자 1이 옮겨진다. 따라서 n번 거듭제곱하면 단위행렬이 된다.

과제 8.16 원시근 ζ가 i이므로 구하는 행렬식은 다음과 같다.

$$\begin{aligned}&g(1)g(\zeta)g(\zeta^{2})\cdots g(\zeta^{n-1})\\ &=(a+b+c+d)(a-b+c-d)(a+bi-c-di)(a-bi-c+di)\\ &=(a+b+c+d)(a-b+c-d)(a^{2}+b^{2}+c^{2}+d^{2}-2ac-2bd)\\ &=a^{4}-b^{4}+c^{4}-d^{4}-4a^{2}bd+4b^{2}ac+4d^{2}ca-4c^{2}db-2a^{2}c^{2}+2d^{2}b^{2}\end{aligned}$$

과제 8.17 다항식 $g(x)=a_0+a_1x+a_2x^2$에 대하여 $\zeta=\omega=\frac{-1+\sqrt{3}i}{2}$이므로 다음을 얻을 수 있다.

$$\begin{vmatrix} a_0 & a_1 & a_2 \\ a_2 & a_0 & a_1 \\ a_1 & a_2 & a_0 \end{vmatrix} = a_0^3+a_1^3+a_2^3-3a_0a_1a_2 = g(1)g(\zeta)g(\zeta^2)$$

$$= (a+b+c)(a+b\zeta+c\zeta^2)(a+b\zeta^2+c\zeta)$$

$$= (a+b+c)(a^2+b^2+c^2-ab-bc-ca)$$

$$= a^3+b^3+c^3-3abc$$

여기서, $(a+b+c)(a^2+b^2+c^2-ab-bc-ca)=a^3+b^3+c^3-3abc$는 하나의 인수분해 공식이다. 과제 8.16도 한 예가 된다.

과제 8.20 나. 이차형식을 $[x,\ y]\begin{bmatrix} a & b \\ 0 & c \end{bmatrix}\begin{bmatrix} x \\ y \end{bmatrix}$ 대신에 $[x,\ y]\begin{bmatrix} a & 0 \\ b & c \end{bmatrix}\begin{bmatrix} x \\ y \end{bmatrix}$라고 표현해도 나타낼 수 있다.

과제 8.22 가. (1) P가 정칙이므로 행렬 A가 정칙이면 B도 정칙이다. 마찬가지로, B가 정칙이면 A도 정칙이다.

(2) $B=P^TAP$이면 $B^T=(P^TAP)^T=P^TA^TP$이므로, A가 대칭행렬이면 B는 대칭행렬이다.

나. 임의의 행렬 $A\in Mat_n(\mathbb{R})$에 대하여 $A=I^TAI$이다(반사율). 또한, $B=P^TAP$이면 $A=(P^T)^{-1}BP^{-1}=(P^{-1})^TB(P^{-1})$이다(대칭률). 한편, $B=P^TAP$, $C=Q^TBQ$이면 $C=(PQ)^TA(PQ)$이다(추이율).

과제 8.27 행렬 $\begin{bmatrix} 0 & 1 & 0 \\ 0 & 0 & 1 \\ 6 & -11 & 6 \end{bmatrix}$의 고유치와 고유벡터를 구해보면 다음과 같다.

$$\lambda_1 = 1 \rightarrow \begin{bmatrix} 1 \\ 1 \\ 1 \end{bmatrix},\ \lambda_2 = 2 \rightarrow \begin{bmatrix} 1 \\ 2 \\ 4 \end{bmatrix},\ \lambda_3 = 3 \rightarrow \begin{bmatrix} 1 \\ 3 \\ 9 \end{bmatrix}$$

따라서 해는 다음과 같다.

$$X(t) = a_1 \begin{bmatrix} 1 \\ 1 \\ 1 \end{bmatrix} e^t + a_2 \begin{bmatrix} 1 \\ 2 \\ 4 \end{bmatrix} e^{2t} + a_3 \begin{bmatrix} 1 \\ 3 \\ 9 \end{bmatrix} e^{3t}$$

Ⅸ. 내적 공간

지난 줄거리

1. (1) 행렬의 성질을 규정하는 것으로서 행렬의 행렬식 또는 계급수 등을 들 수 있다. 그런데 또 하나의 중요한 정보로서 행렬의 고유치를 생각할 수 있다. 고유치는 고유벡터와 함께 대각화 가능성 문제, 미분 방정식의 해법 등 수학의 여러 분야에 중요한 역할을 한다.

   (2) 정칙 행렬 P가 존재하여 $D = P^{-1}AP$ 즉, A가 대각행렬 D와 닮은 행렬일 경우 A는 대각화가능하고 한다. 행렬 $A \in Mat_n(\mathbb{R})$가 대각화가능하기 위한 필요충분조건은 A가 n개의 일차독립인 고유벡터를 가지는 것이다. 따라서 A가 n개의 서로 다른 고유치를 가지면 A는 대각화가능하다.

2. 먼저, $\begin{vmatrix} 1-t & 4 \\ 1 & 1-t \end{vmatrix} = (1-t)^2 - 4 = (t-3)(t+1) = 0$이다. 따라서 고유치는 3, -1이다. 고유치 $t=3$일 때의 고유벡터는 다음과 같이 구할 수 있다.

$\begin{bmatrix} -2 & 4 \\ 1 & -2 \end{bmatrix} \begin{bmatrix} x \\ y \end{bmatrix} = \begin{bmatrix} 0 \\ 0 \end{bmatrix}$, $x=2y$, $[x, y] = \xi[2, 1]$, $\xi \neq 0$. 따라서 $[2, 1]$는 고유치 $t=3$에 대한 하나의 고유벡터이다. 마찬가지 방법으로, 고유치 $t=-1$ 경우에는 $x+2y=0$이 되어, 고유벡터는 $(2, -1)$이다.

3. 정칙행렬 P가 존재하여 $B=P^{-1}AP$라 하면 다음을 알 수 있다.

$$\begin{aligned} |\lambda I - B| &= |\lambda I - P^{-1}AP| = |P^{-1}\lambda IP - P^{-1}AP| = |P^{-1}(\lambda I - A)P| \\ &= |\lambda I - A| \end{aligned}$$

4. D의 주 대각 성분은 행렬 A의 고유치이고, 행렬 P는 고유치에 대응하는 고유벡터를 열로 가진다.

과제 9.1 가. 모든 집합의 경우에, 덧셈과 곱셈에 대하여 닫혀 있고, 항등원이 존재하며, 결합법칙, 교환법칙이 성립한다. 모든 원소의 덧셈에 관한 역원이 존재하고, 0이 아닌 모든 원소의 곱셈에 관한 역원이 존재한다. 한편, 덧셈에 관한 곱셈의 분배법칙이 성립한다.

나. 사원수환의 경우에는, 위에서 곱셈의 교환법칙 외의 모든 성질을 가진다.

다. 집합 $\mathbb{Q}(\sqrt{2}) = \{a+b\sqrt{2} \mid a, b \in \mathbb{Q}\}$은 위 '가'의 모든 성

질을 가진다. 특히, 0이 아닌 임의의 원소가 곱셈에 관한 역원을 가진다는 것을 보이는 과정이 분모의 유리화이다. 한편, 복소수 전체의 집합도 위 '가'의 모든 성질을 가진다. 특히, 0이 아닌 임의의 복소수가 곱셈에 관한 역원을 가진다는 것을 보이는 과정이 분모의 실수화이다.

과제 9.3 가. 다음과 같은 관계에 있는 세 벡터 $A, B, C \in \mathbb{R}^3$를 생각한다. 즉, 오른손에서 장지를 엄지와 검지 모두와 수직이게 하되, 엄지가 벡터 A의 방향을, 검지가 벡터 B의 방향을 나타낼 때, 장지가 벡터 C의 방향을 나타내는 것으로 한다. 벡터 C의 크기는 두 벡터 A, B를 이웃하는 두 변으로 하는 평행사변형의 넓이, 즉 $\|A\|\|B\|\sin\theta$이다. 다음 사실을 쉽게 알 수 있다.

$$\|C\| = \sqrt{(A, A)(B, B) - (A, B)^2}$$

이제, 벡터 $A = (a_1, a_2, a_3)$와 $B = (b_1, b_2, b_3)$에 대하여

$$C = (c_1, c_2, c_3) = \begin{vmatrix} a_2 & a_3 \\ b_2 & b_3 \end{vmatrix} e_1 + \begin{vmatrix} a_3 & a_1 \\ b_3 & b_1 \end{vmatrix} e_2 + \begin{vmatrix} a_1 & a_2 \\ b_1 & b_2 \end{vmatrix} e_3$$

임을 보인다. $\|C\| \neq 0$인 경우만을 생각한다. 이 경우에는 A와 B는 모두 영벡터가 아니며, 서로 평행하지도 않다. 먼저, A와 C, B와 C는 각각 수직이므로

$$(A, C) = a_1c_1 + a_2c_2 + a_3c_3 = 0$$

$$(B, C) = b_1c_1 + b_2c_2 + b_3c_3 = 0$$

따라서 다음을 알 수 있다.

$$c_1 = \lambda \begin{vmatrix} a_2 & a_3 \\ b_2 & b_3 \end{vmatrix},\ c_2 = \lambda \begin{vmatrix} a_3 & a_1 \\ b_3 & b_1 \end{vmatrix},\ c_3 = \lambda \begin{vmatrix} a_1 & a_2 \\ b_1 & b_2 \end{vmatrix}$$

여기서, $\|C\| = \sqrt{(A, A)(B, B) - (A, B)^2}$ 이므로 $\lambda = \pm 1$임을 보일 수 있다. 이제, A와 B의 사잇각과 벡터 A, B 각각의 크기를 연속적으로 변화시켜 A는 e_1과 일치시키고 B는 e_2와 일치시키면, C는 e_3와 일치하게 된다. 이 과정에서 λ의 값은 변하지 않는다. 그런데 $e_3 = e_1 \times e_2$의 경우에서 $\lambda = 1$임을 알 수 있다.

나. 두 벡터 $A = (a_1, a_2, a_3)$, $B = (b_1, b_2, b_3)$로 이루어지는 밑넓이는 $\|A \times B\|$이다. 이제, θ를 두 벡터 $A \times B$와 C의 사잇각이라고 하면, 벡터 $C = (c_1, c_2, c_3)$에 의한 높이는 $\|C\| \sin\left(\frac{\pi}{2} - \theta\right) = \|C\| \cos\theta$이다. 따라서 육면체의 구하는 부피는 $\|A \times B\| \|C\| \cos\theta = (A \times B) \cdot C = [ABC]$이다. 한편, A, B, C와 원점을 꼭짓점으로 하는 삼각뿔의 부피는 A, B, C과 원점을 꼭짓점으로 하는 육면체 부피의 $\frac{1}{6}$이므로 $\frac{1}{6}[ABC]$이다.

과제 9.12 $u = \{x_1, \cdots, x_n\} \in \mathbb{R}^n v = \{y_1, \cdots, y_n\} \in \mathbb{R}^n$에 대하여

$$\|u\| = \sqrt{x_1^2 + x_2^2 + \cdots + x_n^2} = \sqrt{\sum_{i=1}^{n} x_i^2}$$

$$\|v\| = \sqrt{y_1^2 + y_2^2 + \cdots + y_n^2} = \sqrt{\sum_{i=1}^{n} y_i^2}$$

$$|(u,\ v)| = |x_1 y_1 + x_2 y_2 + \cdots + x_n y_n| = \left|\sum_{i=1}^{n} x_i y_i\right|$$

이다. 코시-슈바르츠 부등식은 다음을 뜻한다.

$$\left|\sum_{i=1}^{n} x_i y_i\right| \le \sqrt{\sum_{i=1}^{n} x_i^2} \cdot \sqrt{\sum_{i=1}^{n} y_i^2}$$

과제 9.13 가. (1) $u=(x,\ y),\ v=(a,\ b)$라 하면

$$\|u\| = \sqrt{x^2+y^2},\ \|v\| = \sqrt{a^2+b^2},\ |(u,\ v)| = |ax+by|$$

이 성립하고 코시-슈바르츠 부등식 $|(u,\ v)| \le \|u\| \cdot \|v\|$에 대입한 후 양변을 제곱하면 $(a^2+b^2)(x^2+y^2) \ge (ax+by)^2$이 성립한다.

(2) $(a^2+b^2)(x^2+y^2) - (ax+by)^2 = a^2y^2 + b^2x^2 - 2abxy$

$$= (ay-bx)^2 \ge 0$$

(3) 두 벡터 $(a,\ b),\ (x,\ y)$가 일차종속일 때, 등식이 성립한다.

(4) 부등식 $(3x+4y)^2 \le (3^2+4^2)(x^2+y^2) = 100$에서 $(3x+4y)^2 \le 100$이다. 실제로, $(3,\ 4),\ (x,\ y)$가 일차종속 즉, $\frac{x}{3} = \frac{y}{4}$일 때, 등호가 성립하므로 $(3x+4y)^2$의 최댓값은 100이라고 주장할 수 있다.

(5) 위 (4)와 같이 코시-슈바르츠 부등식을 이용하여 $(3x+4y)^2$의 최댓값을 구할 수 있다. 즉, $(3x+4y)^2$이 최대일

때의 x, y는 등호조건 $\frac{x}{3}=\frac{y}{4}$로부터 $x=3k$, $y=4k$라고 할 수 있고, 이것을 $x^2+y^2=4$에 대입하면 $k=\frac{2}{5}$이므로 $x=\frac{6}{5}$, $y=\frac{8}{5}$이다. 참고로, 제7차교육과정 수준의 학생이라면 다음과 같이 풀 수 있을 것이다. 즉, $3x+4y=k$라고 놓고 이것을 $x^2+y^2=4$에 대입하여 x에 관한 이차방정식이 실근을 가질 조건 즉, 판별식을 써서 k 값의 범위를 구하거나 기하학적인 해석 즉, 직선 $3x+4y=k$과 원 $x^2+y^2=4$을 동시에 만족시키는 점 중에서 k 값, 즉 직선의 y 절편이 가장 클 때는 원과 직선이 접할 때이므로 원점과 직선의 거리가 원의 반지름 2와 같을 때이다.

나. (2) 코시-슈바르츠 부등식을 이용하여 다음과 같이 풀 수 있다.

$$(xy)^2=\left(\frac{1}{2}xy+\frac{1}{2}xy\right)^2=\left(\left(\frac{1}{2}x\right)y+\left(\frac{1}{2}y\right)x\right)^2$$
$$\leq\left(\frac{1}{4}x^2+\frac{1}{4}y^2\right)(x^2+y^2)=\frac{25}{4}\times 25$$

양변의 제곱근을 취하면 $xy\leq\frac{25}{2}$이므로 구하는 최댓값은 $\frac{25}{2}$이다.

다. 산술평균과 기하평균 사이의 대소 관계를 이용하면 $2\sqrt{x^2y^2}\leq x^2+y^2$으로부터 $xy\leq\frac{25}{2}$임을 쉽게 얻을 수 있다.

이 때, 등호가 성립하는 경우는 $x=y=\dfrac{5}{\sqrt{2}}$일 때이다.

라. (1) 주어진 직각삼각형의 넓이는 6이므로 $3a+4b+5c=12$ 이다. 이제, 코시-슈바르츠 부등식에 의하여 $(3a+4b+5c)^2 \le (3^2+4^2+5^2)(a^2+b^2+c^2)$이므로 $\dfrac{72}{25} \le (a^2+b^2+c^2)$이다. 따라서 $a^2+b^2+c^2$의 최솟값은 $\dfrac{72}{25}$이다.

(2) 최댓값이나 최솟값을 구할 때, 코시-슈바르츠 부등식이나 산술평균과 기하평균 사이의 대소 관계 등을 이용할 수 있다. 그러나 그 때에는 특별한 조건이 충족되어야 한다. 이 과제 9.13에서 앞 선 문제들의 모든 경우에 그러하였다. 그러나 이 경우에는 'abc 값이 일정하다' 등과 같은 조건이 없기 때문에 산술평균과 기하평균 사이의 대소 관계를 이용하여 $a^2+b^2+c^2$의 최솟값을 구할 수 없다.

과제 9.15 가.
$$\begin{aligned}\|u-v\|^2 &= (u-v,\ u-v)\\ &= (u,\ u)-(u,\ v)-(v,\ u)+(v,\ v)\\ &= \|u\|^2-(u,\ v)-(u,\ v)+\|v\|^2\\ &= \|u\|^2-2(u,\ v)+\|v\|^2\\ &\ge \|u\|^2-2\|u\|\|v\|+\|v\|^2\\ &= (\|u\|-\|v\|)^2\end{aligned}$$

따라서 $\|u-v\| \ge |\|u\|-\|v\||$이다.

과제 9.17 가. 다음 두 책에 피타고라스 정리의 여러 증명과 활용에 대하여 잘 소개되어 있다.

Loomis, E. S. (1968). The Pythagorean Proposition. NCTM.

Maor, E. (2007). The Pythagorean Theorem. Princeton University Press.

한편, http: //www.cut-the-knot.org에는 최근에 발견된 증명이 소개되고 있다.

다. '삼각형의 세 수선은 한 점에서 만난다'는 사실을 다음과 같이 해석기하학적인 방법으로 증명할 수 있다.

세 점 $A(0, a)$, $B(b, 0)$, $C(c, 0)$으로 이루어진 삼각형이 있다고 할 때, $(b, 0)$을 지나면서 선분 AC에 수직인 직선의 방정식은 $y=\frac{c}{a}(x-b)$이고, $(c, 0)$을 지나면서 선분 AB에 수직인 직선의 방정식은 $y=\frac{b}{a}(x-c)$이다. 이 두 직선의 교점을 구하면 $x=0$, $y=-\frac{bc}{a}$이므로 $\left(0, -\frac{bc}{a}\right)$이다. 그런데 $(0, a)$를 지나면서 선분 BC에 수직인 직선은 y축이므로 $\left(0, -\frac{bc}{a}\right)$을 지나게 된다. 그러므로 삼각형의 세 수선은 한 점에서 만난다.

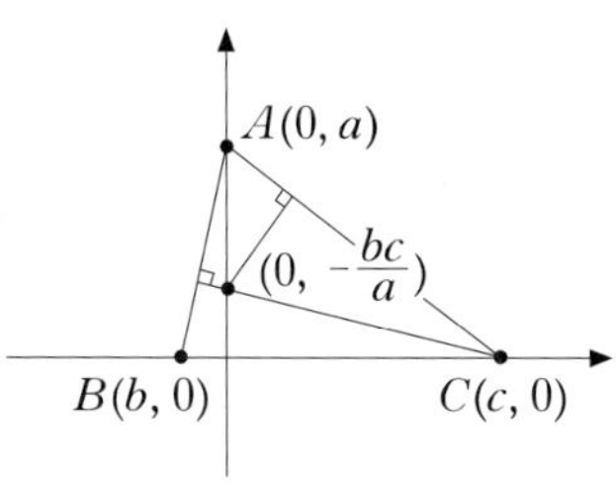

명제에 따라 논증기하적인 방법이 효과적일 수도 있고, 해석기하적인 방법이 효과적일 수도 있다.

★과제 9.20 좌표평면을 복소평면으로 이해할 때, 주어진 점 $a+bi$를 원점을 중심으로 반시계방향으로 θ만큼 회전시키는 회전(rotation)은 $\begin{bmatrix}\cos\theta & -\sin\theta \\ \sin\theta & \cos\theta\end{bmatrix}\begin{bmatrix}a \\ b\end{bmatrix}$으로 표현되며, 이는 $e^{\theta i}(a+bi)$이다. 즉, $a+bi$에 $e^{\theta i}$를 곱하면 점 $a+bi$를 원점을 중심으로 반시계방향으로 θ만큼 회전시킨 결과를 얻는다.

공간에서의 회전변환은 일반적으로 사원수(quaternions)를 이용하여 표현한다.

원래, 해밀턴은 복소수의 일반화로서 $a+bi+cj$, $i^2=j^2=-1$와 같은 수를 생각했다. 이때, 임의의 실 수 a_i, b_i, c_i, $i=1, 2$에 대하여 다음과 같은 성질을 만족시키는 실수 a_3, b_3, c_3가 존재할 것을 요구하였다.

$$(a_1^2+b_1^2+c_1^2)(a_2^2+b_2^2+c_3^2)=a_3^2+b_3^2+c_3^2$$

그러나 이는 항상 가능한 일은 아니다. 실제로, $(1^2+1^2+1^2)(0^2+1^2+2^2)=a_3^2+b_3^2+c_3^2$인 a_3, b_3, c_3는 존재하지 않는다.

특히, 곱셈에 관하여 크기(norm)가 보존되고 결합법칙이나 교환법칙 등 기본적인 대수적 법칙이 모두 성립하는 한 ij의 값을 정할 수 없었다.

이에 관하여 좀 더 자세히 살펴보자.

먼저, $\{1, i, j\}$는 정규직교집합이다. 특히, i와 j가 수직이므로 $ii=-1$과 ij도 수직이다. 따라서 1과 ij도 수직이다. 이제, $|ij|=|i||j|=1$이므로 $|1+ij|=\sqrt{2}$이다. 마찬가지로, $|1-ij|=\sqrt{2}$이다. 따라서 $|1-(ij)^2|=|1+ij||1-ij|=2$이다. 그러나 원점에서의 거리가 2인 동시에 1에서의 거리가 1인 점은 2 뿐이다. 결국, $1-(ij)^2=2$이므로 $(ij)^2=-1$이어야 한다. 그러나 이는 곱셈에 관한 교환법치이 성립하는 한 모순이다. 교환법칙에 의해 $(ij)^2=i^2j^2=1$이기 때문이다.

이 상황에서의 결정적인 진전은 $ij=k$, $k^2=-1$인 k를 도입하여 다음과 같은 집합을 생각한 것이다.

$$\mathbb{H}=\{a_0+a_1i+a_2j+a_3k \mid a_0, a_1, a_2, a_3 \in \mathbb{R}\}$$

여기서, 세 수 i, j, k는 다음과 같은 조건을 만족시키는 것으로 한다.

$$\begin{aligned}
&i^2=j^2=k^2=-1,\\
&ij=-ji=k,\\
&jk=-kj=i,\\
&ki=-ik=j
\end{aligned}$$

이 집합에서 상등, 덧셈, 그리고 곱셈은 다음과 같다.

(상등) $a_0+a_1i+a_2j+a_3k=b_0+b_1i+b_2j+b_3k$

$$\Leftrightarrow a_0=b_0,\ a_1=b_1,\ a_2=b_2,\ a_3=b_3$$

(덧셈) $(a_0+a_1i+a_2j+a_3k)+(b_0+b_1i+b_2j+b_3k)$

$$=(a_0+b_0)+(a_1+b_1)i+(a_2+b_2)j+(a_3+b_3)k$$

(곱셈) $(a_0+a_1i+a_2j+a_3k)(b_0+b_1i+b_2j+b_3k)$

$$=(a_0b_0-a_1b_1-a_2b_2-a_3b_3)+(a_0b_1+a_1b_0+a_2b_3-a_3b_2)i$$
$$+(a_0b_2+a_2b_0+a_2b_3-a_3b_2)j+(a_0b_3+a_3b_0+a_1b_2-a_2b_1)k$$

사원수들의 덧셈은 물론 곱셈이 잘 정의되고, 0이 아닌 사원수의 곱셈에 관한 역원이 존재하는 등 만족스러운 결과를 얻게 되었다. 그러나 곱셈에 관한 교환법칙은 포기하여야 했다.

참고로, $n>4$일 때, $\mathbb{R}^n$에서도 비슷한 문제를 생각할 수 있지만 $n=8$인 경우 외에는 더 이상 가능하지 않다. 사실, $n=8$인 경우의 수를 팔원수(octonions)라고 한다. 팔원수의 곱셈에서는 교환법칙은 물론이고 결합법칙조차도 포기하여야 한다. 한편, 벡터곱(vector product)이 $\mathbb{R}^3$와 $\mathbb{R}^7$에서만 정의되는 이유는 이 때문이다.

두 개의 제곱수의 합인 수들은 곱셈에 관하여 닫혀있다. 그러나 모든 자연수가 두 개의 제곱수의 합으로 표현되는 것은 아니다. 세 개의 제곱수의 합인 수들은 곱셈에 관하여 닫혀있지 않으므로, 모든 자연수가 세 개의 제곱수의 합으로 표현되는 것은 아니다. 라그랑쥬(Lagrange)에 의하면 임의의 자연수는 네 개의 제곱수의 합으로 표현된다. 따라서 네 개의 제곱수의 합인 수들은 곱셈에 관하여 닫혀있다. 실제로, 관계식 $\begin{bmatrix} y_1 \\ y_2 \\ y_3 \\ y_4 \end{bmatrix} = \begin{bmatrix} a_1 & -a_2 & -a_3 & -a_4 \\ a_2 & a_1 & -a_4 & a_3 \\ a_3 & a_4 & a_1 & -a_2 \\ a_4 & -a_3 & a_2 & a_1 \end{bmatrix} \begin{bmatrix} x_1 \\ x_2 \\ x_3 \\ x_4 \end{bmatrix}$를 생각하면, 다음이 성립한다.

$$(*) \qquad (a_1^2+a_2^2+a_3^2+a_4^2)(x_1^2+x_2^2+x_3^2+x_4^2)=(y_1^2+y_2^2+y_3^2+y_4^2)$$

위 행렬의 곱에 관한 관계식에서, 우변 왼쪽 행렬의 각 행은

$$\begin{aligned} &a_1-a_2i-a_3j-a_4k, \\ &(a_1-a_2i-a_3j-a_4k)i, \\ &(a_1-a_2i-a_3j-a_4k)j, \\ &(a_1-a_2i-a_3j-a_4k)k \end{aligned}$$

로 이해하면 된나. 물론, (*)을 얻기 위하여 다음 관계식을 이용할 수도 있다.

$$\begin{bmatrix} y_1 & y_2 & y_3 & y_4 \end{bmatrix} = \begin{bmatrix} x_1 & x_2 & x_3 & x_4 \end{bmatrix} \begin{bmatrix} a_1 & a_2 & a_3 & a_4 \\ -a_2 & a_1 & a_4 & -a_3 \\ -a_3 & -a_4 & a_1 & a_2 \\ -a_4 & a_3 & -a_2 & a_1 \end{bmatrix}$$

이 경우에는, 우변 왼쪽 행렬의 각 행은

$$\begin{aligned} &a_1+a_2i+a_3j+a_4k, \\ &(a_1+a_2i+a_3j+a_4k)i, \\ &(a_1+a_2i+a_3j+a_4k)j, \end{aligned}$$

$$(a_1+a_2i+a_3j+a_4k)k$$

로 이해할 수 있으며, 앞 선 관계식에서 우변 왼쪽 행렬의 전치행렬이다.

두 개의 순사원수 $P=ai+bj+ck$와 $P'=a'i+b'j+c'k$에 대하여

$$PP'=-P\cdot P'+P\times P'$$

이다. 이제, $|P|=1$인 순사원수 P는 $\mathbb{R}^3$의 단위구면 S^2에 있는 것으로 생각하자.

순사원수 H에 대하여, $H\in S^2$이면 $H\cdot H=1$이므로

$$H^2=-H\cdot H+H\times H=-1$$

이다. 역으로, 임의의 사원수 Q에 대하여, $Q^2=-1$이면 $|Q|=1$이고 $Q^{-1}=-Q=\overline{Q}$이며 Q는 순사원수이다.

이상의 논의로부터 사원수환에서 $z^2+1=0$의 집합은

$$\{ai+bj+ck\,|\,a^2+b^2+c^2=1\}$$

임을 알 수 있다. 이 사실은, $z^2+1=0$의 해집합이 실수 전체의 집합 $\mathbb{R}$에서는 공집합이고, 복소수 전체의 집합 $\mathbb{C}$에서는 $\{i, -i\}$라는 사실과 견주면 주목할 만하다.

임의의 복소수 $z=x+yi$는 그 복소수의 극좌표 (r, θ)를 사용

하여

$$r(\cos\theta + i\sin\theta),\ i^2 = -1$$

와 같이 나타낼 수 있다. 여기서 $r = |z|$이다. 마찬가지로, 임의의 사원수 $Q = a + bi + cj + dk$도 다음과 같은 꼴로 나타낼 수 있다.

$$r(\cos\theta + \sin\theta H),\ H^2 = -1$$[20]

여기서, $r = |Q|$이다. 또, $|Q| = 1$, 즉 $a^2 + b^2 + c^2 + d^2 = 1$이라고 가정할 때, θ는 $a^2 = \cos^2\frac{1}{2}\theta$이고 $b^2 + c^2 + d^2 = \sin^2\frac{1}{2}\theta$가 성립하도록 결정한다. 한편, H는 다음과 같이 정해진다. 즉, $\mathbb{R}^3$의 단위구면 S^2에 있는 점 (b, c, d)을 $H = bi + cj + dk$으로 이해하면, Q의 순사원수 부분은 $r\sin\theta H$이다.

여기서 한 가지 유념할 것은, 복소수에서는 모든 복소수가 $x + yi$ 꼴로 표현되지만 사원수의 표현에서는 순사원수 부분을 나타내는 H가 변한다는 것이다.

앞에서, 두 사원수 $Q = a_1 + a_2 i + a_3 j + a_4 k$와 $X = x_1 + x_2 i + x_3 j + x_4 k$에 대하여 QX는 XL_Q, $X = [x_1 x_2 x_3 x_4]$로 계산된다는 것을 확인하였다. 여기서,

20) 따라서 $|H| = 1$이다.

$$L_Q=\begin{bmatrix} a_1 & a_2 & a_3 & a_4 \\ -a_2 & a_1 & a_4 & -a_3 \\ -a_3 & -a_4 & a_1 & a_2 \\ -a_4 & a_3 & -a_2 & a_1 \end{bmatrix}$$

이다. 마찬가지로, XQ는 XR_Q로 계산된다. 여기서,

$$R_Q=\begin{bmatrix} a_1 & a_2 & a_3 & a_4 \\ -a_2 & a_1 & -a_4 & a_3 \\ -a_3 & a_4 & a_1 & -a_2 \\ -a_4 & -a_3 & a_2 & a_1 \end{bmatrix}$$

이다. 참고로, R_Q에서 각 행은

$$\begin{aligned} &a_1+a_2i+a_3j+a_4k, \\ &i(a_1+a_2i+a_3j+a_4k), \\ &j(a_1+a_2i+a_3j+a_4k), \\ &k(a_1+a_2i+a_3j+a_4k) \end{aligned}$$

로 이해할 수 있다.

임의의 사원수 Q에 대하여, $R_{\bar{Q}}L_Q=L_QR_{\bar{Q}}$이며, 이는 대각행렬임을 쉽게 확인할 수 있다. 더 나아가, $|Q|=1$이면 $R_{\bar{Q}}L_Q=L_QR_{\bar{Q}}$의 (1, 1)−성분은 1임을 알 수 있다. 따라서 $|Q|=1$인 경우에, 사원수 X를 $QXQ^{-1}=QX\bar{Q}$로 대응시키는 선형변환은 $(XR_{\bar{Q}})L_Q=(XL_Q)R_{\bar{Q}}$로 계산되며, X의 실수부분을 고정시킨다.

사실, $|Q|=1$인 사원수 $Q=\cos\theta+\sin\theta H$에 대하여 다음이 성립한다. 즉, 사원수 X를 QXQ^{-1}로 대응시키는 선형변환은 실수는 고정(fix)시키고, 순사원수는 H를 축으로 2θ만큼 반시계방향으로 회전시킨다.

이에 관하여 좀 더 자세히 살펴보자.

먼저, 주어진 사원수 $Q=\cos\theta+\sin\theta H$, $|Q|=1$에 대하여 벡터공간 $V=\{x+yH|x, y\in\mathbb{R}\}$[21]를 생각하고, $\{1, H\}$를 이 벡터공간의 기저로 택하자.

V의 보공간 $V^{\perp}$은 2차원으로서 기저를 $\{H', H''\}$으로 하되 $\{H, H', H''\}$는 $H''=H\times H'$인 정규직교기저로 택한다. 여기서, 순사원수는 $V^{\perp}$의 원소임을 유념한다. 임의의 $X=x+yH\in V$에 대하여

$$XQ=QX=(x\cos\theta-y\sin\theta)+(x\sin\theta+y\cos\theta)H$$

이므로, XQ는 V의 원소이며, 이 벡터를 $\{1, H\}$에 관한 좌표로 나타내면 $\begin{bmatrix}\cos\theta & -\sin\theta\\ \sin\theta & \cos\theta\end{bmatrix}\begin{bmatrix}x\\ y\end{bmatrix}$이다. 이는 원래의 벡터 X를 원점을 중심으로 반시계방향으로 θ만큼 회전한 것을 나타낸다. 따라서 사원수 X를 QXQ^{-1}로 대응시키는 선형변환에 의해 V의 모든 원소는 고정된다.

한편, 임의의 순사원수 $X=xH'+yH''\in V^{\perp}$에 대하여 다음을

21) 이 벡터공간은 복소수 벡터공간 $\mathbb{C}=\{x+yi|x, y\in\mathbb{R}\}$와 동형이다.

알 수 있다. 이때, 관계식 $H''=H\times H'$를 이용한다.

$$QX=(x\cos\theta-y\sin\theta)H'+(x\sin\theta+y\cos\theta)H''$$
$$XQ=(x\cos\theta+y\sin\theta)H'+(-x\sin\theta+y\cos\theta)H''$$

즉, QX와 XQ는 $V^{\perp}$의 원소이며, 이들 각각을 $\{H', H''\}$에 관한 좌표로 나타내면 $\begin{bmatrix}\cos\theta & -\sin\theta\\ \sin\theta & \cos\theta\end{bmatrix}\begin{bmatrix}x\\ y\end{bmatrix}$이고 $\begin{bmatrix}\cos\theta & \sin\theta\\ -\sin\theta & \cos\theta\end{bmatrix}\begin{bmatrix}x\\ y\end{bmatrix}$이다. 따라서 순사원수 X를 QXQ^{-1}로 대응시키는 선형변환은 $\begin{bmatrix}\cos 2\theta & -\sin 2\theta\\ \sin 2\theta & \cos 2\theta\end{bmatrix}$로 표현되며, 이는 원래의 벡터 X를 H를 축으로 반시계방향으로 2θ만큼 회전시키는 것을 뜻한다.

한 가지 예를 들어보자. 다음 그림에서 정육면체의 마주보는 면의 중심을 지나는 세 직선을 (i, j, k)-좌표축으로 할 때, 정사면체의 그림에 나타난 회전변환은

$$Q=\cos\left(\frac{\pi}{2}\right)+(0i+0j+1k)\sin\left(\frac{\pi}{2}\right)=k$$

로 표현됨을 알 수 있다.

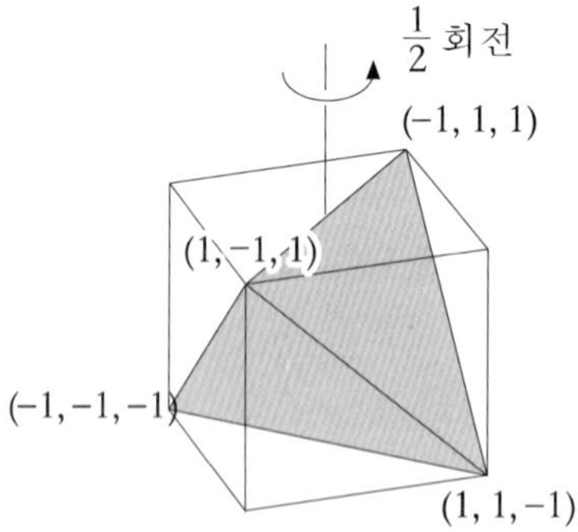

이제, $(-k)(-i+j+k)k=i-j+k$이고 $(-k)(i+j-k)k=-i-j-k$이므로 $(-1, 1, 1)$은 $(1, -1, 1)$에 대응되고, $(1, 1, -1)$은 $(-1, -1, -1)$에 대응된다. 따라서 이 변환은 그림에 나타난 회전변환임을 알 수 있다.

과제 9.21 $\int_{-\pi}^{\pi} f(x)^2 dx=0$이라고 하자. 임의의 $x \in [-\pi, \pi]$에 대하여 $f(x)^2 \geq 0$이고 $f(x)$가 연속이므로 $f(x)=0$이어야 한다.

과제 9.22 나.

(1) $2\left(\sin x-\frac{1}{2}\sin 2x+\frac{1}{3}\sin 3x-\frac{1}{4}\sin 4x+\cdots\right)$

(2) $\frac{\pi^2}{3}-4\left(\cos x-\frac{1}{4}\cos 2x+\frac{1}{9}\cos 3x-\frac{1}{16}\cos 4x+\cdots\right)$

다. $x=2\left(\sin x-\frac{1}{2}\sin 2x+\frac{1}{3}\sin 3x-\frac{1}{4}\sin 4x+\cdots\right)$의 양변에서 $x=\frac{\pi}{2}$로 놓으면 $1-\frac{1}{3}+\frac{1}{5}-\frac{1}{7}+\cdots=\frac{\pi}{4}$를 얻는다.

다. $x^2=\frac{\pi^2}{3}-4\left(\cos x-\frac{1}{4}\cos 2x+\frac{1}{9}\cos 3x-\frac{1}{16}\cos 4x+\cdots\right)$의 양변에서 $x=0$으로 놓으면 $1-\frac{1}{4}+\frac{1}{9}-\frac{1}{16}+\cdots=\frac{\pi^2}{12}$을 얻는다.

라. $x^2=\frac{\pi^2}{3}-4\left(\cos x-\frac{1}{4}\cos 2x+\frac{1}{9}\cos 3x-\frac{1}{16}\cos 4x+\cdots\right)$의 양변에서 $x=\pi$로 놓으면 $1+\frac{1}{4}+\frac{1}{9}+\frac{1}{16}+\cdots=\frac{\pi^2}{6}$을 얻는다.

X. 응용

지난 줄거리

1. (1) 좌표평면 $\mathbb{R}^2$에서 표준내적을 생각하면 $\mathbb{R}^2$는 내적공간이 된다. 일반적으로, $\mathbb{R}^n$에서 표준내적을 생각하면 $\mathbb{R}^n$은 내적공간이 된다. 이 내적공간을 유클리드 공간이라고 한다.
   (2) 노름이 1인 벡터를 정규벡터라고 하며, 두 벡터의 내적이 0일 때 그 두 벡터는 직교한다고 한다. 벡터공간의 기저가 정규직교기저이면, 임의로 주어진 벡터의 좌표를 쉽게 구할 수 있는 등 여러 면에서 편리하다. 임의로 주어진 기저는 그람-슈미트 과정을 통하여 정규직교기저로 변환할 수 있다.

과제 10.11 두 행렬 $A, B \in Mat_{k\times n}(F)$에 대하여, A에 (R1), (R2), 또는 (C1)을 적절히 시행하여 B를 얻었을 때, 'A와 B가 관계있다'라고 한다면, 이 관계는 $Mat_{k\times n}(F)$ 위에서 동치관계이다.

과제 10.29 오증이 01인 경우에는 대표원이 두 개이므로 복호할 수 없다. 사실, 이 부호의 최소거리는 2이므로 오류를 한 비트조차도 수정할 수 없다.

과제 10.30 $[n, k]$ 부호에서 스레피안복호법의 경우에는 수신벡터를 2^n개 가운데에서 찾아야 하지만, 오증복호법의 경우에는 수신벡터의 오증을 구한 뒤, 2^{n-k}개인 오증에서만 찾으면 되므로 스레피안복호법보다 효과적이다.

뒷 이야기

- 1968년 1월 북한의 특수부대 요원 12명이 청와대를 습격하여 대통령을 해하려는 사건이 일어났다. 이에 정부에서 1968년 11월 21일부터 간첩 식별 편의 등의 목적으로 주민등록증을 발급하면서 부여되기 시작했다. 처음에 부여된 주민등록번호는 총 12자리였고, 지금과 달리 생년월일은 적혀있지 않았다. 당시 박정희 대통령은 110101-100001번을 부여받았다. 1975년부터 13자리로 바뀌고, 앞 6자리는 생년월일이 되었다. 참고로, 만화 주인공 '둘리'와 '로보트 태권브이'에게도 주민등록번호를 부여하기도 하였다.

  주민등록번호의 뒤 일곱 자리 ghijklm는 다음과 같이 구성된다.

  (1) g는 성별을 나타낸다.

  9 : 1800~1899년에 태어난 남성

  0 : 1800~1899년에 태어난 여성

  1 : 1900~1999년에 태어난 남성

  2 : 1900~1999년에 태어난 여성

  3 : 2000~2099년에 태어난 남성

  4 : 2000~2099년에 태어난 여성

  (2) hijk는 출생지의 고유 번호이다. 읍·면·동마다 고유한 번호가 행정안전부에 의해 부여된다.

  (3) l은 일련번호로, 그 날 출생신고를 한 순서이다.

(4) m은 검사자리로서 정해진 규칙으로 만든다.

• 문구점이나 시장에서 살 수 있는 모든 제품에는 바코드(bar code)가 찍혀 있다. 나라마다 각기 다른 바코드를 사용할 수 있다. 이를테면, 미국이나 캐나다에서 주로 사용되는 바코드는 UPC(Universal Product Code)이다. 우리나라에서 사용하는 바코드는 EAN13(European Article Number)이다.
EAN13은 모두 13개의 수로 구성된다. 첫 번째 수는 다음 예에서와 같이 코드 밖에 기록된다. 스캐닝의 효율을 위함이다.

처음 세 자리는 국가 코드이다.
다음 네 자리는 회사 코드이다.
그 다음 다섯 자리는 상품 코드이다.
마지막 한 자리는 오류수정을 위한 검사자리이다.

마지막 검사자리의 값은 다음과 같은 원리로 계산된다.

먼저, 짝수 자리 값을 모두 더한 값에 3을 곱한다.
곱한 값에 홀수 자리 수를 모두 더 한다.
이렇게 얻은 값을 10으로 나누어 나머지를 계산한다.
그 나머지를 10에서 뺀다.
최종적으로 얻은 마지막 수가 검사자리 값이다.

이를 테면, '880902300888□'에서 □는 다음과 같이 구할 수 있다.

$8+9+2+0+8+8=35$, $35\times3=105$

$105+8+0+0+3+0+8=124$

124을 10으로 나눈 나머지는 4이다.

$10-4=6$

결국, 검사자리 □는 6이다.

위에서 예로 제시된 바코드 '8711253001205'에서도 이 원리를 확인할 수 있다.

- 1970년부터 2006년 12월 31일까지 출간된 보는 도서에는, 언어 및 출판사 등의 고유 번호로 구성된 10자리 부호로서 ISBN(international standard book number)-부호가 부여되어 있다. 보통, 앞의 두 자리는 출판 언어, 그 뒤 네 자리는 발행자(출판사) 번호, 그 뒤 세 자리는 출판사가 부여한 그 책의 번호, 그리고 맨 마지막 자리는 검사자리이다.

2005년도에 출판된 어떤 책의 ISBN 부호는 89-88907-00-0이다. 이 ISBN 부호에서 맨 앞의 국가번호 '89'는 한국어(대한민국)를 나타낸다. 사실, 각 나라 또는 출판사에 따라, 국가 번호가 한 자리일 수도 있거나 출판사의 번호가 세 자리일 수 있다.

실제로, ISBN-부호 $x_1x_2-x_3x_4x_5x_6-x_7x_8x_9-x_{10}$는 다음과 같은 원리로 만들어진다.

$$\sum_{i=1}^{10} ix_i \text{은 11의 배수이다.}$$

여기서, 검사자리 x_{10}은 다음 조건을 만족시킨다.

$$x_{10} - \sum_{i=1}^{9} ix_i \text{은 11의 배수이다.}$$

이때, x_{10}은 그 값이 10일 수 있다. 이 경우에는 '10'을 사용할 수 없고 대신 'X'를 사용한다.

2007년 1월 1일 이후에 출판된 책에 부여된 것은 13자리 번호로 구성된 ISBN-13 부호이다. 이미 널리 사용되고 있는 바코드인 EAN13 부호와 통일을 기하기 위함이다. ISBN-13 부호에서는 기존의 10자리 ISBN-부호에서 앞의 9자리는 그대로 사용하되, 맨 앞에 '978' 세 자리를 추가하고, 맨 끝의 검사자리는 EAN13 부호 방식에 따라 결정된다. 앞의 세 자리 '978'의 경우가 모두 소진될 때에는 '979'를 사용할 것이다. 2007년에 출판된 어떤 책의 ISBN-13 부호는 978-89-8172-657-7이다.

- 시각에 장애가 있는 경우에는 촉각을 통하여 정보를 전달할 수 있다. 이러한 부호의 대표적인 예가 점자이다.

- 청각에 장애가 있는 경우에는 시각을 통하여 정보를 전달할 수 있다. 이러한 부호의 대표적인 예가 수화이다.

• 우주에 떠 있는 허블망원경은 우주의 신비로운 모습을 우리에게 보여준다. 한편, 유럽과 미국은 1997년 10월 15일 토성 탐사를 위해 '카시니-하위헌스(Cassini-Huygens)호'를 발사하였다. 그 결과 인류는 토성의 근접 사진을 볼 수 있게 되었다. 이상의 모든 일을 가능하게 하는 것은 과학의 힘이라고 하지만, 사실, 그 맨 바탕에는 수학이 있다. 정보통신 기술을 연구하는 부호론에는 송수신 과정에서 발생하는 오류(잡음, error)를 효과적으로 통제하는 문제가 가장 중요하다. 오류통제(error control)에는 다음과 같은 두 가지 문제를 생각할 수 있다.

- 오류가 발생했다는 사실을 어떻게 알 수 있을까?
- 오류가 발생했다는 것을 알면 그 오류를 어떻게 수정할 수 있을까?

처음 문제는 '오류탐지(error detection)'의 문제이고, 두 번째 문제는 '오류수정(error correction)'의 문제이다.

실생활에서 사용되는 몇 가지 부호를 앞에서 살펴보았다. 사실, 앞에서 언급한 부호 외에도 특수한 목적에 따른 여러 가지 부호가 있다. 그러나 오류 탐지나 오류수정의 문제가 해결할 수 있는 부호를 만들기 위해서는 수학의 도움을 많이 받아야 한다. 이 책에서 소개한 부호론은 오류 탐지와 오류 수정의 문제에 대하여 멋진 해답을 제시한다.

• 한글이나 영어 등의 문자는 아스키(ASCII, American Standard Code for Information Interchange)를 비롯한 여러 가

지 부호로 부호화된다. 사실, 동영상 재생에 필요한 '코덱(Codec)' 프로그램은 'coding-decoding'을 뜻하는 것으로 다양한 부호를 컴퓨터가 인식하도록 돕는 것이다.

- 우리나라 사람 각각에게는 '주민등록번호'가 부여되고 미국 사람 각각에게는 '사회보장번호(social security number)'가 부여되어, 각 사람이 부호화되어 있다고 할 수 있다. 그만큼 부호는 우리 실생활에 깊이 관여한다.

- 자연도 정보의 전달을 위해 부호를 사용한다. 생명체의 유전정보는 대표적인 예가 된다. 실제로, 염색체(染色體, chromosome) 안에는 유전정보를 가지고 있는 DNA(디옥시리보핵산, deoxyribonucleic acid)가 있다. 이중나선 구조인 DNA 안에는 유전정보가 네 개(아데닌(A), 시토신(C), 구아닌(G), 티민(T))의 기호로 부호화되어 있다.

- 많은 정보와 빠른 통신을 요구하는 인간의 욕구는 많은 전파 사용과 함께 부호론(coding theory)을 낳았다. 부호론은 효과적인 정보통신을 가능하게 하지만 많은 전파의 사용은 생태계 혼란과 무관하지 않다. 실제로, 박쥐나 벌 등 많은 동물의 경우, 그들의 인식 체계가 전파에 의존하는 경우가 많다. 우리가 사용하는 그 많은 전파가 그들이 사용하는 전파에 혼란을 초래할 개연성은 충분히 있다고 보아야 한다.

4. 부호의 길이와 오류 탐지·수정 능력이 주어졌을 때 가능한 부호어의 개수를 최대로 가지는 그러한 이상적인 부호를 '완전부호(perfect code)'라고 한다. 완전부호에 관한 연구는 'Design

이론', 그리고 '자기동형군(Automorphism Group)'과도 연관되어 활발히 연구되고 있다. 완전부호로서 유명한 것은 Hamming 완전부호, Golay 완전부호 등을 들 수 있다. 사실 모든 완전부호를 찾고자 하는 시도는 1949년 M. Golay에 의하여 시작되었고 1973년 J. H. van Lint와 A. Tietainen에 의하여 획기적인 진전을 보았지만 아직까지도 미해결 문제로 남아있다. 완전부호를 찾는 문제는 Euler의 '36장교 문제'와 관련된다. n개의 부대(部隊)에서, n개의 계급의 장교들이 모여 n^2명이 모였다고 하자. 이들을 $n\times n$행렬 형태로 세우되 어느 행, 어느 열을 보아도 각각의 부대와 각각의 계급의 장교가 다 있도록 하는게 가능할까? $n=6$인 경우가 Euler의 36 장교 문제이다. 우선, $n=2$이면 가능하지 않음이 분명하다. $n=3$일 때는 다음과 같은 풀이를 쉽게 제시할 수 있다 :

(1, 1) (2, 2) (3, 3)
(2, 3) (3, 1) (1, 2)
(3, 2) (1, 3) (2, 1)

여기서 앞의 성분은 부대 이름을, 뒤의 성분은 계급을 나타내는 것으로 이해하면 된다. 사실, 기초적인 대수학 개념들을 사용하면 $n\equiv 0, 1, 3 \pmod 4$인 경우에는 위의 문제가 풀린다는 것을 증명할 수 있다. 결국 $n\equiv 2 \pmod 4$인 경우가 관심의 대상이 된다. 앞에서 언급했듯이 $n=2$인 경우는 풀이가 불가능하다. Euler는 1782년에 $n=6$인 경우를 포함하여 $n\equiv 2 \pmod 4$인 모든 경우엔 풀이가 가능하지 않을 것이라는 추측을 제시하였다. G. Tarry는 1901년에 $n=6$인 경우 즉 Euler의 36 장교

문제는 풀이가 불가능하다는 것을 전수 조사(exhaustive search)를 통하여 증명함으로 Euler의 추측을 뒷받침 했다. Euler의 36 장교문제는 풀 수 없다는 사실은 곧바로 길이가 7이며, 오류 1개의 수정능력을 가지는 6진(6-ary)완전부호는 존재하지 않는다는 사실로 귀착된다. 그러나 1960년에 R. C. Bose, S. S. Shrikhande와 E. T. Parker에 의하여 위의 문제가 풀이 불가능한 경우는 $n=2$ 또는 $n=6$일 때 뿐이라는 사실을 증명하였다. n진(n-ary) Latin 사각형이라는 것은 집합 $X_n=\{1, 2, \cdots, n\}$의 원소를 성분으로 가지는 $n\times n$ 행렬로서 어느 행, 어느 열을 보아도 X_n의 모든 원소가 모두 있는 경우를 말한다. 어떠한 자연수 n에 대하여도 n진 Latin 사각형이 존재하는 것은 쉽게 알 수 있다. 이제 두 개의 Latin 사각형 $A=(a_{ij})$와 $B=(b_{ij})$가 상호직교(mutually orthogonal)한다는 것은 n^2개의 순서쌍 (a_{ij}, b_{ij}), $i, j\in X_n$가 모두 다를 때를 말한다. Euler의 36 장교문제가 풀리지 않으므로 $n=6$인 경우에는 상호직교 Latin 사각형(MOLS, Mutually Orthogonal Latin Squares)이 존재하지 않는다는 것을 알 수 있다. 사실, Bose, Shrikhande와 Parker는 $n=2$ 또는 $n=6$일 때에만 MOLS가 존재하지 않는다는 사실을 증명하므로 Euler의 추측이 옳지 않음을 보인 것이다.

평가 문항 풀이

I

1. 라

$\begin{bmatrix} ry \\ rx \end{bmatrix} = \begin{bmatrix} 0 & r \\ r & 0 \end{bmatrix} \begin{bmatrix} x \\ y \end{bmatrix}$ 이므로 f를 나타내는 행렬은 $\begin{bmatrix} 0 & r \\ r & 0 \end{bmatrix}$ 이고

$\begin{bmatrix} x\sin\theta + y\cos\theta \\ x\cos\theta - \sin\theta \end{bmatrix} = \begin{bmatrix} \sin\theta & \cos\theta \\ \cos\theta & -\sin\theta \end{bmatrix} \begin{bmatrix} x \\ y \end{bmatrix}$ 이므로 g를 나타내는 행렬은 $\begin{bmatrix} \sin\theta & \cos\theta \\ \cos\theta & -\sin\theta \end{bmatrix}$ 이다.

따라서 $g \circ f$를 나타내는 행렬은 $\begin{bmatrix} \sin\theta & \cos\theta \\ \cos\theta & -\sin\theta \end{bmatrix} \begin{bmatrix} 0 & r \\ r & 0 \end{bmatrix} =$ $\begin{bmatrix} r\cos\theta & r\sin\theta \\ -r\sin\theta & r\cos\theta \end{bmatrix}$ 이다.

그러므로 모든 성분의 합은 $2r\cos\theta$이다.

2. 가

닮은 행렬은 행렬식, 고유다항식, 고유치 등이 서로 같다.

3. 나.

$\overline{PP'}$ 와 직선 $y = mx$는 수직이므로 $\frac{y-y'}{x-x'}m = -1$ 이다.

또한 $P'(x', y')$은 직선 $y = mx$ 위의 점이므로 $y' = mx'$ 이다.

위의 두 식을 연립하여 풀면 다음과 같다.

$$my = m^2x' = -x + x'$$

$$(m^2+1)x' = x + my$$

$$x' = \frac{1}{m^2+1}x + \frac{m}{m^2+1}y$$

$$y' = \frac{m}{m^2+1}x + \frac{m^2}{m^2+1}y$$

따라서 $\begin{bmatrix} x' \\ y' \end{bmatrix} = A\begin{bmatrix} x \\ y \end{bmatrix}$를 만족시키는 선형사상을 나타내는 행렬 $A = \frac{1}{m^2+1}\begin{bmatrix} 1 & m \\ m & m^2 \end{bmatrix}$이다.

4. 나

주어진 동차연립일차방정식을 행렬로 나타내면

$$\begin{bmatrix} 1 & 1 & a \\ 1 & a & 1 \\ a & 1 & 1 \end{bmatrix}\begin{bmatrix} x \\ y \\ z \end{bmatrix} = \begin{bmatrix} 0 \\ 0 \\ 0 \end{bmatrix}$$

이다. 이때 연립방정식이 자명한 해 이외의 해를 가질 조건은 계수행렬이 비정칙행렬이면 된다. 즉, 계수행렬의 행렬식이 0이 되는 것이다.

따라서 $\begin{vmatrix} 1 & 1 & a \\ 1 & a & 1 \\ a & 1 & 1 \end{vmatrix} = a+a+a-a^3-1-1 = -a^3+3a-2=0$이므로 근과 계수와의 관계에 의해 모든 a의 값들의 합은 0이다.

5. 나

세 벡터가 일차종속이기 위한 필요충분조건은 $\begin{vmatrix} 1 & 1 & 0 \\ 1 & x & 1 \\ 0 & 1 & -1 \end{vmatrix} = 0$이므로 $-x-1-(-1) = -x = 0$이 되어 $x=0$이다.

6. 가

$$A=\left\{Y \middle| Y=X\begin{bmatrix}0 & 0\\0 & 1\end{bmatrix},\ X\in U\right\}$$

$$=\left\{Y \middle| Y=\begin{bmatrix}a & b\\0 & c\end{bmatrix}\begin{bmatrix}0 & 0\\0 & 1\end{bmatrix},\ a,\ b,\ c\text{는 실수}\right\}$$

$$=\left\{Y \middle| Y=\begin{bmatrix}0 & b\\0 & c\end{bmatrix},\ b,\ c\text{는 실수}\right\}$$

$$B=\left\{Y \middle| Y=X\begin{bmatrix}2 & 0\\0 & 1\end{bmatrix},\ X\in U\right\}$$

$$=\left\{Y \middle| Y=\begin{bmatrix}a & b\\0 & c\end{bmatrix}\begin{bmatrix}2 & 0\\0 & 1\end{bmatrix},\ a,\ b,\ c\text{는 실수}\right\}$$

$$=\left\{Y \middle| Y=\begin{bmatrix}2a & b\\0 & c\end{bmatrix},\ a,\ b,\ c\text{는 실수}\right\}$$

이므로 $A\subset B$이다.

7. 라

$a\cdot b=\|a\|\|b\|\cos\theta$이므로 $(1,\ 0,\ 1,\ -1)\cdot(1,\ 2,\ 2,\ 0)=1+2$ $=\sqrt{3}\sqrt{9}\cos\theta$이므로 $\cos\theta=\dfrac{\sqrt{3}}{3}$이다.

8. 가

행렬 A의 고유치와 고유벡터를 구하면 다음과 같다.

고유치 $\lambda_1=-2,\ \lambda_2=4$이고 이에 각각 대응하는 고유벡터

$$v_1=\begin{bmatrix}1\\1\end{bmatrix},\ v_2=\begin{bmatrix}-1\\1\end{bmatrix}$$

이다. 따라서 구하는 행렬 $P=[v_1v_2]=\begin{bmatrix}1 & -1\\1 & 1\end{bmatrix}$이다.

실제로 대각행렬을 구하면 다음과 같다.

$$\begin{aligned}&\begin{bmatrix}1 & -1\\1 & 1\end{bmatrix}^{-1}\begin{bmatrix}1 & -3\\-3 & 1\end{bmatrix}\begin{bmatrix}1 & -1\\1 & 1\end{bmatrix}\\&=\frac{1}{2}\begin{bmatrix}1 & 1\\-1 & 1\end{bmatrix}\begin{bmatrix}1 & -3\\-3 & 1\end{bmatrix}\begin{bmatrix}1 & -1\\1 & 1\end{bmatrix}\\&=\frac{1}{2}\begin{bmatrix}-2 & -2\\-4 & 4\end{bmatrix}\begin{bmatrix}1 & -1\\1 & 1\end{bmatrix}\\&=\frac{1}{2}\begin{bmatrix}-4 & 0\\0 & 8\end{bmatrix}=\begin{bmatrix}-2 & 0\\0 & 4\end{bmatrix}\end{aligned}$$

9. 마

$A=\left(0,\ \frac{\sqrt{3}}{2}\right)$, $B=\left(-\frac{1}{2},\ 0\right)$, $C=\left(\frac{1}{2},\ 0\right)$라 하면 $M=\left(-\frac{1}{6},\ 0\right)$, $N=\left(\frac{1}{6},\ 0\right)$이다.

따라서 $\overrightarrow{AM}\cdot\overrightarrow{BM}=\left(-\frac{1}{6},\ -\frac{\sqrt{3}}{2}\right)\cdot\left(\frac{1}{3},\ 0\right)=-\frac{1}{18}$

10. 라

11. 라

12. 나

예를 들어, $A=\begin{bmatrix}1 & 0\\0 & 1\end{bmatrix}$, $B=\begin{bmatrix}-1 & 0\\0 & 0\end{bmatrix}$일 때 $A+B=\begin{bmatrix}0 & 0\\0 & 1\end{bmatrix}$이다. $|A+B|=0$이지만 $|A|+|B|=1+0=1$이므로 $|A+B|\neq|A|+|B|$이다.

참고로, $\mathrm{tr}\, AB \neq \mathrm{tr}\, A \cdot \mathrm{tr}\, B$이다.

예를 들어, $A=\begin{bmatrix}1 & 0\\0 & 1\end{bmatrix}$, $B=\begin{bmatrix}-1 & 0\\0 & 0\end{bmatrix}$일 때, $AB=\begin{bmatrix}-1 & 0\\0 & 0\end{bmatrix}$이다. $\mathrm{tr}\, AB=-1$이지만 $\mathrm{tr}\, A \cdot \mathrm{tr}\, B=2 \cdot (-1)=-2$이므로 $\mathrm{tr}\, AB \neq \mathrm{tr}\, A \cdot \mathrm{tr}\, B$이다.

13. 다

14. 나

15. 마

16. 나

17. 가

18. 다

19. 라

20. 라

21. 나

Ⅱ

5. $n \times n$ 행렬 A가 역행렬을 갖는다.

$\Leftrightarrow$ 행렬 A의 행렬식이 0이 아니다.

$\Leftrightarrow$ 행렬 A가 단위행렬 I와 행동치이다.

$\Leftrightarrow$ 행렬 A가 유한개의 기본행렬의 곱으로 나타내어진다.

$\Leftrightarrow$ 행렬 A의 계급수가 n이다.

$\Leftrightarrow$ 행렬 A의 행(열)벡터가 일차독립이다.

6. (1) $u_1 = \dfrac{v_1}{\|v_1\|} = \dfrac{(1,\ 1,\ 0)}{\sqrt{2}} = \left(\dfrac{1}{\sqrt{2}},\ \dfrac{1}{\sqrt{2}},\ 0\right)$

$$w_2 = v_2 - (v_2,\ u_1)u_1$$

$$= (1,\ 0,\ 1) - \left((1,\ 0,\ 1),\ \left(\frac{1}{\sqrt{2}},\ \frac{1}{\sqrt{2}},\ 0\right)\right)\left(\frac{1}{\sqrt{2}},\ \frac{1}{\sqrt{2}},\ 0\right)$$

$$= \left(\frac{1}{2},\ -\frac{1}{2},\ 1\right)$$

$$u_2 = \frac{w_2}{\|w_2\|} = \frac{\left(\frac{1}{2},\ -\frac{1}{2},\ 1\right)}{\sqrt{\frac{1}{4}+\frac{1}{4}+1}} = \left(\frac{\sqrt{6}}{6},\ -\frac{\sqrt{6}}{6},\ \frac{\sqrt{6}}{3}\right)$$

$$w_3 = v_3 - (v_3,\ u_1)u_1 - (v_3,\ u_2)u_2 = (0,\ 1,\ 1)$$

$$-\left((0,\ 1,\ 1),\ \left(\frac{1}{\sqrt{2}},\ \frac{1}{\sqrt{2}},\ 0\right)\right)\left(\frac{1}{\sqrt{2}},\ \frac{1}{\sqrt{2}},\ 0\right)$$

$$-\left((0,\ 1,\ 1),\ \left(\frac{\sqrt{6}}{6},\ -\frac{\sqrt{6}}{6},\ \frac{\sqrt{6}}{3}\right)\right)$$

$$\left(\frac{\sqrt{6}}{6},\ -\frac{\sqrt{6}}{6},\ \frac{\sqrt{6}}{3}\right)$$

$$= \left(-\frac{2}{3},\ \frac{2}{3},\ \frac{2}{3}\right)$$

$$u_3 = \frac{w_3}{\|w_3\|} = \frac{\left(-\frac{2}{3},\ \frac{2}{3},\ \frac{2}{3}\right)}{\sqrt{\frac{4}{9}+\frac{4}{9}+\frac{4}{9}}} = \left(-\frac{\sqrt{3}}{3},\ \frac{\sqrt{3}}{3},\ \frac{\sqrt{3}}{3}\right)$$

따라서 구하고자 하는 정규직교기저는 다음과 같다.

$$\left\{u_1 = \left(\frac{1}{\sqrt{2}},\ \frac{1}{\sqrt{2}},\ 0\right),\ u_2 = \left(\frac{\sqrt{6}}{6},\ -\frac{\sqrt{6}}{6},\ \frac{\sqrt{6}}{3}\right),\right.$$
$$\left. u_3 = \left(-\frac{\sqrt{3}}{3},\ \frac{\sqrt{3}}{3},\ \frac{\sqrt{3}}{3}\right)\right\}$$

(2) $u_1 = v_3 = (0,\ 0,\ 1)$

$$w_2 - v_1 - (u_1,\ v_1)u_1 = (1,\ 0,\ 1) - (0,\ 0,\ 1) = (1,\ 0,\ 0)$$

$$u_2 = \frac{w_2}{\|w_2\|} = (1,\ 0,\ 0)$$

$$\begin{aligned} w_3 &= v_2 - (u_1,\ v_2)u_1 - (u_2,\ v_2)u_2 \\ &= (1,\ 1,\ 2) - 2(0,\ 0,\ 1) - (1,\ 0,\ 0) = (0,\ 1,\ 0) \end{aligned}$$

$$u_3 = \frac{w_3}{\|w_3\|} = (0,\ 1,\ 0)$$

8. $\begin{cases} x+y-z=0 & \cdots ① \\ 3x+4y-2z=0 & \cdots ② \end{cases}$

①×4−②를 해주면 $x=2z$을 얻을 수 있다. 여기에서 $z=t$ $(t \in \mathbb{R})$이라 하자.

그러면 $\begin{cases} x=2t \\ y=-t \\ z=t \end{cases}$ $(t \in \mathbb{R})$이다.

10. $\begin{vmatrix} 1 & 1 & 2 \\ 1 & 2 & 2 \\ 2 & 3 & 4 \end{vmatrix} = \begin{vmatrix} 1 & 1 & 2 \\ 1 & 2 & 2 \\ 0 & 0 & 0 \end{vmatrix} = 0$이므로 세 벡터 $(1, 1, 2)$, $(1, 2, 2)$, $(2, 3, 4)$는 일차종속이다.

11. 대각행렬에 대각행렬을 더하면 대각행렬이고, 대각행렬의 스칼라 배도 대각행렬이다. 정리 6.5에 의하여 대각행렬 전체의 집합은 부분공간이다.

12. $\mathbb{R}^2$의 표준기저 $\{(1, 0), (0, 1)\}$에 대하여 $f((1, 0)) = (0, -1)$, $f((0, 1)) = (-1, 0)$이다. 따라서 이 선형사상을 나타내는 행렬은 $\begin{bmatrix} 0 & -1 \\ -1 & 0 \end{bmatrix}$이다.

13. (1) f가 선형사상이라는 것을 이용하여 $f((1, 0))$, $f((0, 1))$을 구해 보자.

$$\begin{aligned} f((0, 1)) &= f((1-1, 2-1)) = f((1, 2)) + (-f((1, 1))) \\ &= f((1, 2)) - f((1, 1)) = (1, 1) - (1, 0) = (0, 1) \\ f((1, 0)) &= f((1-0, 1-1)) = f((1, 1)) + (-f((0, 1))) \\ &= f((1, 1)) - f((0, 1)) = (1, 0) - (0, 1) = (1, -1) \end{aligned}$$

$f((1, 0)) = (1, -1)$, $f((0, 1)) = (0, 1)$이므로 조건을 만족시키는 선형 사상은 $f((x, y)) = \begin{bmatrix} 1 & 0 \\ -1 & 1 \end{bmatrix} \begin{bmatrix} x \\ y \end{bmatrix} = (x, -x+y)$이다.

(2) $f(0, 0) = (0, -0+0) = (0, 0)$,

$f(2, 3) = (2, -2+3) = (2, 1)$,

$f(3, 3) = (3, -3+3) = (3, 0)$이다.

15. $B=P^{-1}AP$라고 하면 다음이 성립한다.

$$\begin{aligned}|\lambda I-B| &= |\lambda I-P^{-1}AP| = |P^{-1}(\lambda I)P-P^{-1}AP| \\ &= |P^{-1}(\lambda I-A)P| = |\lambda I-A|\end{aligned}$$

16. 대각행렬 D의 주대각성분은 행렬 A의 고유치로 나타내어지고, 고유치에 대응하는 고유벡터를 열로 가지는 행렬이 P이다. 고유벡터가 이루는 열의 순서는 주대각성분에 놓이는 고유치의 순서와 같다.

17. 2차원 공간 상에 두 벡터 a, b가 있다고 하자. 그리고 두 벡터 a, b 사이의 각을 θ라 하자. 2차원 공간의 표준내적에 대하여 코오시-슈바르츠 부등식은 $|(a, b)| \le \|a\| \cdot \|b\|$이다. 즉, $\|a\| \cdot \|b\| |\cos\theta| \le \|a\| \cdot \|b\|$을 뜻한다. 이는 두 벡터 a, b의 크기의 곱은 b에서 a에 내린 정사영의 크기에 a의 크기를 곱한 값보다 크거나 같다는 것을 의미한다. 여기서, a와 b가 일직선 상에 있을 때 등호가 성립한다.

18. $V_\lambda = \{v \in V | T(v) = \lambda v\}$ 에서 다음이 성립한다.

$$\forall v_1, v_2 \in V_\lambda,\ T(v_1+v_2) = T(v_1)+T(v_2) = \lambda v_1 + \lambda v_2 = \lambda(v_1+v_2)$$

따라서 $v_1+v_2 \in V_\lambda$이다.

$$\forall v_1 \in V_\lambda,\ \forall a \in \mathbb{R},\ T(av_1) = aT(v_1) = a(\lambda v_1) = \lambda(av_1)$$

따라서 $av_1 \in V_\lambda$이다.

결국, V_λ는 V의 부분공간이다.

19. $|\lambda I-A^T|=|(\lambda I-A)^T|=|\lambda I-A|$이므로 A와 A^T는 같은 특성 다항식을 갖는다.

24. $\|w\|^2=(w, w)$이고 $w=(v_1, w)v_1+(v_2, w)v_2+(v_3, w)v_3$이므로 $(w, w)=((v_1, w)v_1+(v_2, w)v_2+(v_3, w)v_3, (v_1, w)v_1+(v_2, w)v_2+(v_3, w)v_3)$이다. 여기서 $(v_1, v_2)=0$, $(v_2, v_3)=0$, $(v_1, v_3)=0$임을 이용하면 다음을 알 수 있다.

$$\begin{aligned}&((v_1, w)v_1+(v_2, w)v_2+(v_3, w)v_3,\\&(v_1, w)v_1+(v_2, w)v_2+(v_3, w)v_3)\\&=(v_1, w)^2(v_1, v_1)+(v_2, w)^2(v_2, v_2)+(v_3, w)^2(v_3, v_3)\\&=(v_1, w)^2+(v_2, w)^2+(v_3, w)^2\end{aligned}$$

25. (i) $$\begin{aligned}(v, w)+(u, w)&=(v, w)_1+(v, w)_2+(u, w)_1+(u, w)_2\\&=(v, w)_1+(u, w)_1+(v, w)_2+(u, w)_2\\&=(v+u, w)_1+(v+u, w)_2=(v+u, w)\end{aligned}$$

$$\begin{aligned}a(v, w)&=a((v, w)_1+(v, w)_2)\\&=a(v, w)_1+a(v, w)_2\\&=(av, w)_1+(av, w)_2=(av, w)\end{aligned}$$

(ii) (i)과 같은 방법으로 보일 수 있다.

(iii) $(w, v)=(w, v)_1+(w, v)_2=(v, w)_1+(v, w)_2=(v, w)$

(ⅳ) $(v, v)_1 \geq 0$, $(v, v)_2 \geq 0$이므로 $(v, v) = (v, v)_1 + (v, v)_2 \geq 0$

$(v, v)_1 = 0 \Leftrightarrow v = 0$, $(v, v)_2 = 0 \Leftrightarrow v = 0$이므로 $(v, v) = (v, v)_1 + (v, v)_2 = 0 \Leftrightarrow v = 0$

따라서 $(u, v) = (u, v)_1 + (u, v)_2$도 V의 내적이다.

27. 행렬 A의 고유치와 고유벡터를 구하면 다음과 같다.

고유치 $\lambda_1 = 1$, $\lambda_2 = 4$이고 이에 각각 대응하는 고유벡터 $v_1 = \begin{bmatrix} 1 \\ \frac{2}{3} \end{bmatrix}$, $v_2 = \begin{bmatrix} 1 \\ 1 \end{bmatrix}$이다. 따라서 구하는 행렬 $P = [v_1 v_2] = \begin{bmatrix} 1 & 1 \\ \frac{2}{3} & 1 \end{bmatrix}$이고 A를 대각화하면 다음과 같다.

$$P^{-1}AP = \begin{bmatrix} 1 & 1 \\ \frac{2}{3} & 1 \end{bmatrix}^{-1} \begin{bmatrix} -5 & 9 \\ -6 & 10 \end{bmatrix} \begin{bmatrix} 1 & 1 \\ \frac{2}{3} & 1 \end{bmatrix} = \begin{bmatrix} 1 & 0 \\ 0 & 4 \end{bmatrix}$$

28. 행렬 A의 고유치 λ와 이에 관한 고유벡터 X에 대하여 $AX = \lambda X$이므로 $A^i X = \lambda^i X$ $(i \geq 0)$이 된다. 따라서 $A^{10}X = \lambda^{10}X$ 즉, $(\lambda^{10}I - A^{10})X = 0$이다. 그러므로 A^{10}의 고유치는 λ^{10}이고 고유벡터는 X 자신이 된다. 행렬 A의 고유치와 고유벡터를 구하면 다음과 같다.

$\lambda_1 = 1 \rightarrow \begin{bmatrix} 1 \\ 0 \\ 0 \end{bmatrix}$, $\lambda_2 = 2 \rightarrow \begin{bmatrix} 0 \\ 1 \\ 0 \end{bmatrix}$, $\lambda_3 = 3 \rightarrow \begin{bmatrix} 1 \\ 0 \\ 2 \end{bmatrix}$이다. 그러므로 A^{10}의 고유치는 1^{10}, 2^{10}, 3^{10}이고 대응하는 고유벡터는 $\begin{bmatrix} 1 \\ 0 \\ 0 \end{bmatrix}$, $\begin{bmatrix} 0 \\ 1 \\ 0 \end{bmatrix}$, $\begin{bmatrix} 1 \\ 0 \\ 2 \end{bmatrix}$이다.

29. Ker $T=\{x\in\mathbb{R}^3\ Tx=0\}=\{x\in\mathbb{R}^3\ Ax=0\}$ 이므로 동차연립 방정식의 해공간과 같다.

또한 A는 다음과 같이 기약행사다리꼴 행렬로 변형된다.

$$\begin{bmatrix}1&0&1\\0&1&2\\-1&1&1\end{bmatrix}\to\begin{bmatrix}1&0&1\\0&1&2\\0&1&2\end{bmatrix}\to\begin{bmatrix}1&0&1\\0&1&2\\0&0&0\end{bmatrix}$$

따라서, 동차연립방정식 $Ax=0$은 $\begin{bmatrix}0&1&0\\0&1&2\\0&0&0\end{bmatrix}\begin{bmatrix}x_1\\x_2\\x_3\end{bmatrix}=0$과 동치이고 이때, 해는 $\begin{bmatrix}x_1\\x_2\\x_3\end{bmatrix}=t\begin{bmatrix}-1\\-2\\1\end{bmatrix}$ (t는 실수)가 되어 Ker $T=\langle(-1,\ -2,\ 1)\rangle$이고, $\dim\operatorname{Ker}T=1$이다.

따라서 $\dim\mathbb{R}^3=\dim\operatorname{Im}T+\dim\operatorname{Ker}T$이므로 $3=\dim\operatorname{Im}T+1$ 즉, $\dim\operatorname{Im}T=2$이다.

30. $A=\begin{bmatrix}1&1&-1\\0&2&0\\0&0&2\end{bmatrix}$

$\begin{vmatrix}\lambda-1&-1&1\\0&\lambda-2&0\\0&0&\lambda-2\end{vmatrix}=(\lambda-1)(\lambda-2)^2$ 즉, 고유치는 1과 2이다.

고유치 1에 관한 고유공간은 $\{(x,\ y,\ z)\mid y=0,\ z=0\}$ 이고

고유치 2에 관한 고유공간은 $\{(x,\ y,\ z)\mid x-y+z=0\}$ 이다.

31. 먼저 $u\in W_1\cap W_2$라고 하자. 그러면 $u\in W_1$, $u\in W_2$이다. $u=u+0=0+u$이고 u는 W_1+W_2로 유일하게 표현되어야 하므

로 $u=0$이다. 따라서 $W_1 \cap W_2 = \{0\}$이다. 한편, $v \in V$, w_1, $u_1 \in W_1$, w_2, $u_2 \in W_2$에 대하여 $v=w_1+w_2$, $v=u_1+u_2$라고 하자. 그러면 $w_1+w_2=u_1+u_2$이므로 $w_1-u_1=u_2-w_2$이다. $w_1-u_1 \in W_1$이고 $u_2-w_2 \in W_2$이고 $W_1 \cap W_2=\{0\}$이므로 $w_1-u_1=0$, $u_2-w_2=0$ 즉, $w_1=u_1$, $w_2=u_2$이다. 따라서 임의의 v에 대하여 $v=w_1+w_2$로 유일하게 표현된다.

32. 선형사상 L이 전단사임을 보이면 된다. 먼저 임의의 $u, v \in V$에 대하여

$$L(u)=L(v) \Rightarrow L(u)-L(v)=0 \Rightarrow L(u-v)=0$$

이고 $\text{Ker}\, L=\{0\}$이므로 $u-v=0$이 되어 $u=v$이다. 따라서 선형사상 L은 단사이다.

또, $\dim V=\dim W=n$이고 $\text{Ker}\, L=\{0\}$이므로

$$\begin{aligned}\dim V &= \dim \text{Im}\, L+\dim \text{Ker}\, L=\dim \text{Im}\, L+\dim(\{0\})\\ &= \dim \text{Im}\, L\end{aligned}$$

이다. 따라서 $\dim \text{Im}\, L=\dim V=\dim W$이므로 선형사상 L은 전사이다. 따라서 선형사상 L은 전단사이다.

35. $(A-B)\times(A+B)=AA+AB-BA+BB$이지만, 여기에서 $AB=BA$라고 할 수 없다. 따라서 $(A-B)\times(A+B)=A^2-B^2$라고 할 수 없다.

36. $A=\begin{bmatrix}1&1\\0&0\end{bmatrix}$, $B=\begin{bmatrix}0&0\\1&1\end{bmatrix}$이라고 하자. 그러면 $A^2=\begin{bmatrix}1&1\\0&0\end{bmatrix}\begin{bmatrix}1&1\\0&0\end{bmatrix}$ $=\begin{bmatrix}1&1\\0&0\end{bmatrix}$이고 $AB=\begin{bmatrix}1&1\\0&0\end{bmatrix}\begin{bmatrix}0&0\\1&1\end{bmatrix}=\begin{bmatrix}1&1\\0&0\end{bmatrix}$이므로 $A^2=AB$, $A\neq O$이다. 하지만 $A\neq B$이다.

37. A, B가 3×3 상삼각행렬일 때 AB도 상삼각행렬임을 보이자.

$A=\begin{bmatrix}a_{11}&a_{12}&a_{13}\\0&a_{22}&a_{23}\\0&0&a_{33}\end{bmatrix}$, $B=\begin{bmatrix}b_{11}&b_{12}&b_{13}\\0&b_{22}&b_{23}\\0&0&b_{33}\end{bmatrix}$라고 할 때,

$$AB=\begin{bmatrix}a_{11}&a_{12}&a_{13}\\0&a_{22}&a_{23}\\0&0&a_{33}\end{bmatrix}\begin{bmatrix}b_{11}&b_{12}&b_{13}\\0&b_{22}&b_{23}\\0&0&b_{33}\end{bmatrix}$$
$$=\begin{bmatrix}a_{11}b_{11}&a_{11}b_{12}+a_{12}b_{22}&a_{11}b_{13}+a_{12}b_{23}+a_{13}b_{33}\\0&a_{22}b_{22}&a_{22}b_{23}+a_{23}b_{33}\\0&0&a_{33}b_{33}\end{bmatrix}$$

이다. 수학적 귀납법에 의해 A, B가 $n\times n$ 상삼각행렬일 때 AB도 상삼각행렬임을 보일 수 있다.

40. $A^2-3A+I=O$의 양변에 A^{-1}를 곱해주면 $A-3I+A^{-1}=O$이다. 따라서 $A^{-1}=3I-A$이다.

41. $A^T(A^{-1})^T=(A^{-1}A)^T=I^T=I$이다.

따라서 $(A^T)^{-1}=(A^{-1})^T$이다.

42. 선형사상 $T: V \to V$에 대하여 λ가 T의 고유치이므로 $T(v) = \lambda v$인 $v(\neq 0) \in V$가 존재한다. 한편, 사상 T의 역사상이 존재하므로 $T^{-1}(\lambda v) = v$이고 $\lambda T^{-1}(v) = v$이다. 따라서 $T^{-1}(v) = \lambda^{-1} v$이다. 그러므로 λ^{-1}은 T^{-1}의 고유치이다.

44. 행렬 $A, B, C \in Mat_n(\mathbb{R})$와 정칙행렬 $P, Q \in Mat_n(\mathbb{R})$에 대하여 다음이 성립한다. 먼저, $A = I^{-1}AI$이다. 또, $B = P^{-1}AP$이면 $A = (P^{-1})^{-1}BP^{-1} = (P^{-1})^{-1}B(P^{-1})$이다. 한편, $B = P^{-1}AP$이고 $C = Q^{-1}BQ$이면 $C = (PQ)^{-1}A(PQ)$이다. 반사율, 대칭률, 추이율 모두가 성립하므로 동치관계이다.

46. $\begin{bmatrix} 1 & 2 \\ 3 & 4 \end{bmatrix}$를 A라고 하면, $S = \frac{1}{2}(A + A^T) = \begin{bmatrix} 1 & \frac{5}{2} \\ \frac{5}{2} & 4 \end{bmatrix}$이고 $T = \frac{1}{2}(A - A^T) = \begin{bmatrix} 0 & -\frac{1}{2} \\ \frac{1}{2} & 0 \end{bmatrix}$이며 $A = S + T$이다.

47. 다음 주장은 옳지 않다.

임의의 두 정칙행렬 A, B에 대하여 $\mathrm{tr}(AB) = \mathrm{tr}(A)\mathrm{tr}(B)$이다.

실제로, 두 행렬 $A = \begin{bmatrix} 1 & 2 \\ 3 & 4 \end{bmatrix}$, $B = \begin{bmatrix} 1 & 0 \\ 0 & 0 \end{bmatrix}$에 대하여 $\mathrm{tr}(AB) = 1$이고 $\mathrm{tr}(A)\mathrm{tr}(B) = 5$이다.

48. $C[-\pi, \pi]$을 $[-\pi, \pi]$에서 연속인 실함수 전체의 집합이라고 하면 이 집합은 덧셈과 스칼라 배가 잘 정의되어 벡터공간이 된다. 이제, 무한집합

$$\left\{\frac{1}{\sqrt{2\pi}}, \frac{1}{\sqrt{\pi}}\cos mx, \frac{1}{\sqrt{\pi}}\sin nx \middle| m, n \in \mathbb{N}\right\}$$

은 $C[-\pi, \pi]$의 기저이다.

참고로, 실수체는 실수체 위에서는 일차원벡터공간이지만, 유리수체 위에서는 무한차원 벡터공간이다.

49. 유한체 $F_2 = \{0, 1\}$은 오직 두 개의 벡터로 이루어진 벡터공간이다. 이때, F_2 스스로가 스칼라 전체의 집합이고, 스칼라 배는 F_2에서의 곱셈이다.

50. (2) Vandermode 행렬식이다. 다음과 같이 직접 계산할 수도 있다.

$$\begin{vmatrix} 1 & 1 & 1 \\ a & b & c \\ a^2 & b^2 & c^2 \end{vmatrix} = \begin{vmatrix} 1 & 1 & 1 \\ a & b & c \\ 0 & b(b-a) & c(c-a) \end{vmatrix}$$

$$= \begin{vmatrix} 1 & 1 & 1 \\ 0 & b-a & c-a \\ 0 & b(b-a) & c(c-a) \end{vmatrix}$$

$$= \begin{vmatrix} 1 & 1 & 1 \\ 0 & b-a & c-a \\ 0 & 0 & (c-b)(c-a) \end{vmatrix}$$

상삼각행렬의 행렬식이므로 대각성분의 곱 즉,

$(b-a)(c-a)(c-b)$이다.

51. $\begin{bmatrix} a_{11} & a_{12} & \cdots & a_{1n} \\ 0 & a_{22} & \cdots & a_{2n} \\ \vdots & \vdots & \ddots & \vdots \\ 0 & 0 & \cdots & a_{nn} \end{bmatrix}$와 같은 상삼각행렬에 대하여 수학적 귀납법으로 행렬식을 구한다.

$$\begin{vmatrix} a_{11} & a_{12} & \cdots & a_{1n} \\ 0 & a_{22} & \cdots & a_{2n} \\ \vdots & \vdots & \ddots & \vdots \\ 0 & 0 & \cdots & a_{nn} \end{vmatrix} = (-1)^{n+n} a_{nn} \begin{vmatrix} a_{11} & a_{12} & \cdots & a_{1(n-1)} \\ 0 & a_{22} & \cdots & a_{2(n-1)} \\ \vdots & \vdots & \ddots & \vdots \\ 0 & 0 & \cdots & a_{(n-1)(n-1)} \end{vmatrix}$$

$$= \cdots = a_{nn} a_{(n\ 1)(n-1)} \cdots a_{22} a_{11}$$

52. (1) $A^2 = A \cdot A = I$이므로 $|A|^2 = |A||A| = |I| = 1$이다. 따라서 $|A| = \pm 1$이다.

(2) $A^T A = I$이므로 $|A^T||A| = |I| = 1$이다. $|A^T| = |A|$이므로 $|A^T||A| = |A||A| = 1$이다. 따라서 $|A| = \pm 1$이다.

54. (2) $A(\mathrm{adj}\, A) = |A| I \Rightarrow \dfrac{A}{|A|} \mathrm{adj}\, A = I$이므로 $(\mathrm{adj}(A))^{-1} = \dfrac{A}{|A|}$이다. 한편, 다음을 알 수 있다.

$$\frac{\mathrm{adj}\, A}{|A|} = A^{-1} \Rightarrow \frac{\mathrm{adj}(A^{-1})}{|A^{-1}|} = (A^{-1})^{-1} = A$$

$$\Rightarrow \mathrm{adj}(A^{-1}) = A|A^{-1}| = \frac{1}{|A|} A$$

(3) $\text{adj}(\text{adj}\,A) = \text{adj}(|A|A^{-1}) = |A|\text{adj}(A^{-1}) = |A|\dfrac{1}{|A|}A = A$

55. A의 여인자 $A_{1j}(2 \le j \le n) = (-1)^{1+j}M_{1j}$로 나타낼 수 있다. 이때, M_{1j}는 A의 1 행과 j 열을 제거하고 얻은 행렬의 행렬식인데 A는 상삼각 행렬이므로 어떠한 $j(2 \le j \le n)$ 열을 제거하여도 제1열은 0만으로 이루어진 열이므로 $M_{1j} = 0$이 되어 $A_{1j}(2 \le j \le n)$는 0이다.

57. $A^2 = A$이므로 $|A| = |A^2| = |A \cdot A| = |A||A|$이다. 따라서 $|A|$는 0 또는 1이다.

58. $A^T = -A$이므로 $|A| = |A^T| = |-A| = (-1)^n|A|$이다. n이 홀수이면 다음을 알 수 있다.

$$|A| = -|A| \Rightarrow 2|A| = 0 \Rightarrow |A| = 0$$

따라서 A는 비정칙행렬이다.

60. (1) $-1 \in \mathbb{R}$, $(1, 0, 0) \in W$에 대하여 $(-1)(1, 0, 0) = (-1, 0, 0) \notin W$이다.
따라서 W는 V의 부분공간이 아니다.

(2) $2 \in \mathbb{R}$, $(1, 0, 0) \in W$에 대하여 $2(1, 0, 0) = (2, 0, 0) \notin W$이다.
따라서 W는 V의 부분공간이 아니다.

63. V의 임의의 두 벡터 y_1, y_2에 대하여 $y_1 = Ax_1$, $y_2 = Ax_2$라고 하자.

$y_1 + y_2 = Ax_1 + Ax_2 = A(x_1 + x_2)$이고 W는 부분공간이므로 $x_1 + x_2 \in W$이다.

따라서 $y_1 + y_2 \in V$이다. 이제, 임의의 $\lambda \in \mathbb{R}$와 임의의 벡터 $y \in V$에 대하여 $y = Ax$라고 하자. $\lambda y = \lambda Ax = A(\lambda x)$이고 W는 부분공간이므로 $\lambda x \in W$이다. 따라서 $\lambda y \in V$이다. 따라서, V는 $\mathbb{R}^m$의 부분공간이다.

66. ($\Rightarrow$) $V \simeq W$이므로 동형사상 $T : V \to W$가 존재한다. 동형사상 T는 전단사 선형사상이므로 다음이 성립한다.

$$\begin{aligned}\dim V &= \dim(\operatorname{Im} T) + \dim(\operatorname{Ker} T)\\ &= \dim(\operatorname{Im} T) + \dim(\{0\})\\ &= \dim(\operatorname{Im} T) = \dim W\end{aligned}$$

($\Leftarrow$) $\dim V = \dim W = n$이라 하고 $\{v_1, \cdots, v_n\}$와 $\{w_1, \cdots, w_n\}$을 각각 V와 W의 기저라 하자. 보편사상 정리에 의해 $T(\lambda_1 v_1 + \cdots + \lambda_n v_n) = \lambda_1 w_1 + \cdots + \lambda_n w_n$인 선형사상 $T : V \to W$가 유일하게 존재한다. $w \in W$에 대하여 $w = \lambda_1 w_1 + \cdots + \lambda_n w_n$이라고 하면 $T(\lambda_1 v_1 + \cdots + \lambda_n v_n) = w$이므로 T는 전사이다. 또한, $v \in V$에 대하여 $v = \lambda_1 v_1 + \cdots + \lambda_n v_n$이라고 할 때, $T(v) = T(\lambda_1 v_1 + \cdots + \lambda_n v_n) = 0$이면 $T(\lambda_1 v_1 + \cdots + \lambda_n v_n) = \lambda_1 w_1 + \cdots + \lambda_n w_n = 0$이다. 따라서 $\lambda_1 =$

$\cdots = \lambda_n = 0$이고 $v = \lambda_1 v_1 + \cdots + \lambda_n v_n = 0$이다. 그러므로 $\text{Ker}\ T = \{0\}$이다. 즉, T는 단사이다. 따라서 T는 동형사상이므로 $V \simeq W$이다.

68. 임의의 $f_1, f_2 \in V$에 대하여 $f_1 = f_2$이면 $D(f_1) = f_1{}' = f_2{}' = D(f_2)$이므로 D는 잘 정의된다. 임의의 두 벡터 $f_1, f_2 \in V$에 대하여 $D(f_1 + f_2) = (f_1 + f_2)' = f_1{}' + f_2{}' = D(f_1) + D(f_2)$이다. 또, 임의의 $\lambda \in \mathbb{R}$와 임의의 벡터 $f \in V$에 대하여 $D(\lambda f) = (\lambda f)' = \lambda f' = \lambda D(f)$이다. 따라서 D는 선형사상이다.

69. (1) $0 = v + (-v)$이고 T는 선형사상이므로 $0 = T(0) = T(v + (-v)) = T(v) + T(-v)$이다. 따라서 $T(-v) = -T(v)$이다.

(2) $T(u - v) = T(u + (-v)) = T(u) + T(-1 \cdot v) = T(u) - T(v)$

70. 임의의 $v \in V$에 대하여 $T(v) = 0$임을 보이면 된다.
$\{v_1, \cdots, v_n\}$가 V의 기저이므로 $v = \lambda_1 v_1 + \cdots + \lambda_n v_n$이고

$$\begin{aligned} T(v) &= T(\lambda_1 v_1 + \cdots + \lambda_n v_n) = \lambda_1 T(v_1) + \cdots + \lambda_n T(v_n) \\ &= \lambda_1 \cdot 0 + \lambda_2 \cdot 0 + \lambda_3 \cdot 0 = 0 \end{aligned}$$

이다.
따라서 T는 영사상이다.

71. 임의의 $v \in V$에 대하여 $T(v) = v$임을 보이면 된다.
$\{v_1, \cdots, v_n\}$가 V의 기저이므로 $v = \lambda_1 v_1 + \cdots + \lambda_n v_n$이고

$$T(v)=T(\lambda_1 v_1+\cdots+\lambda_n v_n)=\lambda_1 T(v_1)+\cdots+\lambda_n T(v_n)$$
$$=\lambda_1 v_1+\cdots+\lambda_n v_n=v$$

이다.

따라서 T는 항등사상이다.

75. m에 관한 수학적 귀납법으로 증명한다. 먼저, $m=1$인 경우에는 1행에 관한 여인수전개를 통하여 주장이 성립함을 알 수 있다. 이제, $m=k-1$인 경우에 성립한다고 가정하고, $m=k$인 경우에 증명한다. 행렬식 $\begin{vmatrix} A & O \\ O & B \end{vmatrix}$를 구하기 위하여 1행에 관하여 여인수전개한다. 귀납법 가정을 k 번 반복하여 적용하면 $\begin{vmatrix} A & O \\ O & B \end{vmatrix}$는 다음과 같음을 알 수 있다.

$$a_{11}A_{11}|B|+a_{12}A_{12}|B|+\cdots+a_{1k}A_{1k}|B|$$
$$=(a_{11}A_{11}+a_{12}A_{12}+\cdots+a_{1k}A_{1k})|B|$$

따라서 주장이 성립한다.

한편, 위 증명은 $\begin{bmatrix} A & O \\ C & B \end{bmatrix}$인 경우에도 그대로 적용할 수 있음을 알 수 있다.

76. 행렬 A의 고유치와 고유벡터를 구하면 다음과 같다.

$$\lambda_1=-1 \rightarrow \begin{bmatrix} 1 \\ -1 \end{bmatrix}, \quad \lambda_2=5 \rightarrow \begin{bmatrix} 1 \\ 2 \end{bmatrix}$$

따라서 해는 다음과 같다.

$$X(t)=a_1\begin{bmatrix}1\\-1\end{bmatrix}e^{-t}+a_2\begin{bmatrix}1\\2\end{bmatrix}e^{5t}$$

79. (1) 7, 4, 3

(2) $G=\begin{bmatrix}1&1&1&1&1&1&1\\1&0&0&0&1&0&1\\1&1&0&0&0&1&0\\0&1&1&0&0&0&1\end{bmatrix}$

80. $C^{\perp}=\{000,\ 111\}$

81. $H=[111]$

82. (1) 3

(2) 1

(3)

(잉여류의)대표원 $f(z)$	오증 z
0 0 0 0 0 0 0	0 0 0
1 0 0 0 0 0 0	1 0 1
0 1 0 0 0 0 0	1 1 1
0 0 1 0 0 0 0	1 1 0
0 0 0 1 0 0 0	0 1 1
0 0 0 0 1 0 0	1 0 0
0 0 0 0 0 1 0	0 1 0
0 0 0 0 0 0 1	0 0 1

(4) 각 잉여류에 속한 벡터의 개수는 16개이므로 복호할 수 있는 수신벡터의 개수는 $16\times8=128$이다. 그런데 F^7의 원소의 개수는 128개이므로 이 부호에서는 모든 수신벡

터를 복호할 수 있다.

87. (1) 선형대수학에서 주로 다루는 대수적 구조는 벡터공간이다. 행렬들의 집합은 벡터공간의 중요한 예로서 일차연립방정식을 푸는데 효과적으로 사용될 수 있다.

(2) 일차동차연립방정식은 행렬을 사용하여 나타낼 수 있다. 이때, 계수행렬이 정칙행렬, 즉 역행렬을 가지면 연립방정식은 유일한 해를 가진다.

(3) $n \times n$-정칙행렬은 역행렬을 가지는 행렬을 뜻하며, 행렬식은 0이 아니고, 계급수는 n이다. 여인수전개의 성질과 수반행렬을 이용하여 역행렬을 구할 수 있다.

(4) n개의 벡터들의 일차결합이 0일 때, 모든 스칼라 계수들이 0이면, 그 벡터들은 일차독립이다. 일차독립이 아니면 일차종속이다. 일차독립인 벡터들이 벡터공간 전체를 생성할 때, 그 벡터들의 집합을 기저라고 하고, 그 벡터들의 개수를 차원이라고 한다.

(5) 내적공간은 특별한 벡터공간으로 벡터공간에 4가지 조건을 더 만족시키는 공간을 말한다. 이 내적공간에서는 삼각부등식이라고도 불리는 민코브스키 부등식과 피타고라스의 정리가 성립함을 보일 수 있다.

(6) 정보사회에서는 정보보호의 문제와 효과적인 정보통신의 문제가 제기된다. 정보를 보호하기 위한 학문이 암호학이고, 효율적인 정보통신 체계를 연구하는 학문이 부호론이다. 부호론은 중요한 선형대수학의 응용의 한 예라고 할 수 있다.

(7) 전달해야 할 내용인 전문이 통신로를 통하여 전달될 수 있도록 기호로 전환하는 과정을 부호화라고 하고, 수신된 기호를 보통의 언어로 전환하는 과정을 복호화라고 말한다. 복호법에는 최근방복호법이 있는데, 이는 오류가 발생했을 때 확률적으로 복호하는 방법이다. 스레피안 복호법은 부호가 벡터공간이라는 사실을 이용한 것으로 부호를 적당히 나열하여 수신벡터와 최소 거리에 있는 부호어로 복호화하는 방법이다. 오증복호법은 대표원과 오증만을 나열하는 방법으로 스레피안 복호법보다 더 효율적이다.

주요 참고문헌

1. 김응태 · 박승안(2000). 선형대수학 제3판, 경문사.
   본 서는 저자들의 대수학 전반에 걸친 여러 저서 중 하나로서 매우 체계적이고 깊이 있게 내용을 다룬다.
2. 박승안(2000). 대수학과 그 응용, 경문사.
   대수학의 전반적인 내용들이 이산수학, 암호이론, 부호 이론 등 다양한 응용성을 제시한다.
3. 조영수 · 강주호 · 신현용(2005). 선형대수학과 응용, 경문사.
   Schaum's Outline Series 중의 하나인 Linear Algebra(S. Lipschutz 저)를 근간으로 재구성된 책으로 연습 문제가 많이 풀려있다.
4. Hill, R.(1986). A First Course in Coding Theory, Clarendon.
   부호 이론의 기초와 전반적인 이해에 좋은 책이다. 선형대수학과 추상대수학이 부호이론에 어떻게 활용되는지를 확실하게 볼 수 있다.
5. Kolman, B.(1970). Elementary Linear Algebra, The Macmillan Company, 1970.
   오래된 책이지만 쉽고 많은 예를 제시함으로 이해에 많은 도움을 준다. 특히, 미분방정식이나 이차형식에 선형대수학이 어떻게 이용되는지 잘 설명되어 있다.
6. http: //home.freechal.com/parksahn/

박승안 교수의 홈페이지이다. 대수학 전반에 걸친 유용한 곳이다.

7. http://teacheredu.co.kr

   수학교사교육을 위한 홈페이지이다. 수학교사를 위한 추천도서와 추천 사이트 목록도 제시되어 있다.

8. 중등학교 교과서

기타 참고문헌

교육인적자원부(2002). 이산수학, 강원대학교 1종 도서 편찬 위원회.
권영인·신현국·김문섭(2006). 학교수학에 관련된 기본대칭다항식의 활용에 대한 연구, 한국수학교육학회지 시리즈 E, 제20집 제4호, pp. 595～602.
김응태·박승안(2000). 현대대수학 제4판, 경문사.
박병철 역(2002). 엘레건트 유니버스, 승산.
박승안·이민섭·이재학·신현용(1991). 대수적 부호이론, 한국전기통신공사 연구보고서, 체신부.
박종빈·양정무·이상구(2003). 흑백 게임의 선형대수학, manuscript.
방승양 역(1984). 학문의 즐거움, 김영사.
승영조·김희봉 역(2001). 발견하는 즐거움, 승산.
신국조 역(1993). 혼돈으로부터의 질서, 고려원 미디어.
신현용(2007). 교사를 위한 집합론, 교우사.
신현용(2007b). 교사를 위한 추상대수학, 교우사.
신현용(2008). 교사를 위한 정수론, 교우사.
신현용·이종인·승영조 역(2002). 뷰티풀 마인드, 승산.
신현용·강미광·박혜숙·신준식·이강섭·이기석·이병수·이재학·정순모·한인기·현종익·황선욱(2003). 교사 양성 대학 수학 교육과 교육 과정 및 교수·학습 방법 개발(학술진흥재단 연구보고서, KRF-2002-076-C00008), 한국수학교육학회.
유익승(2006). 과학고 학생들의 수학적 사고 능력 향상을 위한 문제해결 전략 교수-학습 프로그램 개발, 전북과학고등학교.

유익승·신현용·한인기(2008). 사차 이하 다항식의 풀이와 수학교육학적 의의, manuscript.

윤종국(2009). 교사를 위한 현대물리의 이해, 교우사.

이기석·정순모(2007). 선형대수의 응용(선형계획법), 오비기획.

이덕환 역(1997). 확실성의 종말, 사이언스북스.

이철수 역(1988). 있음에서 됨으로, 민음사.

전대호 역(2002). 유클리드의 창 : 기하학 이야기, 까치.

조영수·강주호·신현용(2007). 선형대수학과 응용, 경문사.

Munkres, J. R.(1975). Topology, Prentice-Hall, INC.

Gamow, G.(1974). One Two Three … Infinity, Dover.

Halmos, P. R.(1974). Measure Theory, Springer-Verlag.

Kaye, P., Laflamme, R., & Mosca, M.(2007). An Introduction to Quantum Computing, Oxford University Press.

Kreyszig, E.(1972). Advanced Engineering Mathematics, Wiley International Edition.

Lang, S.(1971). Linear Algebra, Springer-Verlag.

Peitgen, H., Jürgens, H., & Saupe, D.(1991). Fractals for the Classroom, Springer-Verlag.

Schneier, B.(1996). Applied Cryptography, John Wiley & Sons, Inc.

Stoll, M.(2001). Introduction to Real Analysis(2nd Ed.), Addison Wesley.

Wigner, E. P.(1960). The Unreasonable Effectiveness of Mathematics in the Natural Sciences, Communications on Pure and Applied Mathematics, Vol. 13.

Wilson, R. J. & Watkins, J. J.(1990). Graphs : An Introductory Approach, John Wiley & Sons, Inc.

영문 찾아보기

한글 찾아보기

신 현 용 교수

서울대학교 (학사)
서울대학교대학원 (석사)
University of Alabama (U.S.A.) (박사)
국립수학연구소 (Netherlands) (박사후)
한국수학교육학회장
수학과교육과정심의위원회(교육인적자원부) 위원장
제12차 국제수학교육대회(ICME12) 조직위원장
한국교원대학교 수학교육과 교수

[개정판]
교사를 위한 선형대수학

2009년 1월 10일 초 판 인쇄
2023년 10월 20일 개정판 2쇄 발행

저 자 / 신현용
발행자 / 오판근
발행처 / 교우사

주 소 / 서울 동대문구 제기2동 148-19
전 화 / 925-2861(代), 편집부 / 925-2825
팩 스 / 925-2860

E-mail / kyowoo@kyowoo.co.kr
http://www.kyowoo.co.kr

등록 / 1994. 3. 24 제6-0256호

ISBN 978-89-8172-776-5 (93410)

값 35,000 원